汽车先进技术译丛
智能网联汽车系列

未来交通与出行的安全性

[德]汉斯-莱奥·罗斯　著

智能汽车设计与安全性研究中心　组译

王　红　黄朝胜　张新钰　李　骏　译

机械工业出版社

安全是交通和出行的首要要求。本书描述了未来出行的主要挑战,主要侧重于电动出行、自动驾驶以及使它们变得更加安全的方式。本书首先讨论了有关自动驾驶汽车的国际法规和道路交通法规。然后,着重介绍了针对人工智能技术挑战和局限性的一系列工程解决方案,然后从安全角度对移动性的未来进行了讨论。

本书适合智能网联汽车研究开发人员及交通安全研究人员阅读使用,也适合车辆工程及智能交通相关专业师生阅读参考。

图书在版编目(CIP)数据

未来交通与出行的安全性 /(德)汉斯 - 莱奥·罗斯(Hans-Leo Ross)著;
王红等译.—北京:机械工业出版社,2022.3
(汽车先进技术译丛.智能网联汽车系列)
书名原文:Safety for Future Transport and Mobility
ISBN 978-7-111-70204-7

Ⅰ.①未… Ⅱ.①汉…②王… Ⅲ.①交通运输安全 - 研究 Ⅳ.① X951

中国版本图书馆 CIP 数据核字(2022)第 029992 号

机械工业出版社(北京市百万庄大街 22 号 邮政编码 100037)
策划编辑:孙 鹏 责任编辑:孙 鹏 徐 霆
责任校对:张 征 张 薇 封面设计:鞠 杨
责任印制:刘 媛
盛通(廊坊)出版物印刷有限公司印刷
2022 年 6 月第 1 版第 1 次印刷
169mm×239mm·24.75 印张·2 插页·491 千字
标准书号:ISBN 978-7-111-70204-7
定价:199.00 元

电话服务 网络服务
客服电话:010-88361066 机 工 官 网:www.cmpbook.com
　　　　　010-88379833 机 工 官 博:weibo.com/cmp1952
　　　　　010-68326294 金 书 网:www.golden-book.com
封底无防伪标均为盗版 机工教育服务网:www.cmpedu.com

前　言

在即将完成这本书的最后几页时，我的被病魔缠身已久的父亲离世，永远地离开了我，享年89岁。然而毋庸置疑的是，他对我的个人思想和职业生涯产生了巨大的影响。父亲出生于两次世界大战之间，第一次世界大战的创伤给他的童年留下了烙印，那时候的人们还普遍缅怀昔日的辉煌时代。

在那个时代，哥廷根仍被视为是德国的科学技术中心，科学界通用的语言依旧是德语。

在本书之始，我想向所有读者致歉。因为在写作这本书之时，我是通过德语思维来思考的。我的日常生活几乎是沉浸在德语的世界中，而我的妻子和孩子们也都只说德语。在做有关这本书主题的大部分讨论时，我说的也都是德语。我一直尽力和在中国、法国、英国、斯堪的纳维亚半岛以及美国的朋友们保持着定期的联系，同时他们也都证实了我的典型的德语思维。在和他们当中的大多数人交往时，我通常说的是英语。但在思索复杂的难题时，我依然用的是德语的思考方式。这本书的一个见解是，语境会对我们理解内容造成很大影响。诺伯特·维纳（Norbert Wiener）和现今的学者们也认为，语言产生的语境本质上在影响着我们认识和理解事物。比如来自中国的数学家们和大学里面的其他教授们，他们是通过不断地进行深入的讨论，然后在反思和回馈中最终达成共识的。

和当时的许多犹太家庭一样，在战争期间诺伯特·维纳的父母不得不做出移民到美国的决定。维纳不仅和身居德国的学者们在学术上做过深入讨论，同时也与法国、英国、苏联等国家的学者们进行了广泛的交流，并和他们形成了被称为"维纳学派"（Wiener Kreis）的学术圈子。此外，他还曾到过中国做学术访问。中国是亚洲冉冉升起的新生力量，给学者们提供了许多新兴的研究领域，同时也是一块肥沃的学术土壤。而当时亚洲地区的战争阴云使得他对日本的访问化为泡影。第二次世界大战带来的伤害无一人能幸免，战争前父亲还能够经常到健身场馆活动。但在战后，如何养家糊口和养育年幼的孩子占据了他的全部生活。现今发展起来的航空航天领域以英语作为基础语言，苏联则在控制论的发展过程中抢占了先机，并扎下稳固的根基。德国受到第二次世界大战的严重影响，褪去了往日的辉煌，让德语失去了作为科学语言的地位。

父亲最初是一个货车驾驶员，后来去了一家化工厂做数控铣床的机械师。再后来，他又活跃在一家大型企业的工会中。他的这些工作经历无一不影响了我的职业生涯。当我还是一个学生时，就已经有在化工厂里工作的经历。有一家化工厂，把电解水生产出来的氢，用在过氧化氢和其他漂白剂上。而在另一些化工厂，有些化学物质则被用作催化剂。在接受专业教育的培训期间，我学会了如何安装和维护通信系统。而在当时，采用中继技术的大型建筑物中仍然留有电信交换和转接中心。在接受培训的那段时光里，作为学徒的我们拥有了着眼于未来的机会，并将初步的探索付诸实践。我们在配备了 Z80 处理器的 Sinclair 计算机上练习了第一个程序。IT 技术在当时被称为"电子数据处理"，我们在安装 UNIX 系统的计算机和使用汇编语言的 8 位控制器上学习了算法和嵌入式控制的基础知识。在我学习通信工程的期间，两德统一。作为当时毕业论文的一部分，我设计了一个三相逆变器，用来测试绝缘栅双极型晶体管（IGBT）的性能，并研究其在大量电磁兼容（EMC）干扰下的行为。其中遇到的一个特殊挑战是，如何为 8 位控制器开发一款可靠的软件，应用于在可听频带（Audible Frequency Band）内以非常精确的脉冲宽度控制逆变器。

在结束电气工程的学习之后，我第一次强烈地感觉到自己的知识已经足够，不想再往脑袋里塞更多的知识了。然而考虑到已经完成学业，我便产生了重温哲学的想法。父亲一直指引着我对职业生涯的选择。后来，他更倾向于倾听我内心的想法，或者是告诉我一些他的个人经验和生活中的所见所闻予以借鉴。比如有关汽车工业的发展历史，最初创造出来的汽车如何在后来发展成家用汽车、赛车等。他还经常说起他当货车司机时的一个又一个故事。虽然他没有系统学习工程学的科学基础知识，但他总是说，一个管理者可以自由表达自己的想法，只要他所说的不违背物理定律。比如公认的能量守恒定律，没有人可以反驳。而基于已有的知识，我们都可以雄心勃勃地去探索，以期望触及物理学的极限。

作为一名工程师，我的第一份工作是在一家工程承包企业从事工厂建设的工作，建设工作的重点是液化气工艺工程。我的第一个项目是负责一家炼油厂的自动铁路油罐车装载系统。我的老板说这算不上是一个大项目，因为只涉及负载装卸和转换机车自动化。后来我意识到这样的想法是错误的，并得以领悟到安全工程的真正涵义。这个项目虽然看上去只是名义功能范围内的几个信号问题，但是为了确保实际上的安全，所进行的安全分析和采取的保障措施却是一个十分耗时耗力的工程。也正因如此，我很快就成为了自动化领域的安全专家。另外值得一提的是，即便是经验丰富的工程师也更愿意和安全技术保持距离。我经历的另一个有趣的项目是根据《国际海运公司气体规则》，为液化石油气货船规划和实施第一个安全概念。

然而在当时，机械指令仍无法施行基于软件的安全功能，因此所有的停堆系统都还是采用继电器技术。我自然很快就了解到可靠性与安全性之间的关联。比如说这样一个或那样一个冗余虽然有助于设计安全技术，但这并不能使船上的气体系统处于永久安全的状态，因此对于预期功能而言并不稳固可靠。有段时间我在油罐车的服务部门工作，因此除了产品责任方面，我也开始熟悉产品的生命周期和销售业务。在这些业务当中，我了解到运输能力的有效性是决定性因素，因此在维修和服务方面进行投资是具有前瞻性的。之后，我转到了一家目前仍然在业内领先的安全相关控制系统制造企业的销售部门工作。我负责英国、北欧以及东欧的销售区域。我最基本的工作是海上管道销售业务。除此之外，我还参与了 Europipe 2 项目的自动化和安全保护工作，以及无人石油平台和穿梭运输油轮项目的远程控制任务。在挪威，卫星技术和石油公司的 IT 网络被用于实现安全功能。在从事销售工作期间，为了更好地了解商业关系的基本知识，我在巴塞尔大学攻读了工商管理，重点是市场营销。很快，我就能够将法律、创新和技术管理等知识付诸实践。在挪威和英国，新推出的《电气/电子/可编程电子安全系统的功能安全》（IEC 61508）被人们热议，我和参与制定这个标准的创始人有过积极的接触。而在我的公司，有许多人还参与开发了基于这个标准的德国衍生版本，即 VDE 803。现今发展的安全控制系统也还是基于这个标准的体系结构来构建的。我从在世界各地来回奔波的销售工作中，带回了新的安全规格要求，于是转而接任了产品管理负责人的新职位。在推进产品管理工作的过程中，新的安全概念得以延展，安全以太网也在产品中得到了系统化的实现。得益于此，我们进一步将安全技术从原来基于继电器的方法发展为安全的网络技术。

在世纪之交，随着电子技术在汽车工程中的应用愈加广泛，因而也迫切需要一种针对性的保护和安全机制。我转行到了汽车行业，负责建立大陆（Continental）集团安全技术发展的组织架构。在第一个工作周，我就已经参与了关于主动式前轮转向（线控转向）系统的客户讨论，第一次的 FAKRA 会议，还有围绕线控制动系统（EHB）的升级工作。FAKRA是德国汽车工业协会（VDA）的一个部门，负责制定车辆安全标准。后来我又进入了德国镜像委员会的领导层，该委员会制定了功能安全的国际标准 ISO 26262。在公司与西门子 VDO 合并之后，我接着接管了公司的工程流程、方法和工具部门的管理工作。在 2011 年，我的双胞胎孩子降生，我又增添了一个角色——成为父亲。接着在 2013 年，我可爱的女儿也来到世上。当孩子们正在不断尝试着和这个全新未知的世界接触时，我也在忙着撰写我的第一本有关功能安全的个人经验和行业见解的书籍。在电动汽车迅速普及的背景下，汽车功能安全的重要性很快得以显现。借鉴有关高压和触摸保护的法规，同样有必要为保证电动汽车的安全性而建立起这方面的法律制度。而 Sim TD 的实车测试则揭示了自动驾驶领域面临的初步挑战，同时人们很快意识到现有的功能安全标准存在缺陷，不足以满足自动驾驶的目标。所以和电动汽车的情形类似，有必要对相应的认证法规进行完善。然而原来所有交通法规和认证都以《维也纳公约》（Vienna Convention）为基础。其中规定，驾驶员或者牵着动物的行人被指定为道路交通行为的负责者。但在现在的公共道路交通中，车辆应该由统一的系统引导。因此有必要发起全球工作组以对这一国际性公约进行可能的修订。2016 年，《维也纳公约》的一项修订生效，允许在公共道路上进行系统驾驶。但这仅仅是一个起点，驾驶员仍然扮演着最关键的角色。认证法规 UN ECE R79，被认为是车辆认证的基础，尤其是其附录 6 中规定的允许电子系统过载，这常被运用于线控系统，因而必须对此进行修订。此外，该法规还设定了转向助力的功率限值，并且为电子转向功能设定了几个速度限值。在大多数国家的认证标准中，只允许手动驾驶，禁止自动驾驶。在 UN ECE 的主导下，由功能安全和认证专家组成的工作组正在从修改建议开始，制定基本法规。新制定的国家级认证开始逐步实施，并与现有的法规协调一致。然而目前悬而未决的过程和今后的结果是无法确切预测的，如果可靠的法规体系还未足够成熟，也就无法设计可接受的安全功能。

在我的第二本英文专著中，我投入了更多精力来陈述关于软件安全方面的内容，并已远超过 ISO 26262 标准中的描述。尽管在当时我们并不认为我们需要像航空工业这么复杂的安全标准，但比 ISO 26262 标准更为详细无疑是有必要的。

在这个标准发布后，我下定决心要向自己证明：安全工程不仅仅局限于过程和方法。于是我转投了一家韩国供应商，他们正准备在欧洲建立新的研发中心。在这里我主要负责跨功能开发，这项任务包括为底盘系统建立整个开发基础架构，并建立相应的研发团队。团队被要求能够根据安全法规、标准和 AUTOSAR 兼容，来开发电子制动系统的基础软件。此外，我们还拿到了电子驻车制动系统的项目，这些系统已集成到博世（Bosch）或大陆制动系统（Continental Brake Systems）中。基础部件的开发自然不同于电子系列产品的开发，需要的是完全不同的工艺流程。起初我还接管了 ESP 开发的管理工作，直到欧洲 ESP 开发的主要负责人上任。在成功收购多个系列项目并与德国汽车制造商进行联合基础开发之后，韩国人决定将基础研发转移回韩国。之后我面临一个新的机遇，在博世公司（Bosch Engineering）负责一个德国港口的安全服务工作，同时能和家人团聚。早在从事工厂建设业务期间，安全服务对我来说就已经是一件有趣的事情。

在销售部门工作期间，我考取了运动飞行员执照（PPLA），因此我很高兴地接管了博世通用航空技术中安全活动的协调工作。在这期间，从把汽车发动机管理系统应用于航空推进系统这一过程中，我领会到了安全可用性的真正含义。除了飞行领域，我还负责协调了车辆工程服务领域的安全会议以及相关的一些其他活动。对于安全服务这一主题，我从咨询活动和自动泊车的安全概念的发展中得到了非常宝贵的经验。在这些应用领域中，法律安全再次成为了我工作的重点。这不仅是因为航空业对法律程序的极度重视，也因为欧洲和北美地区法律法规之间的巨大差异造成了严重的挑战。在电动汽车领域，人们忽然把目光投向了中国，并惊讶地发现，在那里已经建立了多么高的标准！在中国，标准的许多方面已经被成功转化为了法律或法律建议。我的第三本再次使用德语撰写的书中，《德国道路交通法》是首要的考虑因素。在这本书中，我写了大量关于控制工程的内容，并阐明为了实现自动驾驶愿景，车辆控制系统必须相应地做出改变。同时因为有机会对在海尔布朗恩大学举办的关于"功能安全"的系列讲座提供帮助，这使我深受鼓舞，进一步推动了我的工作。我非常享受我的讲师角色。我不仅能够写一些高质量的论文，特别是在控制工程和软件工程领域，而且还结识了很多优秀的专家和未来可期的学生。这些都让我与科学有了更紧密的联系，并唤醒了我对控制论的兴趣。在我的研究过程中，控制论这个词总是一次又一次地出现，但我总把它推进哲学的分支里太深，以至于打算以后再找出来钻研它。在一次圣诞节的讲座中，我和学生们讨论了 E2E（End to End）机器学习的好处，而他们对这个话题的回应是非常积极和热情的。

尽管在十年前，人们还认为自动化仅仅是一种作为对于驾驶员辅助的评估过程。但现在我们已经清晰地认识到，自动化更像是一种颠覆性的技术。

值得一提的是，与操作安全概念需求之间的关系展示了人们对自动驾驶的基本见解。在汽车安全的背景下，我们还解决了一些新客户项目的问题，这些项目可以帮助初创企业进入电动汽车领域。此外，我们还为既有客户开发了一系列关于带增程器的电驱动系统（E-powertrain with range extender）的概念。其中一个特别的经历是有关燃料电池技术领域的活动，即为一家美国公司开发了用于货车的氢推进、充电和存储过程中的一系列安全概念。在前往美国西海岸的多次旅行中，我遇到了许多安全技术领域的老朋友，同时也遇到了对汽车技术及其自动化有着全新想法的新面孔。无论是源于 PC 显卡的技术，还是试图依据客户需求用 3D 打印机制造整车的汽车制造商，这一切都极大地拓宽了我的视野。随着 2018 年版 ISO 26262 的修订，不仅商用车成为了该标准的焦点，ASIC 和 FPGA 等也成为了重点。现在，我能够适应新技术对新软件和安全流程的支持，并整合出新的微控制器概念：例如遵循 ARM 规范的 CPU，这被应用于激光雷达技术的发展以及新硬件概念的使用，比如人工智能的多内核或硬件加速器。在 2019 年初，我调到了中央工程部门，除了车辆安全外，还参与了一些安全技术的新应用领域。在工作过程中，人们可以非常深入地了解科学和技术的现状，而非仅仅局限于对产品责任的考虑。这本书使控制论的主题超越了法律的限制以及社会接受的范围。这一想法源自我执着于寻求最终的答案或本源。我的博士学位课题是关于如何将车辆的行为与从事道路交通的人们联系起来。在探索过程中，我反复地想起控制论的基本原理。但我发现通信技术、控制工程和安全工程领域的最新技术未能提供充分的答案。尽管如此，通过与教授们的讨论和关于风险分析的论文为我提供了一个很好的框架，也夯实深化了我在自动驾驶领域的思想。

除了能量守恒定律，我们还从物理学中知道了动量守恒定律，还有今天许多人都害怕的信息守恒定律。但我们必须应对这些守恒定律，并从中学会控制风险；否则，我们无法掌握自动驾驶技术。所有这些守恒定律都可以被放到任何环境条件下。在这个基础上，如何以多种不同的方式向系统添加必要的能量，工程师们可以自由发挥。不过，像维也纳公约这样的法律基础不能被完全废除或推翻。作为一种保存信息的方式，它已经深深地扎根于几代人的思想中。人们的正义感也正是建立在其基础之上的。但是，我们对这类原则理解越深入，就越有可能找到可以造福人类的解决方案，并恰当地评估其风险。

我的父亲负责维持整个家庭的生计，并提供温馨温暖的家庭氛围，使我们能健康长大，免受饥饿之苦。同时他深知授人以鱼不如授人以渔，教会了我们如何通过自己的双手和智慧去获得想要的东西。我的母亲则是一个做事情很有条理的人，她一直陪伴在父亲身边，照料他的生活，直到他因病去世。她负责整个家庭的生活开销，并教导我们如何明智理性地运用手头的资源。

父亲是在新型冠状病毒肺炎的大流行中逝世的。在他生命的最后那些日子里，他已经很难能够再次清晰地认识所有事情之间的相互联系。弥留之际，他仍在不断追问我，比如我们什么时候才能把电动大众汽车开上公路、什么时候才能把燃料电池应用到现实生活中。不幸的是，我再也无法当着他的面回答这些问题了……

致　谢

　　十分遗憾的是，我不能特定感谢任何一个人，因为他们对我而言都太重要而难以衡量，而且我经常会因为记性不好而不能完全记起所有重要的人。除了和父母、孩子和妻子之外，我还有很多与朋友、大学教授和学生们在一起时的激动人心的经历。这些经历激发了我的诸多思考，并为撰写这本书打下坚实的思想基础。另外值得一提的是，社交媒体给人们留下了深刻的印象。它彻底地融入了我们的生活，让我们可以与世界各地的人们保持联系，并从中获得各种反馈。在众多场合，比如在研讨会中，或者当我们在餐厅见面讨论时，都可以随时进行个人接洽。例如有一次，我在故乡洛尔施（Lorsch）一家美丽的餐馆里，有幸认识了来自世界各地的人们。在这个美丽的小镇上，我们讨论了关于出行和通信方面在未来的发展和设想。在新冠肺炎疫情封锁期间，我们甚至与航空和汽车行业的专家们建立了线上交流。在那次富有成果的线上交流会议上，有些专家甚至还喝起了啤酒，因为他们无须担心会后要开车回家。

　　此时此刻我还在牵挂着在天堂团聚的父亲和弟弟。对我来说，他们也和许多良师益友一样共同指引着我。遗憾的是，现在的我不得不依靠想象来获得他们的反馈了。如果他们得知了我的这本书，会产生什么样的想法呢？

汉斯 - 莱奥 · 罗斯

德国，洛尔施

引　言

　　我之前出版的第一本书更侧重于安全标准，并着重讨论如何为汽车电子设备开发安全机制的方法。我的历史和哲学知识背景经常反映在以往的书中，但在这本书中，我特别强调的是控制论，它是控制工程、通信工程和自动化技术之母。控制论在社会学中的衍生发展给予了我们许多关于如何评价人类行为的启示。今天的系统工程中许多的方法都源自于在控制论进一步发展过程中做出贡献的著名学者。这些方法和原理已经在其他行业和应用领域中占有一席之地，发挥了影响力。尽管不能直接转移到新的背景下，但是这些方法和原理确实提供了与以往完全不同的思考问题的视角。控制论给予了我们一些预测未来的想法，甚至是通览未来或过去的方法。尽管占卜不是一种可靠的安全手段，但历史上一直存在军阀倾信神谕、占卜者和萨满更甚于他们的战略家的例子。预测方法的系统应用需要同时包含对预期功能以及故障情况下可能行为的预测，否则我们就无法构建安全论据。今天，战略家们学会了将这种评估和不确定性结合，并纳入其战略规划。很不幸的是，尽管当今已经有了澄清手段，民粹主义的声音仍然不绝于耳，如果依据系统方法进行分析，民粹主义的欺诈本质将显露出来。

　　由于新冠肺炎疫情和柴油门（Diesel Gate）事件的出现，人们似乎改变了出行偏好。新千年之初，驾驶辅助系统的构想开始向后来的自动驾驶汽车进化。最初，驾驶辅助技术使驾驶员的基本驾驶任务变得更容易，随着该技术的发展，驾驶员的任务也将逐渐减少。近年来，我们愈加意识到，为了真正使新功能适合人类，可持续技术的观念必须进一步转变为技术革命。而且更重要的是，社会和主管部门不认可自动驾驶车辆仅仅通过驾驶员功能的自动化就能提供更安全的道路交通。工程师们已经意识到，人类驾驶员在驾驶时实际要做的事情要比现有自动驾驶系统能够实现的功能多得多。起初人们认为，只要通过提高系统的计算能力就足以实现人脑的功能。于是出现了搭载服务器技术的微处理器，以增强微控制器的性能，还出现了能够提供附加功能的显卡技术。如今汽车上的许多微控制器和微处理器架构，仍与约翰·冯·诺依曼（John von Neumann）一百年前所提出的一样。但是，即使在具有冯·诺依曼架构（von Neumann structure）的控制器上，也有许多关于人工智能的新想法，还有许多关于机器学习的软件解决方案被提出。当然，现在大多数车辆在执行器，特别是用于制动和转向系统的执行器上，使用的还是基于传统软件的电流控制单元。能量和通信系统的 EE 架构也还是沿用传统内燃机汽车的平台，所以每当各个厂商实施新的安全性或防护性功能时，时序延迟和逻辑上的不一致就会导致通信的可靠性降低。目前，网络技术尚未在真正意义上应用于汽车，车上大多数通信节点的结构仍然与 CAN 总线类似。特别是，现有的 ESP 系统或转向辅助系统仍然不是遥控或线控的。即使是 20 年前开发的"主动前轮转向系统"也仅在某些车辆中被少量使用，且大多数仍然采用三相电动机执行转向辅助，在这样的系统中，驾驶员必须在某些故障发生后进行接管。很遗憾，我们必须承认，目前系统的自动化程度还远远达不到人类驾驶能力的要求。具体而言，当今的车辆系统还无法适应现有道路交通，在任何危急情况下做出正确决策，抑或是像条件反射一样避开从学校门前跑到马路上的孩子。关于不确定性、不可预期性和高复杂性的讨论已经有很多了，但是，目前的传感器、用于目标或环境感知的算法以及执行器还远不能满足所需的功能。对于人类驾驶员来说，虽然需要年满 18 岁才能驾驶汽车，但并不是因为人类的感知能力、神经系统和直觉反应需要那么长时间的训练才能让他们驾驶汽车。尽管国家交通和安全部门鼓励行业为自动驾驶寻找适当的解决方案，但他们也要求自动驾驶至少与人类驾驶员具有相当的安全水平。尽管累积的事故统计信息显示，系统可以比一个普通水平的驾驶员更可靠地控制车辆。但是，这些交通事故起因并不一定是人的感知和理解错误行为，而是经常归咎于超速、危险超车、压力、酒精和疲劳等因素，系统的行为通常始终如开发人员所预期的那样，因此上述因素都不是系统控制的车辆发生事故的原因。换言之，有人试图争辩自动驾驶系统应该拥有与人类驾驶员相同的事故统计数据，即使不止一个国家或地区的规则倾向于这种论调，甚至整个社会也都在质疑：这种主动的风险平衡是否可以接受？多年以来，汽车行业一直宣传的是速度、更强劲的动力、更大的内部空间、更高的座椅位置和更高的舒适度。汽车制造商将 SUV 设计成快速、动力强劲且安全的车辆，但驾驶员也会因此放松警惕，更倾向于危险驾驶。速度极限为 80km/h 的货车以及速度极限为 250km/h 以下的跑车是不会有人购买的。现在，这样的限制正受到消费者保护主义者、环保协会以及交通专家的极大质疑。在市中心限速 30km/h 就足够了吗？这样的措施会减少污染颗粒物吗？有些制造商还希望借助环保汽车来提高其在市场上的地位。而另一些制造商已经不考虑个人出行的环保与经济性了。难道我们只能通过减少交通来保护我们的城市免于崩溃吗？这会不会把我们的中心城市变成鬼城？进而使我们不得不习惯于欧洲不断出现像没落的"汽车之城"底特律一样荒废的景象？美国城市的复兴也许可以成为欧洲城市的正面榜样。但社会层面安全理念的前进方向究竟在哪里？让我们把目光投向亚洲，在那里，正在制定越来越多的规划。通过社会认可的方式在小范围内聚集大量的人，以建设一个良好的社区。在这些规划中，整个住宅区在以人为本的设计基础上，有条不紊地计划和实施各种管理措施。残疾人、老人、儿童既能保障自身活动的安全，又不会对他人的活动和自由造成影响，相应地将提供最佳交通流量的高速路规划出来，其中一部分分布在地下，这样能使行人和骑自行车的人在地面上拥有独立的交通空间。

这还意味着高速路可以更容易地适应自动驾驶功能。如果汽车行驶在完全不同的车道和高度上，不同类型的道路使用者之间发生事故的风险会显著降低。在阿拉伯国家，已经有了整个地下城市的规划，甚至连足球场都可以从地下进入，并且还装有空调，在那里每种交通方式都有自己的路线。这些是否也会是欧洲的解决方案呢？我们的社会能接受如此庞大的建设项目吗？这在欧洲很有可能行不通。因此，欧洲在未来的出行概念方面就该越来越落后吗？为什么只考虑隧道，而不向上建造呢？我们知道，在美国有遍布不同高度上的桥梁和高速路交叉口。问题是在这样的城市里人会舒服吗？恐怕不会。但是，对于这个问题也有新的解决方案，为什么要一座又一座地建桥梁，而不是直接飞行呢？要知道，燃料电池可以内置在飞行器里。在一百多年前，齐柏林飞艇就已经用氢飞行了。既然太阳能是足够多的，那么就让我们利用太阳的能量来电解氢吧。这样一来，空中出租车将从一个摩天大楼飞到另一个摩天大楼。这将是多么精彩的表演啊！整个天空充满了由电机驱动的无声的空中出租车。我们可以借助人工智能技术，把转子叶片的噪声降至最低，这样噪声也就不会成为问题了。这么做还可以避免事故，因为空中交通早已比道路交通更安全了。也许氢还将用于无声火箭推进系统中，以连接各大洲之间或更远距离的地方。这种火箭发动机只需要将运输舱发射到大气层外，然后它就可以不需要外部能量滑翔到地球上的期望位置。可是我们会喜欢大型飞行器不停地绕着我们的城市吗？诚然如此，但在阿拉伯的城市地表上已经很热了，成群结队的飞机带来的干扰也不会显得那么严重，并且理论上也不会危及任何人。沙漠里的太阳能非常丰富，可人类在这里永远不会感到舒适。那么，为什么不利用这些地区进行新技术的基础研究呢？这些想法在2019年可能被视为异想天开。但是因为新冠肺炎疫情带来的危机，许多错误判断和过于激进的预测都将会变成现实。当然了，现在民众缺乏方向感，科学家和学者们都在谨慎行事。而政客们则试图挽救可以挽救的东西，有的非常亲民，有些则打着希望的口号。奥伦·哈拉里（Oren Harari）宣称通向下一次工业革命的桥梁已经变得清晰起来，"电灯诞生不是因为蜡烛的不断改进"。今天，人们更愿意听到这样的口号："危机即是机会！"

人们经常说"现在的业务都是软件业务"，但迪恩·莱芬韦尔（Dean Leffingwell）却说这并不意味着任何问题都可以用软件解决。早在50年前，托马斯·沃森（Thomas Watson）就曾预言："我认为全球可能只有五台计算机的市场"，他从没想到人们将来某一天会利用计算机查看社会的进步和新机会，进而开拓新市场。在本书的第3章，我尝试介绍了一些来自苏联的关于"网络国家"的初次体验，即一个数字国家的想法——"赛博托尼亚"（Cybertonia）。早在20世纪50年代，他们就有了发展覆盖整个国家的网络的思想。中央控制的优势也是生产性地方经济部门的机会。这意味着这些地方部门可能已经发展出自己的智慧。从经济学的角度来看，彼得·巴特尔斯（Peter Bartels）曾说："任何相信他们能够孤立地掌握数字化的人都会发现，他们在网络世界中会遇到困难，因为网络世界是充满竞争的。"

中国人也认为数字化是国家发展的绝佳机会。他们不再尝试在内燃机领域超越西方的汽车工业，取而代之的是将电动汽车视为汽车的未来。最初，电动汽车仅利用电池作为能量源。因为燃料电池技术已经取得了长足的进步，现在又开始使用氢能。除此之外，中国还拥有稀土、锂和钴等原材料，这在世界范围内是非常难得的。此外，中国的通信公司也是世界领先的。中国人的智慧可以用一句谚语来形容："当变革的飓风涌动时，有些人筑起围墙，而另一些人则建造风车。"当然，我们每个人都以为，随着工业化的发展，中国首先想到的是建造越来越高的中国长城，但这次我们错了。在数字化时代，是没办法通过高筑围墙来取得技术进步的，这种行为仅仅在美墨边境被尝试过。在数字化时代，你必须明白的是，只有将沟通和交流最大化才能实现进步，当然，同时还要受到组织控制的限制。这与梅尔文·E.康威（Melvin E. Conway）的名言相呼应："当一个机构进行某系统的设计时，会受到该机构自身使用的组织通信架构的约束。"我们今天的汽车EE架构也适用于这句话。但这也意味着，在目前的组织结构下，我们只能尝试遵循旧的规则，而取得不了任何实质性的进步。但是，未来我们的出行方式将会是什么样？如何将数字化和出行协调起来？要想日后使用新技术来赚钱，就必须相应地开拓新市场，产品开发的组织结构也必须适应市场需求。未来市场对内燃机的需求将所剩无几，所以即便今天的内燃机汽车还能满足我们10年的出行需求，也不用再期望在该领域有什么创新，燃料驱动的汽车只能通过混合动力来延长其产品生命。在数字化技术和移动出行之间，也存在着难以逾越的鸿沟。虽然无线通信技术使我们能够很好地突破距离限制，进行虚拟交流，但我们却无法交换真实的情感和体会。显然，未来衡量产品及其价值的重要原则可以表述为："有朝一日，在数字化的世界中，最宝贵的是那些无法数字化的东西"。

开拓新市场的机会在哪里呢？从市场需求上讲，"安全"是最常被提及的要求之一。但安全这个术语本身存在着模糊性。在德语和汉语中，只有一个词用来代表安全（英语中，Safety和Security对应安全的不同方面）。而不管是在任何立法方面，还是不同的社会层面，或者专业领域和不同的语言中，都没有阐明英文中的两个术语是如何区分的。一方面，我们会谈到社会保障（Social Security），另一方面，我们从事故预防的角度讲安全（Safety）。本书以网络安全（Cybersecurity）作为安全（Safety）的基本前提，把安全（Safety）一词作为通用术语。从技术意义上来说，"可靠性"（Dependability）经常被用作总括性术语，但这一术语在汽车界也尚未找到明确的定义。安全和保障（Safety and Security）是社会出行中各方受益人和利益相关者们都共同要求和宣扬的。但实质上，各方的诉求在安全性的需求方面有很大差异。尤其是在民粹主义的舆论影响下，首要需求往往也会退居其次，媒体的意见也有很强的影响。个人的安全需求与社会的安全需求也有着不同的关系。投资安全性（Investment Security）、合同安全性（Contract Security）、位置安全性（Location Security）和贸易安全性（Trade Security）是用于描述业务保障因素的术语。诸如信任（Trust）、可靠（Reliability）、忠诚（Loyalty）等术语是对良好的业务合作伙伴的要求。而威胁（Threats）、危险（Dangers）和危害（Hazards）常被用来表述相反的意思，即人们不想要的东西。在此，我们能一次又一次地感觉到，安全和保障常常本身就包含着矛盾。像保护羊免受狼的侵害那样对整个所处环境进行庇护，通常是首选的安全手段，但这通常也意味着束缚。如果一个人感觉被永久监视，他的行为就会变得越来越不安全（Insecure）。这是因为过于严密监视的环境限制了个人的自由，而当组织形式过于严密，就限制了整个社会的自由。在这里，我们还可以找到另一个术语，其定义非常不同，即保护（Protection）一词。我们或许还会有疑问：保护与安全有何关系？保护是一种安全机制吗？暂且不作回答。除了安全该术语本身的模糊之外，其与风险（Risk）的关系也相应是模糊不清的。个体感受到的风险和社会所接受的风险是完全不同的两个参数，在技术系统的开发过程中它们的意义往往截然不同，在产品论证中也大相径庭。在开发新产品时，必须以社会公认的风险为导向。

许多这样的问题和定义都还没有被社会和行业搞清楚，因此我们需要进行许多开创性的行动，来找到进入新出行时代的途径。在本书中，我们重点介绍如何抓住挑战，并使它们变得清晰。但本书没有描述具体的解决方案，只给出了一些如何找到正确解决方案的提示，通常情况下，解决方案也是要经过讨论的。本书讨论的很多问题都是关于汽车市场和未来出行市场的，也许你会有疑问，这和安全有什么关系呢？因为许多安全指南都源于贸易法规。产品责任规范和标准的制定，需考虑最新的技术水平和科技状况。在全球疫情的重大影响下的后疫情时代，现有的许多用于减少贸易壁垒的举措当然需要重新讨论。但从本质上说，由于新冠大流行的风险，整个社会已经产生了更加强烈的安全和保障意识。以下这些问题也是我们要讨论的：为什么各个国家都在讨论IT安全法（IT security laws）？要保护的对象是什么？国家授权的木马病毒是打击恐怖主义和破坏活动的有效手段吗？多大程度的透明度是必要的？安保（Security）、安全（Safety）和保护（Protection）机制信息的披露，达到多大程度才算是危险的？

第1章试图探讨法律方面的话题。基于这样一个假设：安全被定义为不存在不可容忍的风险，即国家当局在其法律框架内规定的最低安全要求水平。我想提醒的是，此处尝试性的解释确实能在法庭上"安全地"获得所期望的公正对待，但是每种情况都必须对其具体背景进行考虑。国家、立法者和监管机构都必须被视为未来出行的关键利益相关者，履行确保道路安全、制定交通规则、监控交通情况、确保法庭公正以及公诉人对死刑案件提出指控等职能。另一方面，保险公司、各种游说组织和消费者保护组织也提出了很多安全要求，这些要求通常也与最新的关于伤害鉴定的技术水平相关。这样的法律背景是交通工具的体系结构和设计，以及控制这种交通工具的系统的主要发展动力。

第 2 章试图让人们更好地理解出行的风险。涉及以下问题：就法律和各种标准而言，风险和安全的关系是什么？各种风险管理系统的主要区别在哪里？哪些风险是相关的以及如何评估风险？在开发复杂的网状交通系统和相应的交通工具时，各方的风险是什么？预期使用和非预期使用之间的关系是什么？什么是误用以及什么是可预见的误用？网络安全风险和事故风险有何关联？在损害程度和产生风险的概率上，是否都适用于同一标准？基础设施如何与交通工具分担风险？其他道路使用者如何与车辆分担个人的出行风险？所有这些方面的问题都应该被仔细审视，本章试图展示不同的观点，并阐述可能的解决方案。

第 3 章跳转到了控制论。控制论被认为是控制工程和通信工程的基础，并且行为生理学的许多方面也来自于控制论。我们该如何描述公共道路交通中安全的和正确的行为呢？控制论有什么帮助？在本章中，我还试图论证为什么人们不应该谈论自动驾驶车辆。我试图从控制论的某些方面，推导出个人出行自动化的本质基础。当驾驶员开车时，他做了什么？他观察到什么？他需要注意什么？他必须对哪些方面做出反应？哪些方面又不该做出反应？这一切和他的反应有什么关系？

此外，第 3 章还展示了另一个重要方面的问题：一个人在交通环境下必须履行哪些职能以及需要什么技能？"能力（ability）"这一术语与"什么是功能需求，什么是必要需求，相应系统必须具备哪些技能才能满足这些需求"这些定义相关。是什么促使控制论之父们做了这些研究，并提出了所有当今技术中使用的各种原理的假说？反映人类能力的技术体系将会是什么样子的？人类到底是像一个控制单元一样工作，还是一个通过许多反馈回路形成意识并不断学习的网络系统？仿生学的思想和我们现在的网络自动化概念有什么不同？"自动化"真的只意味着把人的功能转移到技术系统中吗？自动化工程师们的基本任务不是为技术系统找到更好、更合适的实现方法吗？自动化任务的中心不是系统用户的利益吗？自动化的任务将带来哪些好处？本章不涉及商业利益，而是有条不紊地针对必要性、适用性等问题进行探讨。我们还能从功能和"人（Human）"这一系统中学到什么？单个功能元素的任务是什么？它们一起工作时的区别是什么？人类用来感知的手段是什么？为什么在背景环境中认知自己很重要？哪些控制回路用于感知？串联控制是如何分层的？驾驶汽车时，驾驶员使用哪种闭环控制回路？机器人领域已经有许多相关的研究方法，把机器人的任务和自动化技术联系起来的是什么？这些主题中有许多都与处于技术中心的人类有关。从这些 100 多年来的发现中，我们有机会在数字化的新千年中发现新的重要的客户利益吗？

第4章主要提出，使用系统工程作为核心方法来得出解决方案。如何把一个系统放进正确的背景环境下？背景环境对一个正常运行的系统有多重要？不同的观点和见解对系统来说意味着什么？为什么有必要用不同的抽象层次来描述一个分层结构的系统？第4章创造了一个活动矩阵，其中包括了对基本运行功能的规划的描述。结果表明，在原理上这些系统功能活动是类似的，但它们因其新的背景环境而改变。基于 V 模型方法，可以延长经典的安全生命周期，以缩小与安全运行概念的差距。在运行域（Operational Domain）内，所有必要的预期功能都源于预期行为，并且可以确定相应的必要保护机制。可以说，运行域为所有主动安全功能奠定了基础。不仅提供了对主系统本身的保护，而且还对乘员、骑车人以及行人保护子系统提供了保护。所有的性能和时间约束也都来自运行域。在不同的交通、天气或道路条件下，需要的系统响应不同，并因此导致对道路车辆的行为要求也不同。在晴天和人流量少的理想道路上，风险要比复杂多变情况时的风险低得多。那么，我们的问题是：为什么同一系统在不同的自然环境或具体背景下表现不同？为什么在不同情况下，即使人机界面是允许按同一方式处理的，人的反应也会不同？功能和系统开发之间有什么区别？软件开发与此有何关系？软件开发过程是否始终通用？系统网络中软件的目标是什么？我们要谈论的是软件的安全性（Safety）还是安保（Security）机制？是否有必要实施保护（Protection）机制，或者只要实现最初预期的功能？在这种情况下必须考虑什么？为什么操作系统的开发或集成与基础软件建设需要不同于应用软件的实现流程？我们如何实现针对未来出行需求的安全通信系统？我们如何把控必要的性能？系统工程需要平衡各种技术要求，例如性能、时效、可用性、安全性和保障性。即使从一个角度来看是最安全的系统，在另一个角度下未必就比其他方案更好。例如，对于需要高度可用性的系统，我们最关注的是其安全性吗？这些问题如何进行平衡，取决于系统的预期用途。本章试图提供一些视角和观点，以评估开发安全系统的必要措施。

第5章从组织的视角上，提供了对于系统及其工作背景的见解。导致许多风险的原因都源于组织上的缺陷。我们有几种方法可以找出来自组织上的风险的原因。未来移动出行的商业模式是否仍然相同？车主、驾驶员、制造商和供应商们的角色将发生改变。提供运输服务的运营商又将扮演什么角色？我们能在铁路行业或者航空业找到类似的结构吗？各级厂商如何与终端用户接触？仅仅通过售后市场，是否可以在车辆使用期间出售新的服务和安全功能？

第6章提供了自动驾驶的解决方案。我们可以考虑从人类系统衍生的解决方案，或通过运用机器学习来实现安全应用的解决方案。人工智能的局限性已经有所显现，为了达到自动驾驶，之前分配给驾驶员的任务现在必须完全分配给一个或多个系统。但具体任务该如何分配，驾驶员或系统在驾驶过程中必须感知什么，以及必须具备什么能力来达成安全驾驶，这些选项不是一成不变的。我们可以，也必须改进我们的系统，因为当今的系统从感知到其转化为充分及时的响应上还远远不够成熟。

一些来自其他行业或技术领域的范例可以被借鉴到新的出行解决方案上。尤其是航空领域诸多的完备解决方案，可以使公路交通更安全。尽管航空业距离空中出租车、无人客机还很遥远，但航天技术提供了许多富有创意、有趣且安全的解决方案。例如有些人认为，如果使用天上飞的无人机出行，肯定比地上跑的自动驾驶汽车快多了。虽然不同背景下的风险差别很大，应对措施也不能随便套用，但是来自不同行业的比较和经验可以帮助我们更好地评估可能的解决方案及其风险。

在本书的最后，我以个人的观点来收尾，这些观点是关于如何达到安全出行的问题，以及安全对于人类的利益意味着什么。本书没有包含任何像可以简单照做的食谱那样的说明，主要是为了帮助人们更深入地思考安全问题。

是乘着飞行机器人从一个会议到下一个会议，还是简单地使用数字通信更安全？读完这本书后，相信读者应该能对此做出自己的判断。

目　　录

前言

致谢

引言

第1章　安全——未来出行的基础 …………1

1.1　安全远不止是安全工程 ……… 2

1.2　安全是一项社会权利 ………… 4

1.3　"自动出行"的法律基础 ……… 5

　　1.3.1　德国道路交通法 ……… 7

　　1.3.2　德国道路交通法的由来 ……………… 9

　　1.3.3　为全球化趋势调整交通权利 ………… 9

　　1.3.4　德国针对未来出行解决方案开展的活动 ……… 12

　　1.3.5　日内瓦和维也纳公约 ……13

1.4　欧洲联盟（European Union，EU）和立法 …………… 15

　　1.4.1　与道路交通相关的欧盟指令 ……… 17

　　1.4.2　欧洲车辆分类 ………… 20

　　1.4.3　欧盟关于未来出行的指令 ……………… 22

1.5　许可法 ……………… 24

1.6　美国道路交通法规 ………… 25

1.7　联合国欧洲经济委员会 ……27

1.8　关于未来出行的法律观点 ……30

　　1.8.1　自动驾驶车辆的新许可方法 ………… 35

　　1.8.2　ITS 法律 ………… 38

　　1.8.3　欧洲电信标准协会 ……… 40

　　1.8.4　经济合作与发展组织 ……… 44

　　1.8.5　欧洲运输安全委员会 ……… 46

　　1.8.6　信息技术安全法 ………… 47

1.9　产品责任 ……………… 48

1.10　普通法和民法 ………… 52

1.11　中国的法律法规 ………… 52

1.12　保险 ……………… 56

第2章　风险管理 ……… 58

2.1　风险管理周期 ……………… 60

　　2.1.1　环境建立 ……………… 61

　　2.1.2　风险识别 ……………… 61

　　2.1.3　目标环境下的风险评估 ……………… 62

　　2.1.4　制定策略并处理潜在风险 ……………… 62

　　2.1.5　活动及其目标的开发和定义 ………… 63

　　2.1.6　制定执行和实现策略 ……63

　　2.1.7　计划评审 ……………… 64

2.2　技术风险 ……………… 64

2.3　道路交通风险 ……………… 68

　　2.3.1　技术风险的原因 ………… 70

　　2.3.2　技术风险控制 ………… 71

2.4　道路车辆安全标准化 ……… 75
　2.4.1　IEC 61508 中的风险和
　　　　完整性定义 ……… 78
　2.4.2　依据 ISO 26262 的风险 … 86
2.5　关键基础设施 ……… 94
　2.5.1　关键基础设施组织 ……… 95
　2.5.2　云计算 ……… 96
　2.5.3　交通运输与关键
　　　　基础设施 ……… 98

第3章　出行自动化 …… 100

3.1　人类驾驶：一个闭环
　　控制系统 ……… 100
3.2　人类驾驶行为 ……… 101
　3.2.1　驾驶员的人机
　　　　交互界面 ……… 101
　3.2.2　驾驶员在环 ……… 103
　3.2.3　人类驾驶过程 ……… 103
3.3　人类控制机制 ……… 104
3.4　人类行为 ……… 105
　3.4.1　不同视角的观察 ……… 106
　3.4.2　工业自动化 ……… 107
　3.4.3　多领域对于驾驶行为的
　　　　内容总结 ……… 110
3.5　通信与交互 ……… 111
3.6　作为控制系统的人类
　　驾驶员 ……… 113
　3.6.1　人类通信 ……… 116
　3.6.2　人类感知 ……… 117
　3.6.3　技术控制系统的比较 … 119
　3.6.4　控制系统架构与人工控制
　　　　系统的比较 ……… 121
3.7　循环数据处理与分布式事件
　　驱动的数据处理 ……… 123
　3.7.1　分布式控制 ……… 127

3.7.2　人控系统配置 ……… 128
3.8　控制与控制论 ……… 129
　3.8.1　数字孪生 ……… 131
　3.8.2　关于行为和控制的
　　　　控制论 ……… 135
　3.8.3　控制论和对环境的
　　　　充分感知 ……… 136
参考文献 ……… 139

第4章　系统安全工程 ·· 141

4.1　系统的观察者 ……… 141
　4.1.1　观点和视角 ……… 142
　4.1.2　ISO 26262 体系结构
　　　　模型 ……… 151
4.2　道路交通角度 ……… 156
　4.2.1　道路交通环境 ……… 159
　4.2.2　自动化道路车辆的
　　　　背景 ……… 163
　4.2.3　从利益相关者视角到
　　　　运营视角的细分 ……… 164
4.3　符合 SAE J3016 的运行
　　设计域 ……… 166
4.4　自动驾驶的分层方法 ……… 167
　4.4.1　分层工程方法的
　　　　各个阶段 ……… 173
　4.4.2　环境层 ……… 177
　4.4.3　运行安全概念的发展 … 179
　4.4.4　车辆安全概念的发展 … 179
　4.4.5　工程模型的处理顺序 … 182
4.5　软件开发 ……… 184
　4.5.1　基于 ISO 26262 的
　　　　软件开发 ……… 184
　4.5.2　基础软件的安全机制 … 187
　4.5.3　基于便携式操作系统界面
　　　　的架构安全 ……… 190

4.5.4 POSIX 系统中的故障
与错误 ·············· 199
4.5.5 管理程序方法 ········· 200
4.6 实时嵌入式系统 ··········· 201
4.6.1 时序与决策 ············· 203
4.6.2 实时系统中的调度 ····· 204
4.6.3 硬实时系统中的混合
临界状态应用 ········· 211
4.6.4 控制流和数据流监视 213
4.7 车辆操作系统 ············· 215
4.7.1 汽车开放系统架构 ····· 218
4.7.2 航空无线电通信公司 653 标准
接口（ARINC 653）····· 220
4.7.3 安全处理环境 ········· 225
4.7.4 预测健康监视 ········· 231
4.7.5 安全和保障错误传播 ··· 233
4.8 软件强化工具开发 ········· 235
4.9 验证与确认 ··············· 237
4.9.1 对安全和保障等多样化
目标的验证 ··········· 238
4.9.2 确认 ··················· 240
4.9.3 基于自动驾驶认证方法
VMAD 的确认 ········· 241
4.9.4 ISO 26262 安全确认 ····· 246
4.9.5 确认阶段 ············· 246
参考文献 ····················· 249

第5章 组织的视角 ····· 250

5.1 事故研究 ················· 251
5.2 质量管理 ················· 255
5.3 软件质量 ················· 259
5.4 流程模型 ················· 262
5.4.1 循环过程模型 ········· 265
5.4.2 PDCA 和 CIP ········· 266
5.5 组织导致的复杂性 ········· 268

5.6 车辆结构和组织 ··········· 270
5.7 有能力组织的规模 ········· 273
5.8 组织的结构 ··············· 274
5.9 未来出行的组织方面 ······· 276
5.10 产品开发中的组织结构 ··· 283
5.10.1 沿用至新千年的经典
组织 ··············· 283
5.10.2 开发组织的未来
驱动力 ············· 284

第6章 自动驾驶与
控制 ·············· 286

6.1 车辆行为 ················· 287
6.1.1 道路车辆的自由度 ····· 288
6.1.2 惯性时空系统框架 ····· 290
6.1.3 "真实世界"中的道路
车辆 ··············· 294
6.1.4 临界状态取决于距离 ··· 296
6.2 驾驶员 - 车辆交互界面 ····· 298
6.2.1 驾驶员的可控性 ······· 299
6.2.2 事故及其根源对策 ····· 306
6.3 控制和通信 ··············· 307
6.3.1 事件驱动控制 ········· 307
6.3.2 发布 - 订阅网络 ······· 311
6.3.3 数据分发服务 ········· 315
6.3.4 通信网络和能源运输 ··· 316
6.4 道路交通的危害和风险 ····· 318
6.5 水平和垂直工程 ··········· 321
6.5.1 闭环控制和信号链 ····· 324
6.5.2 不同抽象层的闭环
控制 ··············· 328
6.5.3 分析方法 ············· 334
6.5.4 分层系统分析 ········· 335
6.5.5 保护层的定量方面
分析 ··············· 338

6.6 风险管理方法 ·················· 344

6.6.1 失效模式及影响分析···· 345

6.6.2 故障树分析·················· 346

6.6.3 马尔可夫分析·············· 347

6.6.4 危害和可操作性研究
或分析·················· 348

6.6.5 初步危害和风险分析···· 350

6.6.6 运行安全评估············ 353

6.7 航空业的应用 ·················· 355

6.7.1 飞行包线·················· 358

6.7.2 应用于自动驾驶········· 359

6.8 未来自动出行的前景 ········ 361

展望·························· 362

第1章　安全——未来出行的基础

移动出行领域通常存在介于利益既得者与利益受损者之间的折中关系。即便是现今的交通在道路、飞机航线和铁路线路上，仍然存在噪声、气味、废气等现象，无疑已被社会所接受。但现今有关空中出租车的讨论和无人驾驶飞机的新闻已经表明，社会与出行服务提供商之间也需要寻找新的契约关系，以创造出更好的出行条件。科幻小说总是描绘对未来科技的无限畅想，从儒勒·凡尔纳（Jules Verne）的作品开始，将很多人从一个地方快速地转移到另一个地方的情节，一直就是每部科幻小说的一部分。

在涉及不同于以往所知的新技术或者新创造时，人类的天性就会使我们产生怀疑，这可信吗？会不会有人尝试滥用新技术？

生物学、化学以及核物理学给人类带来了诸多好处，但这些技术也成为我们用于冲突乃至战争的残酷手段。许多教训都使我们意识到，为了防止事故发生，必须对新技术采取管制措施。新技术需要经过考验后，才能取得人们的信任。例如，生物和化学技术的使用要求制定全球性的规范，因此人们建立了相应的国际性组织。其中，一些国际组织共同关注的问题有：

- 如何在战争中使用这些技术。
- 触及人类道德底线的是什么（例如克隆人）。
- 关于技术用途范围的共同协议（对人、动物等普遍适用的内容）。
- 我们如何管理、监控和控制这些限制。
- 我们如何预防和处理事故以及其他方面的潜在危险。

为了防止新技术在广泛使用时产生社会危害，一些基本的共识和协议已被确定。

在"数字技术"的千禧年，实现上述目标具有一定的挑战性。一方面，我们的道德原则和观念是什么？我们的社会如何在新的"数字千年"下发展规则和限制？我们能够控制这种发展趋势吗？另一方面，我们是否需要像上一个千年一样经历原子、生物、化学？我们已经提出了原子（Atomic，A）、生物（Biological，B）、化学（Chemical，C）以及数字（Digital，D）。现在我们需要找到一种使用技术的新方法，让技术与社会发展、人类自由和自然环境和谐共存。

在军事背景下，人们在讨论遥控无人机或导弹的影响时，通常认为这样会令士兵们感觉不到武器的残酷性。如果这种武器会杀死平民，甚至袭击学校和医院，人们担心的可接受间接伤害的门槛就要提高。人们害怕新的武器系统，一方面它们会为用户提供特殊保护，而另一方面这些武器会给人们带来恐慌。从这里我们很快能够提出新的问题，我们是否需要围绕类似的交通风险来减少新技术的应用？

在日常生活中，人们正受到越来越多的网络安全或者其他类型的数据犯罪的影响。滥用车辆来对人类发动袭击的情况变得越来越有可能。对于传统汽车而言，即使黑客攫取了交通肇事者、车辆数据库、驾照持有者的数据，对道路使用者也不会造成特殊风险。但有许多公开资料指出，黑客的攻击能够使交通系统成为恐怖分子的危险武器。

新千年为我们提出了一个关于如何处理 ABCD 问题的挑战，因为 A 作为能源来源计划似乎已经失败了。"柴油门"事件为电动汽车推波助澜，但如何在绿色的基础上产生足够的电能，以及如何将电能储存在行驶中的车辆上，仍然有许多问题。

氢能将是未来的答案吗？排气管只排放水，似乎是一个完美的愿景。

如果让汽车自己在道路交通中做决策，那人们还需要驾驶执照吗？

我们拥有汽车的理由是什么？是在我们需要的时候可以使用吗？

我们付钱来使车辆行驶，并缴纳停车费用。但当车辆占据了我们大部分的公共用地时，每天数百万辆车堵在路上，但里面却没几个人的时候，这样合理吗？

1.1 安全远不止是安全工程

德语单词"Sicherheit"和"Fehler"是被广泛使用的术语。在德语的意思里，"Sicherheit"可以理解为一个没有恐惧，而具有福利、社会保障且使人感到舒适的、受保护的环境。而"Fehler"是指故障（Error）、漏洞（Bugs）、错误（Mistakes）以及偏离预期的行为，在很多情况下并不意味着失败（Failure），但失败在德语里经常被翻译为这个单词。此外还有：

"Ausfall"——终止履行职能（如运动员因病不能参加）；

"Versagen"——表现不佳（如运动员未能如期获胜）。

出行的新思想显然需要对所有这些术语有新的理解，至少要对当前社会规则的理解有更新或更进一步的解释。

由于我们的生活数字化，畏惧新技术的人和热衷于新技术的人之间的界限也有必要重新被界定。

在 2011 年，ISO26262 系列标准作为国际标准发布时，有些电子系统就已经在车辆中得到了非常深入的发展。该法规甚至已经对像安全气囊或防抱死制动系统这样的一些安全系统提出了要求。而早在 21 世纪初，德国汽车工业协会（association of the automotive industry，VDA）里的第一个工作组，就以 EE 系统的功能安全为出发点，以制定电子产品或系统的详尽标准为目标，开始了运作。到 2011 年 ISO26262 最终发布这十年期间，该工作组编写了 10 卷标准文件，包含了共约 1000 个要求。在这些年里还有很多合适的知识、方法和尝试被讨论过，但最终 ISO26262 只选择了其中一小部分。至于剩下的信息，有的被用在脚注里，还有一些则被完全删去了。

在全世界范围内相关机构也启动了各种不同标准化项目，以将该系列标准翻译成各个国家的语言，但还没有被翻译成德语。

然而，ISO26262 不应仅仅只是作为指南，也应该借助其生命周期模型为活动和方法制定要求。

在 2018 年，该标准被首次重新修订。在此次修订中，有意识地在标准的范围里对商用车辆（如商用货车和公共汽车）以及两轮车辆（或三轮车）做了补充（第 12 部分）。此外，还尝试了在信息上进行一些新的编辑和修改，以保持其基本结构。第 11 部分对半导体功能安全性进行了补充，第 10 部分则给出了一些安全可用性的例子。

在对 ISO26262 标准进行修订的同时，电动汽车也得到大规模遍及。而"自动驾驶（Automated Driving）"乃至"自主驾驶（Autonomous Driving）"则引发了公众对于未来移动出行的大讨论。

在电动汽车的使用安全、高压或接触保护和主动安全方面，已经有了一个单独的标准 ISO 6469，即"电动道路车辆安全规范"。这似乎也覆盖了各国法律要求的基本或者相似内容。

而围绕自动驾驶这一主题，则展开了更深入的讨论。其中一个标准化项目，名为"道路车辆——预期功能安全"，项目成果以 ISO / PRF PAS 21448（公开可用规范）的形式发布。这一项目的需求源于 2011 版 ISO26262 标准中的例外情况，即该标准没有讨论的名义性能的安全性，以及没有解决的功能和技术不足方面的问题。进一步来说，在现行车辆安全标准中，使用安全和非 EE 系统造成的安全影响，或由系统环境产生的任何影响，以及所有的误用、安全防护、隐私方面的问题都没有得到解决，法律条规和防护措施还未被系统性地制定和阐述。

对于乘员安全系统，其关键特性主要来自法律标准。它们规定了乘员安全系统的功能、保护目标以及安全相关的其他特殊特性。在过去的几年中，由于新车碰撞测试（New Car Assessment Program，NCAP）或保险公司等发起的消费者保护举措，关于这方面的要求明显增加了。除了乘员之外，行人和骑行者也日益成为道路交通安全的保护目标。因为行人和骑行者被认为是道路使用者中的弱势方，故需要加以保护。

本书从一个更新的、更广泛的角度来审视道路交通安全。重点放在已知的风险源，而非针对特定的标准。我们也需要接受这一事实，即当背景环境改变时，对风险和安全性的要求也就有所不同。

因为对背景或角度侧重不同，人们对规章、要求、指令等的理解往往会产生争议。

1.2 安全是一项社会权利

在每个国家，公民都受到该国家宪法所承诺保障的一定程度上的保护。各个国家的法律规定了进入这些国家海关通道的居民和公民都要求用税收来支持这种受到保护的权利。另外，法律还规范了商品贸易活动。

世界上大多数国家的宪法都是以联合国（United Nations，UN）人权法为基础的。

在网上可以找到联合国提供的相关信息：

"什么是人权？"

"人权是所有人类个体的固有权利，无论种族、性别、国籍、族裔、语言、宗教或其他任何身份。人权包括生命权和自由权，免于奴役和酷刑的权利，观点和言论自由权利，工作与受教育的权利等等。人人都不受歧视地享有这些权利。"

关于"国际人权法（International Human Rights Law）"

"国际人权法规定，各国政府有义务以某些方式采取行动或避免某些行为，以促进和保护个人或团体的人权和基本自由。"

"联合国最伟大的成就之一就是建立了一套全面的人权法，这是所有国家都可以签署，所有人都向往，普遍地受国际保护的法典。联合国确立了广泛的国际公认权利，包括公民、文化、经济、政治和其他社会权利。它还建立了促进和保护这些权利并协助各国履行其职责的机制。"

以上资料来自联合国官网：https://www.un.org/en/sections/issues-depth/human-rights/。

这一法律体系的基础是联合国大会分别于 1945 年和 1948 年通过的《联合国宪章》和《世界人权宣言》。从那时起，联合国将人权法的范围逐渐细化到包括妇女、儿童、残疾人、少数群体和其他弱势群体在内的具体标准，使他们免受在很多社会中司空见惯的歧视对待。

在欧洲，有许多法规和指南都源于欧盟，其成员国必须在具体立法中执行。

具体到德国，基本权利都有以下特征：

• 它们主要对国家负有义务，即不管是涉及行政权、立法权还是司法权，还是涉及同盟、国家或地方当局辖区。基本权利也意味着义务必须得到遵循。

• 它们不区分国家是通过直接或间接的管理方式运作的。或者是在私法（Private Law）或公法（Public Law）的框架下，通过私法的法律实体来进行运作的。

• 基本权利的授权是基本权利属性的一个特征。与民法的"法律行为能力"相对应，基本权利的承载者必须能够持有基本权利。

此外，人们谈及的"每一项基本权利"（Each fundamental rights），其承载者是每个人。因此也可以指代人权，至少在德国人的理解中是这样的。

一般而言，人的尊严在一方面是被赋予的对所有人平等的价值，而不论其出身、性别、年龄或地位等不同特征；另一方面，人的尊严也是人们把自己定位为一种关于所有其他生物和事物而存在的价值。

在古代，基本权利的来源之一是智者（例如，亚里士多德）对各种不同情况的理性解释，这些也可以延伸到交通权利。因此它也适用于道路交通中在公共道路上移动的每个人，并对他们站的地方提供一定保护。

对于企业的产品或服务所面对的各种情况，乃至人们生活的各种方面，都必须相应地为人们提供一定程度的安全或社会保障。在任何情况下，对服务对象都要求有相关的保护承诺，且危险应被排除。在合理的具体背景下，障碍因素应达到可以接受程度的范围。

因此，这些基本权利来源于提供产品和服务的所有具体领域。从这个角度来看，这当然会对法律法规在不同的适用范围和分支领域内的应用产生巨大的影响。除了人权之外，产品责任也是道路交通法规的基础之一。

《德意志联邦共和国基本法》对基本权利的保护有如下规定：

"第23条[欧洲联盟 - 基本权利的保护 - 附属原则]（1）为了建立一个统一的欧洲，德意志联邦共和国应参与致力于民主、社会和联邦原则的欧洲联盟的发展。并保证法治和辅助性原则，基本权利的保障水平，与本基本法所能提供的大致相当。为达成此目的，联邦可以在联邦议会的同意下，通过法律移交部分主权。对于欧盟的成立，及其条约基础和可比较法规的变更，需要对本基本法进行修订或补充或是可能要修订和补充的情况，应遵循第79条第（2）款和第（3）款的规定。"

以上内容来源：于1949年5月23日颁布，并于2017年7月13日最新修订的《德意志联邦共和国基本法》。

这表明，德国遵循欧盟的基本原则。

1.3 "自动出行"的法律基础

道路交通遵循历史进化发展规律。即使在石器时代，人们也会使用行之有效的方法从一个地方到达另一个地方。从那时起，人们就知道在坑洼地带，或在丛林或多岩石的地区，使用相同的路径更容易到达，因为这样移动速度更快，而穿行者的风险也较小。至少从罗马人的时代开始，人们就修建优先给各类马车通行的道路。从阿皮亚（APIA）到罗马的道路是其中最著名的一条。对罗马的居民来说，在街上被一辆战车碾过是已知潜在危险。受过良好教育的罗马人知道这种危险，也对此采取过相应的行动。但如果是奴隶被碾过，那通常只意味着赔偿了事。

在这方面最早的法规之一是《1861年机车法案》（Locomotive Act 1861）；其中，第70章的内容介绍如下："一项关于在收费公路和其他道路上使用机车的规范，即对此类机车或由该机车牵引或推动的货车和车厢征收通行费的规定"。

它规定了以下原则（在该法规的子章节）：

- 本法通过后的收费标准。
- 废止以前关于机车通行费的法令。
- 机车的尺寸和重量。
- 每对车轮的重量。
- 内阁大臣有权禁止破坏高速公路或对公众构成危险的机车的使用。
- 在悬索桥或其他桥梁上使用机车要求受到的限制。
- 机车对桥梁造成的损害要求由车主负责修复。
- 蒸汽推动的机车要求处理其自身的烟雾。
- 机车和货车责任人的人数。
- 对免收货车通行费，以及根据任何一般或地方法案，免收通行费的规定。
- 公共高速路上的机车速度限制。
- 适用于机车的与收费公路相关的一般法规。
- 对妨害行为采取行动的权利。

以上内容摘录自《1861年机车法》，可以从此处下载：
https://www.legislation.gov.uk/ukpga/Vict/24-25/70/enacted.

这项法案不仅赋予了英国政府征税的权利，还规定了机车对道路、桥梁的使用，以及机车速度的限制，对噪声、蒸汽等相关污染也进行了一定的关注。其明确地涉及了机车及由同一车头牵引的货车和车厢的相关问题。而在1865年的修订版中，要求一个举着红旗的人必须站在火车前方，并至少完成两项安全任务：

- 使车辆减速，此时的车辆必须以步行速度行驶。
- 警告接近的行人和骑马的路人，使他们注意。

因此相对机车而言，其他道路交通参与者的优先级似乎并不算是最高的。当然在这一点上，世界上其他的地方也并无二致。

事实上在超过60年的时间里，直到第一条人行横道作为强制手段被设立之前，汽车一直占据着交通主导权。在柏林，第一条斑马线很有可能是在1952年3月设立的。1952年7月8日，12条人行横道被正式粉刷在慕尼黑的街道上。1953年8月24日，立法机关颁布的《公路法》（StVO）第26节的第一小节，便是关于德国的人行横道。然而即便如此，事故数量还是在增加。在当时，只有那些已经在人行横道上的行人才被给予优先权，驾驶员们也不必停车，人行横道仅仅只是作为事故预防措施。他们不受约束的肆意驾驶导致了许多交通事故。这样的情况，直到 1964 年 6 月 1 日"行人优先权"被引入后才得以改善。"Lex Zebra"成为对驾驶员的强制性要求，其含义是要特别注意斑马线上的行人，必要时要求停车。这样做的结果是：最初事故率上升了，但死亡率却明显在下降。而行人保护在后来的车辆设计中还特别成为了一个优先事项。例如车辆前部的设计，以便在事故发生时不会造成严重伤害的后果。

现今已经有了许多涉及交通规则和道路交通法则方面的法律，即使有一些点上的法律工作还未被确立下来。大多数的多元的工作在后来以跨国合作的形式进行了整合。迄今为止，已颁布的最一致的法规是《德国道路交通法》（Straßenverkehrsgesetz，StVG）。

在德国，许多法律的基本原则已经被纳入国际协议，同时也被许多国家引入到本国的交通法当中。

1.3.1　德国道路交通法

《德国道路交通法》是一套非常完整的法律要求，涉及德意志联邦共和国境内的道路交通法规。

《德国道路交通法》是一部联邦法律，塑造了德国交通权利的基础。该部法律与《驾驶执照法》（Fahrererlaubnis-Verordnung，FeV）、《车辆许可法》（Fahrzeugzulassungsverordnung，FZV）、《道路交通规则》（Straßenverkehrsordnung）和《认证法》（Straßenverkehrszulassungsverordnung，StVZO）一起，构成了这一领域的法律监管体系。

由于要与欧盟法规进行协调统一，各种法案都在重新筹备的过程中，而其要解决的主要问题仍然保持不变。

《德国道路交通法》的部分目录如下：

－ 第一部分：一般交通法规
－ 第 11 节
• 机动车管理
• 机动车牌照与登记
• 驾驶执照
• 有关驾驶及犯罪的条文
• 道路交通
• 事故
• 有关照明、噪声、喇叭和反光镜的条文
• 安全带和防护头盔

- 机动车重量
- 驾驶规则
- 规章
- 计分制
- 第三部分：公共客运车辆及道路牌照法规
- 公共客运车辆道路牌照
- 售票员执照
- 许可证的一般规定
- 驾驶员、售票员和乘客。
- 第四部分：商用汽车法规
- 第五部分：机动车的国际流通
- 第六部分：一般道路和车辆
- 第七部分：总览
- 第八部分：执行和管理的特殊权力
- 交通罚单
- 交通督导
- 特别执行规定。

一些部分的内容描述和示例如下：

第1节：基本交通规则

在此处，包括了关于汽车和拖车（在认证法中执行更严格的规定）许可的基本交通法规，以及作为驾驶执照权利基础的人员交通许可（执行的具体规定在《驾驶执照法》中）。其中，一项重要的法规在 StVG 第6节，其授权联邦交通部可以免除其他监管交通的法定法案。

第2节：责任

此处对交通事故造成的人身伤害和财产损失的责任进行规定。

第3节：违法与处罚条例

此处描述了无证驾驶，滥用指示信号，在受精神活性物如酒精等的影响下驾驶的处罚规定。

第4节：驾驶员登记

此处对驾驶员许可登记的管理给出了定义（"Flensburg-Punkte"）。

第5节：车辆登记

此处描述了车辆登记，其适用于所有德意志联邦共和国境内登记的车辆和车主。

第6节：驾驶执照登记

此处描述了地方和中央对驾驶执照登记的规定，以管理所有在德意志联邦共和国境内使用的驾驶执照，并记录其是否仍然有效。

第 7 节：其他

此处包括一些通用的法规和过渡性条款。

德国联邦交通和数字基础设施部（BMVI）也在以下网页上提供了《德国道路交通法》的信息和译文：

https://www.bmvi.de/SharedDocs/EN/publications/germanroad-traffic-regulations.html

"第一部分：一般交通法规

第 1 节：基本交通规则

（1）道路使用者需要保持谨慎，且相互尊重。

（2）道路使用者的举止行为，不得伤害或危害他人，若非不可避免的情况，也不得妨碍他人或给他人造成不便。"

以上内容摘自：https://www.bmvi.de/SharedDocs/ZH/publications/germanroad-traffic-regulations.pdf?_blob=publicationFile，2019 年 7 月下载。

基本规则要求驾驶时要始终保持谨慎小心，以免他人受到危害或防止无可避免地给别人造成危害。在许多法庭审判中，损害赔偿金或事故处罚是根据上述第一段决定的。

1.3.2　德国道路交通法的由来

任何国家的道路交通法规都有自身的发展历史。它们都是在基于对专用领域进行规范或提供指导的需求上发展起来的。

1909 年 3 月 3 日，《德国道路交通法》的第一版公布，名为机动车交通法（"Gesetz über den Verkehr mit Kraftfahrzeugen"）。

其第一段定义了适用性：

"在公共道路或广场上投入使用的机动车辆必须获得主管部门的批准才能通行。"

"本法所称的机动车辆，是指通过机器动力移动而不受铁轨束缚的汽车或两轮车。"

1953 年 1 月 23 日，《德国道路交通法》开始生效。它已经包含了一些直到今天仍然有效的法规，例如制定的对生产者、所有者和驾驶员的赔偿责任规定。

1.3.3　为全球化趋势调整交通权利

几乎任何一个国家都有自己的道路交通法。它们都有不同的历史以及其他一些需求，以此来确定优先事项。但几乎所有国家交通法规的重点都与德国道路交通法规非常相似。

而为应对欧洲一体化和经济全球化领域的挑战，德国道路交通法也必须不断地进行调整。为了达成协调，一些新的方案被提出。这主要是因为国际交通流量的日益增长，以及对在全球范围内受认可的法规、法案的迫切需求。

以下是相应的欧盟声明：

《欧洲经济社会委员会关于"欧洲公路规范和车辆登记"的意见》（2005/C 157/04）

"第 1 章和第 2 章提供了发起协调的动机和理由，第 3 章为未来的法规提供了基础。"

3. 公约中的立法及其范围摘要

3.1

许多公约都包含国际道路交通规则，其中最重要的公约有 1926 年的《巴黎公约》，1949 年的《日内瓦公约》以及 1968 年的《维也纳公约》。

3.2

1926 年 4 月 24 日，40 个国家在巴黎签署了《关于汽车交通的国际公约》。该公约旨在促进国际旅行的发展，目前已在 50 多个国家生效。

3.2.1

本公约的主要目标是：

a）制定机动车的最低技术规范，包括所到访的每个国家或地区的登记、照明和车辆识别规则。

b）对国际机动车证书的签发和有效性制定规则，使驾驶员能够合法进入公约所覆盖的地区并在该地区驾车行驶。

c）承认某些国内驾驶许可证的有效性，并对不承认其他国家的国内许可证的缔约国，规定有效的国际驾驶许可证的特征，且无意取代这些国家的规定。

d）设立六个危险标志，缔约国必须在其领土内的道路上使用。

e）建立基于国际证件持有者、涉及严重事故或违反国内道路交通法规的驾驶员信息共享系统。

3.2.2

即使该公约简化了海关程序，但并没有免除驾驶员了解和遵守国内（到访国）道路交通法的义务。

3.2.3

此外，公约只有在各国批准并交存各自批准的公约文件之后才能生效。按照惯例，公约只在缔约国的主要领土上有效；如果要使公约在其管理的其他地区上生效，需要做出明确声明。

3.3

1949 年 9 月 19 日，17 个国家在日内瓦签署了《道路交通公约》。它取代了 1926 年公约的缔约国和签署国关系，目前已在超过 120 个国家生效。

3.3.1

这项公约充实了早先公约所载的原则，以适应汽车工业的发展，并显示对道路交通安全的日益关注。

3.3.2

尽管它没有规定使用特定的交通标志，但的确要求各国在严格必要的情况下，采用统一的道路标志和信号系统。

3.3.3

除了与迎面而来的车辆会车时要求采取的预防措施、优先权规则和使用灯光的规则外，该公约没有制定或引入太多新的驾驶规则。

3.3.4

该公约的生效受到与以往情况相同的条件的限制。各国没有义务批准通过某些条款，并且也可以拒绝对它的修正案，因此所采取的协调与统一举措受到了限制。

3.4

1968 年 11 月 8 日，37 个国家在维也纳签署了《道路交通公约》，其目前在大约 100 个国家生效。该公约一经批准和交存，就取代了 1926 年和 1949 年关于缔约国之间关系的公约。

3.4.1

该公约是道路交通法规方面最全面的公约，用了包含整整 30 条规定的一章来专门阐述道路规则，并就现代公路法规中的主要操作制定了规则。1968 年的公约比以往的"极简主义"公约更进一步，后者仅规定了迎面而来的车辆的通行以及相关的标志和信号。而这项公约不仅规定了驾驶员在执行最危险的操作时应遵守的原则（例如超车、改变方向、针对行人采取的预防措施等），还规范了停止和泊车、乘客上下车以及在隧道中行驶等情况。简而言之，该公约包含了驾驶员面对的所有典型情况。

3.4.2

这项公约比以往的内容更进一步地要求缔约国和签字国，使其国内立法的实质内容符合公约中规定的驾驶规则。这对驾驶员而言的好处是，他们在其他签字国驾驶时，已经熟悉主要的驾驶规则。

3.4.3

尽管如此，各国仍有权利拒绝执行公约的修正案。

3.5

正如以上概述清晰地表明的那样，尽管目前已有三项国际公约在欧盟内生效（现在包括了 10 个新成员），但不是每个成员国都同时签署了三项公约。因此，欧盟还远远没有制定统一的道路交通规则。尤其是在上述公约的基础上，还增加了

25 个不断发展的国内法律体系。

3.6

许多障碍已经或正在被克服。例如，取消边境管制、车辆及其零部件的类型认证条件以及驾驶执照规则的相互承认与协调统一。然而，在道路交通的基本方面：驾驶规则、道路标志、信号等问题还没有得到解决。

3.7

就世界其他国家而言，这些公约虽然有助于海关手续办理和在欧盟内驾驶，但访问欧盟的第三国国民遇到的驾驶规则和条例与他们在世界上其他的国家遇到的一样多。

以上内容来源：https://eur-lex.europa.eu/legal-content/EN/TXT/HTML/?uri=CELEX：52004I E1630 & from = EN，下载于 2019 年 7 月。

2005 / C 157/04 目前仍然是欧洲道路交通法规的推动力和基础。所有衍生的法规和准则都遵循该基本声明。

1.3.4　德国针对未来出行解决方案开展的活动

世界上几乎任何一个国家都在支持自动驾驶的发展。在德国，政府已经实施了一些自动驾驶方面的基本规定。德国联邦交通研究所（德语 German Bundesanstalt für Straßenwesen，BASt）发布了以下报告：《联邦交通研究所运营计划内研究项目 F 1100.5409013.01 的报告》，其涉及车辆自动化程度提升在法律方面的影响。

➤ 对德国道路交通法的各种修订已经开始：

5 月 12 日，德国联邦议会批准了《道路交通法》的修正案，对德国除"部分自动化"之外的自动驾驶规定了法律要求。修订后的法规于 6 月 21 日生效。

根据该法案，驾驶员可以操控按照 BASt 报告 F83 中定义的，具有 3 级和 4 级功能，即"条件自动化"和"高度自动化"的汽车。

2017 年 6 月 6 日，德国联邦议会针对自动驾驶（Automated Driving，AD）发布了该修正案："道路交通法第八修正案"。

以上内容来源：https://www.bmvi.de/SharedDocs/EN/Documents/DG/eightact-amending-the- road-traffic-act.pdf?__blob=publicationFile。

就目前来看，完成这一改变对德国来说还任重道远。因为距离自动驾驶在量产车上的广泛实现还有很大差距。2019 年，对"道路交通法第八修正案"的审查也已经宣告开始，但是直到现在还没有真正的进展。

➤ 最新章节：具有高度或全自动驾驶功能的汽车

只有当所使用的功能符合技术的预定目的范围，才允许通过高度或全自动驾驶功能操控汽车。具有本法所指的高度或全自动驾驶功能的汽车是其指技术系统符合以下要求：

1）系统激活时，能够控制机动车辆，以执行驾驶任务（车辆控制），包括纵向和横向控制。

2）在以高度或全自动模式控制车辆时，能够遵守有关车辆操控的交通规则和规定。

3）任何时刻可由驾驶员取代或取消激活自动驾驶系统。

4）能够识别驾驶员重新手动控制车辆的需要。

5）在需要驾驶员重新手动控制车辆的情形下，能够以可见、可听、可触知或其他可感知的信号指示驾驶员，并在将控制权交还给驾驶员之前有充足的缓冲时间，以及在系统被违规使用时发出指示。

6）此类车辆的制造商应在系统说明中，以具有约束力的方式声明车辆满足第一条所规定的要求。

以上内容来源：https://www.bmvi.de/SharedDocs/EN/Documents/DG/eightact-amending-the-road-traffic-act.pdf?_blob=publicationFile。

前面已经提到，就目前来看，达到满足上述标准要求的修正对德国来说还长路漫漫。因为自动驾驶在量产车上的普遍实现还没有实质性的进展。2019年，对"道路交通法第八修正案"的审查也已经宣告开始了，但是直到今天也还是没有真正的推进。发布该修正案背后的意图，似乎更像是为了解除对技术原型的测试的束缚。

目前量产车的技术系统还没有按照与这些法规相符的要求来设计。在技术影响上，尤其是在与人类能力交叉的技术影响方面，似乎仍具有挑战性。例如，能否使驾驶员在相关驾驶情况，甚至故障情况下能够控制车辆。

对其他国家来说，即使这些法规仅仅是提供了一个德国式的解释，或者说是欧盟的一部分观点，但该认证法可能对所有的量产车是普遍适用的。与可能的技术挑战相比，产品可靠性看起来是个更为棘手的任务。另一个问题是自动驾驶要达成的目标是什么？已经有许多汽车制造商宣布，他们的车辆在自动化程度上将跳过部分自动化层级。这些制造商似乎认为，当车辆发生技术故障时，使驾驶员重新回到车辆控制环中将是个巨大的技术难题，而设计一个缓慢的"跛行模式"则简单许多。

1.3.5　日内瓦和维也纳公约

早期，所有国家的相关活动都被认为不足以满足全球道路交通法规的要求。而在交通法规方面，真正在世界范围内受到关注的是日内瓦和维也纳道路交通公约。

《维也纳公约》（Vienna Convention，VC）的正式名称是"道路交通公约"。该公约达成于在维也纳召开的联合国经济及社会理事会道路交通会议（1968年10月

7 日至 11 月 8 日），并于 1977 年 5 月 21 日起生效。迄今已有 78 个国家批准了该公约。很多在今天即使尚未批准该公约的国家，也遵循着维也纳公约的精神。今天的道路标志和信号也正是源自该会议的第二次协定。

联合国欧洲经济委员会在其主页上发布了相关的有效内容（https://www.unece.org/fileadmin/DAM/trans/conventn/crt1968e.pdf）。

至今，公约对像中国和美国这样的非签署国的影响也十分显著，尤其是其中对驾驶执照的有效性和其他国家汽车使用的规定。

而为满足当前和未来的道路安全需求，《维也纳公约》仍在不断发展完善。

另一个协定是在 1949 年 9 月 19 日公布，1952 年 3 月 26 日生效的《日内瓦道路交通公约》。该项公约得到了更多的国家，特别是美洲、非洲和亚洲国家的公认。

在韩国政府的官网上可以找到这项公约的副本：https://dl.koroad.or.kr/koroadfiles/commonFiles/template/geneva.pdf。

国际性的基本驾驶规则正是起源于《日内瓦道路交通公约》。

而《维也纳公约》规定了车辆在道路交通中的预期行为。从 1968 年起，该公约的基本版本（来源：https://treaties.un.org/doc/Treaties/1977/05/19770524%2000-13%20AM /Ch_XI_ B_19.pdf）在第 8 条中要求：

第 8 条第 1 款：每一台移动车辆或车辆组合体都应配备一名驾驶员。

第 8 条第 5 款：每名驾驶员须时刻能够控制其车辆。

2016 年，道路交通公约的修正案正式生效，这在自动驾驶的技术规定方面是一个突破性的进展。该修正案允许将驾驶任务移交给车辆，但前提是这些技术符合联合国车辆法规，或者可以被驾驶员取代或关闭。而在 2018 年 9 月，一项关于在道路交通中部署高度自动化和完全自动化车辆的新提案被采纳（https://assets.publishing.service.gov.uk/government/uploads/system/uploads/attachment_data/file/679994/MS1.2018_CM9570__Convention_on_Road_Traffic_WEB.pdf ）。

2016 年 3 月 23 日对道路交通公约的修正案，是在"道路交通安全工作组第六十八届会议报告"（https://www.unece.org/fileadmin/ DAM/trans/doc/2014/wp1/ECE-TRANS-WP1-145e.pdf，2014）中被决定的，该修正案定义了自动驾驶技术的规则：

对第 8 条的修正：将在第 8 条中插入新的一款（即对第 5 款的补充）。第 5 款的补充如下：

影响车辆行驶方式的车辆系统，若它们符合有关轮式车辆及其装备、零件的国际法律文书规定的构造、装配和使用条件，应被视为符合本条第 5 款和第 13 条第 1 款的规定。影响车辆行驶方式，但不符合上述构造、装配和使用条件的系统，在可以被驾驶员权限覆盖或关闭的前提条件下，则也被视为符合本条第 5 款和第

13 条第 1 款的规定。

该修正案对将控制车辆的职责移交给系统的情况做了规定。当然，同时也涉及驾驶员对该系统应履行的所有义务。

第 13 条第 1 款：

每名车辆驾驶员在任何情况下，均须使得车辆在其控制之下，并保持应有的谨慎，以便随时可以执行所需的任何操作。

这一要求明确说明了驾驶员在任何情况下都必须控制车辆。当然，这也意味着"驾驶者"还必须控制动物牵引、系统驾驶或驾驶员驾驶的转移。

第 14 条第 1 款：

任何希望执行某种操控的驾驶员，例如驶出或驶入一排停放的车辆中，在车道上右移或左移，向左或向右换到另一条车道或进入与该道路相邻的区域，都应考虑到其他道路使用者的位置、方向和速度，并首先确保他这样做不会危及在他后面或前面行驶或将要与他交会的道路使用者。

这一条要求驾驶员监视由于其驾驶意图而产生的所有风险区域。

第 14 条第 3 款：

在转弯或涉及横向运动的操纵前，驾驶员应通过其车辆上的一个或多个方向指示灯，或在可能的情况下，用手臂发出适当的信号，对其意图发出明确和充分的警告。方向指示灯发出的警告应在整个操纵过程中持续发出，并应在操纵完成后立即停止。

这一条说明了在各种驾驶情况下，任何横向运动都需要驾驶员清晰的意图指示。

第 17 条：

车辆驾驶员不得突然紧急制动，除非出于必要的安全原因。

这一条要求在向前行驶时只有在安全紧急的情况下才能突然制动。

所有这些要求都涉及道路交通安全的基础，并且是世界范围内任何道路交通的基本法。

1.4 欧洲联盟（European Union，EU）和立法

为了使涵盖交通、贸易等方面的跨境活动更为便利，包括许多欧洲国家在内的欧盟成员国都同意，制定某些适用于所有成员国的规则、法案和指令。也就是说，欧盟的指令可以被视为立法法案。

欧盟对其条例（Regulations）的定义如下：

欧盟条约规定的目标是通过几种法案实现的。有些是有约束力的，有些是没

有约束力的。有些适用于所有欧盟国家，有些则只适用于少数几个国家。

> 条例

"条例"是具有约束力的立法法案。它必须在整个欧盟范围内全面适用。例如，当欧盟希望确保对从欧盟以外进口的货物有统一的安保措施时，欧盟理事会就会通过一项条例。

> 指令

"指令"是一种法案，规定了所有欧盟国家必须实现的目标。然而，如何实现这些目标，应由各国自己制定法律。例如欧盟消费者权利指令，该指令加强了整个欧盟消费者的权利，比如消除互联网上的隐性收费和成本，延长消费者可以退出销售合同的期限。

> 决议

"决议"对相关方（如欧盟国家或单个公司）具有可直接适用的约束力。例如，委员会发布了一项关于欧盟参与各种反恐组织的工作的决定。该决议仅与这些组织有关。

> 建议

"建议"没有约束力。当欧盟委员会提出建议，例如要求欧盟国家的法律部门改进视频会议的使用，以帮助司法部门更好地开展跨境工作时，这并没有产生任何法律后果。一项建议允许机构公布其观点，并提出一系列行动建议，而不对接受建议的对象施加任何法律义务。

> 意见

"意见"是一种文书，允许机构以不具约束力的方式发表声明。换言之，不向接受声明的人施加任何法律义务。意见没有约束力，可由欧盟的主要机构（委员会、理事会、议会）、地区委员会和欧洲经济社会委员会发布。在制定法律时，各委员会从其具体的区域或经济和社会角度发表意见。例如，地区委员会就欧洲清洁空气一揽子政策发表意见。

以上内容来源：https://europa.eu/europe-union/eu-law/legal-acts_en，下载于2019 年 7 月。

指令是按照契约中的一种程序，并根据指令的主题汇出的。它区别于立法法案、执行委员会的指令和委托指令。与欧盟法规不同，欧盟指令不是立即生效和强制性的，而必须通过国家立法法案的实施才能生效。

欧盟针对每一行业都制定了许多技术立法，还将相关指令汇集为"技术法规"。以下是指令（EU）2015/1535 提供的一个概述。

指令（EU）2015/1535 适用于所有技术法规草案。

技术法规包含：

- 技术规范；

－ 其他要求；

－ 服务规则；

－ 禁止制造、进口、销售或使用产品，或禁止提供或使用服务，或建立服务提供者的法规。

在本指令的含义中，"产品"涉及任何工业制造产品和任何农产品，也包括渔业产品。

就服务而言，本指令仅适用于信息社会服务（Information Society Services）。信息社会服务是指为获取报酬，应被服务者的要求，在一定距离下，通过电子方式提供的任何服务。

而"技术规范"是包含在文件中的规范，规定了产品的特性，如尺寸、标签、包装、质量等级、合格评定程序等。该术语也涵盖了生产方法和工艺。

"其他要求"则包括为保护消费者或环境而对产品施加的要求，这些要求会在产品投放市场后影响其生命周期，比如使用、再利用或回收条件。不仅如此，这些条件也会对产品的组成或性质，或其营销产生重大影响。

1.4.1 与道路交通相关的欧盟指令

德国或欧盟任何其它成员国的道路交通法都是一个或多个欧盟法规的官方衍生品。

欧盟委员会发布的一项道路安全政策，对以下内容提供了指导：

－ 欧盟道路安全政策

－ 驾驶执照

－ 道路安全领域的执行

－ 酒精、毒品和药物

－ 道路基础设施

－ 紧急呼叫

－ 事故数据收集

－ 计量单位

－ 交通运输 — 训练

－ 交通运输 — 工作条件

－ 交通运输 — 测速仪

－ 交通运输 — 工作状态检查

－ 第三国驾驶员认证

－ 危险货物运输

－ 车辆 — 类型许可

－ 车辆 — 注册登记

－ 车辆 — 对弱势道路使用者的前向碰撞保护

- 车辆 —— 安全带和其他约束系统
- 车辆 —— 轮胎
- 车辆 —— 日间行车灯
- 车辆 —— 盲点反光镜
- 车辆 —— 醒目性
- 车辆 —— 重量和尺寸

以上内容来源：https://ec.europa.eu/transport/road_safety/specialist/policy_en，下载于 2019 年 7 月。

在 2007 年，一个车辆的新指令框架被发布，这是移动设备（包括车辆）的道路适用性的基础。

2007 年 9 月 5 日的欧洲议会和理事会第 2007/46/EC 号指令，建立了对机动车及其挂车、系统、部件和单独技术单元的认证框架（指令框架）。

2007/46/EC 号指令确实代替了许多其他指令的作用，也为车辆的型式认证提供了依据。

同时，还有其他指令，如（EC）第 715/2007 号修订法规，涉及轻型乘用车和商用车排放的机动车型式认证（欧 5 和欧 6 标准），以及车辆维修和保养信息的获取。

另一个更受关注的法规是以下条例：

2018 年 5 月 30 日召开的欧洲议会和委员会第 2018/858 号条例，其关于机动车及其挂车、系统、部件和单独技术装置的认证和市场监督，修订法规第 715/2007 号条例和法规第 595/2009 号条例并废除第 2007/46/EC 号指令。

法规第 2018/858 号条例关于机动车及其挂车、系统、部件和单独技术装置的认证和市场监督，自 2020 年 9 月 1 日起生效；该条例取代了指令 2007/46/EC。

相关条目如下：

1）本条例的第 2 条第 1 款规定了其涉及的所有新的整车、系统、部件和独立技术单元的型式认证和投放市场的管理规定和技术要求，以及单个车辆认证的管理规定和技术要求。本条例还对可能对第 2 条第 1 款所述车辆基本系统的正确运行造成严重风险的零件和设备的上市和投入使用做了规定。

2）本条例规定了须经批准的车辆、系统、部件和独立技术单元的市场监督要求。本条例还规定了此类车辆零件和设备的市场监督要求。

以上内容来源：法规第 2018/858 号条例。

新法规涉及的内容中，还特别强调了正蓄势待发的自动驾驶功能自动化所需的新原则。

虽然该新法规不包含适用于车辆、系统和部件的技术要求的任何重大变更，但它却包含了对适用工艺和程序的主要修订，并引入了许多附加检查，以确保型式认证程序的稳妥性。以下是对这一新法规涉及的一些主要变化的简要总结：

- **官方负责机构的指定**：要求每个成员国在其国家指定一个负责型式认证的机构和一个负责市场监督的主管机构。如果由一个机构负责两项活动，则必须严格区分角色和职责，并且必须将这两项活动作为独立结构的一部分进行自主管理。每个成员国还必须至少每四年对其型式认证机构和市场监督机构的运作进行一次审查和评估，并将评估结果提供给欧盟委员会。

- **市场监督的要求**：引入了新的市场监督要求，以确保投放市场的车辆和部件产品符合型式认证要求、安全且对环境无害。在每个成员国，指定的市场监督机构必须对其国内投放市场的车辆和部件进行合规性确认检查和测试。每个市场监督机构必须对上一年在其成员国登记的每40000辆新机动车至少进行一次合规性确认测试，每年至少进行五次合规性确认测试。对于每年进行五次以上合规性确认测试的市场监督机构，至少有20%的测试必须是排放测试。除了市场监督机构进行的测试外，欧盟委员会还将对在欧盟任何地方投放市场的车辆和部件进行合规性确认检查和测试。

- **委员会对型式认证机构的评估**：欧盟委员会将每五年评估一次各型式认证机构为授予型式认证、进行生产合规性以及技术服务的指定和监测而制定的程序，并公布这些评估的结果。

- **信息交流与执法论坛**：欧盟委员会将建立、主持和管理一个就执法问题交换信息的论坛，并定期举行会议。该论坛将有各成员国型式认证机构和市场监督机构的代表出席。论坛将允许交流关于最佳做法、执法问题、解释问题等的信息，并允许执法活动（如合规性确认测试）的协调。

- **制造商、制造代理商、进口商和分销商的责任**：新法规更明确地规定了制造商、制造代理商、进口商和分销商在型式认证和市场监督方面的具体责任。

- **生产合规性检查的频率**：新法规规定，型式认证机构必须至少每三年对制造商进行一次生产合规性检查和试验，除非有评估生产合规性的法案规定了此类生产合规性检查和测试的具体频率。

- **整车型式认证证书有效期的终止**：本法规对整车型式认证的有效性的终止提出了新的要求。对于M1和N1类车辆，如果其型式认证信息已经七年没有更新，颁发型式认证的机构必须验证车辆型式是否仍然符合所有适用法规；如果车辆型式不符合所有这些法规，则终止型式认证的有效性。同样的要求也适用于其他类型车辆的整车型式认证，但是只有满足其型式认证信息已经10年没有更新时才生效。

- **电子形式的合格证明**：新法规目前仍然要求每辆车都要有纸质的合格证。然而，从2026年7月5日起，新法规将要求制造商以"电子形式的结构化数据"提供合格证明。欧盟委员会通过的单独实施条例将详细说明证书的电子格式。

- **保护措施与召回**：新法规对保护措施（例如禁止销售）的实施、召回的启动以及成员国之间此类活动的协调做出了更为详细的规定。这些新规定具体规定了成员国可以单方面执行这些措施的条件以及通知其他成员国的程序。新法规还允许欧盟委员会在整个欧盟范围内实施保护措施和发起召回。

• **修理和维护信息的接入**：欧盟委员会 715/2007 号和 595/2009 号法规分别对轻型和重型车辆，关于由独立运营商提供的车载诊断（On Board Diagnostic，OBD）系统信息和其他修理和维护信息的现行要求进行了规定。但是，为了确保其应用的一致性，新法规从排放法规中删除了这些要求。取而代之的是，在新法规中增加了对 OBD 系统信息访问权限以及独立运营商的其他修理和维护信息的要求。

• **技术服务的指定、监管和审查**：为确保技术服务的合规性、公正性和独立性，新法规对技术服务的指定、监管和审查等方面提出了详细要求。在指定之前，技术服务必须由一个评估小组进行评估。该小组由寻求指定的型式认证机构、两个其他型式认证机构和欧盟委员会的代表组成。指定的有效期为五年，之后必须重新进行评估。在指定有效期间，指定的型式认证机构必须持续监测技术服务的表现，并至少每 30 个月对技术服务进行一次现场评估。

• **违规处罚**：新法规明确规定，所有成员国必须实施对制造商、进口商、分销商和技术服务机构违反新法规要求的财务处罚规定。这些规定是有效的、适当的和劝阻性的。此外，法规草案还规定，对于不符合型式认证要求的车辆、系统或部件，欧盟委员会可处以最高 30000 欧元的行政罚款。

以上内容来源：https://www.interregs.com/articles/spotlight/new-eu-type-approval-framework-regulation-published-000195，2020 年 6 月下载。

另一个法律框架是 EC 765/2008 号条例，该条例涉及市场监管的规定。作为市场监管条例，其规定了与产品销售有关的认证和市场监管要求。而当前联邦各州市场监管的依据正是 EC 765/2008 号条例，该法规自 2010 年 1 月 1 日起生效，构成了欧盟产品安全监管的一般法律框架。欧盟各成员国和欧盟委员会依据这一法规组织市场和产品监督制度。其遵从这样一个指导原则，即对于欧盟，产品可以自由进入市场，但应该在这些产品不对健康、环境和安全构成风险的前提下。根据欧盟统一废物管理法规，产品的市场监管涉及车辆、电气和电子设备、蓄电池、包装和包装废物的监督。监督的主题是是否遵守产品投放市场的条件，例如禁忌物、限值和标签要求。

1.4.2　欧洲车辆分类

欧洲共同体于 1970 年提供了一个车辆类别的定义。在整个欧洲共同体范围内，可以根据该定义，统一对车辆进行归类。其最初的基础是欧盟指令 70/156/EEC，后直至 2009 年 4 月 29 日起被 2007/46/EC 替换。欧盟对于车辆的法规就是建立在该分类的基础上，例如，所有 M1 类车辆都必须安装高位制动灯，而其他 EC 类别的车辆也允许安装。此外，对于这些不同的车辆类别，相应的废气排放法规也有所不同。

根据欧盟指令，汽车和拖车分为以下几类：若车辆驾驶员为商业目的激活高度自动或全自动驾驶功能并用于车辆控制，即使他亲自驾驶车辆，也不在以下这些功能的指定范围内（表 1.1）。

表 1.1　EC 70/156 号指令中的 EC 车辆等级

L 类	两轮或三轮汽车以及轻型四轮汽车
M 类	用于人员运载的至少有四个轮子的汽车
N 类	至少有四个轮子的载货汽车
O 类	拖车（包括道路半挂车）
R 类	特殊区域或林地拖车
P 类	受牵引的可更换特殊区域或林地机器
T 类	T1 至 T4.3 级：特殊区域或森林用牵引机车（法案 167/2013/EC）
C 类	在轨道上特殊区域运行的或林地用机车（与 T1 至 T4 定义的类似）

目前的解释如下：

M1——指用于运载乘客，除驾驶员座位外，最多不超过 8 个座位的机动车，又称乘用车。

M2——指用于运载乘客，且最大质量不超过 5t 的机动车。

M3——指用于运载乘客，且最大质量超过 5t 的机动车。

N1——指用于货物运输，且最大质量不超过 3.5t 的机动车，又称轻型商用车（Light Commercial Vehicle，LCV）。皮卡车型包含于此类中。

N2——指用于货物运输，且最大质量超过 3.5t，但不超过 12t 的机动车。

N3——指用于货物运输，且最大质量超过 12t 的机动车。

L——指四轮以下的机动车和一些轻型四轮机动车。

L6——指不包括电池质量，其装载质量不超过 350kg，最大设计速度不超过 45 km/h，功率不超过 4kW 的四轮电池电动车辆。

L7——指除 L6 类外，不包括电池的质量，其装载质量不超过 450kg（用于运输货物的不超过 650 kg），功率不超过 15 kW 的四轮电池电动车辆。

以上所列展示了轻型电池电动汽车（Battery Electric Vehicles，BEV）的 L6 和 L7 类。

在亚洲和美洲，分类又有所不同。表 1.2 是联合国欧洲经济委员会的一个例子。

在欧盟，即使是税收和其他事项，与车辆类别也是相关的。这里有对于乘用车的分类，从 A 级小型车菲亚特 500 系列到 F 级的梅赛德斯 S 系列，还有另外的为跑车、运动型多用途汽车（Sport Utility Vehicle，SUV）和多功能车（Multi-Purpose Vehicles，MPV）定义的分类。

表 1.2　联合国欧洲经济委员会规定的车辆类别

类别	日本	欧洲	美国
乘用车	乘客 10 人或以下	乘客 9 人或以下（M1）	乘客 10 人及以下的乘用车；使用货车或越野车底盘的 MPV
客车	乘客 11 人或以上	乘客 10 人或以上： M2：GVM（最大质量）≤ 5t M3：GVM > 5t	乘客 11 人或以上
货车	以量化指标定义： 底板面积（乘客＜货物） 重量（乘客＜有效载荷） 装载 / 卸载 开口（尺寸 / 面积）	定性的定义（为货物运输而设计和制造的） N1：GVM ≤ 3.5t N2：3.5t＜GVM ≤ 12t N3：GVM > 12t * 每个国家有不同的标准	定性的定义（载运货物或商业货物）

1.4.3　欧盟关于未来出行的指令

欧盟有许多其他法规已经影响到，且将有更多的法规会影响到未来出行的解决方案。因为汽车法规某种程度上涉及电池和燃料电池的防爆问题，因此当涉及与相关基础设施的相互作用时，欧盟的法规也会影响车辆的设计。对用于人员运输的车辆或货车，无论何时，进一步的欧盟立法都不能忽视对人员保护的高度关注。

例如：

- 欧洲议会和欧盟理事会 2014 年 2 月 26 日关于协调成员国在潜在爆炸性环境中的设备使用和系统保护相关法律的第 2014/34/EU 号指令。

- 2012 年 7 月 4 日，欧洲议会和理事会关于控制涉及危险物质的重大事故危害的第 2012/18/EU 号指令，修订后废除理事会的第 96/82/EC 号指令。

此外，在欧盟，贸易是法治良好的行业。为了使法规得到更好的理解与贯彻，已经建立了一个"技术法规信息系统（Technical Regulation Information System，TRIS）"。

TRIS 的目标是：

在单一市场中，不允许对货物流通实行数量限制，也不允许采取具有同等效果的措施。由于单一市场是一个没有内部边界的地区，所以应保证货物、人员、服务和资本的自由流动。

技术法规可能导致贸易壁垒。因此，成员国应确保其计划通过的国家技术法规尽可能透明。

1983 年，一个透明的程序与 TRIS 被建立起来。TRIS 使成员国和委员会能够：

－ 通告和得知新的技术法规草案；

－ 检查这些草案；

－ 在潜在的贸易壁垒产生任何负面影响之前发现它们；

－ 明确贸易保护主义措施；

－ 对法规草案发表意见；

－ 在评估所通知的草案和文件时进行有效的对话；

－ 确定在欧盟层面上进行协调的需要。

使用这种方式，他们可以确保以上这些内容与欧盟的法律和单一市场原则一致。

同时，成员国可以借鉴其合作伙伴的想法，利用 TRIS 作为基准和更好的监管工具，解决技术法规方面的共同问题。

TRIS 也可以向公众开放，以便任何人都可以访问所有已发布的技术法规草案，并发表他们对任何通告的意见。

以上内容来源：https://ec.europa.eu/internal_market/scoreboard/performance_by_governance_tool/tris/index_en.htm。

与防爆保护类似，通常所有车辆的标准都由相关道路交通法提供；另一个例子是电磁兼容性或机械指令。若在车辆认证方面有完善的法规，则欧盟法规不适用于车辆的这些系统或部件。如果没有车辆特定的法规或法规不适用，则必须遵守欧盟法规。

另一个例子是无线电设备指令（Radio Equipment Directive，RED）。无线电设备指令 2014/53/EU（RED）建立了将无线电设备投放市场的监管框架。它通过对安全和健康、抗电磁干扰性和有效利用无线电频谱提出基本要求，确保了无线电设备符合单一市场原则。它还为进一步规范某些附加方面提供了依据。其中，包括保护隐私、个人数据和防止欺诈的技术特征。此外，其他方面还包括互操作性、获得紧急服务以及无线电设备和软件组合方面的合规性。即使是装配在车辆上的雷达也需要考虑该指令，因为没有足够的针对汽车的法规。

1.5 许可法

类似于德国《道路交通许可条例》法案，通常是国家道路交通法案的一部分。在国家级的许可条例中，规定了如何获得车辆许可证，以及对于特定地区的操作限制。而所有用于促进车辆适于行驶的保护设备和基本系统，则由联合国欧洲经济委员会（United Nations Economic Commission for Europe，UN ECE）协调统一。中国、日本、澳大利亚、俄罗斯等国家也适用这些欧洲的许可法规。

联合国欧洲经委会将其使命定义如下：

UNECE 是联合国经济及社会理事会（Economic and Social Council，ECOSOC）于 1947 年成立的联合国五个区域委员会之一。其他包括：

- 非洲经济委员会（Economic Commission for Africa，ECA）；
- 亚洲及太平洋经济社会委员会（Economic and Social Commission for Asia and the Pacifific，ESCAP）；
- 拉丁美洲和加勒比经济委员会（Economic Commission for Latin America and the Caribbean，ECLAC）；
- 西亚经济社会委员会（Economic and Social Commission for Western Asia，ESCWA）。

UNECE 的主要目标是促进泛欧洲经济一体化。UNECE 包括欧洲、北美和亚洲在内的 56 个成员国。但是，所有感兴趣的联合国成员国都可以参与 UNECE 的工作。已有超过 70 个国际专业组织和其他非政府组织参与了 UNECE 的活动。

以上内容来源：https://www.unece.org/mission.html，下载于 2019 年 7 月。

UNECE 的法规要求就接受统一技术条例做出安排，这些统一技术条例是针对两轮车辆，可装入两轮车的装备、零件和 / 或使用的车辆，以及根据这些法规给予认证的相互承认条件。这些法规考虑了两轮车辆，可装入两轮车的装备、零件和 / 或使用的车辆，试验方法及对这些两轮车辆、设备和零件的型式认证授予条件以及生产一致性保证的认证标志和条件。

最首要的联合国欧洲经委会法规是关于车辆的制动系统（UN ECE R13H，液压制动系统）和转向系统（UN ECE R79）。UNECE 关于车辆法规的最新版本和最新的工作可以在这里找到：https://www.unece. org/trans/main/welcwp29.html。

在不同的国家和地区，这些指令的关联性或如何应用于车辆许可可能有所不同。在德国，通常由德国技术监督协会（德语 TÜV）向联邦汽车运输管理局（德语 Kraftfahrbundesamt，KBA）提供证明。有时甚至要求不同的技术监督协会提供不同的证明。

对面向某些国家和市场的车辆做完整的背景评估总是必要的。对需求的溯源总是需要详细的分析才能得到。

1.6 美国道路交通法规

在美国，《维也纳公约》有另一种解释方式。加拿大和美国使用的原则非常相似，中美洲和南美洲则是多元化的，有些遵从 UNECE，另一些做法更具北美特色。美国交通部在其主页上提供了有关历史、理念和目标的相关信息。

美国国家公路交通安全管理局（National Highway Traffic Safety Administration，NHTSA）是根据 1970 年《公路安全法》成立的。其作为国家公路安全局的继承者，根据 1966 年的《国家交通和机动车安全法》和 1966 年的《公路安全法》实施安全计划。

NHTSA 每天都在帮助美国人安全驾驶、骑行和步行。具体来说，我们通过推动汽车安全创新、根除汽车缺陷、为轿车和货车制定安全标准、教导美国人使其在驾驶、骑行或步行时做出更安全的选择来做到这一点。

50 年前的 1966 年 9 月 9 日，林登·约翰逊总统签署了《国家交通和机动车安全法案》和《公路安全法案》，并使之成为法律。依据这些法律，国家公路安全局，即美国国家公路交通安全管理局（NHTSA）的前身被设立。

四年后，NHTSA 依据 1970 年版的《公路安全法案》设立，以执行 1966 年的《国家交通和机动车安全法案》和《公路安全法案》下的安全计划。《机动车安全法案》随后根据《美国联邦法典》第 49 卷第 301 章的《机动车辆安全》重新编撰。NHTSA 还执行 1972 年《机动车信息和成本节约法案》制定了消费者计划，该法案已重新编入第 49 卷的各个章节中。

这些法律引领了过去半个世纪最有效的对于公共卫生和安全的努力之一。NHTSA 的努力使车辆更安全，帮助人们选择更安全的驾驶方式，从而挽救了数十万人的生命。以下是 NHTSA 的一些在安全方面卓有成效的举措：

NHTSA 的紧急医疗服务办公室（Emergency Medical Services，EMS）提供了第一个培训紧急医疗技术人员的国家指南（1971 年）。NHTSA 通过项目和研究，继续推进实现环境管理体系的国家愿景，促进参与环境管理体系规划的联邦机构之间的合作，衡量国家环境管理体系的健康状况，并为环境管理体系的领导者提供可以帮助其改进体系所需的数据。

总统委员会于 1982 年成立了第一个专门用于打击酒后驾驶的国家拨款项目。

第一部儿童乘员安全法于 1978 年在田纳西州颁布。到 1985 年，所有州都颁布了相关法律。

1984 年，纽约州颁布了第一部安全带法。除新罕布什尔州外，其他所有州到 1995 年都颁布了相关法律。被动机动车约束法规，要求所有车辆配备安全带，该法规自 1987 年开始生效。NHTSA 在 1985 年发起了"你可以从假人那里学到很多"的媒体宣传活动，以提高安全带的使用率。

2002 年，NHTSA 在全国范围内首次推出了"系上否则罚款"的安全带促进运动。到 2015 年，全美国的安全带使用率达到了 87% 的历史最高水平。

1988 年，全国实施了 21 岁最低饮酒年龄法，以及对 21 岁以下人群零容忍酒后驾车法。2003 年，全国首次开展了打击酒后驾车的媒体宣传活动。2005 年，全国颁布了 0.08 血液酒精含量（Blood Alcohol Content，BAC）醉驾法。在接下来的十年里，受益于法律、肉眼可见的执法力度和媒体的宣传，酒后驾驶率下降了 23%。

新车评估计划（New Car Assessment Program，NCAP）是为了提供新车的耐撞性等级而设立的。1993 年推出的五星级安全评价体系，帮助消费者用于比较新的轿车和货车的评级和安全特点。研究和规则制定工作仍在进行，以更新 NCAP 并与新兴的车辆安全技术相适应。

从 1998 年起，轿车和轻型货车需要在驾驶员和乘客侧配备安全气囊。2013 年，NHTSA 的一项研究估计，安全气囊挽救了 43000 人的生命。

在过去的十年里，NHTSA 的工作扩展到交通安全领域，包括：为了防止车辆侧翻的电子稳定控制（Electronic Stability Control，ESC）法规；防止分心、瞌睡和吸毒驾驶法规；新的燃油经济性法规；"婴儿在哪里？"——防止在汽车里中暑等媒体宣传活动；呼吁对行人和骑行者安全的进一步重视等。

以上内容来源：

https://www.transportation.gov/transition/understanding-national-highway-traffic-safety-administration-nhtsa，下载于 2019 年 7 月。

美国和加拿大在道路交通法规上遵循着相似的原则，在此基础上，美国颁布了联邦机动车安全标准（Federal Motor Vehicle Safety Standards，FMVSS），加拿大颁布了加拿大机动车安全标准（Canadian Motor Vehicle Safety Standards，CMVSS）。

即便 CMVSS 在结构和内容上与 FMVSS 非常相似，但加拿大政府为该道路交通法规提供的法律框架是不同的。其中 CMVSS 是嵌入于《机动车辆安全条例》（C.R.C.，c.1038）中的。加拿大的法规大多数在国家层面上，而在美国，每个州都有责任根据自己的理解和需要实施道路交通法规。

FMVSS 和 CMVSS 与联合国欧洲经委会提供的车辆认证法规进行比较，FMVSS 和 CMVSS 应用上有很大不同。对于合规性的认证，联合国欧洲经委会或应用其规定的国家当局要求来自认证机构的证书，而加拿大和美国使用的则是企业自我认证。除了 FMVSS 法规中的内容外，美国交通部还提供了一份"实验室测试报告"，其中描述了如何进行合规性测试。

该实验室测试报告的有效列表可以通过以下链接找到：https://www.carsandracingstuff.com/library/n/nhtsa_fmvsscompliance.php。

1.7 联合国欧洲经济委员会

美国和UNECE多年来一直在努力调整着相关标准。对于UNECE的大多数法规，北美的法规也有与其一致的对应内容。但由于对权力制度的不同理解和现行立法的历史发展，从内容上看，二者有所差异。

自20世纪50年代末以来，位于日内瓦的UNECE一直致力于技术法规的跨境协调。1958年3月20日，UNECE关于轮式车辆、可安装于和/或用于轮式车辆的设备和零件采用统一技术规范以及根据这些规范授予的相互承认认证条件的协定，为实现统一的技术注册条例奠定了一个里程碑。该协定现在已经包括了131项技术法规。这些不仅涉及主动和被动安全的系统和组件，而且还涉及与环境相关的法规。与此同时，有51个国家签署了该协定。

在欧盟，注册规则和相互承认已完全统一。但在欧盟以外，并非所有协定签署国都适用所有条例。也有俄罗斯等许多国家已将这些条例纳入国家注册法，类似的情况还有日本。即使只有很少一部分欧洲经委会（Economic Commission for Europe，ECE）法规得到应用，这已经朝着统一迈出了第一步。

1959年的协定基于型式认证计划，一个独立的测试机构正在编制一份报告，目的是确认ECE要求的有效性，公共机构在此基础上发布型式认证。美国从根本上被禁止加入1958年的协定，这是因为美国使用的自我认证流程与型式认证流程是不相容的。为此，在联合国的主持下达成了进一步的协定：这些被称为联合国欧洲经委会1998年协定（UN ECE agreement of 1998）下的全球技术法规（适用于轮式车辆及适用于和/或可使用于轮式车辆设备和部件的全球技术法规）。该协定现已由33个国家签署，其中包括一些欧盟成员国、中华人民共和国、韩国和美利坚合众国。

自1998年以来，联合国欧洲经委会的专家委员会制定了13项全球统一汽车技术法规（Global Technical Regulations，GTR）。例如门锁和车门保持件法规GTR1、头枕全球技术法规GTR7、电子稳定控制系统全球技术法规GTR8、关于制定重型车辆排气系统全球技术法规的提案GTR4附录，行人安全法规GTR9、还有关于氢和燃料电池车辆的法规GTR 13。

全球统一汽车技术法规的内容已经在1958年的协定中包含的一系列规则中实现了。因此，这些法规已被该协定的签署国所接受，并通过欧洲经委会的法规来实施。此外，一些全球统一汽车技术法规已被采纳为签署1998年协定的某些国家的国内法。然而，1998年协定有一个"先天缺陷"。根据其第7条，对制定的具体全球技术法规投赞成票的缔约国有义务将其规定落实到该缔约国的国家法律中。此外，还应定期向联合国报告这一实施进程的进一步进展。然而，执行该协定不是义务性的。对于在其国内法中实施全球技术法规的道路上，包括美国在内的许多签署国只走了一半。2013 年底开始的欧盟和美国之间的双边自由贸易协定，即跨大西洋贸易和投资伙伴关系（Transatlantic Trade and Investment Partnership，TTIP）谈判是否会促成技术法规和认证的相互承认，还有待观察。目前对欧盟和美国法规之间是否以及在多大程度上可以验证功能等效性的检查正在进行中，至少在车辆安全方面是这样。这将是在欧盟和美国对认证实施相同要求的基本先决条件。

为了达到发展 1958 年协定和增加使用该协定国家数目的目标，设在日内瓦的联合国欧洲经委会的各委员会正做着进一步的并行工作。该协定应对于参与国更具吸引力，还应与尚不能完全严格适用欧洲经委会条例的发展中国家进行对话。为此，一项计划被启动，其旨在将该协定扩展为一个国际整车型式认证（International Whole Vehicle Type Approval，IWVTA）。

这是在世界车辆法规协调论坛 UN WP.29 的一个工作组中制定的。1958 年的协议正在扩大，以便不仅为系统或部件，而且为所有车辆建立协调一致的规章制度。为此，描述整车认证的欧洲经委会第 0 号法规正在制定中。

为了使发展中国家更容易地使用 IWVTA，从而使加入该协定更具吸引力，目前正在讨论的草案对于个别国家在要求的严格性和范围上，允许缔约方采取更灵活的办法。虽然这不能一开始就达成完全相互承认的批准，但它确实是朝着这一方向迈出的第一步。因此，如果证明了具有较低范围的技术特征，初始层次将获得有限承认的批准。这样做的结果可能是无法验证是否符合个别法规。但是，也可以有通用的批准，证明了符合所有要求（在最高级别）。与目前已经实施的欧盟型式认证相比，最大的优势在于该法规将在欧盟范围内得到广泛应用。

如果缔约方打算应用有限承认的型式认证，则必须通知联合国秘书处，告知他们准备接受哪些偏离普遍 IWVTA 的认证规则。第一步，IWVTA 将不会覆盖车辆的所有子系统，这意味着在初始阶段只能涉及部分型式认证。尽管如此，其认证目标范围也在不断扩大，并且目标也仍然是整车认证。现在仍处在通往"一经批准，各地接受"的漫长道路上。但至少在这个十年结束前，IWVTA 的第一次批准就应该能够被授予。

以上内容来源：https://www.vda.de/en/topics/safety-and-standards/harmonization-of-admission-requirements/worldwide-harmonization，下载于 2019 年 7 月。

德国汽车工业协会提供了许多有关目标的信息。摩托车制动器和一些行人安全措施已成功转化为 GTR，并用于认证。UNECE 在此链接下提供了进一步的 GTR 的候选：https://www.unece.org/trans/main/wp29/wp29wgs/wp29gen/wp29glob_candidate.html。

最成功的例子似乎是联合国全球统一汽车技术法规第 13 号——关于氢和燃料电池车辆的全球技术法规。

在美国或加拿大，这些全球统一的汽车技术法规的应用仍然是一个问题。因为美国的主管部门没有提供正式的实验室测试报告。由 FMVSS 实验室对 FMVSS 301–304 的测试报告进行适当的调整可能是有用的，但是相对于液化石油气、压缩天然气，氢气的碰撞冲击和处理需要不同的措施。

UNECE 发布了以下文件：世界汽车法规协调论坛（WORLD FORUM FOR HARMONIZATION OF VEHICLE REGULATIONS，WP.29）是如何工作的以及如何加入（图 1.1）。

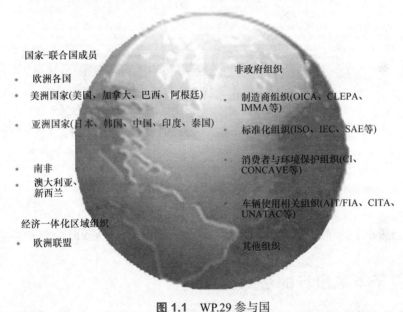

图 1.1 WP.29 参与国

（来源：https://www.unece.org/fileadmin/DAM/trans/doc/2012/ wp29/WP29-157-03e.ppt）

以下链接中的内容为协调发展提供了详细的动机和目标：https://www.unece.org/fileadmin/DAM/trans/main/wp29/wp29wgs/wp29gen/Wp29pub/wp29pub2002e.pdf。

在 2012 年的俄罗斯联邦 APEC 喀山汽车对话会上，WP.29 主席 B.V. Kisulenko 博士提供了一些非常有趣的信息。

图 1.2 显示了 2012 年全球范围内对该活动和成员的认可程度。图中的表格提供了从法律标准中得出的安全要求，还表明了即使公共汽车运送了大多数人，但对它们的要求数量仍较低。对于使用氢等替代燃料的货车碰撞法规应用得太少，因此，这点需要质疑。

制定的安全要求

适用于不同车辆类别的安全要求数量

安全种类	车辆种类		
	轿车(M1)	公共汽车(M2, M3)	货车(N1–N3)
主动安全	13	10	13
被动安全	16	10	16
碰撞后安全	2	3	2
生态安全	11	7	11
总计	42	30	42

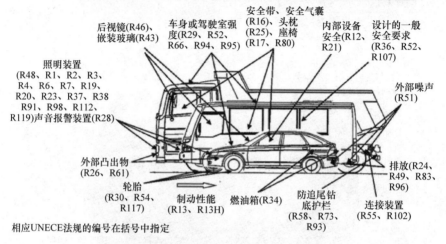

图 1.2　不同车辆类别的安全类型

（来源：https://www.unece.org/fileadmin/DAM/trans/doc/2012/wp29/WP29-157-03e.ppt）

1.8　关于未来出行的法律观点

未来移动出行的关键目标是零排放和零事故，以及最大限度地提高灵活性（Flexibility）和减少用在通行上的时间。

在对第一个目标，即零排放的探讨上，电动汽车是一个焦点，也许燃料电池可以用来作为延长里程范围的手段。

第二个目标是零事故。关于自动驾驶如何能够支持这一目标引发了大讨论。毫无疑问人是会失误或者犯错的。人类驾驶员经常造成事故，如果造成损失，就必须做出相应赔偿。公交车或铁路等公共运输系统造成的事故比个体交通少。但是，一旦它们发生事故，则可能会造成多人死亡的灾难性后果。

最大的灵活性意味着在个体交通和公共交通系统之间新的合作理念。

最短的通行时间可能要求更高的速度，但也涉及减少交通堵塞以及在不同交通系统之间更快切换。或者，还有一些人的想法是建设隧道和飞行管道，而这似乎是最快的移动方式。

以上这些目标都要受到法规框架的规范。

－ 交通法规对未来移动出行的影响

所有这些法律举措的根源是其他道路使用者的安全。特别的是，国家政策既要支持理想的或必要的出行（或者其中一个），又要对较弱势的道路使用者提供必要的保护，而这就出现了矛盾。

第1节 基本交通规则

（1）参与交通的人需要保持谨慎并且互相考虑。

（2）交通参与者应当在无可避免的交通事故发生后，避免对伤者造成二次伤害，或者进一步阻碍交通秩序。

该节也称为"灵活性"节，如果一个驾驶习惯激进的驾驶员意识到了自己在公共交通环境中过于焦躁的话，那么他算是熟悉这部分内容了。

总的来说，我们必须积极地在德国制定一个管理交通出行的普遍法律依据。在前文介绍的例子中，全世界范围内的不同交通法律的基本依赖已经清晰，但局部地区制定的车辆、驾驶执照、交通行为等规则的意义较弱，因为它们只能得到在非常有限的应用范围的解决方案。这显然不是一个希望给市场带来新的出行蓝图的行业的目标。我们需要的是一种统筹规划的安全，以及不断发展进化的出行蓝图。

很遗憾，为新技术提前制定好法律是个谬论。但从几千年的历史经验中可以看到，许多国家在新技术开创的同时，也相继出台了相应的产品责任法律。

未来的出行和相关法律限制是 WP.29 的工作重点。

WP.29 的成果如下：

－ 采纳联合国法规、规则和联合国全球统一汽车技术法规

－ 依据 AC.1（1958 年协定）采纳联合国法规

－ 依据 AC.4（1997 年协定）采纳联合国规则

－ 依据 AC.3（1998 年协定）采纳联合国全球统一汽车技术法规

在其主页上，你可以找到相关协定的当前状态。名为"协定状况"的文件提供了有关协定以及在这些协定框架内通过的法规/规则的有用信息。

以下是三个相关联的文件：

－ 1958 年协定的现状

－ 1997 年协定的现状

－ 1998 年协定的现状

在这些文档中，你将可以找到：

－ 协定/法规/修正案等生效日期

－ 适用协定/法规/修正案的国家（缔约方）名单

－ 构成协定/法规/修正案的参考文件

- 适用协定 / 条例 / 修正案的国家
- 对于特定国家的特定联合国法规的技术服务清单
- 型式认证机构和技术服务机构的联系资料

WP.29 通过的决议有：

- 合并决议 R.E.3（与 1958 年协定有关）
- 特别决议（与 1998 年协定有关）
- 共同决议（与 1958 年和 1998 年协定有关）
- 决议 R.E.6（与 PTI 和 1997 年协定有关）

其他决议正在制定中，例如载有标准化光源信息的决议，一项与 1997 年协定有关的决议等。

其他例如：

- 假人的规格
- 减速计算器（第 117 号法规）
- 电动汽车法规参考指南
- 分类和车辆类别
- 过渡条款准则
- 文件编制指南
- 首字母表示、缩写和符号

以上内容来源：https://www.unece.org/trans/main/wp29/presentation_regulations.html，2020 年 3 月下载。

WP.29 成立了六个常设工作组（Working Parties，GR），即考虑专门任务的附属机构，由具有特定专业知识的人员组成：

- 噪声（GRB）
- 照明和光信号（GRE）
- 污染与能源（GRPE）
- 制动器和传动装置（GRRF）
- 一般安全规定（GRSG）
- 被动安全（GRSP）。

WP.29 还设立了（并将继续设立）若干非正式工作组（Informal Working Groups，IWG），其任务是在规定时限内处理某些技术问题。根据情况和设想的职权范围，此类小组向 GR 之一或直接向 WP.29 报告其工作。非正式工作组可以分为小组，在主要任务范围内执行详细任务。

以上内容来源：https://www.unece.org/trans/main/wp29/introduction.html，2020 年 3 月下载。

其中，GRSG 下就有隶属的 IWG。

自 2012 年 6 月起，所有 WP.29 下或常设工作组下的非正式工作组的会议有关的所有文件均在此工作环境中上传。

有关特定 IWG 会议的文件可通过浏览该网页左侧或下方的菜单访问：

- 服务门、窗户和紧急出口（Service Doors，Windows and Emergency Exits，SDWEE）
- SDWEE 先前的会议
- SDWEE 第八届会议
- 摩托车控制装置、信号装置和指示器的全球统一技术法规（MCSYM）
- MCSYM 之前的会议
- 塑料玻璃简介（Introduction of Plastic Glazing，IPG）
- 摄像头监控系统（Camera Monitor Systems，CMS-II）
- GRPE 下属的液化天然气汽车特别工作组（Task Force on Liquefified Natural Gas vehicles，TF-LNG）
- 自动紧急呼叫系统（Automatic Emergency Call Systems，AECS）
- 全景天窗玻璃（Panoramic Sunroof Glazing，PSG）
- NHTSA 问卷调查情况预告会
- 在低速操控中对易受伤害道路使用者接近性的认识
- 发生火灾时 M2 和 M3 的一般结构的性能。

以上内容来源：https://wiki.unece.org/pages/viewpage.action?pageId=2523225，下载于 2020 年 3 月。

对于未来的自动驾驶功能，一些重要的课题正由智能网联车辆工作组（Working Party on Automated/Autonomous and Connected Vehicles，GRVA）工作组研究。GRVA 及其非正式工作组提供了非正式工作组（Informal Working Group，IWG）和特别工作组（Task Force，TF）的以下安排：

IWG 和 TF 会议清单：

- 自动和自主车辆的功能要求（Functional Requirements for Automated and Autonomous Vehicles，FRAV）
- DSSAD/EDR
- GRVA-WebEx（2019 年第一季度）
- 自动驾驶验证方法（Validation Method for Automated Driving，VMAD）
- 网络安全和软件更新特别工作组（Task Force on Cyber Security and OTA（software updates），CS/OTA）
- 自动指令转向功能（Automatically Commanded Steering Function，ACSF）
- 模块化车辆组合（Modular Vehicle Combinations，MVC）
- 自动紧急制动和车道偏离警告系统（Automatic Emergency Braking and

Lane Departure Warning Systems，AEBS/LDWS）

以上内容来源：https://wiki.unece.org/pages/viewpage.action?pageId=63310525，
2020 年 3 月下载。

GRVA 的优先事项包括：

车辆自动化和连接性的安全保障（见自动化车辆框架文件）：

— 功能要求（"Functional requirements，FRAV）

— 自动驾驶验证方法（Validation method for automated driving，VMAD）

— 网络安全（和软件更新）

— 用于自动驾驶的事件数据记录（Event Data Recording，EDR）/ 数据存储系统（当前）

— 高级驾驶辅助系统

— 遥控操纵

— 自动指令转向系统

— 动力学（转向、制动等）

— 提前紧急制动系统

— 摩托车防抱死制动系统

— 电子稳定控制。

自动化车辆的功能要求目标如下：

— 制定自动 / 自主车辆的功能（性能）要求，特别是不同驾驶功能的组合：纵向控制（加速、制动和速度保持）、横向控制（车道保持）、环境监测（前向、侧向、后方）、最小风险操纵、过渡需求，内部和外部人机接口（Human Machine Interface，HMI）和驾驶员监视，本项工作还应包括功能安全要求。

— 按照文件 ECE/TRANS/WP29/2019/34 中描述的以下原则 / 要素进行操作：系统安全；故障保护响应；HMI/ 操作员信息；目标事件检测响应（Object and Event Detection and Response，OEDR）（功能要求）。

内容来源：ECE/TRANS/WP.29/GRVA/2019/15/Add.1。

VMAD 的目标如下：

• 正如文件 ECE/TRANS/WP29/2019/34 所述，非正式工作组应：

— 基于多支撑的方法，包括审计、仿真、虚拟测试、测试轨道测试、真实测试，开发包括对场景在内的综合评估方法，以验证自动化系统的安全性。

符合以下原则 / 要素：d）目标事件检测和响应的评估方法 / 测试；f）系统安全验证。

• 非正式工作组应充分考虑形势发展，并与 WP.29 的其他附属工作组充分合作，特别是 ACSF 和 FRVA。

内容来源：非正式工作组关于 VMAD 的提案，GRVA-03-19，第 3 次 GRVA

会议，2019 年 6 月 3—4 日。

1.8.1 自动驾驶车辆的新许可方法

1919 年在巴黎由德国制造商发起倡议并成立的国际汽车制造商组织（Organisation International of the Constructeursd'Automobiles，OICA），是一个拥有来自 30 多个国家的成员的游说组织。基于该组织的提议，一项 UN ECE 草案被拟定出来，并计划在 2019 年进行表决。该草案于 2018 年 11 月发布，名为"ECE/TRANS/WP.29/GRVA/2019/13"，可在联合国欧洲经委会资料库中找到：

https://www.unece.org/trans/main/wp29/wp29wgs/wp29grva/grva2019.html。

不过该草案尚未以法规的形式通过。

已知的 SAE 水平可细分为以下主要类别：

• 1 级和 2 级被描述为迄今为止已知的自动驾驶功能，这些功能是由于辅助功能的扩展而广泛出现的。不考虑为所谓的 L2+ 级所做的工作。在 L2 等级中，驾驶员仍然负责控制车辆、交通环境以及车辆和相关系统的状态。

• 3 级指具有条件自动驾驶功能。系统应能够管理手动、系统驾驶的切换，系统驾驶包括交通观察、车辆和系统监控和诊断等。

• 4 级及以上车辆被概括为驾驶员部分或完全只是作为车内乘客的车辆。

从第 3 级开始，子系统的认证或许可应考虑以下主要支撑依据：

• 制造商方面的特别审查和评估（不仅是车辆制造商，对于自动驾驶系统，供应商也可能需要对产品负责）。

• 严格的物理许可测试，以及真实世界的驾驶测试。

目录定义如图 1.3 所示，这三项支撑的金字塔形式的详细描述如图 1.4 所示。其中，对第一项审查和评估是基于采取的以下措施：

• 对开发过程的审查（方法和标准）；

• 对安全草案（功能安全和使用安全）和衍生措施的评估；

• 对有关交通规则的安全要求和注意事项整合情况的审查；

• 利用模拟仿真（借助于高强度的仿真测试来解决测试道路或公开道路上无法检查的紧急情况的能力）；

• 对开发数据、实车测试结果以及制造商自身承诺的评估。

物理许可测试项的任务如下：

• 确认审查和评估结果也与现实世界的行为表现相符；

• 对在测试道路或公共道路上不可检测功能的评估和验证测试；

• 获得测试措施在场景中可重现性的论据（场景的可重现性如何以及情境的临界性）。

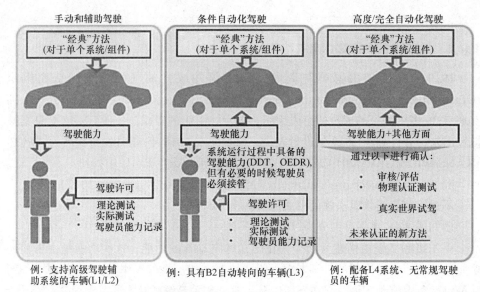

图 1.3 基于 OICA 提案的新认证（许可）方案

（来源："ECE/TRANS/WP.29/GRVA/2019/13" 2018 年 11 月 19 日）

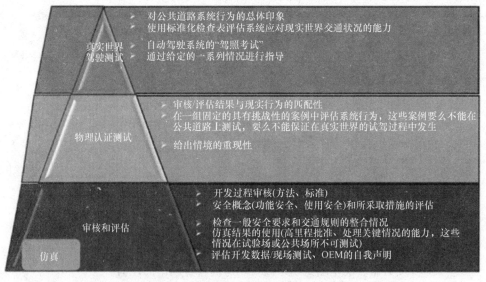

图 1.4 OICA 的车辆自动驾驶许可项目

（来源："ECE/TRANS/WP.29/GRVA/2019/13" 2018 年 11 月 19 日）

"真实世界检查"着眼于以下几个方面：

- 车辆在公共道路行为的总体迹象；
- 系统在真实交通状况下能力的管理评价和标准化测试清单内容的使用；
- 自动驾驶许可检查；

- 须被检测情形的指令和预设。

对于三类支撑依据，分别给出了示例（图 1.5 和图 1.6）。

示例的背景都是一个人正在过马路。人走在斑马线上，这种情况被自动驾驶视为常见的场景。对于系统的物理检查，要考虑的是人从两辆车之间走到街道上的情况。对于审查和评估，则着眼于在未来交通中的系统能力及其分析和模拟，首要考虑的问题是正确的按路径行驶和避免行人事故。新的 ASCF（自动车道保持系统 Automatic Lane Keeping Systems，ALKS）和 VMAD 是这种新许可方法的首次成果。

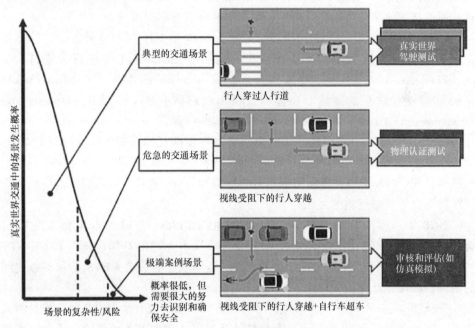

图 1.5 新方法示例

图 1.6 自动驾驶功能的不同测试方法示例

（来源："ECE/TRANS/WP .29/GRVA/2019/13" 2018 年 11 月 19 日）

1.8.2 ITS 法律

ITS 意为"智能交通系统（Intelligent Transportation System）"。《智能交通系统法案》于 2013 年 6 月 20 日在《2013 年联邦法律公报》第一部分第 29 号第 1553 页上公布，并于 2013 年 6 月 21 日起生效。2010 年 7 月 7 日，欧洲议会和理事会有关在道路运输领域部署智能运输系统以及与其他运输方式接口框架的第 2010/40/EU 号指令（2010 年 8 月 6 日 OJ L 207，第 1 页）被《智能交通系统法案》转化为德国法律。"智能交通系统"是指以组织、信息和交通管理为目标，利用信息和通信技术收集、传输、处理和利用与交通有关数据的系统。

《智能交通系统法案》的第一部修正案于 2017 年 7 月 25 日生效。

该法案根据欧洲规定（授权法规补充指令 2010/40/EU）进行了修订。据此，将设立一个国家机构，负责审查数据提供方提供的道路、交通和出行数据是否符合授权法规的要求。在德国，联邦公路研究所（德语 Bundesanstalt für Straßenwesen，BASt）负责并执行该国家机构的任务。

第 2010/40/EU 号指令规定，欧盟成员国在实施其第 2 条规定的优先行动时，应采用欧盟委员会发布的规范。该指令所指的优先领域是道路、交通和出行数据的最佳使用，ITS 交通和货运管理服务的连续性，ITS 道路安全和保障的应用，以及车辆与交通基础设施的关联。

2020 年，标准化活动在国际标准化组织（ISO）与欧洲电工标准化委员会（CENELEC）的合作下开始："出行安全 - 技术先进的基础设施"和 CEN/TC 278 "智能交通系统"通过 CENELEC、欧洲运输安全委员会（ETSI）和 ISO 之间的协调，确保标准化的一致性。

"eCall"是一个例外，其必须被所有成员国采纳。这种法案以授权法规的形式存在，是直接适用的欧盟法律；无须转换为国家法律即具备约束力。因此，成员国有义务执行这些法案。

为了在全欧洲范围内引入协作式智能交通系统（Cooperative Intelligent Transport Systems，C-ITS），欧盟委员会（DG MOVE）建立了"C-ITS 平台"。该咨询机构的任务是支持欧盟委员会制定"C-ITS 总体规划"。第一阶段于 2016 年 1 月结束后，C-ITS 平台将专注于车对车或车对基础设施的通信，第二阶段将重点关注与智能网联驾驶相关的问题。

协作式智能交通系统——安全而智能：在你遇到交通堵塞之前就注意到它们。在风险成为威胁之前发现风险，并安全抵达目的地。这种安全和智能驾驶的设想可以通过无线网联车辆和相应的基础设施来实现。从技术上讲，它是通过所谓的 C-ITS（也称为车辆对车辆和车辆对基础设施通信的 V2X 通信）实现的。协作系统实现了车辆、路边基础设施和交通控制中心之间的直接通信。

V2X 通信的好处很多。它使驾驶员能够及时了解当前的交通状况和危险区域，从而实现预期的和安全的驾驶。另外，交通中心可从车辆接收有关交通状况的准确而全面的信息。通过这种方式，可以更加多样、高效和快速地控制交通流，从而改善交通流。其效果是更安全、更少的事故，改善了路网的使用，更少的拥堵，还减少了二氧化碳的排放。

智能出行——超越国界：C-ITS 的泛欧部署基础已经就位。C-ITS 技术已在研发项目中开发，并在现场运行测试中进行评估。大多数的使能技术已经标准化了。非技术方面（如组织结构、安全概念、法律方面）目前正以公私合作方式解决，以为上市做准备。在此基础上，现在德国、荷兰和澳大利亚的道路运营商开始与业界合作伙伴共同部署 C-ITS 在欧洲的业务。

C-ITS 需要来自不同行业和政治部门的许多合作伙伴的承诺。阿姆斯特丹集团（Amsterdam Group）是一个由欧洲道路运营商和工业界组成的战略联盟，目前正在协调部署其合作伙伴的工作。参与的有作为公共道路运营商组织的 CEDR，作为收费公路运营商的综合协会 ASECAP，作为城市综合协会的 POLIS，以及代表汽车制造商和相关行业的车辆间通信联盟。

来源：Cooperative ITS Corridor Joint deployment。

在基础设施中使用传感器和通信系统的通信标准已经制定好。

世界各地纷纷建立起 ITS 项目；在美国，为 ITS 成立了一个"联合项目办公室（Joint Program Office）"（ITSJPO）。

他们回答了这样一个问题："什么是网联车辆，以及为什么我们需要它们？"

美国交通部（U.S.Department of Transportation，USDOT）的网联车辆项目正在与州和地方交通机构、车辆和设备制造商以及公众合作，测试和评估能够使轿车、公共汽车、货车、火车、道路和其他基础设施以及我们的智能手机和其他设备相互"对话"的技术。例如，高速公路上的汽车将使用短程无线电信号相互通信，这样路上的每辆车都会知道附近的其他车辆在哪里。例如有人在接近十字路口或迎面而来的汽车闯红灯，而此时在弯道外是视野盲区，驾驶员将收到危险情况的通知和警报，从而改变车道以避开道路上的目标。

以上内容来源：https://www.its.dot.gov/cv_basics/cv_basics_what.htm。

ITS 在美国

在美国，USDOT 赞助了 ITS4US 项目。该项目的重点是为所有美国公民提供负担得起的出行选择。他们制定了如下目标：

缺乏交通选择对所有出行者，包括来自服务水平不足社区的出行者，获得工作、教育、医疗和其他活动是一个持续的挑战。完备出行（ITS4US）部署项目旨在解决所有出行者在获得工作、教育、医疗和其他活动方面临的挑战，无论其地位、收入或是否身体残疾。

为了应对这些挑战，USDOT 正在加大对创新的投资，以增强所有出行者的通行便利性和移动性。USDOT 正在部门范围内发起一项新方案，以扩大残疾人、老年人和低收入个人的交通便利。完备出行系列服务要确定如何为残疾人、老年人和其他服务水平较低的社区提供更高效、更实惠、更易获得的交通服务，因为这些社区在获得基本服务方面往往面临更大的挑战。

作为完备出行系列服务的一部分，完备出行（ITS4US）部署项目是 ITSJPO 在美国科学技术局（Office of Science and Technology，OST）、联邦交通运输局（Federal Transit Administration，FTA）和联邦公路管理局（Federal Highway Administration，FHWA）的支持下进行的多渠道工作。该计划将提供多达 4000 万美元的预算，使社区能从创新的商业伙伴关系、技术和实践中受益，改善所有出行者的机动性（图 1.7）。

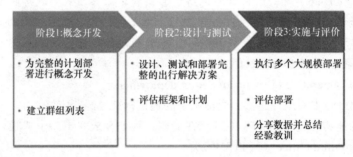

图 1.7　ITS4US 规划（来源：https://www.its.dot.gov/its4us/index.htm）

1.8.3　欧洲电信标准协会

欧洲电信标准协会（European Telecommunications Standards Institute，ETSI）是欧洲电信行业（设备制造商和网络运营商）的一个独立的、非营利的标准化组织，总部位于法国索菲亚科技园区，业务遍及全球（图 1.8）。

ETSI 根据法国法律被注册为一个协会，这也意味着其是非营利组织，任何盈余收入通常会退还给其会员，作为下一年会员会费的累计。它也是欧洲标准组织（European Standards Organization，ESO）之一，是处理电信、广播和其他电子通信网络和服务的区域性标准机构。

他们对自身角色的诠释如下：

我们在欧洲扮演着特别的角色。这包括通过创设统一的欧洲标准来支持欧洲法规和立法。只有三个欧洲标准化组织（CEN、CENELEC 和 ETSI）制定的标准才被公认为欧洲标准（European Standards，ENs）。

我们的全球影响力

我们最初是为了满足欧洲的需求而成立，但我们拥有全球化观点。我们的标准现在全世界都在使用。

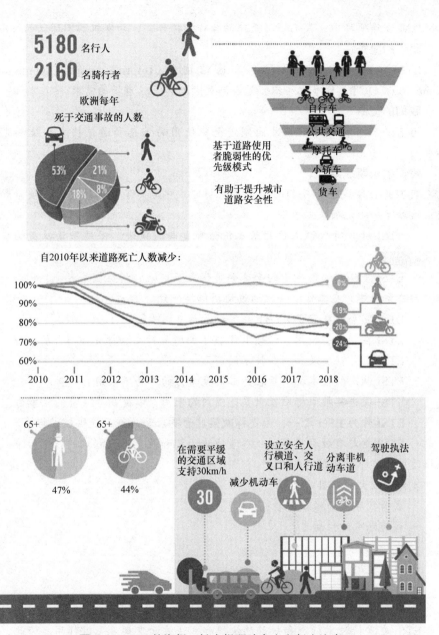

图 1.8　ETSI 的海报，旨在提醒骑车人和行人注意

　　我们与世界各地不同类型的组织开展了合作。在日益国际化和竞争激烈的环境中，这是对我们身处其中的成员很好的支持。

　　此外，我们还是国际 3G 合伙计划（Third Generation Partnership Project，3GPPTM）的成员之一。我们正在通过该项目帮助 4G 和 5G 移动通信的发展。在

oneM2M 合作项目中，我们还与全球的合作伙伴合作，开发机器间通信的标准。

我们的愿景

ETSI 作为一家领先的信息和通信技术（Information and Communication Technology，ICT）标准化组织，旨在满足欧洲和全球市场的需求。

我们的使命

为有关各方提供平台，共同制定全球使用的信息和通信技术系统和服务的标准。

我们的长期战略

我们的长期战略由我们的成员共同制定。它定义了我们的愿景、使命和构成我们核心理念的九项基本原则：

－ ETSI 对其所从事工作的基本价值观是与时俱进、保质保量以及响应市场需求。

－ ETSI 是包容的。我们的全球会员代表了广泛的利益相关者。我们有一个全球伙伴关系网络，在工作方法上通过协商保持一致。

－ ETSI 完全遵从 WTO/TBT 规定和欧盟条例（EU）1025/2012。

－ ETSI 在制造、使用或依赖 ICT 技术的所有行业和社会部门开展工作。

－ ETSI 工作在发展和新兴技术的前沿。

－ ETSI 制定的技术标准旨在为最具竞争力的市场所采用。

－ ETSI 促进其技术标准在世界范围内的采用，以提高其成员的竞争力。

－ ETSI 作为 ESO 之一，为支持欧盟监管要求和政策而提供技术标准。

－ ETSI 制定有效利用频谱、尽量减少干扰和避免不良影响的技术标准。我们根据适当的监管框架制定标准。

我们的五大战略目标是：

－ 成为数字化的核心力量；

－ 成为标准的推动者；

－ 全球化；

－ 万能通用；

－ 开放包容。

这些目标中的每一个都将在我们的长期战略中进一步详述。

ETSI 在支持技术标准和规范的法规和立法方面发挥着关键作用。为此，我们与其他组织合作，包括：

－ 欧盟委员会（European Commission，EC）

－ 欧洲自由贸易联盟（European Free Trade Association，EFTA）

－ 欧洲邮电管理委员会（Telecommunications Administrations，CEPT）的电子通信委员会（Electronic Communications Committee，ECC）

协调标准

欧洲是世界上最大的统一市场，而标准化是建立欧洲单一市场的关键要素。单一市场能使所有相关方——制造商、网络运营商和用户都受益。

协调的标准使制造商和供应商能进入欧洲市场

欧盟委员会通过欧盟指令、条例和决定的立法执行，统一对 ICT 产品和服务的要求。

EC/EFTA 向 ETSI 和其他两个欧洲标准组织 CEN 和 CENELEC 发出标准化请求，并提出制定协调标准（具有特殊地位的欧洲标准）的建议。ESO 共同商定是否以及如何响应特定的标准化请求，例如哪个 ESO 将执行或领导工作。

这些协调的标准提供了实现指令的"基本要求"所需的技术细节。通过满足这些标准，制造商和供应商可以证明他们遵守了相关法规。然后他们可以进入整个欧洲市场，虽然产品可能被证明是符合其标准的，但 ETSI 本身并不提供认证服务，也不为任何基于 ETSI 标准的产品提供背书。

我们制定了以下的协调标准：

- 无线电设备指令（RED）-2014/53/EU
- EMC 指令 -2014/30/EU

通过遵守这些协调标准，制造商和服务提供商可以证明他们遵守了指令的基本要求，并且能够声明"符合假定"。这使他们被允许将产品和服务投放到欧洲市场。

协调标准在欧盟官方公报登载时生效。

ETSI 协调标准清单

- 涵盖了无线电设备的指令（RED）-2014/53/EU 基本要求的协调标准——已被欧盟官方公报登载。

- 涵盖了 EMC 指令 -2014/30/EU 基本要求的协调标准——已被欧盟官方公报登载。

- 涵盖了 RED 和 EMC 指令基本要求的协调标准——尚未被欧盟官方公报登载。

协调标准的使用

各国政府也使用我们的标准来执行法规。例如管理部门对不合规的设备采取行动，使得合法用户可以在没有干扰的情况下使用频谱。

ETSI 通过制定协调标准以响应支持各种欧洲指令，包括以下方面的标准：

- 无线电设备
- 电磁兼容性（Electromagnetic Compatibility，EMC）

我们提供执行欧洲无线电频谱使用和紧急服务使用指令所需的所有协调标准。

共同体规范

我们还根据单一欧洲天空互用性法规（民用航空）制定欧洲共同体规范

（European Community Specifications，CSs）。CSs 与统一标准有着相似的地位。

系统参考文件

ETSI 与 EC 以及 CEPT/ECC 密切合作，以协调欧洲对无线电频谱的要求，并确保 ETSI 无线电标准具有必要的频谱。

我们与 CEPT/ECC 有一份谅解备忘录

－ 电信合规评定和市场监督委员会（the Telecommunication Conformity Assessment and Market Surveillance Committee，TCAM）

－ 无线电频谱委员会（the Radio Spectrum Committee，RSC）

－ 无线电频谱政策组（the Radio Spectrum Policy Group，RSPG）

我们编制了一份称为"系统参考文件"（System Reference Document，SRdoc）的特定类型的技术报告，其中：

－ 为新的无线电系统、服务或应用提供了技术、法律和经济背景。

－ 针对需要更改当前指定频率或其使用，或更改拟议频段的监管框架以适应新的无线电系统或服务时的情况，对频谱分配的需要提供了建议。

SRdoc 一般围绕协调标准编制，以确保无线电设备的构造能够避免有害干扰。通常情况下，我们与正在开发的标准并行地开发 SRdoc。ETSI 以这种方式，作为行业推动监管过程以满足市场需求的途径。

以上内容来源：https://www.etsi.org/about。

ETSI 的这一自我陈述表明了其在通信领域所需要考虑的安全范围。

1.8.4 经济合作与发展组织

经济合作与发展组织（Organisation for Economic Co-operation and Development，OECD）的自我介绍如下：

OECD 是一个致力于制定更好的政策以改善人类生活的国际组织。我们的目标是制定政策，促进所有人类个体的成功、平等、拥有机遇和幸福。我们利用近 60 年的经验和见解，来更好地迎接明天的世界。

我们与各国政府、政策制定者和公民一道，致力于建立以证据为基础的国际标准，并为一系列社会、经济和环境问题找寻解决办法。从提高经济绩效、创造就业机会到扶植良好的教育、打击国际逃税，我们为数据和分析、经验交流、最佳实践分享以及公共政策和国际标准制定方面的建议提供了一个独特的论坛和知识中心。

以上内容来源：https://www.oecd.org/about/。

此外，他们还主办了国际运输论坛（International Transportation Forum，ITF），其介绍如下：

我们是谁：

经合组织的国际运输论坛是一个政府间组织，有 60 个成员国。它是交通运输政策的智囊团，并组织运输部门首脑的年度峰会。ITF 是唯一覆盖所有运输方式的全球机构。ITF 在行政上与 OECD 相结合，但在政治上是自治的。

我们的工作：

我们 ITF 致力于改善关系人们生活的交通运输政策。使命是促进和深化对于交通运输在经济增长、环境可持续性和社会包容中作用的理解，并提高交通运输政策的公众形象。

以上内容来源：https://www.itf-oecd.org/about-itf。

他们还发表了一篇关于自动驾驶和相关法规的重要论文。该论文摘要如下：

当今在售的许多汽车已经具备了一定程度的自动驾驶能力。能够自动驾驶的原型车已经在欧洲、日本和美国的公共道路上开始测试，并将继续进行下去。这些技术已迅速进入了市场，预计未来的部署也会加快。自动驾驶带来了例如提高安全性、减少拥堵、降低车辆乘员的压力等许多好处。而政府也必须相应地调整现有的规则以及制定新的规则，以确保这些规则与公众的安全、法律责任和隐私等方面完全适配。这份报告要探讨的战略问题，是政府必须考虑的，其关系到更完善的自动化，乃至最终的自主车辆出现在我们的城市和道路上。这是在专家意见和项目伙伴讨论的基础上起草的，此外还参考了已发表的相关研究和立场文件。

以上内容来源：2015 年 OICA 国际运输论坛，不确定条件下的自动和自主驾驶法规。

他们根据他们的立场文件对行业提供支持，为了支持高度自动化场景的部署，必须解决许多方面的问题。其中包括：

－ 车用无线通信技术（V2X）：通信是自动化车辆的一个重要元素，尤其是要求低延迟的安全 V2X 通信。V2X 技术包括使用无线技术实现车辆之间（V2V）和车辆与基础设施之间（V2I）的实时双向通信。基于传感器的解决方案（即当前的高级驾驶员辅助 ADAS）和 V2X 通信的融合将促进自动驾驶。

－ 决策和控制算法：这些包括决策、规划和控制算法的协同，安全，与人类兼容的交通自动化。

－ 数字化设施：数字化设施（用于道路自动化）包括自动车辆将与之交互操作的物理世界的静态和动态数字化代表的设施。需要解决的问题包括采购、加工、质量控制和信息传输。

－ 人因：自动化中的人因可以理解为人与自动道路运输系统的所有方面的相互作用有关的一切因素，包括人在车辆内部，作为驾驶员 / 操作员的角色时，以及作为道路使用者，与自动车辆交互时。社会心理学和行为科学的知识和理论有助于理解人类如何与这些系统互动。

－ 道路自动化评估：道路车辆的自动化可能造成生活方式和社会层面的影响。经济影响也很重要，当评估支持基础设施或服务的公共支出时，有必要使其和其他交通投资在共同的成本效益框架中衡量这些影响。

－ 道路适应性测试：道路适应性测试，可以理解为评估车辆是否能够合法上路行驶的必要测试，其对于部署新的自动驾驶功能至关重要。

以上内容来源：2015 年 OICA 国际运输论坛，不确定条件下的自动和自主驾驶法规。

在论文中，为使自动化概念符合人类的利益，他们致力于解决车辆和基础设施之间的互联，以及人因的问题。

1.8.5　欧洲运输安全委员会

欧洲运输安全委员会（European Transport Safety Council，ETSC）是一个总部设在布鲁塞尔的独立非营利组织，致力于减少欧洲运输中的伤亡人数。ETSC 成立于 1993 年，为欧盟委员会、欧洲议会和成员国提供公正的运输安全专家咨询服务。它通过各种来源的资助来保持独立性，包括会员捐助、欧洲委员会以及公共和私营部门对其各种活动的支持。

他们在以下领域开展工作：

－ 超速

－ 酒驾

－ 弱势道路使用者

－ 执行

－ 与工作相关的道路安全

－ 道路安全绩效指标

－ 车辆安全

－ 自行车

－ 碰撞后处理等

他们制定、提供证据或分析和宣传声明，类似下文的声明：

－ 超速是欧洲道路上的头号杀手。请阅读我们关于欧盟国家如何解决这个问题的最新报告。

－ 酒后驾车每年造成成千上万的欧洲人死亡。

－ 欧洲 NCAP 称，围绕自动驾驶汽车的大肆宣传会给驾驶员们带来危险的迷惑。

－ 需要采取紧急行动解决行人和骑自行车者的伤亡问题。

以下示例显示了他们活动的典型领域。

ETSC 项目总监 Graziella Jost 在评论这份报告时说：

欧盟正面临诸多挑战，比如气候紧急状况、道路死亡和重伤、空气污染和肥胖问题。能够改善骑车和步行安全的政策也可以为应对所有这些挑战做出重大贡献。在这方面，一些欧盟国家，特别是荷兰和丹麦都在前进的道路上探索。如果他们能做到，欧盟其他国家也能做到。

- 在欧洲步行和骑自行车有多安全？（https://etsc.eu/pinflash38）
- 21% 的道路死亡是行人，8% 是骑自行车的人，这反映出步行的行人数量远远更多。
- 当一个人因为走路摔倒死亡时，不被认为是道路事故死亡。骑车人撞上障碍物死亡也不算道路事故死亡，特别是在没有报警的情况下。

他们正在推动以下项目：

- REVIVE 项目正在研究全欧洲应急响应的最佳实践。
- 智能车速辅助（Intelligent Speed Assistance，ISA）是一种保护生命的技术，帮助驾驶员保持限速。

像 ETSC 这样的组织并不制定法律或法规，但他们的专业知识和研究是制定法规的关键性依据，这些工作不仅仅是为了欧盟及其成员国所做。

1.8.6 信息技术安全法

公用 IT 系统的重大事故暴露了关键基础设施的脆弱性（参见章节"关键基础设施"）。早在 2015 年，甚至在《欧洲网络和信息系统安保指令》（NIS 指令）第 1 版生效之前，德国的立法者就制定了相应的法规，并以《德国 IT 安保法案》（德语 IT-Sicherheitsgesetz）的形式将其纳入到《德国联邦信息安全局法》中。在 2017 年 6 月 21 日修订的《德国关键基础设施认证条例》（德语 Änderungsverordnung zur BSI-Kritis-Verordnung）第 2 版中，立法者更详细地规定了金融行业公司作为关键基础设施运营商的资格标准。

关键基础设施定义如下：

"联邦信息安全局法"所指的关键基础设施包括属于能源、信息技术和电信、运输、卫生、水、食品、金融或保险部门的设施、系统或其部分，对社会运转至关重要。因为它们的故障或中断将导致相当大的供应短缺，或对德国的公共安全和保障造成风险。

该法案基于欧盟指令 2016/1148，其内容如下：

欧洲议会和欧盟理事会 2016 年 7 月 6 日 EU2016/1148 号指令，关于欧盟网络和信息系统高度相同的安保措施。

值得注意的是，"德国 IT 安保法案"是从德国立法中翻译过来的，涉及了安全、安保和其他关键方面，而不仅仅是安保。

1.9 产品责任

对于今天的德意志联邦共和国所在的地区，早在中世纪就已经有法律制度要求，不同的活动和产品有充分遵守和照管市场规则的义务。在 1900 年 1 月 1 日生效的《民法典》的基础上，1903 年，在莱比锡的德意志帝国最高法院对一般照管义务进行了第一次解释，为用户或第三方避免、防止或减少规避风险作为或不作为义务的责任，并为以后的法律条例奠定了基础。

产品责任是德国《产品责任法》（德语 ProdHaftG）第 1 至 19 条所规定的反犯罪正义的一部分。应将其与规定了"制造商的责任"的民法第 823 条区分开来。第 823 条的内容是欧盟关于产品责任的指令 85/374/EC 在德国的实施方案。

产品责任不对制造商、经销商、分销商和最终用户之间的合同做预设。只有在与用户可能的期望有可信的显著偏差的情况下，才能要求损害赔偿。对供应商而言，一个显著的方面是"缔约过失"（合同订立前的过失），它涉及在合同达成之前发生的损害。

欧盟为产品安全指令提供了以下信息：

通用产品安全指令

欧盟关于产品安全的规则在一般产品安全指令中有定义。根据该指令，如果产品符合欧洲或国家法律规定的所有法定安全要求，则该产品是安全的。

如果没有相应法规或欧盟标准，则产品的合规性根据其他参考文件确定，如国家标准、委员会建议、实施规程。

网上销售产品的安全性

－ 越来越多的消费者在网上购物。基于对销售总额的分析，网上销售的比例一直在增长。网上购物方便了消费者，但也给产品安全带来了一定的挑战。为此，2017 年 8 月 1 日，欧盟委员会发布了一份关于在线销售产品市场监督的通知，以帮助公共机构开展工作。

－ 2018 年 6 月 25 日，多个在线市场自愿承诺：第三方销售商在其在线市场上销售的非食品消费品的安全性，并签署了产品安全承诺书。该倡议提出了超出欧盟立法规定范围的具体自愿行动。最终目标是在将不安全产品销售给消费者之前或之后的短时间内，增强对在欧盟销售的不安全产品的检测，并改善对消费者的保护。

产品安全承诺

免责条款

该指令不包括以下产品，这些产品是单独监管的

－ 药物

－ 医疗器械

— 食物

企业和主管部门的责任

企业和主管部门有责任确保只销售安全的产品。

企业必须：

— 只将安全的产品投放市场；

— 告知消费者与他们供应的产品相关的任何风险；

— 确保市场上存在的任何危险产品都可以追溯，以便可以将其移除，避免给消费者带来任何风险。

指定的国家主管部门负责市场监督。他们：

— 检查市场上的产品是否安全；

— 确保生产商和商业链遵守产品安全法规和规则；

— 必要时实施制裁。

主管部门还应将市场上发现的危险产品信息发送到安全门，即危险非食品的快速警报系统。

以上内容来源：https://ec.europa.eu/info/business-economy-euro/product-safety-and-requirements/consumer-product-safety/product-safety-rules_en。

在该网页上还提供了英国衍生法规的链接。

在德国，关于产品责任的第 85/374/EC 号指令规定的《产品责任法》纳入了国家法律，并规定了严格的责任制度。此外，《民法典》（第 823 节及以下）规定了侵权法下的过错责任制度。

另一个重要方面是产品安全。在德国，《产品安全法》（德语 Produktsicherheitsgesetz，简称 "ProdSG"）将产品定义为通过生产过程产生的商品、物质或制剂。ProdSG 来源于 2001 年 12 月 3 日欧洲议会和理事会关于一般产品安全的指令 2001/95/EC。

产品的关键要素是 "CE 标示"（CE marking），它定义了必须符合法规的产品或产品组，以及应如何对其进行标识等。

根据《产品安全法》，制造商、进口商和贸易商只能在市场上投放符合有关人身安全和健康保护的法定要求的（非食品）产品。它适用于产品（古董除外）以商业为基础首次在市场上供应、展示或使用的情况。如果产品已经受到基于特定部门的规定（如机械指令或认证标准等）的约束，则此类规定优先。

根据 ProdSG，只有在按期望的或预计的方式使用时对人的安全或健康没有危险的情况下，产品才能在市场上销售。作为评估标准，产品属性、产品影响和 / 或与其他产品相互作用的方式、与产品相关的声明，以及处于特殊风险中的消费者和 / 或用户群体将被考虑在内。

在美国，消费品安全法（Consumer Product Safety Act，CPSA）涵盖了产品安

全法。CPSA 是 1972 年颁布的总括法规。该法设立了一个机构，确定了消费品安全委员会（Consumer Product Safety Committee，CPSC）的基本权力，并授权该机构制定标准和禁令。它还赋予 CPSC 在某些情况下进行召回和禁止产品的权力。

所有产品安全法案的主要方面是：

- 产品现场监测
- 召回义务
- 产品禁令

通常，有政府组织会被指派控制和／或记录现场事件，并启动现场措施或确认相关措施已经启动了。

一定要做点什么！！！

从最终用户的期望上来看，对于用户过错造成的损害，制造商仍需承担责任。更确切地说，在流向用户之前，应当从缺陷产品中消除某些风险，即使这些风险是在产品上市之后才出现的。这涉及纯粹的危险责任，不管在制造商和从中间商获得产品的用户之间，有没有合同，还是有没有就保修期产品退回、积极违约和缔约过失情况下的索赔权益签订合同。此外，因为制造商和中间商还不知道用户是谁，因此它们之间订立的合同通常不把作为第三方的用户放在考虑范围内。

一般来说，产品责任只有在真正涉及损害时才是明确的，这点与各国的交通法有着本质的区别。在交通法中，立法者试图预防性地标示出社会认可的框架。每一个驾驶员都必须注意这一点，如果他开得比允许的速度快，那就会被抓到。如何进行惩罚通常取决于车速过高可能导致的危险程度。

在产品责任的详细内容中，人们通常会发现，在产品开发过程中，关于产品责任的内容，没有什么是默认的。而只有在产品开发完成之后，才能在损害和价值的背景下衡量产品责任。如果一个人开发了一种产品，它早已在使用过程中或在与相对市场上已有的产品的比较中证明了自身的品质，那么最好在开发前先了解"最新技术"，并在开发产品时考虑到这一点。

在发生损害的情况下，不用去讨论是否暴露了涉事企业的风险或绝境。实质上只有一个问题该讨论，即是否因为制造商、贸易商粗心，甚至敷衍了事地将产品投放市场。如果涉及疏忽大意，作为开发者的个人也要承担刑事责任。

因为立法者知道，产品和设备不可能有预防性的整体保护，所以除了产品责任法之外，还设有产品安全法。

德国的产品安全法是 ProdSG，它规定了之前对技术工作手段和消费品的安全要求，自 2011 年 12 月 1 日起代替《设备和产品安全法案》（GPSG）。

其余的相关法案在 GPSG 之后被废止，并从 2011 年 12 月 1 日起正式修改为 ProdSG（表 1.3）：除了产品安全外，特定的 ProdSG 法案还规定了不同商品的上市销售，这些商品（机械、玩具、运动船、空气中可能发生爆炸的电气附件等）

必须满足特定的安全属性。ProdSG 创造了一个基础，其促进了欧盟统一安全要求方面的商品流通。

表 1.3　指令及其在产品安全规定（ProdSG）中实施的精选示例

欧盟指令	ProdSG
低压指令 2006/95/EC	关于电力公司的行为方式（1. ProdSV）
玩具指令 2009/48/EC	关于玩具安全的法案（2. ProdSV）
关于简易接收器的指令 2014/29/EU	关于简易接收器的法案（6. ProdSV）
燃气消耗设备指令 90/396/EEC	气体消耗设备法案（7. ProdSV）
个人防护设备指令 89/686/EEC	关于在市场上销售个人防护设备的法案（7. ProdSV）
机械指令 2006/42/EC	机械法案（9. ProdSV）
运动艇指令 94/25/EEC	对运动艇和水上摩托车的法案（9. ProdSV）
ATEX 产品指令 2014/34/EU	防爆法案（11. ProdSV）
电梯指令 2014/33/EU	电梯法案（12. ProdSV）
气雾剂指令 75/324/EEC	气雾剂法案（13. ProdSV）
压力装置指令 97/23/EC	压力装置法案（14. ProdSV）

对在 GPSG 中缺乏监管的附件也有了基本的认定，目前的《运行安全法》的要点对其设置和固件进行了规定。

监管这一主题的另一个方面是现场和市场观察义务，这在产品责任法中已有多年的历史。其通常的表现形式是"召回"。

其他法规与产品安全法的联系范围很窄，包括：
- 指令 2014/30/EU（EMC）
- 2014/53/EU 关于在市场上提供无线电通信系统的指令

EMC 指令中适用于车辆的对应部分，与无线电指令是相似的。正如我们所见，同样的，其与低电压指令（对于汽车，ECE R100）也基本重叠。

以下内容是 2014/53/EU 关于无线电通信系统供应的指令中，无线电通信系统的含义：

本指令中的"无线电通信系统"是一种电气或电子产品及其配件，可以发射符合以无线电通信和 / 或无线电定位和 / 或其他构想为目标要求的无线电波（第 2.1 条）。

在相应的第 7 条和第 8 条中，该指令指出了与低压和 EMC 指令的重叠：

（7）在 2014/35/EU（低压）指令中，安保要求的规定目标对于无线电通信系统来说是足够的；因此，在本指令中，应将安保排除在外，而对其使用方面进行规划。为避免不必要（与基本要求无关）的法规重复，本指令中对无线电通信系统的内容也不应在 2014/35/EU 中生效。

（8）在2014/30/EU（EMC）指令中，EMC领域基本要求的规定对于无线电通信系统来说是足够的；因此，在本指令中，应将EMC排除在外，而对其使用方面进行规划。因此，为避免产生不必要（与基本要求无关）的法规重复，本指令中对无线电通信系统的内容也不应在2014/30/EU中生效。

不仅车辆到基础设施的通信（Car2X）和车辆到车辆的通信（Car2Car）在此显得重要，在EMC上仅考虑传感器（例如雷达）也是不够充分的，还必须注意设备对无线电通信的潜在干扰。

此外，除了无线电指令的内容，对于激光雷达，其视觉安全也会对开发产生重要影响。虽然对于固定系统已经有了广泛应用的指令和标准，但是对于安装于车辆的系统，未来仍有许多新知识要探索。

现在，开发的曲线可以是多变的，因为每当出现多种，或者频繁出现人身危险或损害时，各方的立法者都会做出反应。

如果不对科学技术状况进行合理的分析，那么对于产品而言，尤其是要在市场上流通的批量生产的产品或系列产品，将不存在任何安全保障。

1.10 普通法和民法

世界各国的法律体系一般分为两大类：

- 普通法占主要地位；
- 民法占主导地位。

大约150个国家的法律体系可以说主要是民法法系（大陆法系），而大约有80个普通法系（英美法系）国家。

典型的英美法系国家是美国、英国、印度或加拿大。

而德国、日本、法国、西班牙或中国是主要的大陆法系国家。

这两种体系的主要区别在于，在英美法系国家，以公开司法意见形式的判例法是最重要的。而在大陆法系中，法典化的法规占主导地位。事实上，许多国家综合运用了英美法系和大陆法系的特点。许多普通法国家都有着英属历史或者仍然是英联邦的成员。

欧洲各国的民法可以追溯到罗马皇帝查士丁尼所编的法律。拥有罗马历史以及受天主教影响较大的国家，其民法倾向较为典型。

民法法系占主导的国家提供了低解释空间的专门法律框架。而英美法系对法律要求提供了范围更广的解释，在产品责任案件中发生损害赔偿的情况下，法院要进行密集的审判。

1.11 中国的法律法规

划分标准（被称为"国家标准"，简称GB）构成了产品测试的基础，适用于在"中国强制认证"（China Compulsory Certification，CCC）范围内，也就是负有 CCC 责任的产品。CCC 认证可与俄罗斯的 Ghost 认证相比较，其必须被应用于中国进口的特定产品。这也适用于汽车及其基本供应部件。划分标准将由"中华人民共和国国家标准化管理委员会"进行修订。虽然这是一个与德国标准化协会（德语 Deutsches Institut für Normung e.V.，DIN）相当的标准化机构，但它们制定强制性的标准，例如根据商业法司法的一些标准（表 1.4）。

表 1.4　中国相关安全法规表

产品名称	CNCA 法规	GB 标准
整车认证	CNCA-C11-01	GB/T 3730.1 GB/T 17350 GB 7258 GB/T 15089
消防车	CNCA-C11-01/A1	
摩托车	CNCA-C11-02	GB 7258 GB/T 5359.1 GB/T 15089
摩托车发动机	CNCA-C11-03	
安全带	CNCA-C11-04	GB 14166
照明灯	CNCA-C11-07	GB 4599 GB 4660 GB 11554 GB 5920 GB 15235 GB 17509 GB 18409 GB 18099 GB 18408 GB 25991
前位灯 / 后位灯、驻车灯、示廓灯、制动灯		
转向信号灯		
倒车灯		
前雾灯、后雾灯		
后牌照灯		
侧标志灯		
后视镜	CNCA-C11-08	GB 15084
内饰材料：地板罩、座椅护板、装饰刻度板（车门内护板 / 面板、前围内护板、侧围内护板、后围内护板、车顶内衬）	CNCA-C11-09	GB 8410
门锁和车门铰链	CNCA-C11-10	GB 15086

（续）

产品名称	CNCA 法规	GB 标准
座椅和头枕	CNCA-C11-12	GB 15083 GB 11550 GB 13057 GB 8410
摩托车头盔	CNCA-C11-15	GB 811
轮胎	CNCA-C12-01	GB 9746 GB/T 2978
安全玻璃产品	CNCA-C13-01	GB 9656
儿童乘员约束装置	CNCA-C22-03	GB 27887

原始清单基于外部要交付给中国的物品的供应组件。至于中国自身，如今汽车工业发达，这些要求也适用于中国制造的新车。

其中 GB 和 GB/T 与 UN ECE 法规相协调。电动汽车的 GB/T 在本质细节上类似于联合国欧洲经委会的修正案。而且也有类似的例子，ISO 6469–4：2015 电动道路车辆安全规范及其部分：

第 1 部分：车载可再充式储能系统（On-board rechargeable energy store system，RESS）

第 2 部分：车辆运行安全

第 3 部分：防触电保护（2018 年电气安全）

第 4 部分：碰撞后电气安全

现在有各种各样的 GB/T（以法律建议的形式）变成了强制性的 GB。其中，有关电池系统的整个法规就变为了强制性法规。由于动力集成的电气化程度越来越高，火灾隐患成了一个重大问题。

在燃料电池和氢技术领域，中国与韩国和日本合作制定了各种法规和标准。

与航空业类似，中国法规考虑以联邦航空局或欧洲航空安全局的规章制度为依据，通过其认证过程来运用这些规章制度；在其中，分别考虑是否允许开发或生产飞机产品。对于这两种情况，供应商可以分别单独获得资格。在汽车生产过程中也有类似的原则和标准，如 ISO9001 标准和 IATF 标准。它从产品的数量和质量两个方面定义了提供合格产品的能力标准。

中国法规中有 27 项规定与电动汽车制造商的资格认证有关，其是 GB 和 GB/T 的子集；该资格由中国颁发给在德国注册的制造商。27 项规定除驾驶测试外，还涉及专用功能的功能测试、系统特性测试以及故障注入测试；规定车辆必须满足某些可靠性标准，这些标准必须由规定的驾驶循环来证明。对于整车认证，第 44

条规定了电动车的所有规章制度。

零件认证应按中国国家认证认可监督管理委员会（国家认监委）实施细则执行。否则，产品可以由中国海关扣押。

粗略地讲，车辆的许可与在德国类似。首先，必须具备作为制造商的资格。作为德国制造商，必须在动力驱动联邦办公室注册，并通过该办公室在汽车注册簿中以制造商身份登记。

UN ECE 的法规也为中国建立了认证的基础。其基本思想在所有国家都是一样的，都有必须满足的要求，以便使车辆适应道路交通。这意味着，大家都一致强调运输媒介的"道路适应性"。

整车的 CCC 认证

在 中 国 国 家 认 证 认 可 监 督 管 理 委 员 会（Certification and Accreditation Administration of the People's Republic of China, CNCA）和国家质检总局（General Administration of Quality Supervision, Inspection and Qurantine of the People's Republic of China, AQSIQ）公布的官方产品目录中提及的所有产品需要重新认证。除了目录中的之外，国家认证中心和 AQSIQ 还会定期公布新的认证产品。

由于在检测标准上的不同，CCC 标志有四种不同的类型。安全标志为"S"，电磁兼容标志为"EMC"，电磁兼容和安全标志为"S&E"，消防标志为"F"（图1.9）。

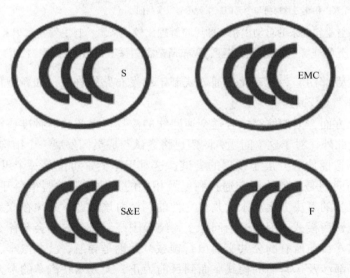

图1.9 根据 CCC 认证过程的标志

（资料来源：中国认证公司手册，www.china-certification.com/en，2014 年 5 月）

CCC 法规还计划提供整车认证。特别是对于电动汽车，有非常广泛的理由来应用完善的 CCC 认证。CCC 标识是贸易法关注的焦点，但其背后的规程都是来自于 GB 和 GB/T。

1.12 保险

保险是风险分担的有效解决方案，除非事故的原因追溯不到过失。当然，对于社会来说，保险并不是一种真正降低风险的措施，但对于单个公司或企业来说，保险是一种适当的平衡风险的方法。

与航空业的比较以及针对自动出租车的法规尝试如图 1.10 所示。《福布斯》杂志从保险的角度发表了一个有趣的比较，其中描述了政府管理、许可方法和交通系统的风险保险覆盖范围内的利益关注点。

	 ✈	 🚗
规章	联邦航空局、航空公司和独立机构共同设计确定飞机何时安全飞行所需的程序	DMV/DoT、无人出租车运营商和独立机构共同设计程序，以确定何时以及如何让自动驾驶汽车比人类驾驶更安全
认证	政府监管机构与航空公司和承包商合作，在飞行前对飞机和机组人员进行认证	政府监管机构与无人出租车运营商和承包商合作，定期对车辆硬件、软件和远程操作进行认证
保险	保险公司承保事故发生的可能性，以及进行必要披露和调查的费用，前提是航空公司合规	保险公司承保事故发生的可能性，以及进行必要的披露和调查的费用，前提是无人出租车运营商合规

飞机和自动驾驶车辆的图标分别由monkik和Frccpik提供，www.flaticon.com
未来的无人出租车运营商将与今天的航空公司有很多共同点

图 1.10 航空业和未来的自动出租车的风险管理比较（来源：自主驾驶汽车未来数十亿美元的业务—安全与合规性，福布斯杂志刊登于 2018 年 5 月 21 日）

公共主管部门会为自动化交通方式制定和发布路线许可，如新型自动驾驶空中出租车的"飞行通道"。

第一个方面，诸如航空中合适交通路线的法规仅由州政府批准或经国家主管部门批准。此外，对于这个问题，欧盟也将尝试与成员国发展一个结构化的组织。国际汽车制造商协会开展了顶层的尝试，这对于车辆许可也是一个可能的基础。但要解决的问题是如何协调交通权利以及相关的其他根据欧盟指令开展的活动。否则自动驾驶的解决方案就永远是孤立性的。针对该问题，必须在产品责任方面找到一个运营商模式。因为这个问题上，纯粹围绕制造商，不会有什么有吸引力的商业模式。目前所有的公共交通出行领域，无论是导航、公共汽车、道路还是空中交通，都涉及运营商的模式。而到目前为止，无人驾驶汽车的个人交通还没有合法化。

第二个方面是建立行业规则，必须规定基础设施、车辆和运营商，并使它们受到监督。为了使这些行业规则得到充分的确定和监督，必须有一个组织，对不同交通领域的车辆和运营商提供批准，也就是认证（certification）；换句话来说，就是关于车辆和运营商的许可。Uber 是一家美国公司，但要取得在德国作为一家出租车运营商所需的许可，也必须学习适应德国的情况。

第三个方面是关于风险的，风险可能不会直接发生，但总是存在于每个交通系统中。风险会给单个实体带来太多沉重的经济负担，而保险则起到分担风险的作用，保险公司可以按要求赔偿损失的金额。在德国，几十年来，没有责任险的车辆不允许在公共交通中通行。保险也将对与自动驾驶相关的安全要求产生重要影响。保险业会在运营许可和车辆许可发放方面对立法产生总的影响，还是仅仅影响个别的规定？这些影响将会慢慢显现出来。但可以确定的是，如果运营商和车辆没有特定的保险，就不会获得许可。

第2章 风险管理

人们经常将风险与负面影响联系起来。起源于希腊语的"Risk"（风险）现在已经衍生形成了多种语言。产品风险采用叉乘形式将潜在危害与发生概率转移到其他风险维度并进行描述。人们对经济领域中关于风险的定义存在着不同的看法。这些定义不同于基于产品故障和错误而定义的风险（风险＝可能性严重性），也不同于基于误差变化危险而定义的风险（风险＝概率危险的严重性）。对于风险，一般的定义是：由于特定行为或事件所造成的危害或损失的概率（此处所提及的行为或事件可能但并不一定会导致不利的后果）。一方面，风险可以从词源上追溯到"riza"（希腊语为根、基础），"risc"（阿拉伯文为命运）；另一方面，风险可以参考"ris（i）co"（意大利语）。而"安全"一词源于拉丁语的"se cura"，可以译为"不需要担心"。如今，"安全"一词被广泛应用于不同层面，如经济安全、环境安全、访问安全、工作安全、工厂或机械安全以及车辆安全等。"安全"不仅仅是指功能安全，在各行各业中同样存在着不同的定义。

技术系统或产品应当能够充分地消除不可容忍的风险。类似于公正的尺度，始终存在这样一个问题，即应该如何在风险规避与盈利收益之间取得平衡（图2.1）。然而实际上，任何活动都无法完全规避风险。有时人们甚至会为追求高收益而主动提高风险，例如股票市场上的投资者。

图 2.1 安全的定义

《牛津商务词典》（Oxford Business Dictionary）给出了关于风险管理的定义，即"通过缓解风险或采取有效的控制措施来承担被置身于风险下或降低系统脆弱性的决策过程"。

风险管理在法律上定义为：如果风险导致对他人造成了损害，则权力机关会保护弱势一方；并通过提供基本的立法保障，来保证任何人都不能通过以损害他人的利益来为自己谋利。

事实上在任何行业中，风险管理都是不可或缺的。P.K. Gupta 博士对风险管理的定义为："风险管理是一个综合性的完整过程，包括描述风险、制定全面的计划、实施计划、进行持续评估"。

保险公司在商业上实施风险管理时，普遍通过定义规则来管理和控制项目、产品或任何保险标的的风险。他们通常会考虑：

- 潜在的损失来源是什么？
- 如果发生损失，可能产生的影响是什么？
- 损失发生后应该如何处理？

以下的几个问题也值得考虑：发生的损失是可以承受的吗？应该如何采取措施来规避、减轻风险，或者将已产生的损失最小化？如何采取最佳的方式来进行预防保护，以及如何有效评估此类事件在未来再次发生的可能性？

此外，还需要评估预防损失而产生的费用的合理性（任何用来预防损失的额外支出，只有在小于或等于通过减少已产生的损失而节省下来的费用时，在经济意义上才算是明智的）。

风险管理的基本步骤如下：

- 风险评估
- 控制活动
- 风险监控

可以采用系统的方法来识别、评估、减少或消除偏离预期结果的潜在性风险，从而防止由于疏忽带来的损害以及经济损失。

根据前述的所有因素进行风险量化和风险评级是尤其重要的工作，其核心是进行风险的量化评估。

仅仅在安全方面，一件重要的工作是区分符合标准、真正安全以及被社会认为安全的产品。

通常，人们只关注产品或设计是否符合适用标准以及设计制作或制造流程，并普遍仅仅依据产品是否达到某种通用标准来判断它的安全性。然而满足适用标准、设计制作或制造流程的产品，并没有将实际安全历史考虑在范围内。

实际上，如果已经投入使用的产品经过长时间向社会证明了它的安全性，那么就没有太大的必要要求这些实际应用的产品被指定符合某些标准。

感知安全（或主观安全）是指用户的舒适度和风险感知水平，然而这种主观感受和判断存在的缺陷是他们未能考虑到使用产品的标准或实际安全历史。例如，交通道路上的提示标志或限速要求给交通参与者提供了这样一种信心，基于以往的经验让他们坚信其他人也会同样遵守规则。这使他们主观感受到安全而忽略真正的风险。为应对感知安全上的不足，在工程上做出反应或制定相关法规是两种最主要的干预措施。

社会治安（或公共安全）是指预防和治理由于蓄意违法或犯罪行为而造成的社会秩序混乱或严重的社会损害，比如袭击、盗窃或破坏。在很大程度上，社会是通过公众讨论来认识安全问题的。如果媒体频繁地报道相关的社会安全问题，人们就会推断这个问题实际上存在更高的风险。然而当出现社会风险被隐藏掩盖的谣言时，也会容易导致他们的不安情绪。安全性一词常常被理解为会对死亡、人身伤害或财产损害的潜在风险产生实质上的影响。

在决策理论的背景下，风险接受度通常是指"对感知风险的积极或消极评估的程度"。风险和危害以很多不同的方式被人们感知、评估和接受。风险接受是经过理性的归纳方法决定现有的风险在多大程度上可以被接受，或者由于存在的风险过大，需要判断触发风险的原因是否可以被认为是不可以接受的。风险接受在很大程度上受到风险感知的影响。风险感知类似于人们在日常生活中进行的风险评估，通常是一种对成功和失败的可能性以及行动和结果之间的关联的直觉或纯粹基于经验的、非结构化的感知，而不需要诉诸于冗长的数据序列和精确的计算模型。风险接受度和风险感知的定义范围和计算方式很复杂，目前存在很多不同的，甚至是互相矛盾的解释。

对个人而言，对风险感知最常见的的反应是购买保险，在财产损坏或丢失的情况下，保险公司可以提供赔偿。因为风险难以被量化，所以保险公司建立了多种计算保费的关系式。

2.1 风险管理周期

针对风险管理，管理者始终需要思考将其放在组织、项目的哪个位置，甚至是产品诞生链的哪一环节。

在新的出行概念中，所有经典商业模式都应该被考虑在内。另外，如果参与涉及基础设施，则相关的主管部门需要被视为潜在客户，或者至少在决策过程中要求将他们纳入考虑范围。直接面向终端用户的商业模式在未来将会有很大利润空间，现在很多汽车制造商已经考虑通过互联网门户销售汽车、提供乘车服务及其他基于云服务的附加或临时功能。由于未来出行产品存在多种复杂的商业模式，管理者需要将风险管理流程进行详细的分析。

可以采用以下七个步骤分析风险管理以及这些规范对新出行方式可能产生的影响：

- 环境建立

- 风险识别
- 目标环境下的风险评估
- 制定策略并处理潜在风险
- 活动及其目标的开发和定义
- 制定执行和实现策略
- 计划评审

2.1.1   环境建立

利益相关者分析始终是建立业务、组织、项目或产品环境的第一步。新出行服务不需要考虑所有的环境，因为大多数利益相关者都是以独特的视角来看待产品的（图 2.2）。

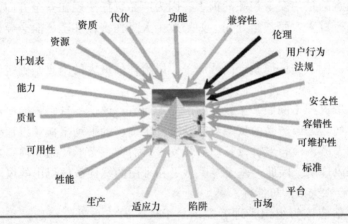

未来超过20年时间的挑战不再是速度、成本和性能，将是复杂性。Bill Raduchel，太阳微电子首席战略官
我们的敌人是复杂性，我们的目标是控制它。January Baan

图 2.2   产品的利益相关者（来源：技术架构的驱动力，IBM）

环境的建立包括规划业务、划定活动范围、确定利益相关者的身份和目标。这一阶段的工作是风险识别和评估的基础。

2.1.2   风险识别

建立环境以后，风险管理的下一步是识别潜在风险。风险识别是风险管理的基础。

风险是指与那些一旦发生就会引起连锁反应或降低预期利润的事件有关。因此，风险识别可以从问题的源头、未知的潜在影响或者问题本身开始着手。

风险识别需要具备关于组织、市场、法律、社会、经济、政治、气候环境的认知，也需要具备关于开发产品的金融优势和劣势、抵抗意外损失的脆弱性、制造过程、管理系统以及商业机制的知识。基于单用途产品、出行产品或服务的整体环境在很大程度上依赖于具体的操作环境。而这里的操作环境可以指软件依赖的操作系统，或者是某个系统功能依赖的特定操作条件。

在这一阶段，如果针对任何一个主要利益相关者的风险识别发生失败或偏离预期设计，都可能会给产品或服务的相关组织造成重大损失。

风险识别方法是通过系统性地分析利益相关者的需求和期望，以及基于法律层面上的权利主张来构建的。

2.1.3　目标环境下的风险评估

一旦识别出了风险，就必须对其发生的可能性和潜在的损失程度进行评估。此外，还需要评估在发生经济损失或社会危害时的政治、法律和道德影响。尤其需要特别注意的是与安全相关的损害，因为产品责任法规在安全方面上要求对产生的损害进行重大索赔甚至处罚。如果发生人身伤害，甚至可能会导致破产或引起刑事诉讼。

对于新环境下的任何新产品或服务，风险评估最大的困难是确定发生率，因为无法获得所有历史事件的统计信息。

对于无形资产（例如基于软件的产品）而言，评估不良影响的严重程度通常是相当困难的。无形产品的资产数额及其发生损害的平均金额难以评估，因为对律师、评估人员、检验人员以及产品开发人员而言，无形产品和损害之间的因果关系非常难以理解。因此，基于专家意见和可用的统计数据得出的风险评估仍然非常局限，存在失败的可能性。

风险评估应该为组织管理者提供易于理解的核心风险信息。其中，风险的量化可以由许多基于成本效益或预期补偿的公式来定义。一种进行风险量化的典型理论是基于年度损失期望（Annualized Loss Expectancy，ALE），ALE 是年度发生率（Annualized Rate of Occurrence，ARO）和单一损失期望（Single Loss Expectancy，SLE）的乘积，即

$$ALE = ARO \times SLE$$

2.1.4　制定策略并处理潜在风险

如果完成了风险评估，那么下一步需要研究如何控制风险的问题。风险管理策略是基于以下类别或这些类别的组合。

风险规避：风险规避是指避免风险或规避可能导致损失的不稳定性环境，包括不执行可能带有风险的活动。规避风险似乎是解决所有风险的最终答案，但这也意味着将会失去接受或保留风险带来的潜在性收益。例如，不进入某项业务领域可以避免发生损失的风险，但同样也放弃了赚取利润的可能性。

风险控制：风险控制是指（也称作损失控制）主要通过多阶段的措施来降低

发生损失的概率或缓解已产生损失的严重性。风险控制措施通常要考虑对产品或服务性能的影响以及对顾客或用户利益的干预。

风险转移：风险转移是指一方以一定成本将风险敞口造成的全部或部分损失转移给另一方。例如，保险合同基本上都会涉及风险转移。除了使用保险手段之外，还有一些非保险手段可以用来转移风险。

风险自留：风险自留是指由于风险敞口造成的损失增加应当由组织自己保留或承担。风险自留通常是商业组织经过深思熟虑后做出的决定，其形式包括自保以及专属自保。

在风险转移和风险自留之间，存在许多选择，包括分摊、分配风险或风险发生后的补偿。特别是当产品或服务基于供应链时，风险管理的安排需要与供应链合作伙伴进行充分协商。

2.1.5　活动及其目标的开发和定义

风险策略往往是基于控制措施组合来处理潜在的风险和发生的损害。每一项风险管理决策都应被记录下来，并由对应级别的管理层批准。当风险管理失效时，除了会给组织和个人带来经济损失和可能的刑事诉讼外，对企业形象产生损害的问题也同样不容忽视。风险管理计划是一份生命周期文件，需要进行持续性记录，直到产品退出市场。

担保准备金对任何公司而言是必要的措施，是任何上市公司资产负债表上的头寸。

应对风险敞口时，应当谨慎使用风险自留措施。该措施的文件可能会成为产品责任案件审理时的证据。

法律往往要求对产品的风险管理措施进行实地观察或持续监测。

2.1.6　制定执行和实现策略

下一步是按照计划推进工作。执行不仅仅限于着手做，像与发展伙伴进行谈判、站在股东的利益角度进行决策、就客户的要求和用户的体验而言进行考虑等，这些都是巨大的挑战，而且任何产品的设计决策都将是风险管理计划有效性的评价标准。

任何新的想法都需要经过完整的风险管理计划的检验，因为新产生的风险或已有风险衍生出来的新问题都可能会降低产品评估策略的有效性。

当然，可以通过购买保险的方法来将风险转移给保险公司。在不影响项目目标的前提下做到规避所有可以避免的风险，尽量最小化其他风险，然后保留其余无法减少的风险。市场上甚至还存在针对开发错误和召回损害赔偿的保险，但此类保险需要更高的保险费率。

2.1.7 计划评审

风险管理具有生命周期，直到产品生命结束（退出市场）时才停止。即便如此，期间发生的损害可追溯至服务或产品本身，而赔偿时期可能会远远超出服务期限产品生命周期。

实践、经验和实际损失会导致计划变更，并为处理风险时可能做出的其他决策提供参考信息。

风险分析结果和风险管理计划应当做出周期性的更新，虽然控制措施可能仍然适用并足够有效，但商业环境中的风险级别可能随时发生变化。

风险管理计划是产品生命周期历史的重要产物。

"欧盟通用风险评估方法论"的步骤描述与本书非常类似，但它更侧重于专用产品的开发（图 2.3）。换句话说，这篇文献似乎是为一个独立的产品而专门撰写的，而不是为了功能单元（功能单元是复杂系统的一部分，就像道路车辆一样，对环境存在高依附性）。

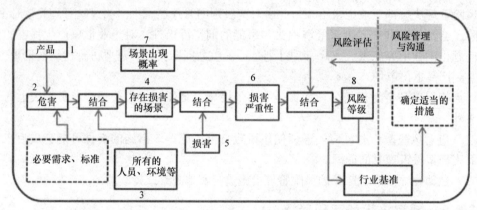

图 2.3 产品风险方法论的总览（来源：COMMISSION 2013）

2.2 技术风险

有关风险的定义和区分风险的种类在不同行业中存在很大差异。因此，不同的行业针对风险规避和风险接受，也相应采取不同的方法。

欧盟出版了一篇有关技术产品风险的基础文献，下列条目是其中的一些重要表述：

• 风险（risk）：风险是指在给定场景下产生损害的危害可能性组合，以及包含损害的严重性。

• 损害（harm）：损害是指人身伤害、财产损害、消费者的经济损害、环境损害等。

- 危害（hazard）：危害是指潜在的损害来源。危害（或者危险）是产品的固有属性。
- 风险级别：风险级别是指衡量风险大小的程度大小，可以描述为"严重""高""中"或"低"。在识别出不同场景中不同程度的风险之后，产品的风险由其中最大的风险来表示。

以上内容来源：COMMISSION 2013。

在铁路行业，风险标准包括两个类别：

- 危害频率分类
- 结果及严重性分类

与其他行业类似，铁路行业使用的方法如图 2.4 所示。图中展示的应用条件和系统定义是生命周期假设的基础。

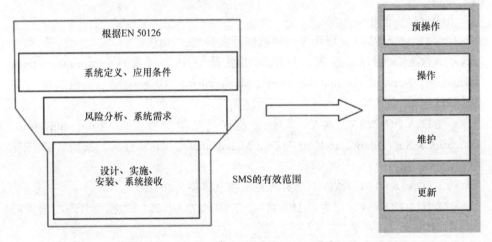

图 2.4　与 EN 50126 类似的铁路风险管理措施（来源：EN 50126：2016）

针对铁路、机械工程、电站技术以及汽车工业的安全完整性概念来源于 2000 年发布的 IEC 61508。然而，该标准只考虑了因电气和电子设备故障引起的风险。

铁路标准 EN 50126"可靠性、可用性、可维护性和安全性（reliability, availability, maintainability and safety, RAMS）的规范和示例"中给出了如下术语定义：

- 可靠性：在给定使用条件和给定时间间隔内，某一部件能完成指定功能的概率。
- 可用性：在给定使用条件和给定时间间隔内，产品执行规定功能的能力。
- 可维护性：在给定使用条件和给定时间间隔内，一个部件执行给定有效维护活动的可能性。
- 安全性：没有不可接受的损害风险。

在航空工业中，EASA 和 FAA 是制定空中交通规则的官方机构。FAA 制定了美国民用飞行法规来规定不同飞行系统的风险分类、措施等。EASA 和 FAA 分别发布了认证标准（Certification Standard，CS）和咨询通告（Advisory Circular，AC），并给出了针对不同飞行系统和飞机类别的安全保证方法和规则。

CS（由 EASA 定义）和 AC（由 FAA 定义）使用 ARP 4761（对民用机载系统和设备进行安全性评估过程的指南和方法）作为认证标准。它们描述了应用于民用飞行系统的评估过程和方法。这些活动与其他行业安全标准中的软件和硬件部分类似，例如 DO 254（电子硬件）或 DO 178C（软件）。飞机上不同部件或系统的典型设计原则或集成环境的要求主要是基于空中交通协会（Air Traffic Association，ATA）的法规。技术通信系统和飞行控制单元的电子电气架构由一家名为 ARINC 标准的公司（航空无线电公司，位于美国马里兰州安娜镇）发布。

下面列出一些相关标准：

• SAE ARP4754A，民用飞机和系统开发指南，2010

• RTCA DO-278，通信、导航、监视及空中交通管理（Communication，Navigation，Surveillance and Air Traffic Management，CNS/ATM）系统、软件完整性保证指南，2002

• RTCA DO-278A，通信、导航、监视及空中交通管理（Communication，Navigation，Surveillance and Air Traffic Management，CNS/ATM）系统、软件完整性保证指南，2011

• RTCA DO-330，软件工具资质鉴定注意事项，2011

• RTCA DO-331，作为对 DO-178C 和 DO-278A，2011 的模型开发与验证的补充

• RTCA DO-332，作为对 DO-178C 和 DO-278A，2011 的面向对象技术及相关技术的补充

• RTCA DO-333，作为对 DO-178C 和 DO-278A，2011 的正式方法的补充

ISO 13824:2009 标准也与我们讨论的问题相关，其名称为"结构设计基础——涉及结构系统风险评估的一般原则"。该标准的重点在于与结构设计、评估、维护和停用相关的战略和操作层决策（图 2.5）。

ISO/IEC 31010 是一个非常具有吸引力的标准，被称为"风险管理——风险评估技术"。该标准定义了如下的步骤：

• 识别风险及出现的原因

• 识别风险出现的后果

• 识别风险再次出现的可能性

• 识别可以降低风险可能性或缓解风险后果的因素

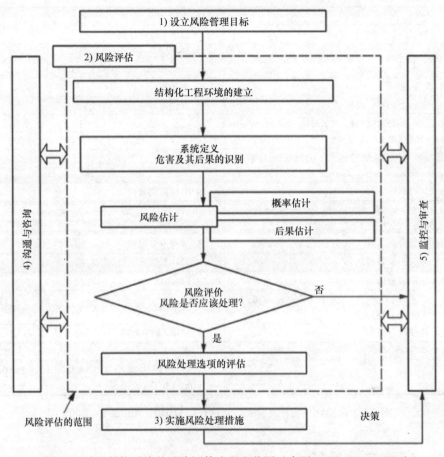

图 2.5　涉及结构系统的风险评估流程和范围（来源：ISO 13824:2009）

风险管理与 ISO 31000 规定的步骤有关。其评估方法非常耐人寻味。图 2.6 所示为 31 种评估方法。

该标准中的例子与欧盟委员会（EC）的提案显示出高度相似的原则。只有在目标环境中通过专门的分析才能区分商业风险、社会风险和技术风险。

产品开发的环境由下列方面构成：

- 产品的用途是什么？
- 产品如何使用？
- 产品的使用领域是什么？
- 承诺为用户提供哪些利益？

产品的预期用途，即产品被打算使用的方式以及产品被打算使用的范围和环境，是技术风险分析的基础。

1. 头脑风暴法	16. 因果分析
2. 结构化或半结构化访谈	17. 原因 - 效应分析
3. 德尔菲法	18. 保护层分析（LOPA）分析 （Layer protection analysis，LOPA）
4. 检查表	19. 决策树
5. 预先危险分析（PHA）	20. 人因可靠性分析（HRA）
6. 危害与可操作性分析（Hazard and operability study，HAZOP）	21. 蝶形图分析
7. 危害分析与关键控制点（Hazard analysis and critical control points，HACCP）	22. 以可靠性为中心的维修
8. 毒性评估	23. 潜在通路分析
9. 结构化假设分析（Structured What If Technique，SWIFT）	24. 马尔可夫分析
10. 情景分析	25. 蒙特卡罗模拟
11. 业务影响分析	26. 贝叶斯统计和贝叶斯网络
12. 根原因分析	27. FN 曲线
13. 失效模式和效应分析（Failure mode and effects analysis，FMEA）	28. 风险指数
14. 故障树分析	29. 结果 / 概率矩阵
15. 事件树分析	30. 成本 / 收益分析
	31. 多准则决策分析（Multi-criteria decision analysis，MCDA）

图 2.6　风险评估方法（来源：ISO/IEC 31010，Annex B，2009）

2.3　道路交通风险

对于手动驾驶和自动驾驶，人们最关心的问题之一是，在各种不同的道路交通环境情况下，人类不会以预期的方式行动。在不同道路交通场景中，人类可能扮演不同的角色，而且他们的行为具有较强的复杂性。如果我们现在开发一个新的自动驾驶功能，而此时人们还不能一致理解和操作新功能，就会容易导致风险。同时，当外部影响或影响的组合已经导致危险的情形出现时，人类可能会做出不恰当的反应。

道路交通风险是非常复杂多样的，要考虑的首要风险是车辆自身。在公共交通环境下移动一个几吨的物体，这对于其他道路交通参与者而言，本身就是一种风险。

在一个具有政府公信力的开明社会中，立法是保障社会安全的框架，道路交通环境也是如此。在任何国家，道路交通安全法都是道路交通环境安全的基础，任何违反这一法律框架的行为都会给人类或环境带来风险。

　　道路交通安全法及其衍生法规规定了道路交通可容忍的风险水平。为了减少未知场景下的风险，产品责任法提供了对不可预见的产品风险造成损害的赔偿和处罚规定。任何因过失引起的交叉案件通常都涉及刑法。

　　德国《道路交通安全法》（德语 Straßenverkehrsgesetz，StVG）由以下部分组成：

- 交通规则
- 责任
- 处罚和罚款规定
- 驾驶员资质登记
- 车辆登记
- 驾驶证登记和数据处理
- 共同规则和过渡性条款

交通规则规定了为确保道路交通环境中的公共安全，所有道路交通参与者都必须遵守的行为规则。

　　责任章节涉及道路交通中任何一方的责任，如驾驶员、车主和车辆生产商。

　　处罚和罚款的规定涉及所有道路交通参与者，包括行人、骑自行车者等。

　　驾驶员资质登记不仅规定了驾驶员的能力，还规定了如何管理登记。

　　车辆登记记录了所有德国车辆的具体数据，例如车主信息等。

　　驾驶证登记记录了所有德国驾驶证持有者，并就如何获得驾驶证以及终止驾驶许可做出了规定。

　　共同规则和过渡性条款涉及一些特殊案例，以及适用于外国驾驶员和车辆的规定。

　　基本上所有的事故场景都可以在德国道路交通安全法中找到相关法律条文，倘若没有，则可以适用以下规则：

　　§I. 一般交通规则

　　Section 2.1 基本规则

　　（1）道路使用者需要保持谨慎和相互尊重。

　　（2）道路使用者需要避免损害或威胁他人安全，除非不可避免，否则不应妨碍他人或造成他人不便。

　　来源：German Road Traffic Act 2017

　　假设 1：如果每个道路交通中的人都保守地遵守道路交通法，那么社会将会处于可容忍风险的区域内。

　　假设 2：人们会遵守给定的法规，如果违反法规，那么他们将会受到惩罚并赔偿造成的损害（图 2.7）。

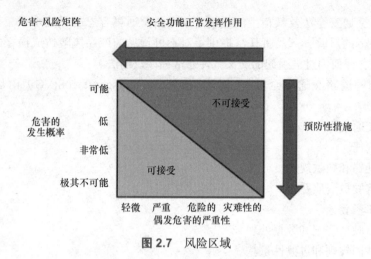

图 2.7　风险区域

从社会的角度来看，可容忍或可接受风险的基本水平是：所有人类的行为都符合法律的预期，所有涉及的系统都按照规定运行，没有发生功能异常或异常功能及时得到纠正，不发生故障、错误或失效。

在风险分析的第一次迭代中，为避免过于复杂，我们认可任何涉及的系统元素的正确功能。如果要获得政府批准或授权，正确的设计和生产是获得批准的一部分要求，同时也要保证在进行安全评估时系统功能的正确性。

2.3.1　技术风险的原因

在交通出行行业，风险管理主要针对产品风险。而技术风险（包括非物质产品，例如软件）的重点则是车辆、基础设施及其环境。因为大多数产品都是具有技术特点、特性或功能的商品，销售给不同的客户。在面向消费者销售的大多数产品都具有技术特性、功能属性，因此产品责任只是产品风险的一个方面，如何让产品符合利益相关者的要求，越来越成为产品开发、分销和生产的驱动力。既然在驾驶辅助系统开启时驾驶员有可能遭受比人类驾驶更大的风险，那么驾驶辅助系统的好处是什么？答案是，如果人们希望达成这样的美好愿景：在舒适的环境、理想的时间内把车开到合适的地方，则这项任务很难由驾驶员单人完成。因此，驾驶辅助系统是有必要的。所有颠覆性技术都具有大风险的固有特性，即使是经过验证的技术和安全原则也都会遭受质疑。一个新产品哪怕是与已经公认安全的产品，在基于相同的设计、甚至是相同的技术背景下，也很难预测到人们使用它的方式以及非预期使用会带来的影响。

造成技术风险的原因有很多种，具体取决于这些风险出现的环境、人们所处的不同情境、条件或操作状态等，这也可能会导致出现多种多样的风险场景。

根据物理效应分类，技术风险的原因可以归结于以下来源：

- 化学反应可能导致火灾、爆炸、灼烧、中毒等，对健康造成损害，还可能对环境造成影响。
- 有毒材料可能导致直接或间接的健康风险，中毒（一氧化碳等）、伤害（电池产生有毒气体，对驾驶员或车间人员的操作产生干扰等）、其他损害。
- 高电压可能导致接触时的烧伤和电击伤害。
- 在辐射方面，α 粒子可能使半导体发生错误，高频辐射也有可能对健康造成影响。
- 在需要加热的情况下，可能发生过热、燃烧、火灾、烟雾等危害。
- 动力学不仅仅是占用保护，事实是如何控制可移动物体的动能，对任何出行解决方案而言都是一种挑战（图 2.8）。

一种常见的危害分类方法如下：
- 生物——细菌、病毒、昆虫、植物、鸟类、动物和人类等。
- 化学——取决于化学物质的理化特性和毒理特性。
- 人体工程学——重复性运动、工作站的不正确设置等。
- 物理——辐射、磁场、极端压力（高压或真空）、噪声等。
- 心理——压力、暴力等。
- 安全——滑倒或绊倒的风险，不适当的机器保护，设备故障。

"安全"的定义与功能安全密切相关，但其他参数并不包含在功能安全之中。

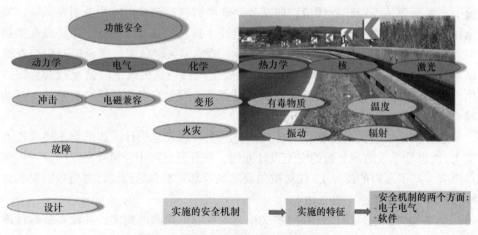

图 2.8 作为技术风险来源的物理效应

2.3.2 技术风险控制

关于如何控制风险，有两种基本思想。功能安全的基本思想是通过实施进一步的功能，来控制可能的危险源。这可以通过"围栏"的方式来解决，这样故障就不会传播或离开特定环境（图 2.9）。

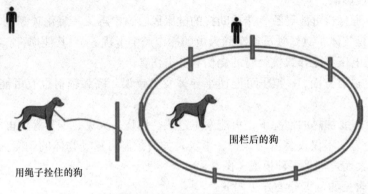

用绳子拴住的狗

围栏后的狗

图 2.9 安全机制的原理

导致风险的对象位于围栏里，除非人们越过围栏（打开围栏或进入围栏）或围栏失效（狗跳过了围栏），否则该机制可以被认为是足够安全的。围栏上的一个缺陷并不一定最终会导致危险情况。像围栏或狗链这样的安全装置，可以改用机械材料或电子材料制成以加固防护效果。电子围栏或电子狗链同时兼容机械功能，起到监测或独立保护的效果。

另一种基本思想是减小可能的自由度、距离、能量或运动空间等。在这种情况下，需要预估一个临界阈值，即某些物理参数值达到多少时才会引发风险。安全机制的可靠程度取决于危险诱因的严重性（狗总是具有攻击性，还是仅在被激怒时具有攻击性）。如果特定事件（激怒）触发了关键状态，安全机制应当在该事件发生时发挥作用（按需模式）。如果安全机制一旦失效危险情况就会立即发生，则随着时间的推移将会要求更高的可靠性，因为它必须是持续有效的（持续模式）。

这种安全机制的一种替代方式是开发一个新的安全设计（训练狗不要攻击人类），这也是今天的乘员舱的安全设计原则。在开发过程中，风险是安全设计的驱动因素（基于风险的设计）。任何被忽视的风险都可能会导致设计变更或需要实施额外的降低风险措施（图 2.10）。

关于如何识别风险以及如何定义社会对可容忍风险的期望，并没有普遍性准则。任何行业都有自己的规则、法规以及制定规则的权威机构和组织。

在不同行业中，自由度是基于历史影响给定的。如果自愿性承诺或现有组织可以充分预防风险诱因，立法机关将不会监管风险和采取安全措施，除非当它们的有效性遭受质疑。

预防性风险管理的进一步推动者是联合国，联合国提供了一个完整的基本框架来确保对"安全"概念的正确理解（图 2.11）。

行业	汽车	铁路	机械	医学	加工	能源	航空	军事
社会安全	UN、Civil、EU-Directives、Law、Road Traffic regulations	EU-Directives	Machinery/Directive（2006/42/ec）	UN、US HHS、EU-Directives、FDA	UN、EU-Directives、Seveso-Directive	EU-Directives	UN、ICOA、IATA	UN、national law
风险	ISO 26262	EN 50126（RAMS）	ISO12100、HSE	2001/95/ECISO1497I、FDA	RAPEX Guidelines、various EU-Directive（ATEX）、ISO1370、IEC61511	RAPEX Guidelines、29 CFR1910.269、ISO 31000	14 CFR 25.1309	MIL-STD-882E
危险识别	ISO 26262		ISO 12100		IEC 61511			
价值	Homologation、FMVSS、UN ECE	Rolling Stock、ATOC、RIS-1530-PLT	Mobile machines etc. defined in machinery directive				EASA or FAA regulations、（EU）No.748/2012	EMACC Handbook
风险控制	ISO 26262、ISO 21448、ISO 21434、IATF 16949	EN 50126/28/29	harmonised standards、ISO 13849		IEC 61511	IEC 61513	ARP 4754A、ARP 4761	MIL-STD-338B
安全完善性	ISO 26262		ISO 13849 ISO 25119	IEC 61508、IEC 6061、IEC 62304	IEC 61511、EN 50495	IEC 61513	EUROCAE ED-12B、DO 160、DO178C、DO 254	Defence Standard 00-56
设计原则	EGAS、NHTSA、VDAPublications、ISO 6469		DIN EN 61784			IEC 62351	Certification standards、advisory circular	MIL-STD-217F

图 2.10 其他行业安全需求的来源

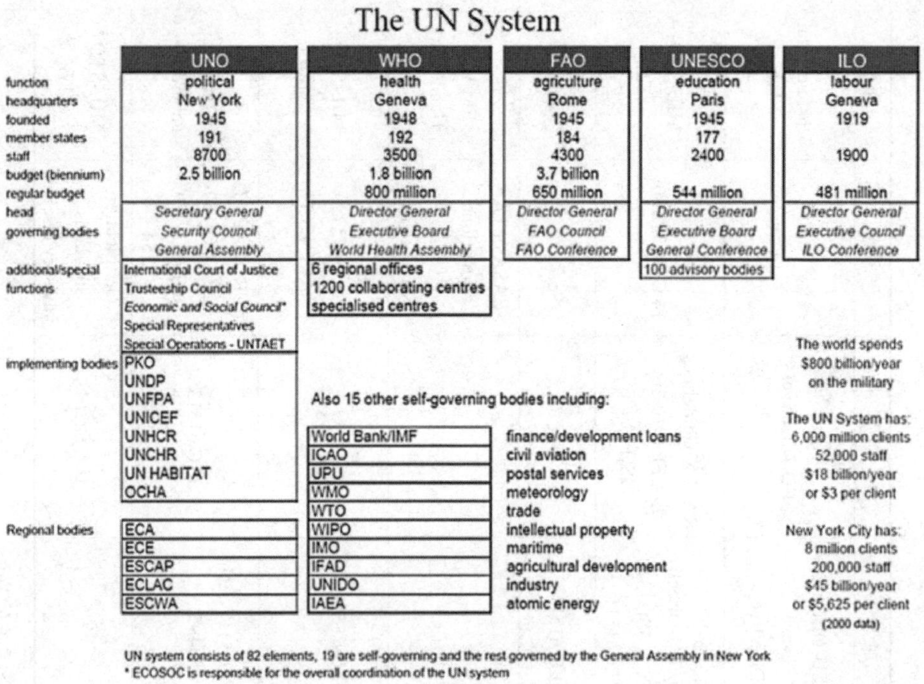

The UN System

	UNO	WHO	FAO	UNESCO	ILO
function	political	health	agriculture	education	labour
headquarters	New York	Geneva	Rome	Paris	Geneva
founded	1945	1948	1945	1945	1919
member states	191	192	184	177	
staff	8700	3500	4300	2400	1900
budget (biennium)	2.5 billion	1.8 billion	3.7 billion		
regular budget		800 million	650 million	544 million	481 million
head	Secretary General	Director General	Director General	Director General	Director General
governing bodies	Security Council	Executive Board	FAO Council	Executive Board	Executive Council
	General Assembly	World Health Assembly	FAO Conference	General Conference	ILO Conference
additional/special functions	International Court of Justice	6 regional offices		100 advisory bodies	
	Trusteeship Council	1200 collaborating centres			
	Economic and Social Council*	specialised centres			
	Special Representatives				
	Special Operations - UNTAET				

implementing bodies: PKO, UNDP, UNFPA, UNICEF, UNHCR, UNCHR, UN HABITAT, OCHA

Regional bodies: ECA, ECE, ESCAP, ECLAC, ESCWA

Also 15 other self-governing bodies including:

World Bank/IMF	finance/development loans
ICAO	civil aviation
UPU	postal services
WMO	meteorology
WTO	trade
WIPO	intellectual property
IMO	maritime
IFAD	agricultural development
UNIDO	industry
IAEA	atomic energy

The world spends $800 billion/year on the military

The UN System has:
6,000 million clients
52,000 staff
$18 billion/year
or $3 per client

New York City has:
8 million clients
200,000 staff
$45 billion/year
or $5,625 per client
(2000 data)

UN system consists of 82 elements, 19 are self-governing and the rest governed by the General Assembly in New York
* ECOSOC is responsible for the overall coordination of the UN system

图 2.11　联合国公共安全风险管理框架（来源：UN 出版物）

图 2.11 中的五列分别对应特定的领域，但关于联合国组织、世界卫生组织、联合国粮食及农业组织、联合国教科文组织或国际劳工组织究竟如何涉及影响这些行业，就目前而言还无法提供确切的解释。由于世界银行为许多组织的项目提供信贷，一些自称是自治机构或执行机构与特定行业产生了更为直接密切的关系。

- ICAO——航空电子行业规则制定的主要推动者。
- WTO/OECD——协调贸易机制，通常与许多国家的进口机构的安全保证措施有关（例如中国 CCC、俄罗斯 GHOST）。
- IMO——为海事安全措施的实践提供若干行业准则的制定者（例如 IMO IGC Code、液化气运输船的标准）。
- UNIDO——支持许多项目，同时与与欧盟塞维索指令有关。
- OCHA——为劳工保护指南以及公共道路交通人身保护提供指南。
- IAEA——为核能安全提供基本指南。

直至今天，面向个人的交通准则仍然在联合国欧洲经济委员会（UN ECE 框架内）或在美国联邦机动车安全标准（FMVSS）和加拿大机动车安全标准（CMVSS）的原则范围内，其共同基础是《维也纳公约》。随着越来越多的公共道路交通逐步实现网联化，乘用车也紧跟步伐，承载人的移动运输系统的基本交通规则与实施准则变得更加重要，不容忽视。

从法律角度而言，技术风险管理的样例可详细划分为产品类别、具体行业和市场。

从标准化的角度而言，风险和安全之间的界限是模糊的。许多标准都来源于 IEC 61508，并且在不同的行业中建立了新的安全和风险标准。例如在制药行业，虽然风险更多是与生物、生理和化学等非技术影响导致的危害相关，然而 IEC 61508 依然是完整电子工程系统的基础（图 2.12）。

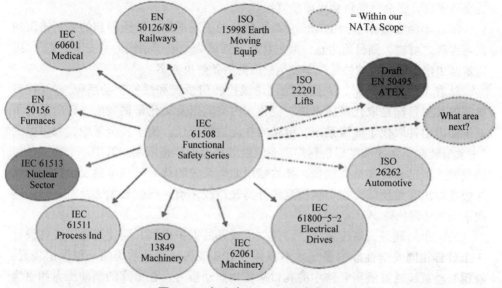

图 2.12 衍生自 IEC 61508 的标准

人们认识到，E/E/PES 在不同的应用领域有各种各样的应用，这些应用涵盖广泛的复杂性、危害和潜在风险。在每个单独的应用中，安全措施依赖于许多特定应用的因素。这个国际标准作为通用准则使这类措施可以在未来的应用行业国际标准中得以制定。

来源：IEC 61508：1998。

IEC 61508 已经在不同行业中衍生出了许多标准，因此在这些行业的标准中也可以轻易看到 IEC 61508 基本原则的影子。

2.4　道路车辆安全标准化

随着 ISO 26262 国际标准的发布，功能安全已经成为汽车工业安全研究的焦点。其他行业的标准在一定程度上领先了汽车行业 20 年，而航空和航天领域则领先了约半个世纪。

社会和法律制度以及包括汽车客户、制造商、经销商和工作室对于汽车电子电气功能的要求越来越高。而汽车架构、控制单元以及车内所有的控制回路变得越来越复杂，致使故障的相关关系和产生原因更难以辨别。汽车维修车间仅仅能更换完整的控制单元或更新软件，而无法修复现有的电子设备。在上一个世纪，机械工程确实占据了汽车设计的主导地位，而电子技术在当时只是一种辅助技术。

汽车中的不同系统应该变得更加灵活，并通过功能更迭不断接近设计极限，来使汽车拥有更好的性能。倘若没有电子保护措施，如防抱死制动系统（Anti-Blocking System, ABS），进一步没有电子保护系统（如安全气囊）以及不断提升的交通密度，安全标准将会更简单直接。

随着车辆数量和车辆主动安全系统数量的不断增加，被检测到的电子错误的数量也随之增加。到目前为止，断电状态可被认为是电子系统的"安全状态"，因为依据法律规定，驾驶员是汽车发生故障的后备解决方案。

随着千禧年的到来，人们开始讨论线控转向系统和线控制动系统。"线控系统"的最初目标是取代液压系统、优化车内空间以及简化车辆装配。转向系统用电子动力组件取代了液压系统，但转向柱无法被取代。出于安全考虑，大多数的"主动前转向"系统和"后桥转向"系统性能都受到严格限制。其中一个原因是道路反馈无法迅速传递给驾驶员，导致使用此类系统的驾驶员在车辆发生故障时无法快速做出有效反应。在车辆明显离开驾驶路线之前，驾驶员无法及时察觉到转向系统的任何故障。

另一个问题是，液压系统已经建立了成熟的保护机制，而使用电子设备设计一个具有相同安全性能的系统并不容易。ABS 最初是制动系统的一种保护装置。液压制动系统通过液压管路中的孔口来控制制动压力，在更高的制动压力和更快的压力变化要求下，液压管口会在多种路况下失效。轮胎抱死会丧失转向能力，尤其是容易导致后轴突然失去稳定性。由于行驶轨迹、制动器磨损、轮胎状况、路面状况等因素，这种制动压力的变化无法通过孔口或底盘设计来控制。ABS 针对制动压力较高导致轮胎抱死的问题提供了一种解决方案。然而，ABS 这种保护装置仅能预防液压制动系统的设计缺陷，但对其他原因造成的车辆不稳定并不有效。当前，使用的液压制动系统仍是"最先进的技术"，而不是纯电子制动系统。一方面，一些带有电子机械制动器的设备无法满足大规模生产的要求，在供电中断的情况下稳定性不足，在不同道路条件下缺乏精确度和适应性，以及在四轮制动的同步问题上也一直遭受挑战。另一方面，虽然充分讨论过在电动汽车上关于电涡流制动器的使用问题，但考虑到车辆驻车制动的安全性，目前并没有出现对摩擦制动器的真正代替方案。

在车辆中最常见的逾期中断是车辆通信的变化。在 2020 年，最先进的通信技术仍然是 CAN 总线，而不是一种网络解决方案。在典型的高尔夫系列车型中，大约有 40 个仍然使用 CAN 通信的控制单元。

倘若所有的汽车制造商和供应商只为大型汽车平台提供开发服务，我们就难以改变技术，也无法为改变筹措经费。什么样的解决方案能够与别的方案兼容？什么样的解决方案能在安全方面让人有足够的信心？从工业时代开始，除了标准化外没有别的出路。

ISO 26262 仅仅是系统安全工程的基本原则的开始；在我们为新的出行工具找到解决方案之前，需要遵循许多标准。ISO 26262 仅针对电子电气系统及其元件故障造成的风险。主动安全是对于任何一种保护机制，甚至如转向等基本的控制功能都不是标准的重点，有效的或者充分的系统性能基于工业能力逐步发展演化，并且已经得到法律的支持。

仅仅满足法律要求是不够的，除非所有机动车能通过遵循自己的策略来使每个道路交通参与者不发生事故。为了以安全的方式同步所有道路交通参与者，采用通用的方法是必要的。

目前，各个标准化委员会中关于"预期功能安全"和必要的运行安全的讨论需要得到统一。

ISO/PAS 21448：2019

道路车辆—预期功能安全

摘要

预期功能安全指的是，不存在由于预期功能的不足或可预见的人员误用导致的风险。本文档提供了实现 SOTIF 所需要的合理设计、验证和验证措施的指导。本文档不适用 ISO 26262 系列所涵盖的故障，也不适用由系统技术直接造成的危害（如激光传感器对眼睛造成的伤害）。

本文档适用于预期功能的情况，其中正确的状态感知对安全至关重要，且状态感知来自复杂传感器和处理算法；特别是紧急干预系统（如紧急制动系统）和高级驾驶辅助系统等在 OICA/SAE standard J3016 自动化等级中被划分为 1 级和 2 级的自动驾驶系统。更高等级的自动驾驶系统在采取额外措施后也可以考虑本文档。本文档不适用于在发布时已经建立好的可靠设计、验证和验证措施（例如：动态稳定控制系统、安全气囊等）。来自复杂传感器和处理算法的态势感知是创新的一部分，那么本文档中描述的一些方法也适用于此类系统的创新功能。

在识别危险事件时，预期用途和合理可预见的误用会与有潜在危险的系统行为结合起来考虑。

合理可预见的误用也被认为是可能直接触发与预期功能安全有关的危险事件，它可能直接导致潜在的危险系统行为。

蓄意更改系统操作会被认为是功能滥用。功能滥用不属于本文档的讨论范围。

来源：22/SC32, 2019。

ISO/PAS 21448 没有提到像 DCS（宝马对于 ESC 的缩写）这样的执行机构，但对于任何高于 L2 等级的自动驾驶汽车，电子电气系统将不仅仅像 ESC 或 EPS

系统一样执行，执行机构也需要提供新的功能。最有可能的情况是，执行器中至少有部分线控不再由人类驾驶员控制。目前该标准的更新正在进行中。

2.4.1　IEC 61508 中的风险和完整性定义

IEC 61508 也是 ISO 26262 的基础，但并非所有方面都源于同一观点。ISO 26262 的重点在于车辆的软件和电子系统。首先，应讨论关于建立功能安全标准的迫切性，因为已建立的质量管理和相关方法已经包括了由于电气和电子系统制造产生的风险，例如通过失效模式和效应分析（Failure Mode and Effect Analysis,FMEA）、故障树分析（Fault-Tree-Analysis, FTA）或"特征"分类的技术风险分析。

在第一版 IEC 61508 的第 5 部分中定义了对风险的理解，第一个观点是在使用范围之内确定电子、电气和可编程电子系统（Electronic、Electric and Programmable Electronic system，E/E/PE）安全相关系统的作用。

A.3 E/E/PE 安全相关系统的作用

E/E/PE 安全相关系统旨在降低必要的风险，从而将风险抑制到可接受的程度。一个与安全相关的系统应该：

– 实现必要的安全功能，从而使被控设备达到或维持安全状态。

– 旨在通过自身或与其他 E/E/PE 安全相关的系统、其他技术安全相关的系统或外部风险降低设施，实现所需安全功能的必要的安全完整性（见 IEC 61508-4 3.4.1）。

注 1：定义的第一条规定与安全有关的系统必须执行安全功能要求规范中规定的安全功能。例如，安全功能要求规范可能规定，当温度达到 x 时，阀门 y 应打开从而允许水进入容器。

注 2：定义的第二条规定安全功能必须由与安全相关的系统来执行，且系统可信程度与其匹配，以便将风险抑制在可接受的程度。

来源：IEC 61508-5：1998，Chapter A3。

这两个示例显示了现有的解决方案如何考虑，即 E/E/PE 安全相关系统如何降低风险。在第一个例子中，安全功能是操作预期过程的固有部分，可以减少其他的行为约束。第二个例子是一个与安全相关功能的附加实现，这些功能有可能会限制或降低系统性能。针对第二个例子，标准提出了一个与安全相关的系统。或许还有其他的解决方案，但这是 IEC 61508 标准的应用所考虑的两个例子。

除了电子系统之外，标准还考虑了在预期环境下，人类如何在专用系统的操作中发挥作用。

人类可以是一个 E/E/PE 安全相关系统的组成部分。例如，驾驶员可以从显示屏上接收关于受控设备（Equipment Under Control, EUC）状态的信息，并根据这些信息执行相关的安全操作。

E/E/PE 安全相关系统可以在低要求、高要求或连续运行模式下运行（见 IEC 61508-4 3.5.12）。

来源：IEC 61508-5：1998, Chapter A3。

IEC 61508 中考虑的只是人类监视特定信息并做出反应的一个例子。车辆的驾驶员也可以被认为是一个操作员，接收系统和环境信息并根据这些信息和他自己的意愿做出反应。

标准还考虑了持续操作系统和按需操作系统。转向系统通常由驾驶员持续操作，而制动系统通常在驾驶员需要的时候才被操作。

为了通过 E/E/PE 系统降低风险，该标准定义了术语"安全完整性"。

A.4 安全完整性

安全完整性被定义为在规定的时间内，在所有规定的条件下，与安全相关的系统顺利地执行所需的安全功能的概率（见 IEC 61508-4 3.5.2）。安全完整性与安全相关系统执行安全功能（要执行的安全功能将在安全功能要求规范中定义）时的表现有关。

来源：IEC 61508-5：1998, Chapter A4。

IEC 61508 将安全完整性定义为执行所需安全功能的概率。这为通过安全相关功能减少风险的计量方法提供了基础。然而遗憾的是，ISO 26262 并没有为道路车辆的电气系统提供足够的定义。

系统的安全完整性：在危险的失效模式下与系统失效有关的安全完整性那部分（见 IEC 61508-4 3.5.4）。尽管系统故障的平均故障率可以预测，从设计缺陷和通常故障原因中得到的故障数据意味着故障很难被预测，这将增加特定情况下失效概率计算的不确定性（例如与安全相关的保护系统的失效概率）。因此，必须选择最好的技术来减少这种不确定性。需要注意的是，减少随机硬件故障概率的措施并不一定会对系统故障的概率产生相同的效果。比如相同硬件的冗余通道技术可以有效控制随机硬件故障，但却对减少系统故障帮助不大。

来源：IEC 61508-5：1998, Chapter A4.

该标准指出，通过实施设计措施方法很难预测系统故障和共因故障。保护措施的有效性以及与系统故障和情况的关系，不是仅仅为了减少风险的潜力和程度提供不确定性。像安全气囊这样的保护措施就是一个典型的例子。即使在今天，由于事故的原因，从安全气囊引入乘用车以来，该技术就需要不断地被优化。标准也指出同构硬件几乎没有减少系统故障的潜力，为什么与同构软件的效果不同，这仍然是制定标准的作者秘密。在同构冗余硬件上使用不同的软件有助于控制随机硬件故障以及系统在软硬件上故障的发生。

E/E/PE 安全相关系统、其他安全相关系统和外部风险降低设备所要求的安全完整性必须达到一定等级，以确保：

• 与安全相关的系统的故障频率足够低，以防止危险事件频率超过可容忍风险的要求；

• 与安全相关的系统将故障的后果调整到满足可容忍的风险之内。

来源：IEC 61508-5：1998, Chapter A4。

该标准考虑了一定程度的安全完整性，通过 E/E/PE、外部措施等方法来减少必要的风险。它说明了安全相关系统降低故障发生的频率以及影响故障后果的能力。

图 2.13 说明了风险降低的一般概念。通常假设模型满足以下几点：

• 有 EUC 和 EUC 控制系统；

• 有相关的人因问题；

• 安全防护功能包括外部降低风险设施、E/E/PE 安全相关系统、其他技术安全相关系统。

注：图 2.13 使用一个广义的风险模型来说明一般原则。在开发特定应用的风险模型时需要考虑 E/E/PE 安全相关系统、其他技术安全相关系统和外部风险降低设施实现必要风险降低的具体方式。因此，产生的风险模型可能与图中所示的不同。

来源：IEC 61508-5：1998, Annex A1。

该图片提供了与受控设备（Equipment under Control, EUC）相关的风险降低概念。EUC 可以视作一种典型的机器，它需要保护和安全机制来保证自身的安全运行。一辆机动车也可以被视为一个 EUC，但 ISO 26262 并没有涉及 EUC 这种说法。机动车辆无疑是一种为了在道路交通环境中运行而开发的机器。

进一步引用 IEC 61508：

根据图 2.13，列举各种风险如下：

- EUC 风险：这种危险存在于 EUC 的特定危险事件中，如 EUC 控制系统和相关的人因问题——在确定该风险时没有考虑指定的安全防护特性（见 IEC 61508-4 3.2.4）。

- 可容忍的风险：基于当前社会价值在特定环境下可接受的风险（见 IEC 61508-4 3.1.6）。

- 剩余风险：在本标准的背景下，剩余风险是除了 EUC 特定危险事件、EUC 控制系统、人因问题以外的风险，但包括了外部风险降低设施、E/E/PE 安全相关系统和其他技术安全相关系统造成的风险（见 IEC 61508-4 3.1.7）。

EUC 风险是一个与 EUC 自身风险相关函数，并考虑了 EUC 控制系统带来的风险降低。为了防止对 EUC 控制系统的安全完整性的不合理要求，此标准对可提出的要求进行了限制（见 IEC 61508-1 7.5.2.5）。

必要的风险降低是通过所有安全保护功能的组合达到的。从 EUC 风险的起点出发，为达到规定的可容忍风险所需要降低的风险。

来源：IEC 61508-5：1998, Annex A1。

该标准涉及影响风险的人为因素和其他技术措施。制定标准的作者有意识地对机器做了限制；人机交互界面的人为影响和其他因素可以有更多维度。为了将标准映射到汽车工业，我们需要考虑将整个汽车设计、安全空间、底盘设计等作为其他技术的衡量标准，遵循许多安全原则来为驾驶员、乘客、行人、自行车以及其他在机动车周围的交通参与者提供保护。如今，汽车中的许多保护机制已经成为汽车整体设计的一部分。另一方面，根据研究交通事故得到的许多结果，道路设计已经成为了非常领先的技术。道路设计和道路交通法规给出了保护和安全机制，防止人们进入高速公路以及其他关键路段时发生故障，此外，也涉及道路宽度、自行车道和道路交通参与者之间距离的规定。

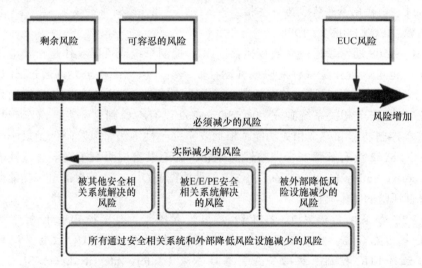

图 2.13　风险降低：基本概念（来源：IEC 61508-5：1998, Figure A.1）

进一步引用 IEC 61508：

7.5.2.4 当 EUC 控制系统产生的故障向一个或多个 E/E/PE、其他安全相关的系统或外部风险降低设施提出要求，EUC 控制系统并未被指定为安全相关系统时，应满足以下要求：

（a）要求的 EUC 控制系统的危险故障率应从以下三项中的一项获得数据支持：

– 类似应用中 EUC 控制系统的实际操作经验；

– 对于公认程序的可靠性分析；

– 一般设备可靠性的行业数据库。

（b）要求的 EUC 控制系统危险故障率应不高于每小时 10^{-5} 次危险故障。

注1：此要求的原因是，如果不指定 EUC 控制系统作为一个安全系统，EUC 控制系统可要求的故障率不得低于安全完整性等级 1 的目标故障测量（每小时 10^{-5} 次危险故障）。

（c）所有合理可预见的 EUC 控制系统的危险故障模式都应是确定的，并在制定总体安全要求的规范时予以考虑。

（d）EUC 控制系统应独立于与 E/E/PE 安全相关的系统、其他安全相关的系统和外部风险降低设施。

注2：如果安全相关系统的设计提供足够的安全完整性，考虑 EUC 控制系统的正常请求率，它将没有必要指定 EUC 控制系统作为安全相关系统（因此，根据标准的内容，其功能将不会被指定为安全功能）。在某些应用中，特别是在需要非常高的安全完整性的情况下，可以在设计 EUC 控制系统时将其故障率设计为低于正常故障率，从而减少产生请求的频率。在这种情况下，如果故障率低于安全完整性 1 级，则控制系统将成为安全相关的系统，适用于本标准的要求。

来源：IEC 61508-1：1998。

IEC 61508 通常考虑一个被控机器。EUC 控制系统既可以看作是一种电气控制系统，也可以看作是一种液压或气动控制系统。该标准甚至允许通过 EUC 控制系统来降低一定的风险，将危险故障率限制在每小时 10~5 次。EUC 控制系统应与 E/E/PE 安全相关系统独立。而 ISO 26262 没有考虑到这一点，汽车产品结合了基本控制功能和安全相关功能，根据安全完整性等级将风险降低到最小的程度。ISO 26262 没有解释安全完整性的概念，甚至没有说明汽车安全完整性等级（Automotive Safety Integrity Level, ASIL）是根据 ISO 26262 开发的电气功能所提供的降低风险的基本属性。

7.5.2.5 如果不能满足 7.5.2.4（a）~（d）的要求，则应将 EUC 控制系统指定为安全相关系统。应该基于规定的目标故障措施要求的 EUC 控制系统故障率，分配给 EUC 控制系统的安全完整性等级（Safety Integrity Level, SIL）。在这种情况下，本标准中与分配的安全完整性级别相关的要求应适用于 EUC 控制系统。

注1：例如，如果 EUC 控制系统要求的故障率为每小时 10~6 或 10~5 次，则需要满足安全完整性 1 级的要求。

注2：参见 7.6.2.10。

来源：IEC 61508-1：1998。

ISO 26262 似乎满足了 7.5.2.5 的要求。EUC 控制系统已经是一个安全相关的功能。由于 ISO 26262 没有解释 EUC 的方法，定量风险降低的分配就没有被参考。ISO 26262 中定义的随机硬件故障概率度量（Probabilistic Metric for Random Hardware Failure, PMHF）的绝对数字在该标准中没有参考或依据。在不考虑背景的情况下考虑降低风险是不准确的。ISO 26262 试图用项目定义来定义背景，其定义了几个要求来指定预期的功能和从车辆集成环境中产生的约束。因为车辆的整体功能没有改变，所以它的接口不会导致影响的变化。然而，由于电动化、自动化和互联化的新技术，接口发生了重大变化。IEC 61508 提供了更广泛的 EUC 方法，而根据 ISO 26262 的项目只考虑了一个电子电气系统。如果电子电气系统用于提供预期的功能，根据 ISO 26262，作为保护机制或任何其他类型的安全机制只是一个架构或设计约束的项目。

以下引用 IEC 61508 第 5 部分 A5：

A.5 风险和安全完整性

充分认识风险和安全完整性之间的区别非常重要。风险是对特定危险事件发生的概率和后果的度量。这可以根据不同的情况进行评估（EUC 风险、可容忍风险、实际风险，见图 2.13）。可容忍风险是在社会基础上确定的，包括社会和政治因素的考虑。安全完整性仅适用于与 E/E/PE 安全相关的系统、其他技术安全相关的系统和外部风险降低设施，是这些系统在指定安全功能方面可靠地实现必要风险降低的可能性的一种度量。一旦设定了可容许风险，并估计了必要的风险降低，就可以分配安全相关系统的安全完整性要求（见 IEC 61508-1 的 7.4、7.5 和 7.6）。

注意：分配过程需要不断迭代，从而优化设计以满足各种需求。

Figure A.1 和 Figure A.2 说明了与安全相关的系统在实现必要的风险降低方面所起的作用。

来源：IEC 61508-5：1998，附件 A5（图 2.14）。

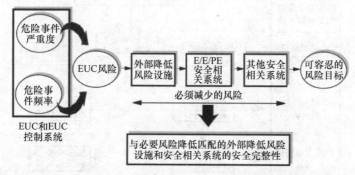

图 2.14　根据 IEC 61508 的风险与安全完整性（来源：IEC 61508-5：1998, Figure A.2）

该标准定义了将 EUC 风险降低到可容忍风险水平的方法。社会可接受的可容忍风险水平是另一个议题。在任何国家，相关的立法都规定了该国家社会可容忍的最低风险。可容忍的风险通常是采用最先进的保护、安全和安保措施之后所得到的风险。对于这些，EUC 模型提供了一个公认的框架（图 2.15）。

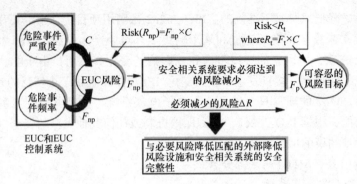

图 2.15 IEC 61508 安全相关保护系统示例（来源：IEC 61508-5：1998, Figure C.1）

附录 C.1 的例子展示了一个专用的保护机制如何提供必要的风险降低，从而达到要求的可容忍的风险水平。IEC 61508 有时使用以下术语：

- EUC 控制系统
- E/E/PE 安全相关系统
- 安全相关的系统
- 安全相关的保护系统

EUC 控制系统提供了 EUC 的预期功能，并可提供有限的风险降低。为了通过 E/E/PE 使风险降低更多，达到 SIL 属性指定的风险降低，需要满足 IEC 61508 的要求。与安全相关的系统很普遍，因此也可以通过其他技术或外部措施来降低风险（图 2.16）。

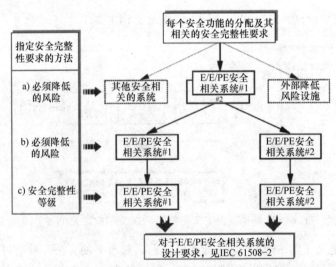

图 2.16 对 E/E/PE 安全相关系统、其他技术安全相关系统以及
外部风险降低设施的安全需求分配
（来源：IEC 61508-1：1998）

保护通常指使某物或某人免于风险或损害的过程。保护更多的是一种预防措施。安全则更多意味着安全状态或感觉、保证以及确定性。机器保护和乘员保护提供了一个屏障,以防受到风险的影响。雨衣针对雨水提供了一定的保护,但不能完全避免人们被淋湿。安全气囊在事故发生时提供了确定程度的保护,但在燃烧的车辆中却无法提供任何保护。

利用 IEC 61508 提供的过程和方法,可以根据该标准,对于特定的已识别风险场景开发相关安全功能,并制定特定的安全完整性等级(SIL),从而确保可以通过在特定系统上实施安全相关功能来使风险降低到指定水平上。

该标准区分了低频工作模式和连续工作模式(图 2.17)。

SIL 认为在低请求运行模式下每年最多发生一次严重的故障事件,因此未能按要求执行其设计功能的概率非常低。换句话说,安全功能可能经常失效,但如果安全功能故障与特定故障或 EUC 中的风险情况发生在同一时间,它仅仅不执行指定功能。由于 EUC 故障的风险不高于一年一次,对于风险事件发生频率更高或更频繁的 E/E/PE 安全相关系统,其基本可靠性可能较低(图 2.18)。

安全完整性等级	低请求模式(未能按需执行设计功能的平均概率)
4	$\geq 10^{-5}$到$< 10^{-4}$
3	$\geq 10^{-4}$到$< 10^{-3}$
2	$\geq 10^{-3}$到$< 10^{-2}$
1	$\geq 10^{-2}$到$< 10^{-1}$
备注:参见下面的注释3至9来获得解释该表的详细信息。	

图 2.17 对工作于低请求模式的安全功能的目标失效测量和安全完整性等级
(来源:IEC 61508-1:1998)

安全完整性等级	高请求模式或连续操作模式(每小时发生一个危险失败的概率)
4	$\geq 10^{-9}$到10^{-8}
3	$\geq 10^{-8}$到10^{-7}
2	$\geq 10^{-7}$到10^{-6}
1	$\geq 10^{-6}$到$< 10^{-5}$
备注:参见下面的注释3至9来获得解释该表的详细信息。	

图 2.18 对工作于高请求模式或连续操作模式的安全功能的目标失效测量和
安全完整性等级(来源:IEC 61508-1:1998)

高请求率或连续操作模式不考虑无错误的 EUC 及其基本控制系统。在 EUC 运行过程中,为了防止风险事件频繁发生,则可靠性和风险降低水平必须显著提高。假设当电子电气系统无法执行要求严格的安全功能时，EUC 及其基本控制系统不同时发生故障。

由于汽车运动时有动能，在道路交通中驾驶车辆意味着已经存在着风险。乘员的安全由多种保护措施和道路交通规则提供保护。其他道路交通参与者也受到道路交通规则和发生事故时车辆的行人保护措施的保护。

2.4.2 依据 ISO 26262 的风险

2018 年发布了 ISO 26262 新版本，并给出相比于 2011 基础版本的主要更改，摘录如下：

此版本的 ISO 26262 系列标准取消并替代了经过技术修订并包括以下主要更改的版本 ISO 26262：2011 系列标准：

- 对货车、公共汽车、拖车和半拖车的要求；
- 扩展词汇；
- 更详细的目标；
- 面向目标的确认措施；
- 对安全异常的管理；
- 参考网络安全；
- 更新了硬件体系结构指标的目标值；
- 基于模型开发和软件安全分析的指南；
- 硬件元素的评估；
- 依赖故障分析的其他指南；
- 容错、安全相关的特殊特性和软件工具的指南；
- 半导体指南；
- 对摩托车的要求；
- 为了更加明晰，对所有零件进行总体重构。

来源：ISO 26262：2018，Foreword。

该标准是 ISO 26262 的修订版本，但同时引入了一些重大更改，这些更改的目标是开发道路车辆的集成电子系统。通常，该标准涉及系列开发的部分被定义为项目（ITEM）。

2018 年新版的"简介"如下：

ISO 26262 系列标准是 IEC 61508 系列标准的改编版，可满足道路车辆中电气和 / 或电子系统的特定部门需求。这种修改适用于由电气、电子和软件组件组成的安全相关系统在安全生命周期中的所有行为。安全是道路车辆开发中的关键问题之一。汽车功能的开发和集成加强了对功能安全性的需求以及能提供满足功能性安全目标证据的需求。随着技术愈发复杂，软件内容和机电一体化不断推进，系统故障和随机硬件故障的风险也在增加，这些故障被界定在功能安全范围内。ISO 26262 系列标准指导我们通过提供适当的要求和过程来减轻这些风险。为了实现功能安全，ISO 26262 系列标准有以下作用：

a）为汽车安全生命周期提供参考，并支持特异化定制生命周期阶段内进行的所有行为，即开发、生产、运营、服务和报废。

b）提供特定汽车基于风险的方法来确定 ASIL。

c）使用 ASIL 来明确 ISO 26262 的哪些要求可以避免不合理的残留风险。

d）提供功能安全管理、设计、实施、验证、确认措施的要求。

e）提供对客户与供应商之间关系的要求。

ISO 26262 系列标准涉及通过安全措施（包括安全机制）实现电气和 / 或电子（Electronic、Electric,E/E）系统的功能安全。它还提供了一个框架，可以在其中考虑基于其他技术（例如机械、液压和气动）的安全相关系统。功能安全性的实现受开发过程（包括需求规范、设计、实现、集成、验证、确认和配置等行为）、生产和服务过程以及管理过程的影响。安全性与面向功能、面向质量的行为和工作产品交织在一起。ISO 26262 系列标准涉及这些行为和工作产品中与安全相关的方面。

图 2.19 显示了 ISO 26262 系列标准的整体结构。ISO 26262 系列标准基于 V 模型，作为产品开发不同阶段的参考过程模型。

在图 2.19 中：

－ 带阴影的 "V" 表示 ISO 26262-3、ISO 26262-4、ISO26262-5、ISO 26262-6 和 ISO 26262-7 之间的联系。

－ 针对摩托车：

1）ISO 26262-12：2018，条款 8 支持 ISO 26262-3。

2）ISO 26262-12：2018，条款 9 和 10 支持 ISO 26262-4。

3）通过以 "m–n" 方式指示特定的条款，其中 "m" 代表编号。

来源：ISO 26262：2018，Introduction。

在范围定义中，该标准对其使用描述更为精确，该标准定义其范围如下：

本文档旨在应用于与安全相关的系统，这些系统包括一个或多个 E/E 系统，并且安装在批量生产的道路车辆中（轻便摩托车除外）。本文档未涉及特殊车辆中的独特 E/E 系统，例如为残疾人士设计的 E/E 系统。

注意：存在其他专用的特定于应用程序的安全标准，并且可以补充 ISO 26262 系列标准，反之亦然。

在本文档发布之前发布的已投产的系统及其组件，或已经在开发中的系统及其组件，不受此版本的限制。本文档会根据更改来调整安全生命周期，解决在本文档发布之前针对生产而发布的现有系统及其组件的更改。本文档通过调整安全

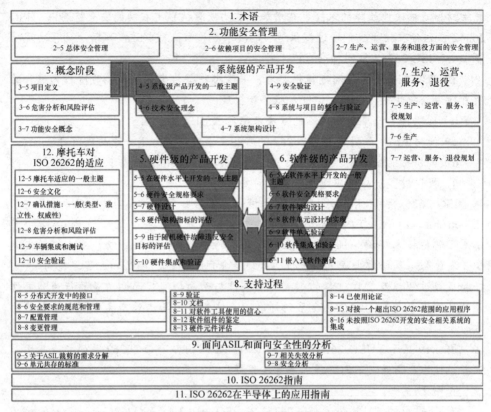

图 2.19　ISO 26262 系列标准的总览

生命周期来解决未根据本文档开发的现有集成系统或根据本文档开发的集成系统。本文档解决了可能由与安全相关的 E/E 系统的故障行为（包括这些系统的相互作用）导致的危险。它不解决与电击、火灾、烟尘、热、辐射、毒性、可燃性、反应性、腐蚀、能量释放和类似的灾害，除非是直接由安全相关的 E/E 系统的故障行为引起的。本文档描述了功能安全的框架，以协助开发与安全相关的 E/E 系统。该框架旨在用于将功能安全活动集成到公司特定的开发框架中。某些要求具有明确的技术重点，以在产品中实现功能安全。其他要求则针对开发过程，因此可以视为过程要求，以证明公司在功能安全方面的能力。本文档未解决 E/E 系统的标称性能。本文档规定了汽车功能安全管理的要求，包括以下内容：

— 有关组织的项目独立要求（总体安全管理）。

— 安全生命周期中与管理活动有关的的项目具体要求，即概念阶段和产品开发阶段（系统、硬件和软件级别）以及有关生产、运营、服务和报废的要求。

来源：ISO 26262：2018，Scope。

注释中建议的标准是：其他安全标准可以与 ISO 26262 互补，反之亦然。该标准没有具体说明，应该优先选择哪个题材的哪个标准。它不涉及协调标准，如欧洲联盟的机械准则。

2018 年的新版本在第 10 部分中提供了 IEC 61508 和 ISO 26262 之间的区别：

IEC 将 IEC 61508（电气 / 电子 / 可编程电子安全相关系统的功能安全）指定为通用标准和基本安全出版物，这意味着工业部门将根据 IEC 61508 的要求制定自己的功能安全标准。在汽车工业中，直接应用 IEC 61508 会存在许多问题。下面将介绍其中的一些问题以及与 ISO 26262 系列标准中的相应差异。IEC 61508 基于"受控设备"的模型，例如具有以下关联控制系统的工业工厂：

a）危害分析可以识别与受控设备（包括设备控制系统）相关的危害，并对其采取措施以降低风险。这可以通过 E/E/PE 系统或其他与技术安全相关的系统（例如安全阀）或外部措施（例如工厂的物理密闭）来实现。ISO 26262 系列标准包含基于严重性、暴露可能性和可控性的标准汽车危险性分类方案。

b）分配在 E/E/PE 系统的风险降低要求是通过指定的安全功能实现的。这些安全功能是单独保护系统的一部分，也可以合并到工厂控制中。但在汽车系统中并不总是能够做到这一点。车辆的安全性取决于控制系统本身的行为动作。

ISO 26262 系列标准使用的安全目标和安全概念如下：

– 危害分析和风险评估能够确定危害来源，危害事件需要预防、减轻或控制。

– 至少与每个安全目标相关联危害事件都要被分级为 ASIL 中的 A、B、C 或 D。

– ASIL 与每个安全目标相关。

– 功能安全概念是对实现安全目标功能的说明。

– 技术安全概念是对如何通过硬件和软件在系统级别实现此功能的说明。

– 软件安全要求和硬件安全要求明确了特定的安全要求，这些要求将作为软件和硬件设计的一部分实施。

以安全气囊为例：

– 危险之一是意外弹出。

– 安全目标是安全气囊仅在发生碰撞需要弹出时才弹出。

– 功能安全概念可以指定冗余功能以检测车辆是否发生了碰撞。

– 技术安全概念可以指定两个具有不同轴向方向的独立加速度计和两个独立触发电路的实现方式。如果两个都被关闭，则气囊弹出。

IEC 61508 主要针对单一系统或小型系统。对系统进行构建和测试，然后将其安装在平台上，最后执行安全验证。对于诸如道路车辆之类的面向市场的大型系统，在批量（系列）生产之前需要进行安全验证。因此，ISO 26262 系列标准中生命周期行为的顺序是不同的。与此相关的是，ISO 26262-7 满足了生产要求。而这些内容在 IEC 61508 中是没有的。IEC 61508 没有解决多个组织和供应链之间的管理与开发的特定要求。因为汽车系统或是由汽车制造商自己生产，或是由制造商的一个或多个供应商生产，或是由制造商与供应商之间协作生产，所以 ISO 26262 系列标准包括明确解决此问题的要求，包括开发接口协议（Development Interface Agreement, DIA），参阅 ISO 26262-8：2018，第 5 条。IEC 61508 不包含危险分类的规范要求，而 ISO 26262 系列标准包含用于危险分类的汽车方案。该方案认为汽车系统中的危险并不一定会导致事故，结果取决于驾驶员在发生这种情况时，是否真正暴露在该危险下，以及相关人员是否能够采取措施控制危害造成的结果。图 2.20 给出了此概念的一个示例，该示例适用于影响运动车辆可控制性的故障。

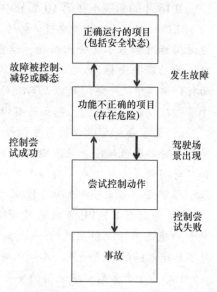

图 2.20 车辆风险状态机模型

注意：此概念仅用于说明故障发生与事故之间不一定存在直接相关性。尽管此过程中评估的参数与图中所示状态转换的概率有关，但它并不代表危害分析和风险评估过程。

对硬件开发（ISO 26262-5）和软件开发（ISO 26262-6）的要求已经适用于汽车行业的最新技术。ISO 26262 系列标准针对特定目标中给出了方法。为了实现这些目标，可以使用标准所提供的方法，或者提供其他可以实现目标方法的可行性。ISO 26262 系列标准中的安全要求分级为 ASIL，而不是 SIL，其主要动机在 IEC 61508 中以概率术语作了表述（见 IEC 61508-1：2010,3）。IEC 61508 承认，通常需要对系统安全完整性进行定性判断，同时需要硬件安全完整性的定量技术。ISO 26262 中的 ASIL 主要涉及在系统、硬件和软件中实现系统安全的要求；然而，与符合 ASIL 关于随机硬件故障要求相关的概率性目标也是存在的。

来源：ISO 26262：2018, Part 10, Clause 4.1。

ISO 26262 对风险、危险和安全完整性的关系进行了不同的定义。ISO 26262 没有解释他们对安全完整性的理解，即使该标准使用了缩写 ASIL。ISO 26262 未考虑将车辆作为物品或应用"EUC"的理念。EUC 可解释为"应由安全相关功能控制的设备或系统"。在某些限制条件下，ISO 26262 允许开发所需的与自身安全相关的车辆功能。在这种情况下，系统不会通过 EUC 本身获得安全性。在技术上，根据 IEC 61508,EUC 和安全功能必须在同一时间引起错误，才被认定为危险情况。将液压制动系统视为 EUC，其功能可以通过 E/E 系统进行监控，因此 E/E 系统可以避免或控制液压系统的错误。

在 ISO 26262 第 3 部分中，附件 B1 解释了"危害分析和风险评估"方法的原理。

该标准中是这样描述的：

本附件对危害分析和风险评估进行了一般性说明。B.2（严重性）、B.3（暴露可能性）和 B.4（可控制性）中的示例仅用于提供信息，并不详尽。

对于这种分析方法，可将风险（Risk，R）描述为具有三个参数的函数（Function，F）：危险事件的发生频率（Frequency，f），可控制性（Controllability，C）即通过相关人员的及时反应避免特定伤害或损害的能力，以及由此产生的伤害或损害的潜在严重度（Severity，S）：

$$R=F(f,C,S)$$

发生频率 f 又受两个因素影响。在上述危险事件可能发生时，人们发现它们的频率以及时间。在 ISO 26262 中，这已简化为对在可能发生危险事件时操作情况的可能性度量（Exposure，E）。另一个因素是项目中故障的发生率。

在危害分析和风险评估中不考虑这一点。取而代之的是，在危害分析和风险评估期间，通过对 E、S、C 进行分类得出的 ASIL 确定该项目的最低要求，以控制或减少随机硬件故障的可能性，并避免系统性故障。由于在执行最终的安全性要求时避免了不合理的残留风险，因此没有事先考虑到项目的失败率（在风险评估中）。

危害分析和风险评估子阶段包括三个步骤，如下所述：

a）状况分析和危害识别（参见 6.4.2）：状况分析和危害识别的目标是识别可能导致危险事件的子项潜在的意外行为。状况分析和危害识别活动需要对项目及其功能和边界进行明确定义。它取决于子项的行为，因此不必要知道该子项的详细设计。

情况分析和危害识别应考虑如下因素：

- 车辆使用场景，例如高速驾驶、城市驾驶、停车、越野；
- 环境条件，例如路面摩擦、侧风；
- 合理可预见的驾驶员使用和滥用；
- 操作系统之间的交互；
- 基础车辆、车辆配置和车辆操作。

b）危险事件的分类（参见 6.4.3）：危险分类方案包括确定与该子项的危险事件相关的严重性、暴露的可能性和可控制性。严重程度表示对特定驾驶情况下的潜在危害的估计，而暴露的可能性则由相应的情况确定。可控制性为驾驶员或其他道路交通参与者在给定的操作情况下避免发生给定的事故类型有多容易或有多困难。基于相关危险事件的数量，可以将每种危害分类成严重性、暴露可能性和可控性的一种或多种组合。

c）ASIL 的确定（参见 6.4.3）：确定所需的汽车安全完整性等级。

来源：ISO 26262：2018, Part 3, Annex B1。

以本标准所述方法的描述为例子：

– 车辆行为和相关方案；

– 环境条件；

– 合理可预见的滥用；

– 操作系统与车辆配置和操作之间的相互作用等。

但是，它没有提供为了避免发生项目（ISO 26262 所定义的）范围之外的系统故障的指导或要求。

汽车行业依赖于其他技术，因此电子安全系统的工程将被视为故障防护或降级系统。他们还直接参考了软件和硬件开发的最新技术。

硬件开发（ISO 26262-5）和软件开发（ISO 26262-6）的要求都适用于汽车行业的最新技术。

2018 年的最新技术不一定代表未来的最新技术。特别是在电子硬件领域，该技术将持续迅速发展的势头。其他行业成熟技术的典型安全系统体系结构将硬件方面和软件开发要求都考虑在内。

该标准未明确以下原则：

– 超出项目范围的系统性故障，无论是在项目之间，还是在车辆级别之间，都与车辆外部系统无关，例如电动汽车充电系统；

– EE 系统故障外的其他风险等；

– EE 系统和机械安全机制相结合；

– 保护机制；

– 主动安全系统；

– 投票架构；

– 与安全相关的闭环控制系统（或与现实世界或其他技术的任何接口，也并非其他技术缺陷）；

– 为降低风险的液压、气动或其他技术和 EE 系统的基本控制系统；

– 来自车辆设计的缺陷，或来自其他材料、中毒、化学的危险反应等；

– 车辆外部和内部的人为因素引起的风险（接受 EE 故障的可控制性）。

该标准给出了一些问题，如 EE 系统元素的热事故或可预见的误用，但并未给出如何应对此类风险的具体要求。

ISO 26262 提供了一个安全生命周期，其中考虑了围绕项目的管理和开发活动，但是系统的上下连接部分也仅作为项目定义的一部分来解决（图 2.21）。

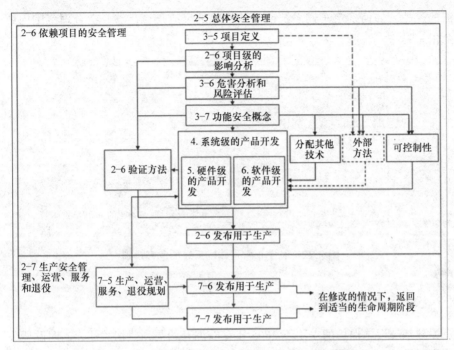

图 2.21　基于 ISO 26262：2018 的安全生命周期

（来源：ISO 26262：2018, This chapter, Fig.2.2）

根据 ISO 26262，安全生命周期在第 2 至 7 章中定义了基本的过程框架。安全生命周期的目的是为了理解以下标准：

ISO 26262 参考的安全生命周期涵盖概念阶段、产品开发、生产、操作、服务和报废阶段的主要安全活动。计划、协调和监视安全活动的进度以及确保执行确认措施的责任是关键的管理任务，并且在整个生命周期中执行。安全生命周期可以量身定制（参阅第 6 章）。

来源：ISO 26262：2018, Chapter 2, 5.2.1。

在第 7 部分中，讨论了操作、维修和报废，但是所有要求都与项目有关，标准中根本没有涉及车辆的操作。

ISO 26262 提到了描述潜在风险的系统推导规范方法，它可能是对所考虑的车辆系统基于危害分析和风险评估调查得出的。其他安全标准中未对危险或风险分析进行规范性定义。在图 2.22 中，列出了这些方法的要求，举例说明了方法本身。

如果某功能不适合、不适当或错误指示了与安全有关的功能，则无法通过 ISO 26262 中提到的行为方法来降低风险。ISO 26262 并没有直接说明 EUC（安全控制相关的系统、机器或车辆），也没有针对按需（低需求）安全系统或连续模式（高需求）安全系统，直接说明基于设计安全需求的安全功能之间的区别，这代表着特殊的挑战。如何确定车辆系统或某些措施的反应是否足够、在合理范围内或与安全相关呢？

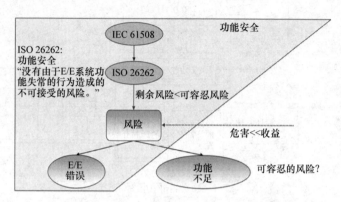

图 2.22　基于正常运作的系统的危害辨别

2.5　关键基础设施

关键基础设施保护的立法于 2005 年在欧洲开始受到热切关注，当时欧盟发布了《欧洲关键基础设施保护计划》（Critical Infrastructure Protection, CIP），首次将人们的注意力投向以下事实：若干部门及其职能对于当今社会具有重要意义，它们的失误可能严重影响国家安全、经济、公共行政管理以及欧盟成员国人口的基本生命功能。三年后，EC 颁布了欧洲理事会指令 2008/114/EC，其中要求成员国确定欧洲关键基础设施相关要素。

关键基础设施是政府用来描述对社会和经济运行至关重要资产的术语。与该术语最常见的关联是：

- 庇护所
- 供热（例如天然气、燃料油、区域供热）
- 农业和食品的生产和分配
- 供水（例如饮用水、废水 / 污水、地表水的干渠、堤坝和水闸）
- 公共卫生（例如医院、救护车）
- 运输系统（例如燃料供应、铁路网络、机场、港口、内陆运输）
- 安全服务（例如警察、军事）
- 电力的生产、传输和分配（例如天然气、燃油、煤炭、核能）
- 可再生能源（在人类的时间尺度上自然补充，例如阳光、风、雨、潮汐、波浪和地热）。
- 电信
- 针对成功运作的协调

－ 经济部门
－ 商品和服务以及金融服务（例如银行、清算）。

2.5.1　关键基础设施组织

为了管理和维护这些关键组织，必然需要一个专门的组织。该组织的目标是为关键基础设施提供预期的服务和足够的保护（图 2.23）。

苏黎世联邦理工学院在关键基础设施的四支柱模型中提出了以下目标：

－ 预防和预警
－ 检测
－ 反应
－ 危机管理

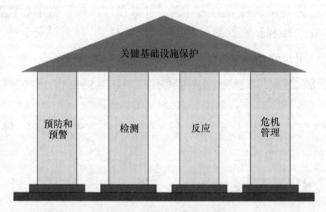

图 2.23　四支柱模型示意图

（来源：Four Pillar Model, from "A Generic National Framework. For Critical Information Infrastructure Protection", ETH Zurich, August 2007）

为此，他们为合作模型提出了以下组织措施：

必要合作伙伴：合作模式

鉴于关键信息基础架构保护（Critical Information Infrastructure Protection, CIIP）部门涉及这四个支柱并面临挑战，因此它们必须具有不同的专业能力，这意味着一个庞大而复杂的组织。但是，CIIP 部门可以通过在不同合作伙伴之间建立合作，精简且不会失去工作能力。如果每个合作伙伴都专注于自己的能力，则可以最有效地利用现有的专业技术，从而节省成本和人力。根据这四个支柱的任务，CIIP 需要不同的组织、技术和分析能力。理想情况下，CIIP 部门应包括以下三个合作伙伴：

• 提供战略领导和监督的政府机构（CIIP 部门负责人）；

• 与情报界有紧密联系的分析中心（情境中心）；

• 技术专家中心，通常由国家计算机紧急响应工作组（Computer Emergency Response Team, CERT）的工作人员组成（CERT 团队）。

本节描述了这些合作伙伴，并确定了哪个合作伙伴应提供哪些服务来组成有效的 CIIP 单位。

来源：Cooperation Model, from A Generic National Framework For Critical Information Infrastructure Protection（CIIP），ETH Zurich, August 2007。

这种对关键基础设施控制系统的管理需要一个主管组织，该组织在与政府机构的合作中以及与基础设施提供商和认证机构的合作中起着重要作用。

2.5.2　云计算

当你想到"云"时，是否想到了公共云？许多组织认为"走向云时代"意味着部署公共云，但是借助强大的私有云，可以在自己的数据中心获得相同的敏捷性和灵活性。安全性和私密性对公共云有何影响？私有云对安全性、私密性和隐私有何好处呢？图 2.24 所示为云计算重点领域的源安全指南。

	基础设施管理者	基础设施拥有者	基础设施位置	访问和消费
公共	第三方供应商	第三方供应商	云端部署	不可信的
私人/社区	或 组织 第三方供应商	组织 第三方供应商	本地部署 云端部署	可信的
混合	组织和 第三方供应商	组织和 第三方供应商	本地部署和 云端部署	可信的和 不可信的

图 2.24　云计算重点领域的源安全指南 V3.0,2017

可以通过以下问题来区分云系统：
- 谁管理基础设施？
- 谁拥有基础设施？
- 基础设施在哪里？
- 谁拥有访问权或使用数据的权利？

对于以下的云系统，通常是不同的：
- 公共云系统
- 私有和社区拥有的云系统
- 混合云系统

所有者必须对服务以及必要的保护机制负主要责任。他可以将该任务委托给运营商或服务提供商。对于这样的系统，必须定义某些规则，然后从中得出对用户的保证和义务。某些特殊情况下，一个国家的运营商使用国际操作系统，而另一个国家的用户也使用这个系统。因此，用户、消费者和所有有权访问系统的人必须遵守通用规则。即使是公共云系统，也至少要遵守提供服务所在国家 / 地区的法律要求。立法者通常会禁止将公共云服务用于关键基础架构。

一个非常有趣的评估模型是"Jericho Cube 模型"（图 2.25）。

Cloud Cube 模型阐明了当今云产品中可用的许多排列，并提出了四个标准 / 维度，以区分云"形式"以及它们的提供方式，以了解云计算的实现方式对安全性的影响（图 2.26）。

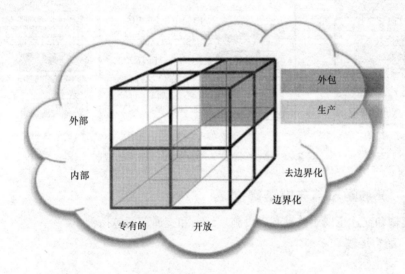

图 2.25　Jericho Cube 模型

为理解包括所有主要职能部门在内的云架构，云模型提供了通用架构。通用风险分析为以下领域提供了具有合理措施的安全模型：

- 应用程序
- 信息
- 管理
- 网络
- 置信计算
- 计算机和存储
- 底层物理系统

合规模型为保证案例的措施提供了支持。多维数据集模型不涉及其他安全领域，例如功能安全性、隐私性。

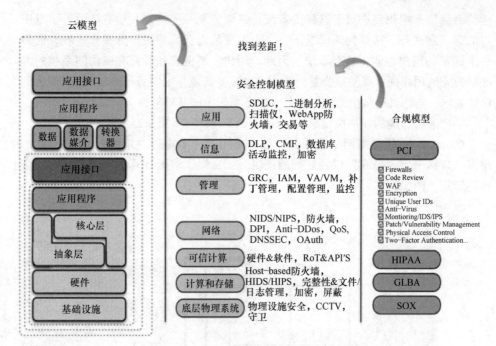

图 2.26　云模型到安全控制和合规性的映射

2.5.3　交通运输与关键基础设施

运输和交通也属于关键基础设施。运输和交通部门包括：

- 航空运输
- 海上运输
- 内陆水路运输
- 铁路运输
- 公路运输
- 物流

因为运输和交通系统存在各种风险，因此在任何情况下运输和交通都属于关键基础设施。其中典型风险包括：

- 运输系统失效
- 紧急通道的阻塞
- 事故（如果是由于系统或人引起的误用或主动破坏等原因，则其是独立的）
- 环境破坏等

因为保护所有基础架构不受所有威胁根本是不可能的，所以利益相关者仅管理关键基础架构的风险。同时为了更有效地被利用，必须以反映风险的方式使用有限的政府和私营部门资源。资源应集中在关键、易受攻击和面临最严重威胁的方面。一旦评估了风险，就可以建立管理这些风险的策略和优先级，包括缓解、转移以及在某些情况下可以接受的风险。

而且，由于风险管理是一个连续的过程，而不是最终状态，因此必须在风险管理过程的所有阶段（尤其是预防、准备、响应和恢复阶段）采用缓解风险的策略。不同交通路段的详细风险需要不同的风险管理方法。各种指南中提出风险分析的典型顺序是基于以下步骤：

- 确定风险管理范围
- 确定关键信息基础架构功能
- 分析关键功能价值链和相互依存关系
- 评估关键功能风险
- 优先处理关键功能风险

在用户角度上，这些步骤起到更多的作用，并评估了操作场景中存在的风险。分析的结果是风险评估和必要的保护机制。

针对技术系统更讲究数据完整性的方法中，可能的步骤如下：

- 确定资产并确定最关键的资产
- 确定、表示和评估威胁
- 评估关键资产对特定威胁的脆弱性
- 确定风险（即特定类型攻击特定资产的预期后果）
- 确定降低这些风险的方法
- 根据策略优先考虑降低风险的措施

该术语更多地源自网络安全领域，并集中于对必要安全机制的评估。

为了对基础设施的交通系统开发出正确的保护系统，需要分析应用程序的各种不同目的，并需要对特定的风险情况和导致危险的情况进行分析。如果在开发、安全、防护和保护措施的过程中不理解预期的目的和可用性，这些措施则无法得到系统地验证，在实施过程中也无法得到有效监控。

第 3 章　出行自动化

　　未来出行似乎正在脱离独立完成出行的概念，关键的推动力在于（或者至少应该包含）自动驾驶。机器学习和人工智能得到了快速的发展，但汽车行业还没有找到将它们引入的合理方式。目前所遇到的机遇与挑战和 100 年前第一个自动化技术引入时相似。在 20 世纪 50 年代后期，出现的新科学"控制论"在电信与导弹制导领域起了重大的推动作用，并直接促成了我们的太空计划。成功载人登月是我们人类在科技探索领域迈出的最重大、最显著的一步。在工厂自动化进程中，控制论意味着"监测与控制"。在 20 世纪 80 年代后期，模糊控制成为了一项较为成熟的技术。机器学习算法仅通过软件程序就能提供与分布式控制系统（Distributed Control Systems，DCS）相同的结果。在汽车行业，我们同样需要积累我们过去百年的经验，因此在开始自动驾驶任务之前，我们先要了解人类是如何进行驾驶任务的。

3.1　人类驾驶：一个闭环控制系统

　　自动驾驶是一个被广泛讨论的话题，在我们提供辅助驾驶技术（甚至自动驾驶系统）对人工驾驶进行辅助（或者替换）之前，必将考虑如下问题：

- 人类驾驶员是如何驾驶的？
- 在驾驶过程中人类驾驶员做了什么？

　　任何形式的自动驾驶都要与人进行交互。我们或者提供一套辅助驾驶系统来辅助人类执行他的意愿，或者采取一个自动化程序，来取代人类自身的驾驶任务。

　　当涉及驾驶功能的自动化问题时，控制论越来越受到人们的关注。物理学关注世间的各种材料及其能量，而控制论对具体物质进行抽象，着重于研究控制、通信、动作的信息、期望的动作、行为以及期望的行为。

　　哲学家 Schopenhauer 针对存在的事物提供了以下公式：

$$世界 = 意志 + 表象$$

我们从观察者角度出发，该公式可以被表述成：

$$世界 = 行为 + 表象$$

世间万物如果不被固定，就总会以某种方式移动。人类的运动来源于他们的动机或意志。给一个机械系统提供能量，它也可以移动。货物、艺术品以及任何物体只有在某种能量作用下才会移动，如果没有输入能量的影响，它们就会因为重力而静止在地球上。无论人还是物体的移动，都将产生一个可以从观察者的角度进行描述的可观测行为。

3.2　人类驾驶行为

驾驶员是对车辆系统操控者的统称。驾驶员的行为和由此产生车辆的行为都可以被观察和描述。

在驾驶员辅助系统中，我们需要捕捉人类的意图并辅助人类的行为。想要将人类驾驶员的行为自动化，就需要了解人类驾驶员行为的目标，并进行技术方案的选择和实施。

人类驾驶员通过具体的驾驶行为去驾驶车辆，包括驾驶方向的选择、转向和制动等行为。除了基本的驾驶之外，还有一些其他的动作，包括通过转向指示灯向其他道路参与者传递转向意图，通过开车灯更好地获得他人的位置，通过制动灯表达自身的制动意图。为了保护驾驶员自身，还需要一些具体措施，如系安全带、行车前对车辆进行检查、检查安全气囊等。

3.2.1　驾驶员的人机交互界面

驾驶员交互界面不仅仅是一个显示屏。驾驶员几乎通过他所有的感官来控制车辆。在德国，曾有一个称之为"第七感"的电视节目对驾驶事故进行了研究，并指出人类驾驶员不仅仅通过眼睛来进行感知。踏板、方向盘、所有开关与操纵杆都会向驾驶员反馈（或指示）目前系统的位置（或者姿态）。根据不同的驾驶经验，驾驶员会下意识地使用所有这些信息来制定相应的驾驶策略（图 3.1）。

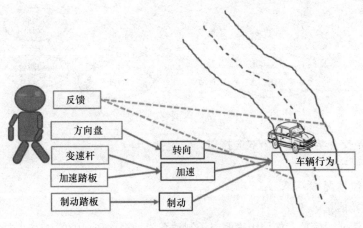

图 3.1　人类在路上的驾驶行为

驾驶员通过如下机构操作控制行为：

- 方向盘
- 变速杆
- 加速踏板
- 制动踏板

驾驶员的驾驶指令会使车辆的行驶、转向和制动系统执行相应的动作。驾驶员通过观察道路环境来接收自身所发出指令的反馈。其中的关键信息包括：

- 路面情况
- 天气情况
- 车辆轨迹与自身期望的符合程度
- 其他交通参与者的行为
- 在车道上或车道附近的障碍物或行人
- 路标
- 交通信号灯等（图 3.2）

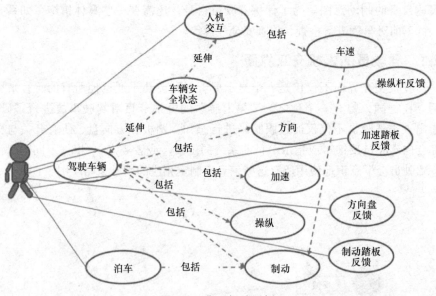

图 3.2 典型驾驶用例

驾驶员交互界面是一个双向接口，它包括：

- 行驶速度
- 档位情况
- 灯光信息
- 车辆健康信息，如用于表明电子制动系统是否存在故障的 ABS 故障指示灯另一方面，HMI 系统包括驾驶员通过方向盘、踏板的感觉反馈以及通过车内开关和操纵杆位置得到的反馈。

根据所有的这些信息与反馈量，驾驶员可以控制车辆的所有行为。在一辆传统汽车内部，整个控制过程不包括任何电子设备。

3.2.2　驾驶员在环

驾驶员可以看作是闭环控制系统中的一个控制器（图 3.3）。EUC（the Equipment Under Control，参见 IEC 61508）是处于道路交通环境中或运行设计域（Operational Design Domain, ODD）内的车辆。车辆只有被设计成可以在 ODD 中安全运行，才能满足路上行车的基本需求。

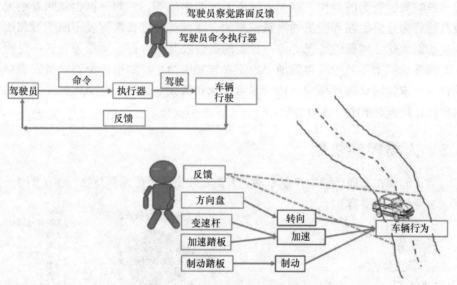

图 3.3　驾驶员是闭环系统的控制器

3.2.3　人类驾驶过程

如果社会认为个人出行自动化没有太多好处，并且对整体交通安全提升不大，那么该领域内的研究就很难募集到资金。因此，对于自动驾驶保护系统的研究需求将越来越大。空中出租车的发展途径也越来越成熟，甚至连欧洲航空安全局（European Aviation Safety Agency, EASA）和美国联邦航空局（Federal Aviation Administration, FAA）等航空管理机构也在制定必要的认证标准。在驾驶过程中，自动驾驶系统要能够根据交通情况、天气和路况调整车速，并以合适的方式行驶，而不应该做出任何可能危及或妨碍他人的行为。车辆被要求使用右侧车道，并主要在车道中间行驶。此外，根据环境和安全要求，自动驾驶系统应该有预见性且保守地驾驶。一般来说，有经验的驾驶员保持在路右侧驾驶，只要没有理由改变车速，他们就会保持在相应车道以恒定速度或与前车保持充足距离。驾驶任务与地图信息被存储在驾驶员大脑内的某处。依赖导航系统的驾驶员往往无法向别人解释清楚他是如何到达目的地的。在专业的驾驶培训中，驾驶员需要学会用眼睛来规划路线，即用眼睛尽可能地向前方观察，辨认出道路的车道线、标志牌、十字路口、危险情况和区域。简单路段上的驾驶风格规划当然是由大脑完成的，然而，这些简单路段并没有存储在长期记忆中。如果一个人在导航系统的帮助下开车到达目的地，并被问及所选的路线时，他往往说不出具体路线的名称。驾驶员完全集中在导航系统所提供的信息上，甚至已经忘记了他刚走过的前一条路，他会忘记所有影响他驾驶速度的一些无关紧要的信息和事件，也会忘记他在驾驶过程中影响驾驶行为的动作，例如道路不平度与横风等。然而，这也意味着绝大多数驾驶行为是发生在驾驶员的潜意识里的。驾驶员通过日常驾驶不断学习和改进这些功能。每一种新的情况，每一种新的条件及其组合都必须学习。这一过程从一个驾驶员的童年开始，直到他再也不参与交通为止。如果一个驾驶员发现自己处在一个未知的交通环境中，他会尽可能保守驾驶。当然，一个驾驶经验不足的驾驶员总是被要求小心低速驾驶。

3.3 人类控制机制

为了能够在交通环境中控制车辆，人类驾驶员需要传感器与执行器（图3.4）。主要的传感器有：

- 眼睛
- 耳朵
- 嘴巴和舌头
- 鼻子
- 皮肤

主要的执行器有：

- 声音
- 物理动作
- 液体分泌

人类传感器与执行器简图

人类传感器：
- 眼睛
- 耳朵
- 嘴巴和舌头
- 鼻子
- 皮肤

人类执行器：
- 声音
- 物理动作
- 液体分泌

图3.4　人类的传感器与执行器

舌头作为味觉传感器，目前对于驾驶汽车并不重要，但它是发出声音的基础。当我们出汗时，皮肤作为全身最大的传感器会分泌液体，这种液体会影响我们监测信息的能力或限制我们的体温，并妨碍我们牢固地把握方向盘，这种液体也可能会影响到用于监测驾驶员活动的电容类传感器，并导致驾驶员在突发情况下受到错误的影响。皮肤、肌腱和神经系统是可配置的压力或力矩传感器，也可以执行动作。

对于任何行动，执行指令和对应的能量都要在动作执行的时间点可用。人体通过一套极其复杂的网络来进行通信和控制。

人体内部的器官与系统，包括：

－ 大脑及其各脑区

－ 脊髓

－ 肌腱

－ 神经系统

－ 平衡感

－ 肌肉

－ 血液循环

它们都具有多重任务，与人体感知器和执行器一起组成人体系统。它们既负责传输信息和能量，又负责控制。这可以是局部的控制，如反射，也可以是全局的任务，如大脑不同区域的思考（图 3.5）。

·大脑与其各脑区
·脊髓
·肌腱
·神经系统
·肌肉
·血管

图 3.5　人类系统中的控制与交流设备

例如，人类驾驶员在不平路面上驾驶时，没有使用大脑参与控制，而是根据方向盘的反馈或者条件反射执行动作。具体动作为，人类驾驶员时而将方向盘握的更紧，时而让方向盘在手中随意滑动。

神经系统、肌腱和脊髓以及为人体系统供血的静脉都通过一个灵活的系统连接到大脑的不同部位。大脑中的每一个神经细胞或突触都是一个可编程的逻辑单元，它们可以执行自己的操作，也可以对信息进行调整或简单地转发信息。

神经系统、肌腱、肌肉的组合在某些功能上可与线控系统和液压系统相媲美。反射是基于人类与生俱来的经验的行动。平衡感是自身在环境中保持稳定的重要功能。

在危险情况下，这些反射是非常重要的安全机制。自动驾驶所面临的挑战之一就是如何完成这些人类的行为并进行客观评价与验证。

3.4　人类行为

人类意识或者说心理意识是一个非常复杂的课题。为了实现人类行为的自动化，甚至实现自动驾驶功能，我们需要一个关于人类在特定环境下的驾驶模型。为了避免提及过深的心理学理论，下面引用 Heinz von Foerster 的文字进行形象说明：

在这种时候规定自主行为可能有些奇怪，因为自主意味着责任：如果我是唯一决定我如何行动的人，那么我就要对我的行为负责。因为当今主流的规则是让别人为我的行为负责，即"他律"，我所提出的理论不能被广泛欢迎。另外一种

"唯我论"的观点认为这个世界只在"我"的想象中，唯一的现实就是想象中的"我"。事实上，这正是我之前所说的，但我说的只是一个单一的有机体。当有两个人时，情况就大不相同了，我将借助带圆顶礼帽的绅士来展示（图3.6）。

他坚持自己是唯一的现实，而其他的一切都只出现在他的想象中。然而，他不能否认他想象的世界中充满了与他相同的幻影。因此，他不得不承认，他们可能会坚持认为自己是唯一的现实，其他只是他们的想象的产物。在这种情况下，他们想象中的世界又会充满他们想象中的人，其中可能就有他，即带圆顶礼帽的绅士。

——《论现实的构建（On Constructing a Reality）》，Heinz von Foerster

图3.6 Heinz von Foerster 所述戴圆顶礼帽的绅士

整篇文章的重点与我们打算对自动驾驶所做的非常相似。这些想法与观点已经有近百年的历史了。在实验室环境下，我们已经能够实现自动驾驶的部分功能，但将这种技术引入到日常生活中仍然有些科幻。当然，这也并非不可能。

在人工驾驶自动化而不是自动驾驶方面取得一小步便可以有效提升效率和安全，甚至社会安全保障。

3.4.1 不同视角的观察

在工程科学中，人们总是以工程的角度观察整个世界。在心理学中，心理学家试图把自己作为一个病人，这样就可以与病人产生共鸣。同理，当一个人在思考决策的时候，他把自己放在他所想到达的位置，在他所想到的环境中去观察自己。然而，如果他错误地看待自身或他所处的环境，那么他也会对自己的位置和处境做出不同的估计。对于每次观察，重要的是要知道观察者的视角和位置，即背景环境，以便评估观察的结果。然而，即使是这样，观察者也仅能够从自身的角度去感知和描述观察结果（图3.7）。

在法庭上，法官对于案件的看法不同于检察官、辩护律师或者专家证人。原告在这里的地位也与被告完全不同。这一立场并不总是由案件事实、损害是如何发生的或损害的原因所决定的。为了能够理解专家证人，辩护人和控方经常分别委托不同的专家，当然每个专家对原告或被告持不同观点。法官必须从法律的角度来评估专家的意见。为此，他必须首先透彻地了解不同专家证人的个人观点。

任何技术规范都面临同样的问题，每个独立的观察者都有自身的背景，例如专业经验与心理动机。没有中立观察者或具体的场景描述，就会导致片面的观察结果。

除非可以得到背景，否则任何其他利益相关者都只能从自身角度得出属于自己的结论。在软件设计过程中，有一种方法被称作观察者模式（也被称为旁听者模式）。其属于行为模式的范畴，用于将对象的变化传递给依赖于该对象的结构。

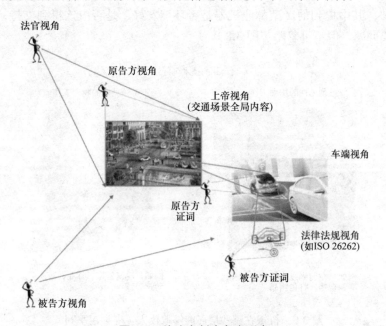

图 3.7　从法庭判决角度观察

除了典型的发布者 - 订阅者模式之外，观察者模式是一种基于信息跟踪（signal-slot）概念开发的增强模式。观察者在其中的作用在于，它允许你定义一个订阅机制来通知多个对象关于他们正在观察的对象所发生的任何事件。

除了上述的特定模式，将预期目标与可观察行为之间进行比较将是开发过程中的一个重要的方面，即在开发过程中给出和现实世界中同样的行为。在安全分析中，人们通常会考虑开发过程中可以观察到的行为和条件，并对真实世界对这些行为的反应做出估计。特别是那些需要与人类密切合作的技术，有必要考虑技术系统如何与人类一起工作。预期的开发用例也将不是仅局限于极限工况。

一种非常典型的方法是比较客户规范与性能规范。客户根据其专业意图或产品范围来指定性能需求。客户在所谓的"功能规范"中描述他的任务和问题，但这不应该是限制供应商的解决方案的途径。供应商用自身的方式来为客户的问题提供解决方案。客户明白供应商只是在其能力范围内提供服务，因此这也经常导致针对同一客户，不同供应商会给出不同的解决方案。

3.4.2　工业自动化

在任何一个工业行业都有这样的经验：用自动化代替人类劳动，不是对人类劳动者功能的简单复制。麦肯锡季刊（2016 年 7 月）的文章中描述了机器可以取代人类的领域以及其不能够取代人类的领域，展示了很多不能实现自动化的人类劳动。对于其中一些场景，我们可以很容易找到自动化办法，这可能使人力没有任何优势。其中提到的巨型林业机器是否环境友好、是否应该得到支持，这只是一个次要问题，但不可忽略（图 3.8）。

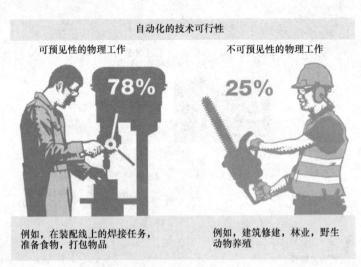

图 3.8　机械在哪些层面能够取代人（麦肯锡季刊
"机械在哪些层面能够去取代人，哪些层面阶段不能取代人"，2016.07）

对于任何自动化任务，都必须指定预期的使用环境。如果没有关于产品的描述，很有可能给产品带来负面影响，这种产品也是不允许进行销售的。

如今，自动驾驶出租车是人们热议的对象。尽管"机器人"一词源于捷克语，它最初是从"人造人"或自动机械中的术语派生而来，现在的机器人已不再符合人类最初创造机器人时的想法，即类人机器。人们很快发现，如果针对机器人与其用途进行特别的优化，机器人能够更好地为人类服务。例如，设计机器的初衷是尽可能高效地完成设定的工作，意味着机器人不再仅仅是拟人的，这一点在车辆采用轮子而非腿这一点上体现得淋漓尽致。当然，机器人的开发者还必须保证其开发的机器人不做他人不希望的事情，更不能做危及他人的事情。有关机器人独立的故事和电影相信大家都耳熟能详，这意味着我们必须为机器人创造一个区域，使得其能够在该区域内发挥最佳的作用；这些功能被应用在其他区域可能会产生危险。自动驾驶车辆不仅由驾驶员使用，而且会被工厂工人用于将货物从 A 运输到 B 的工具，或者由配送货物的物流公司使用。然而，现有的道路和交通环境本身通常不是为机器人设计的，而是为人类驾驶员设计的。

在不同场景或情况下，会对自动驾驶车辆提出不同的限制要求。而目前，对自动驾驶没有这样明确的法律要求。

场景可以用一场戏剧演出的背景来描述：舞台布置包括墙壁、家具和图片等物品的布置，这代表了静态的交通环境。剧本描述了演员的动态行为及其产生的效果，由舞台设计师制作。其中影响交通的因素十分常见，包括天气条件、空气污染、道路上的灰尘等。如果遇到下雨，路面尘土会变成湿滑的泥，对交通产生很大的影响；当气温过低时，还会结冰。这些因素与舞台布景、演员相互作用，共同构成一场戏剧演出（图 3.9）。

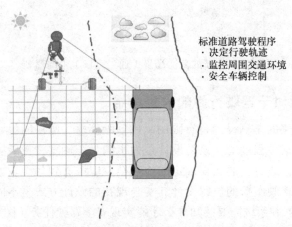

标准道路驾驶程序
· 决定行驶轨迹
· 监控周围交通环境
· 安全车辆控制

图 3.9　在道路交通中稳定驾驶的场景

在各种情况下车辆行驶要求驾驶员能够采取多种行动，并尽可能预知可能的影响。一个驾驶员至少应具备以下基本技能：

－ 识别车道线与行驶轨迹

－ 观察当前的交通环境

－ 安全地控制车辆

当面对一个新的场景时，场景本身将会对驾驶任务产生许多不同的影响。典型的场景：当接近十字路口时，机器驾驶员进入到了一个新的交通场景，其他驾驶员和新场景一同参与到这场戏剧的表演中来，这也改变了驾驶所必需的角色行为。场景的转换过程总是意味着风险的增加，因为所有的驾驶员都必须在新的环境中保持同步与交互。当然，相应的道路类型与交通规则也可能会发生改变，来适应这一新的场景（图 3.10）。

对比之下，舞台上的演员知道如何在新的场景下进行表演。编剧已经预料到了所有可能的场景与情况，制片人和导演在排练和演出期间不断地监督检查演员是否遵循了为其设计的演出策略。对于驾驶员而言，除了在驾校所学到的基本驾驶知识和驾驶过程中所积累得到的经验，他还必须要知道自己应当注意、面对哪些潜在风险，如何在新的交通环境中调整自己的驾驶行为。

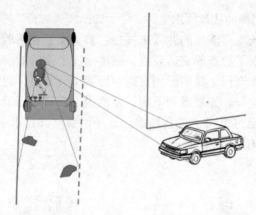

图 3.10　在新的交通场景（通过路口）中的驾驶

3.4.3　多领域对于驾驶行为的内容总结

与驾驶员相关的车辆设计是有限的，如驾驶座椅、座椅的位置，风窗玻璃的分块设计等。在某种程度上，该类设计是为了满足车辆驾驶员能够看到什么，他们需要看到什么，或者交通法规规定的他们至少应该看到什么。如果从人体工程学的角度出发，驾驶座椅的位置设计其实与现在的设计方式是不同的。我们需要回答一个问题，驾驶系统需要感知什么才能实现安全驾驶任务（图 3.11）。

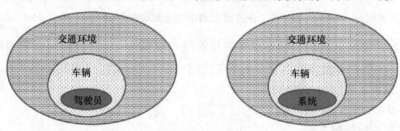

图 3.11　车辆与交通系统

我们需要为驾驶系统考虑多个层次的任务。在当今的车辆架构中，驾驶员仅能影响其自身驾驶的车辆，所有自动驾驶的相关研究也都遵循同样的原则。对于道路交通而言，自动驾驶的行为应当遵循交通环境对车辆所提出的要求与规则，该部分主要来自道路交通规则，例如：

- 确定条件下道路的设计；
- 车辆设计与操作的原则；
- 驾驶员的能力和预期的行为；
- 其他交通参与者的行为；
- 日常共识，如天气，如何礼让弱势交通参与者，与其他车辆共存等；
- 违规行为与违法行为等。

对于纯粹的自动驾驶，研究的内涵似乎等同于完全自动驾驶。对于部分自动驾驶，我们主要考虑驾驶员在所有条件下与道路和其他车辆的交互行为（图 3.12）。

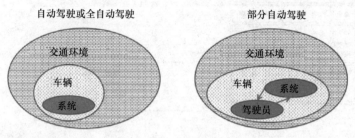

图 3.12　车辆与交通之间的人机交互、系统工程与驾驶员因素

面对如此复杂的研究场景，好消息是各国的道路交通安全法规定了绝大多数交通参与者应当采取的正确行为。当前出版物中关于道路设计者、车辆制造商、驾驶员和法规制定者的规章制度的解释较为混乱。

3.5　通信与交互

通信更侧重于理解而非表达。Heinz von Foerster 在他的著作中试图阐明通信是由信息的接收者所主导的。如果信息的发送者不能够很好地组织其语言或无法代入接收者的语境，通信在这种情况下会失效。接收者仅在与发送者说相同语言的情况下才能够理解来自发送者的消息。许多测试表明人类通过聚类来存储信息。如果发送者与接收者的背景知识不同，如一个烘焙师和一个猎人，相同的单词可能会导致对信息的不同理解（图 3.13）。

在 Heinz von Foerster 的著作中，孩子会将不同的信息聚合在一起。对于技术交流者来说也是如此，除非信息发送者与接收者处在完全不同的语境中，此时通信失效（图 3.14）。

如果一个控制器向一个执行器发出指令，执行器执行的所采取的行动与执行器的语境是相关的。"向左转"的命令就是用于理解该问题的一个很好的例子。

这个假设似乎对于所有通信过程都是正确的，通信不仅需要传输专用的功能或信息，还需要保持语境的一致。语境的同步可以通过多种措施来实现，例如，语境可以是消息的一部分，也可以单独发送，或者以其他方式实现。对于通信系统而言，通信伙伴间保持统一语境是十分必要的，只有信息是高度同步与协调的，通信的双方才能够相互理解。一个单词本身仅仅是一种噪声，接收者只有与发送者使用同样的语言和语境，才能理解单词的含义。因此，对于机器通信，一个字节的内容仅仅是一组电脉冲序列，这些电脉冲序列必须由发射机根据接收机知晓的方式来生成，以便接收机能够正确接收并理解该字节。

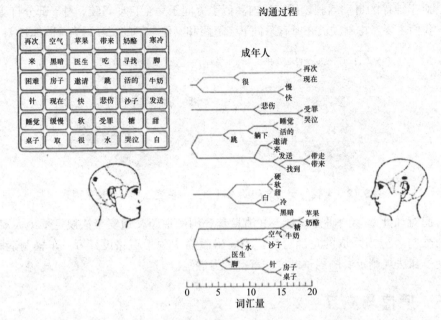

图 3.13　图解 Heinz von Foerster 的理解理解本身（Understanding Understanding：Essays on Cybernetics and Cognition, Heinz von Foerster, 2003）

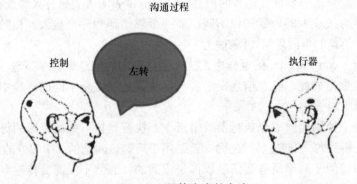

图 3.14　具体内容的交流

　　自动化功能的开发者也面临同样的问题。如果功能无法满足需求方的要求，那就不是一个成功的产品。如果不符合用户的期望，该产品就不会被使用。例如，驾驶员辅助系统的开发，应使驾驶员从该系统中获益，反之，则该系统的设计是失败的。为此，开发人员和用户之间必须建立某种形式的通信，开发人员需要将自己置身于使用者的环境中，否则开发出的产品可能在使用过程中危及用户自身或者其他人员。这些本质上是用户安全或者使用安全等方面的问题，用以确保产品被安全地使用。在大规模生产产品的情况下，用户手册通常用来将用户限制到一个合理的使用范围内。对于一辆汽车而言，该手册已经过于庞大以至于普通驾驶员或车主无法完全阅读甚至无法理解。这意味着驾驶员需要技术协助来了解这些具体的技术内容。当然，这些功能在车辆运行过程中必须得到激活，或者在需要用到它们的时候被正确激活。

3.6　作为控制系统的人类驾驶员

人类在不断得到反馈中开展工作，同时通过反馈不断地学习。感知任务更像是一种认知过程，人类通过训练来掌握感知这项基本技能，甚至在出生之前，胚胎就学会了如何区分父母的声音。对于婴儿而言，熟悉自己的声音与形象都是一个学习的过程。一些技能似乎也存在于我们的基因中，可以从父母那里继承（图 3.15）。

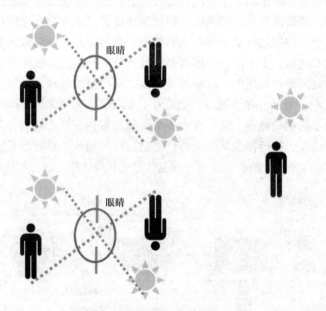

图 3.15　人类通过眼睛的感知过程

通过眼睛，我们看到了整个世界的倒像。两只眼睛为我们提供了两幅图像，它们经过调整并存储在我们的大脑中，我们通过与所熟悉物体的比较，对我们所看到的一切进行分类。在长期记忆中，我们可能只会对分类结果进行存储。随着年纪的增长，我们存入大脑的场景与类别日渐丰富。我们必须经常练习所有反射式的运动，比如跳舞。某些运动的控制算法，例如骑自行车，可能作为某种模式存储在神经系统中，控制参数则可能存储在大脑中（图 3.16）。

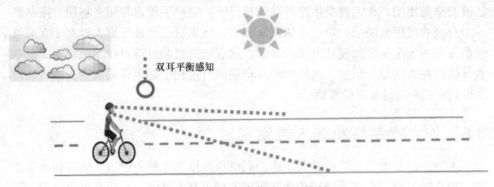

图 3.16　骑自行车作为一个控制环

在骑车过程中，不仅仅是眼睛和平衡感感知器参与了该过程，我们的神经系统要协调学习踏板的感觉、腿部用力的大小，以及整个身体如何排除道路与天气等外界因素造成的干扰。除了用于平衡的回路外，另一个回路是关于车速控制的，为了使之保持稳定，需要保证一定的速度，通过对环境的扫描来综合评估控制骑行的速度是一个需要学习的问题。对于有侧风的情况，如何在驾驶中对抗风力造成的不平衡是一个很大的挑战。上下坡行驶还需要估计所需的踏板力，以保持合理的骑行速度。下坡制动时需要控制速度，以便对道路上的障碍物或急转弯等紧急行为的需求做出必要的反应。当然，在下坡骑行过程中，骑车人需要掌握自行车的制动性能，以便在需要时及时制动减速。除了管理各个传感器与执行器之间的各类信息外，还必须对来自传感器、执行器及其反馈的信息进行时间同步。对自行车的掌控能力需要持久的训练，以便在大脑和神经系统的永久记忆存储区建立该控制模式（图 3.17）。

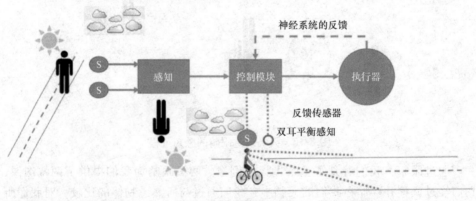

图 3.17　反馈系统

一个典型的安全相关的控制系统需要两个传感器单元来测量真实世界并具有鲁棒性。两只眼睛不一定必须提供不同的视野。与周边环境建立正确的相互关系也能够提高传感器信息的内容量及其准确性。执行器本身的运动也是一个闭环控制，一部分需要动作指令，另一部分需要提供反馈信息，整个控制回路也是如此（图 3.18）。

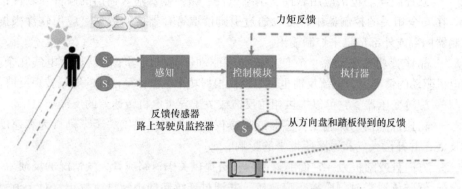

图 3.18　技术层面的人类反馈系统

在驾驶过程中，我们读取机器的信息，如电机的转矩，以获得控制信息的反馈。驾驶员接收关于车道保持效果的视觉反馈，并通过方向盘进行补偿，例如在颠簸路面上保持既定轨迹驾驶。在控制系统中，传感器和相关的控制变量通常需要测量或给定。执行器的行为由内部控制回路保证。由此产生的车辆行为和环境影响的补偿同时受到相关反馈回路的控制。如果各个控制回路与反馈回路之间相互关联，那么系统就有可能存在干扰问题。系统中的各变量不能跟随所设定的初值，也不能无误差地补偿干扰。如果要在一个微控制器中同时实现几个控制回路，那么技术的相互影响、运行时间的变化对于控制质量都是严峻的挑战（图 3.19）。

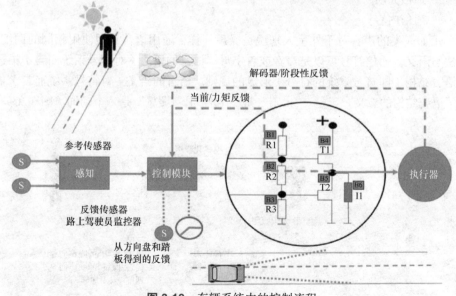

图 3.19　车辆系统中的控制流程

现如今的控制系统与控制回路、反馈回路都基于以下事物：

－ 微控制器。包括应用软件、基础软件、微控制器输入输出的硬件与软件接口。在安全相关的控制器中，可以通过引脚读取寄存器内的数据。应用软件根据控制器内部或外部信息来控制输出。

－ 晶体管功率驱动器。它使用高压端驱动器与低压端驱动器作为电气冗余。在电机驱动的情况下，电流反馈也可以提供根据功率电流计算得到的等效转矩反馈。

－ 旋转变压器。它可以提供相位反馈或关于异步电机转速差的反馈。

－ 轮速传感器、加速度传感器或陀螺仪。它们可以提供关于车辆行为和速度的反馈，并补偿天气和道路所带来的影响。

－ 方向盘或踏板力。它们能够为驾驶员提供关于道路或者天气情况的反馈。

－ 驾驶员通常时刻监控车道轨迹，并通过连续转向不断进行校正。对于道路不平、风、天气或系统摩擦造成的微小影响，驾驶员会通过潜意识进行补偿。

车辆性能主要集中在两个自由度上，即横向性能与纵向性能。在如今的驾驶辅助系统中，驾驶员在车辆控制闭环中仍作为主要的控制指令发出者。

3.6.1 人类通信

只有当交流的双方说相同的语言时，人类的交流才能做到高效。通信的典型要素包括：

－ 发送方
－ 接收方
－ 通信介质
－ 通信内容

正如人类的声音对于外星人来说是噪声一样，通用语言必须使用相同的词汇、语法与语义。通信符号可以是声音或者字母。语言的语法（对符号系统而言）描述了语言结构（即符号系统的符号）形成的规则。语言的语义（对符号系统而言）描述了语言结构的意义。于是，"太阳"是一个名词，"照耀"是一个动词（图3.20）。

交流

意图: 太阳照耀

噪声	记忆
表征"太阳"的噪声	代表"太阳"的噪声向量
表征"照耀"的噪声	代表"照耀"的噪声向量
语义规则	理解: 太阳照耀

图 3.20　人类交流的例子

当一个人对另一个人说"太阳照耀"这句短语时，他就产生了一系列声音信号。信息发送者按照约定的规则产生一系列的声音。如果两个交流伙伴之间使用同样的理解方式与规则，那么接收者就能够理解这句话的含义。如果发送者没有按照约定的规则发送该段声音，那么接收者将很难理解他所想表达的意思。通信就是这样建立在两个人通过约定好的规则相互发送声音信号之上的。

通信媒介，如语音、书面信件、数字通信系统上的信息，并不重要，重要的是发送者与接收者之间的规则应当统一明确。

3.6.2　人类感知

人类感知也是一种通信，或者说是通信的一部分。接收者希望掌握自然界或现实世界中的一个元素、一种属性或一种行为，并将其存储在自己的记忆中，以便采取进一步的行动（图 3.21）。

通常人们会：

- 通过眼睛观察；
- 通过耳朵聆听；
- 通过皮肤或皮下神经元体感觉；
- 通过舌头品尝；
- 通过鼻子闻等。

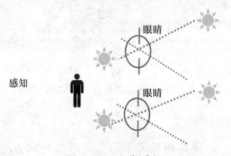

图 3.21　人类感知

在口头交流的情况下，人类将声音模式转换为大脑中的一幅图像。对于图像输入，我们可以用铁路信号的例子来解释。闸道横杆升起意味着可以通行，闸道横杆降下意味着不能通行。列车驾驶员通过感知闸道横杆的位置，来决定是进行制动还是继续行驶。这种情况是一个非常简单的感知例子，因为列车驾驶员接受了相关规则的教育，并且闸道横杆只有两种可能的状态（图 3.22）。

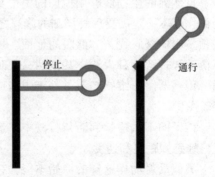

图 3.22　光学信号与感知

对于太阳发光这一事件，我们也可以将其简化为两个基本条件：发光与不发光。但是，人是用全身去感知的。甚至大脑的不同部分对不同感觉也有着不同的反应。人通过不同感官对不同感知的整体反应形成了一种习得的功能组合，这种组合可能会因为环境而存在差异。当我们在黑暗中感知到巨大的噪声时，整个身体都会调整到应对危险的状态下。我们会开始出汗，我们的头发会立起，我们的肌肉调整到适应快速奔跑的状态。反射过程是由其他感官感知并在我们大脑的特定部位进行处理的。我们大脑的左右半球在感知机制上是有所不同的。一半是规则和基于事实的感知,另一半则更注重形象。这就是我们通常所提到的艺术家能够在图片中感受到更多信息,科学家则更注重事实(图3.23)。

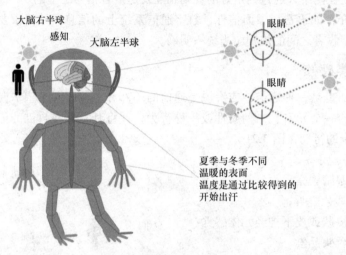

图 3.23 人类感知

遗传和后天学习都有可能导致人的焦虑心理,即使是非常客观冷静的人也会偶尔产生焦虑。

自然界的生物能够用他们的整个身体作为一个实体去感知。以对太阳的感知为例,人不一定需要理解详细的修辞之后才能理解整个短语"太阳照耀",太阳从头顶发出的耀眼光芒、温暖的地面、皮肤表面蒸发的汗液、炎热环境的气味等足以协助人理解这种说法。甚至两只眼睛也仅仅是人类了解世界的众多传感器中的两个传感器。三维感知不是基于眼睛成像的焦点测量,而是基于已知三维信息的经验图像。

孩子们不太擅长判断与行驶中车辆的距离,但是成年人即使在黑暗中也能够粗略地感知距离和速度。

类似反射动作这样的原始本能,在生活过程中逐渐会变得缓慢迟钝。人们学会了通过大脑去更好地处理这类情况。

人类的能力不仅局限于对于现实世界问题的感知,还有对环境事件或者外界刺激的反应,有些反应是冲动的,有些是分散的,有些是经过一段时间思考或权衡之后做出的。有时,应对刺激的关键就是在正确时间做出的正确反应。在自然界的种群中,能够存活下来的个体通常拥有正确评估形势与风险的能力,以及在正确的时机,做出正确的决定的能力。

3.6.3　技术控制系统的比较

John McCarthy 为初学者或非业内人士提供了关于"人工智能"的定义：人工智能是制造智能机器，特别是智能计算机程序的科学和工程。它与使用计算机去理解人类智慧的任务类似，但人工智能并不一定局限于生物学上可观察的方法。

他提供了一份关于人工智能学科分支的列表：

逻辑人工智能：程序对世界的总体了解、在特定情形下所采取的行动以及它的目标都通过某种数学逻辑语言记录和表示。程序通过推断某些行为是否有利于实现指定目标来决定下一步要做什么。[McC59] 第一次提出这一观点，[McC89] 是最新的综述，[McC96b] 列出了逻辑人工智能中涉及的一些概念，[Sha97] 是一篇重要的文章。

搜索：人工智能程序经常评价大量的可能性事件，例如，国际象棋游戏中的走法或定理证明程序的推论。在各个领域中，关于如何更有效地做到这一点的新发现不断涌现。

模式识别：当程序进行某种类型的观察时，通常将它所看到的与已知模式进行比较，例如，视觉程序可能会尝试匹配场景中的眼睛和鼻子的图案，以便找到一张脸。更复杂的模式，例如自然语言文本、国际象棋的棋局或某些事件的历史均被加以研究。与研究最多的简单模式相比，这些更复杂的模式需要完全不同的方法。

表现：世界的事实必须以某种方式表现出来。这些通常使用数理逻辑语言表示。

推论：从一些事实中，可以推断出另一些事实。数理逻辑推理对于某些目的来说是足够的，但自 20 世纪 70 年代以来，逻辑学中增加了最简单的非单调推理方法。缺省推理是一种最简单的非单调推理方法，在缺省推理中，可以通过缺省推断出结论，但如果有相反的证据，可以撤回结论。例如，当我们听说一只鸟时，我们人类会推断它可以飞翔，但当我们听到它是一只企鹅时，这一结论可能会颠倒过来。结论有可能被撤回，这就构成了推理的非单调性。普通逻辑推理是单调的，因为从一组前提中得出的结论集是前提的单调递增函数。界限是非单调推理的另一种形式。

常识和推理：这是人工智能与人类水平差距最大的领域，尽管自 20 世纪 50 年代以来人工智能一直是一个活跃的研究领域，且已经有了相当大的进步，例如在开发非单调推理和行动理论的系统方面，但还需要更多的新想法。循环系统包含大量但参差不齐的常识性事实。

从经验中学习：程序做到了这一点。基于联结主义和神经网络的人工智能方法专门研究这一点。也有用逻辑表示的规则学习。[Mit97] 是一本关于机器学习的综合性本科生课本。程序只能学习到那些它们的形式体系可以表示的事实或行为。不幸的是，学习系统所基于的信息表示能力几乎都是非常有限的。

计划： 计划程序从世界的一般事实（特别是关于行动效果的事实）、特定情况的事实、目标的陈述开始。在此基础上，计划程序形成了实现目标的具体策略。通常情况下，所生成的策略只是一个行动序列。

认识论： 这是一门研究解决世界上的问题所需要的各种知识的学科。

本体论： 本体论是对存在事物种类的研究。在人工智能中，程序和语句处理各种对象，我们研究这些类型是什么，它们的基本属性是什么。人们从 20 世纪 90 年代开始重视本体论。

启发式： 启发式是一种试图发现程序中嵌入的东西或想法的方法。这个术语在人工智能中有不同的用法。在一些搜索方法中使用启发式函数来测量搜索树中的节点离目标大概有多远。通过启发式函数的测量，比较搜索树中的两个节点，看看其中一个是否比另一个更好，即构成对目标的推进，可能会更有用。

遗传： 遗传编码是一种让程序通过配对随机的 Lisp 程序并在数百万代中选择最合适的程序来解决任务的技术。它是由约翰·科扎的团队开发的，这里是教程 1。

来源：https://jmc.stanford.edu/articles/whatisai/whatisai.pdf, John McCarthy, download 2020。

人工智能并不是指某一个系统，但对观察者而言它通常以系统形式出现。机器学习通常被描述为机器可以在没有显式编程的情况下自行学习的方法。它是人工智能的分支或应用，为系统提供了从经验中自动学习和改进的能力。

在系统工程中，系统架构和设计是实现技术功能的基础。如果我们从人工智能或机器学习转到人类行为，我们总是忘记人类系统的影响。如果我们想要提供类似人的功能，不仅仅是软件算法的问题，我们还需要一个提供所需特征、性能和能力的系统。

大脑是一种具有如下功能单元的高性能计算机系统：

– 一块巨大的内存；

– 监测中心；

– 中央智能与分布式智能 I/O 系统（图 3.24）。

图 3.24 作为分布式控制系统的人类系统

高性能控制器具有冗余特性，它可以等效于大脑的不同部分，各自独立运作，但它也可能只是承载大脑各种功能群的冗余资源。与大脑的左右脑类似，应该有独立操作资源来管理来自不同关注点或不同配置传感器的输入。例如，右脑负责更有创造力、更直观、更情绪化的工作，这正是图像占优势的地方；而左脑使你更像一个结构化、逻辑分析的思考者。另一个例子是，在习惯用右手的人中，左脑主要控制着所有的语言功能。计算和逻辑思维同样发生在左脑。胼胝体作为最大的连接体（大脑中的连接体）连接着大脑的两个半球。右半球的功能可以看作是从环境的角度进行监控，例如监控图像在它所处环境中的意义；而左半球记录和控制具体的动作。阅读和听力在不同的半球进行管理。

自主（植物）神经系统调节着身体中不能被意志控制的过程。它持续活跃并对呼吸、心跳和新陈代谢等过程进行调节。它接收来自大脑的信号，并将信号转发到身体。它为人类系统的公用事业和基本功能提供信息和控制等所有必要的功能。

这个巨大的奇迹解决了意识与良知的对抗，这似乎对人类交通系统的自动化来说并不是一个真正的问题，但道路交通系统是否应该做出自己的道德决定是非常值得怀疑的。

了解人体功能是非常重要的，即我们如何使用人体功能来移动或操作执行器，以及如何获得系统的反馈、测量和控制信息。如果明确了这些功能和相互作用，那么就有可能确保人体和移动交通系统之间的安全共存。此外，人体系统似乎展示了高效的资源利用，也可以实现高可靠性的快速级联控制回路，即使是机器学习或任何其他人工智能手段也无法媲美。

3.6.4　控制系统架构与人工控制系统的比较

工厂自动化工程师可以马上认出他们所在行业的分布式控制系统（Distributed Control System, DCS）。现在，这些单元之间的高性能总线已经很成熟了（图 3.25）。

人类控制车辆所需的功能包括本地控制回路、分布式控制回路、级联、历史数据记录系统、预防性维护系统以及其他更多功能（图 3.26）。

I/O 控制器需要变得灵活，以便如今的典型 I/O 可以快速适应 I/O 控制器，而且所有 I/O 需要提供专用标识给所有其他控制器单元。在冗余以太网主干下，可以实现任意扩展（图 3.27）。

路由器可基于云系统来扩展网络，以提供远程控制、诊断、更新等服务。

具有冗余以太网通信功能的现有控制设备包括：

- HMI 控制器
- 电子制动控制器
- 转向控制器
- 驱动力控制器
- 能量管理控制器或任何其他功能的效用控制器

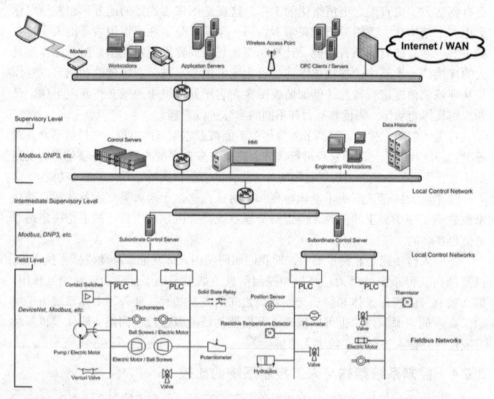

图 3.25 典型的分布式控制系统（来源：figure/Typical-architecture- of-a-Distributed-Control-System_fig1_242457425）

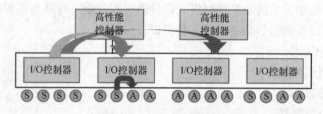

图 3.26 分布式控制系统

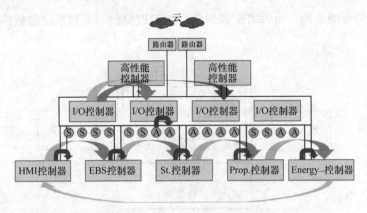

图 3.27　可扩展分布式控制系统

这些控制回路可以在任何控制级别上实现，并且这些回路可以在各种系统状态下实现各种级联。由于冗余概念和网络设备中央诊断或预测式健康管理的存在，在操作期间可以实现重新配置或重新升级。

与许多增强的执行器类似，人类驾驶员有时也仅用执行器执行闭环控制。通过踏板和方向盘的触觉，驾驶员通过感知频率来控制车辆振动等，这些仅通过神经系统的反射或其他局部控制机制就能实现。当驾车驶过坑洞时，驾驶员要学会抓紧方向盘。在某些情况下，转向执行器会由于道路反馈而增加电流，这样的闭环控制不需要涉及其他传感器。典型的阀门控制会在反馈压力较高的情况下自动增加电流。因此仅使用一个操作命令，就可以实现功能的反转（例如，在较高反馈压力的情况下降低）。任何一种基于微控制器的循环控制系统都无法达到采用这种执行器设计原则所能达到的性能。专用芯片（Application Specific Integrated Circuits, ASICs）和优化的混合晶体管能以微秒级的速度执行非常快的循环。这些快速控制回路是基于基本的电气技术原理，如电压、电流或频率控制。基于同样的电气技术原理，人类驾驶员利用他的皮肤、肌腱等来驱动他的肌肉。如果依赖传感器去控制执行器或执行周期性循环过程，即使是高速显卡或核心架构或所谓的通用单元（General Purpose Units, GPUs）都会变慢。

3.7　循环数据处理与分布式事件驱动的数据处理

即使在今天，大多数处理单元仍然遵循所谓的冯·诺依曼架构（图 3.28）。

冯·诺依曼体系结构是一种计算机架构思想，由数学家和物理学家 John von Neumann 等在电子离散变量自动计算机（Electronic Discrete Variable Automatic Computer, EDVAC）报告初稿中首次提出。并行处理或使用可配置子处理器网络（类似人类神经系统）需要其他架构。现场可编程门阵列（Field Programmable Gate Array, FPGA）非常接近这一理念，但它们仍然以数字方式处理内存，而不是学习基于对象的结构。也许可配置的信号量可以提供与人类系统类似的处理功能（图3.29）。

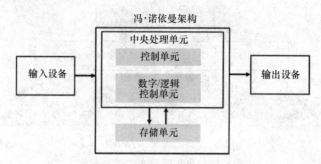

图 3.28 "冯·诺依曼体系结构"的基本原理

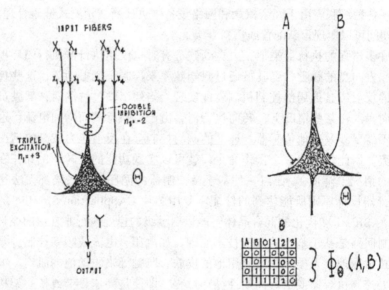

9. Symbolic representation of a McCulloch formal neuron.

图 3.29 McCulloch 提出的形式神经元的基本原理（Source 3 Understanding Understanding : Essays on Cybernetics and Cognition, Heinz von Foerster, 2003）

McCulloch 把神经元定义为神经系统的最小单位。

神经元不仅仅是一个开关，同时还是电池和发电机。此外，McCulloch 定义了神经元的三个组成部分：细胞体、树突和轴突。

这种将神经元理解为技术元素的做法，导致了具有许多技术功能的各种各样的单元。系统要素至少包含信息管理、逻辑单元和能量管理。McCulloch 用各种图表展示了神经元的大量逻辑组合（图 3.30）。

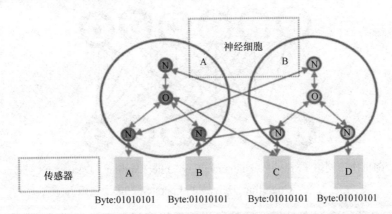

图 3.30　逻辑单元的基本思想，类似于多个传感器输入的神经元

一个具有数字信号处理（Digital Signal Processing, DSP）功能的 ASIC 可以采用许多选项来组合各种输入。来自微控制器的一些外围元素可以基于相同的硬件被配置为输入或输出。在同一个设备上提供、分配和管理能量是一个挑战，尤其是在神经元这样小的系统中实现高效率。

许多神经元可能与其他神经元有不同的组合和循环，因此序列模式总是导致另一种结果组合。今天的机器学习很可能通过这种序列模式定义了一种新的信息结构（图 3.31）。

然而，神经元似乎不仅具有上述 DSP 功能，还可能与其他不同状态的细胞结合。由于存在多种状态，它的状态取决于动作网络（图 3.32），动作网络可以将一种状态过渡到另一种可能的状态。

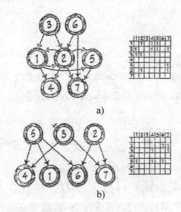

图 3.31　a）混合网络和 b）行动网络（Source 3 Understanding Understanding : Essays on Cybernetics and Cognition, Heinz von Foerster, 2003）

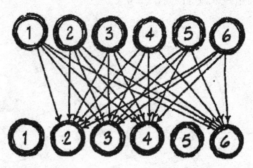

图 3.32 随机作用网络（Source 3 Understanding Understanding：Essays on Cybernetics and Cognition, Heinz von Foerster, 2003）

由于多种组合和多种循环，随机作用网络可以导致多种过渡和序列的组合（图 3.33）。

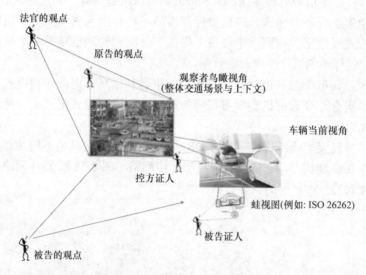

图 3.33 状态转换（Source 3 Understanding Understanding：Essays on Cybernetics and Cognition, Heinz von Foerster, 2003）

由于对一个或多个神经元的反馈，任何状态都可能导致信息的多种组合。这种状态和转换可以是一个存储单元、一条指令或一个程序控制函数以及在许多模式中的信号量、类型重复器或任何可能的逻辑。

人体系统仍然远远领先于我们的技术能力。也许在某些实验室，这样的原型正在发挥作用，但对于大规模应用，还有很长的路要走。

下面的例子展示了早期的人们是如何看待分布式控制的潜力的。

3.7.1　分布式控制

2016 年，在本杰明·彼得斯（Benjamin Peters）出版的 "How Not to Network a Nation：The Uneasy History of the Soviet Internet" 一书中，讲述了在俄罗斯的互联网最初构想。它描述了"国家计算和信息处理自动化系统"的故事，这是在 20 世纪 60 年代早期开展的一个建立全国信息网络的项目。

在这本书中，项目目标之一是找到克服"冯·诺依曼架构"的瓶颈并抓住开放数据世界机遇的解决方案。很早以前，人们就意识到存在的风险：

- 多种来源的数据访问以及访问授权问题；
- 如何将该系统限制在国家内部；
- 项目的融资人是否为由此产生利益的所有者；
- 当局如何控制当地的发展。

这些都是当今互联网面临的风险以及 5G 技术所能带来的新挑战和新机遇的有力佐证。

1960 年，俄罗斯科学家建立了"塞伯坦尼亚"的构想，这是一个由机器人委员会统治的虚拟世界。随后，塞伯坦尼亚在基辅和利沃夫定期组织娱乐活动、会议和儿童派对，发布传单，发行自己的货币，甚至起草了一份塞伯坦尼亚宪法草案。正如本杰明在 "How to network no nation: The turbulent history of the Soviet Internet" 书中记录的一样（图 3.34），1965 年，孩子们被授予塞伯坦尼亚的护照，该护照封面上有一个会演奏萨克斯的机器人。

图 3.34　塞伯坦尼亚公民的护照（来源：Benjamin Peters, How to network no nation: The turbulent history of the Soviet Internet, 1965）

粘附效应常常决定社会群体的行为。这种剩磁导致某些效果推迟发生；也就是说，我们知道它们会发生，但不知道它们何时发生。未来科技的挑战和机会可能是在不会危及人类的情况下，了解群体的内在力量，并干预控制，从而为人创造利益。外部影响可能会影响滞后的程度、被激活的内在力量的类型以及对社会群体行为的依赖性。他们所处的环境是另一个重要因素。对于人工智能，尤其是机器学习算法来说，理解这些依赖关系和影响似乎是一项很好的任务。建立框架、坚实的屏障或确定性的结构和架构是必要的。这些框架应是透明和有效的，以便该系统的任何用户或利益攸关方得到必要的社会认可。通过人工智能实现这样的框架将会导致恐怖的场景，就像我们在科幻电影中看到的那样。

科学家 Viktor Mikhailovich Glushkov 发布了以下声明：

– "毫无疑问，让机器在所有不可预见的情况下都能解决问题是不可能的。"

– "身体能承受巨大的气压（约 20t）与身体内部的气压相互平衡。人呼吸时可吸入约 0.5L 空气，而肺的总容量将近 4L。人的肾脏每天要输送 1700L 血液，人的神经系统只有 4% 被合理利用。"

该研究小组的一些目标发表在以下网页：https://aeon.co/essays/how-the-soviets-invented-the-internet-and-why-itdidn-t-work。

格鲁什科夫（Glushkov）的研究小组提出了"宏观管道处理"模型，该模型是根据人脑中许多突触同时发出的信号而设计的。除了大量的大型计算机项目，其他的理论方案诸如自动机理论、无纸办公和自然语言编程都将使人类与计算机进行语义交流，而不仅是现在的程序员所做的语法交流。最令人吃惊的是，格鲁什科夫和他的学生建立了"信息永生"的理论，参照科幻作家 Isaac Asimov 或 Arthur C. Clarke 的说法，我们可以把这个概念称为"心灵上传"。几十年后，在临终前，格鲁什科夫用共振反射宽慰着悲痛的妻子说："放心吧，总有一天，地球的光芒会经过所有星座，在每个星座上，我们都会重新变得年轻。这样我们就能永远在一起了！"

这表明，这些人拥有着现在所提"数字千年"的许多构想，同时伴随着诸多担忧与局限。

3.7.2 人控系统配置

人体系统的架构和设计只是系统的静态部分。没有配置和校准数据，任何电子系统都无法工作。若无脉冲释放能量以便使观察者感知到行为的发生，架构和设计就不能提供任何动力。人体系统提供具有特定属性的资源。它们被用于有不同频率、持续时间和强度的不同任务。若要初始化系统、启动某些同步点、在给定或预期的环境中实现到某些状态的转换，则数据是必需的。如果一个卵细胞通过细胞分裂创造了新的生命，那么遗传的数据决定了但也限制了其能力和发展空间。这些基因构成了细胞生长的编码数据，而人类系统就是基于这些数据。这意味着基因是蓝图，基因是程序计划，基因也是被继承的配置或校准数据。可以想象，基因是不同激励或功能所使用的数据模式，可以控制某些功能，也可以限制和限定它们的功能。这些功能如何通过配置数据（如人类基因）形成新的功能或原有功能的变体，取决于各自的环境、强度、时间和这三者间的多种组合。在不同的时间，相同的数据可以导致不同的可感知功能。如果一项功能被及时关闭，身体的某些部位就可免受不必要的伤害；如果该功能激活时间过长或在错误的时间点被激活，就会导致不必要甚至危险的行为。基因通过继承而遗传和变异。如果另一种激励要求的频率过于频繁或过于强烈，就会导致损害。外部影响可以过滤、避开或有计划地削弱这些特点。可观察到的行为可以被称为惯性。在需求密集的情况下，可被视为在适当的教育或培训期间的热血行为。同卵双胞胎具有相同的遗传基因，但是一方可能会拥有比另一方更弱或者更强的心脏，这可能是由怀孕、分娩或生长过程中受到的各种影响所造成的，可归因于食物、压力或运动以及疾病。这种效应自然会导致基因及其编码在统计上的相似性，但随着时间的推移，影响因素具有很大的异质性，因此对基因的选择性操纵不会导致过度的系统影响。今天，我们可以影响、操纵甚至关闭某些基因。这些通过基因剪刀对身体产生的假定影响可能会带来短期的好处。但是长期影响可能对人类而言的偏离是非常不同的。培育聪明的人或者特别高效的人可能和培育忠诚的牧羊犬一样耗时。如果某些基因被确定为致病基因，消除或关闭这些基因肯定是有意义的。使用配置数据来提高薄弱系统的性能只能带来短期的成效，因为这种策略无法实现长期的鲁棒性。

3.8　控制与控制论

自然和技术的各个方面都有控制论的身影。当一个设备、系统或有机体使用反馈回路来产生某种功能时，就会用到控制论。通常考虑的是闭环概念，但是任何这样的系统都需要能量来达到预期的性能。

下图显示了一个在 P3 管理环境下的一阶简单控制系统（图 3.35）。

在反馈带来的循环行为下，这种闭环控制系统被认为是封闭的。通常，这样的控制算法需要为该系统的行动和由此产生的各种行为提供能量（图 3.36）。

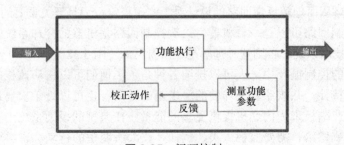

图 3.35　闭环控制

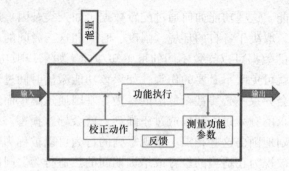

图 3.36　闭环系统的能量供应

在系统中执行控制措施需要能量供应,用于纠正的控制动作需要这种能量,在冷却系统中也许可以提供能量,例如温度更高的冷却液。

这样的系统作为一个整体来考虑会导致控制级联(图 3.37)。

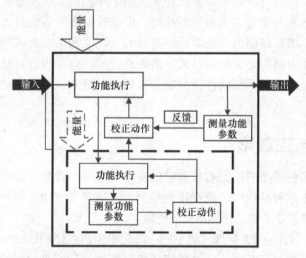

图 3.37　控制级联

控制级联可能是非常复杂的装置,可能会出现任何类型的物理耦合和依赖。理解控制策略从而理解反馈回路的设计对于实现稳定行为是至关重要的。

基本控制回路可以是一台机器,二次控制回路是机器的冷却系统。除非我们考虑纯粹的技术系统,否则这种理解是显而易见的(图 3.38)。

在这样的控制循环中,人可以扮演各种角色。他们可以扮演监控的角色,比如监控道路特性,并按照安全驾驶的要求正确转向;也可以处于次要地位,比如通过踩下加速踏板来为内燃机提供更多的能量。在典型的援助系统中,为了支持人类的行动或供给,需要监视人类,例如,放大所期望的行动。人类可以扮演驾驶员、乘客、行人、骑行者或其他车辆的驾驶员等角色。车辆驾驶员的典型控制任务是以足够的距离和适当的速度经过行人。在这种情况下，至少需要控制车辆的速度和车辆与行人的距离。

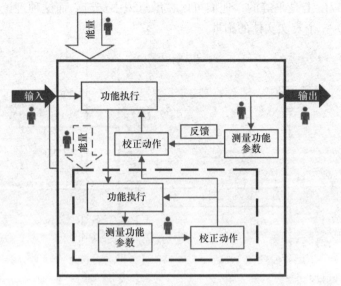

图 3.38　技术控制系统中的人

人类在各种角色中的选择和这些选择可能产生的影响以及所有控制周期的相互依赖性，很容易变得非常复杂。

在高速公路上稳定驾驶的情况下，我们至少需要同步两个执行器：转向系统和驱动系统。速度控制器受到车辆内部阻力和外部阻力，如道路摩擦、风等的影响。同样的影响也适用于转向系统，但保持转向稳定在目标位置处更加重要。风、路面摩擦和内阻对速度有一定的影响，反馈或多或少是稳定的，甚至是恒定的。对于转向而言，风和路面影响转向功能的频率较高，影响幅度较大。

人类在不同角色中的影响和作用，比如驾驶员、乘客、行人、骑自行车的人或其他车辆的驾驶员是非常不同的。他们可以无意识和自愿地行动，也可能追逐或撞击别人。所有这些可能的选择都需要被考虑。

3.8.1　数字孪生

关于大脑左右半球所产生的性能冗余是一个研究方向。在这方向中，对于双胞胎的研究能帮助我们很好地理解意识。Oliver Sacks 在对关于双胞胎的研究中提出了一种与众不同的观点。有一对残疾的双胞胎开发了一种有效的交流方式来计算素数，他们有着明确的分工，并且每个人的计算结果都是对方所需要进行下一步计算的基础。在这种方式下，他们的计算速度快于当今任何循环计算机。一种理论认为这是一种数学协同处理方法，这种方法因为 Intel 80286 和它的协处理器

80287 而闻名。协处理器可以执行浮点计算、图形处理、信号处理、字符串操作、加密或外围设备的 I/O 接口（图 3.39）。还有另一种解释这种现象的理论，认为双胞胎在某种程度上是平等的，他们可以在潜意识中交流。而这种理论即一个数字模型可以成为一个真实实体的副本。

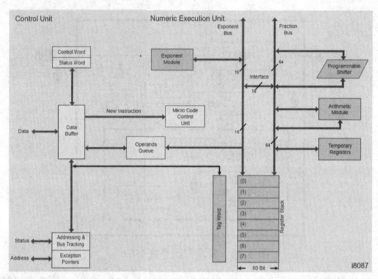

图 3.39　i8087 和 i80287 微架构（来源：Intel manual for 80xx architecture）

Ernst Dickmanns 在 "Vehicles Capable of Dynamic Vision" 中描述了一个 4D 模型，这个 4D 模型其实是环境中 3D 的动态模型，第四个维度为时间（图 3.40）。

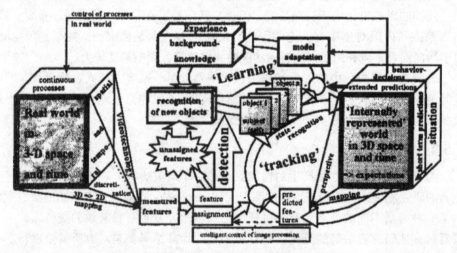

图 3.40　4D 方法的调查（来源：vehicle capable on dynamic vision, Ernst Dickmanns, 2004）

动态机器视觉考虑了三个主要的活动领域：
- 目标检测（中央往上的箭头）
- 追踪以及状态估计（右下循环部分）
- 学习（中上循环部分）

其中后两者由预测误差反馈驱动（图 3.41）。

基于模型的验证也是基于数字孪生的思想，其中有至少两条原则：
- 真实的候选验证要能在一个模拟的环境中运行；
- 所开发的系统行为模型要能在虚拟或真实的环境中使用及测试。

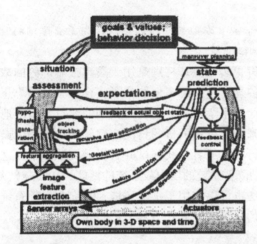

图 3.41　在 3D 空间和时间的自己身体（来源：vehicle capable on dynamic vision，Ernst Dickmanns, 2004）

基于模型的验证需要在产品开发过程中开发一个模型，并且这种模型需要在开发环境或专用环境或产品运行环境中运行。环境模型需要根据产品实际使用的情况进行验证。对于一个产品模型而言，重要的是能对产品提供一个在开发过程中设置好的预期操作。当模型在开发后变得充分成熟时，这个产品模型就变成了了真实产品的一个数字图像。在对指定产品进行充分的开发和实现，以及充分而成功的验证之后，该模型就成为了产品的"数字行为孪生"。现在的问题是"数字孪生"是只"活"在开发过程中的实验环境还是"活"在产品的整个生命周期？在一些行业，数字孪生仍然是为了测试变化的影响和有可能的提升。举例而言，通过对产品更换原材料或者注入错误的测试以观察产品的反应以及最终行为。特别是在户外条件中，数字孪生可以用来重现事故以及发现潜在原因。数字孪生可以在产品已经完全损坏的情况下提供可追踪、可复制的行为。在运输系统的运行过程中，数字孪生可以做很多有意义的活动，因此实现数字孪生对于交通系统的自动化有着重要意义。

— 在像飞机这样的可靠性很高的系统中，数字孪生可以在操作系统的某些部分出现故障时使用，数字孪生可以像协处理器一样计算数据。

— 数字孪生可以在飞机操作系统恢复正常前接管飞机的控制，比如在重要软件出现故障时执行重启操作。

— 数字孪生可以在产品运行时执行验证方法，比如当新的外部事件影响产品时。

— 当发生事故的情况下，如果产品出现一些意料之外的举动，产品内部的原因以及当时环境的影响都可以被重复和追溯。

— 数字孪生系统可以在进入临界情况之前计算负载或张力情况，从而预测产品的性能。

— 可以在数字孪生上模拟某些压力场景，为了支撑预测健康管理，可以为正在运行的产品生成测试向量。

使用数字孪生有很多优点，特别是用于逻辑控制部分的数字孪生。对于热备份系统，数字孪生的理念越来越多地取代了多样化系统的思想，以避免由于系统故障而导致的事故。数字孪生系统会在操作期间反过来不断地通过压力与故障感染测试自己，以此来防止突然关机的情况。健康的数字孪生操作执行器、热备份数字孪生系统会执行测试或者自我测试并且提升测试结果，这样可以在系统存在弱点的情况下，主动降低系统的压力或系统的性能，从而避免突发的危急情况。

当然同样的方法也可以应用于操作环境；在充分发挥系统性能的情况下，运输系统可以以更高的降级率的方式更具有冒险性，更接近风险限制或运行更长的时间。

问题是，我们是否需要在交通系统中实现"数字孪生"以获取同样的优势？我们能不能不把它安装在云端上？

如果一个人的心脏衰竭，几分钟后，这个人就会脑死亡。

当脊柱被切断，脊髓就不能再将信息从大脑传递到四肢。因此，当与控制中心的连接突然中断，那么远程操作运输系统中的执行器需要具备一些自我智能。这种情况下，远程需要自给自足多久，以及这些分离的系统需要如何运转，这些都取决于系统在当前操作环境中所需或必要的性能。

如今我们仍然无法通过无线运输能量，除了太阳光。所以在自动化运输系统中，能源的控制和可用性需要得到保证。除非我们能接受一个低能量状态为安全状态。除非铁路控制系统保证一段时间内当前路段没有其他列车，可以把在轨道上突然停车的列车认为是安全停车。这样会导致产生商业问题以及使许多乘客愤怒，以至于导致整个铁路运营的彻底失败。

能量问题可以通过让交通工具中保持足够的冗余来解决。根据系统需求和预期的操作环境来规划必要的减速和对某些功能的降级。

无论何时建模，这总是一个抽象的问题。使用整个环境并试图模拟完整的环境会导致模型拥有太多的自由度。测试、验证和评估只能在简化的视角中进行。建模背后最关键的是确定正确的抽象层次，并找到一个允许交流结果的层次。

3.8.2　关于行为和控制的控制论

控制论研究调节系统以及它们的结构、约束、可能性、控制及其导致的可观察行为。这种方法的本质是了解能够接收、存储和处理信息的系统功能和过程，然后利用这些来进行自身的控制或者需要与人紧密配合的机器的控制。控制论试图解释人们的行为及其背后的内在动机，并通过数学传递函数提供可观察点的依赖关系，来将其描述为类似于系统行为及其内部结构。

Maxwell Maltz 在 1960 年定义了心理控制论。Maxwell Maltz 开始对为什么设定目标会起作用感兴趣。他了解到自我肯定的力量和利用心灵与身体联系的心理视觉化技术。

控制论的创始人 Norbert Wiener 更多地从物理学与数学两个角度分析。 Heinz von Foerster 在他的许多著作中试图找到关于生物学与人类控制之间的联系，以及人类控制系统是如何工作的。他确实定义了仿生控制，仿生控制似乎是一个包含机器学习、人工智能以及如何与其他系统和人类通信的广泛领域。

在自动驾驶中，我们不仅可以更好地描述与人类驾驶员的界面，而且在控制论的帮助下，我们还可以更好地描述其他道路交通参与者的行为，比如行人、骑自行车的人、其他车辆的驾驶员和其他道路交通参与者。

可观测固定点的挑战在于，可观测固定点的任何不确定性都会增加甚至加强最终目标的不确定性，例如轨迹的正确性。充分的反馈回路可以降低这些不确定性对可观测固定点的影响或对最终目标的影响。卡尔曼滤波等多步方法可以降低不确定性。

一种非常新的方法是 Cramer-Rao 界限。Cramer-Rao 界限、Cramer-Rao 下界（CRLB）、Cramer-Rao 不等式、Fréchet-Darmois-Cramér-Rao 不等式或信息不等式都表示了确定性（固定但未知）参数的无偏估计量方差的下限。该方法可以追溯到 20 世纪 40 年代，Harald Cramer 和 Calyampudi Radhakrishna Rao 独立地推导出了统计精度的这一极限。

像 Cramer-Rao 下界这样的方法使用所谓的平方滤波器或卡尔曼滤波器，并告诉我们最小二乘滤波器可以达到的最好效果，例如通过具有零过程噪声和无限初始协方差矩阵的 Riccati 方程。这背后存在着以下的挑战：

－ 了解滤波器的最佳性能并不能告诉我们如何构建滤波器，以便它能够在现实世界中实时工作。

－ 通常，构建具有零过程噪声的滤波器是一个坏主意，因为滤波器不再关注测量结果。

Cramer-Rao 定义了一个新的范式，并定义了以下关于不确定性的公式：

不确定性知识 + 不确定性知识中不确定数量的认知 = 可用知识

这个公式没有错，但过于笼统，而且下面因素之间的关系需要在一个具有控制任务的系统中根据背景进行评估：

- 与时间相关和与时间无关（静态、动态、实时、参考系统）
- 直接信息和间接信息（例如，实际效果的测量和间接测量，或观察到的故障和近似故障）
- 概率和统计
- 随机过程和估计理论

将维纳滤波器的频域方法（1949）增强为卡尔曼滤波器的时域方法。这项挑战似乎是要让合适的电子设备实时运行这样的滤波器。

这些不确定性问题包括：

- 需求
- 充分感知
- 人类在处理时的行为、基于技术系统或设备的反应或共处
- 对个人和群体的影响（例如不同人群对技术的不同反应以及他们之间的不同反应等）

上述问题为自动化项目带来巨大的风险。这说明安全完整性的经典思想只是系统安全的一个小部分。

安全完整性声明如下：

如果你控制、减轻或避免了故障的影响或其发生，则可以认为该系统是安全的。

安全完整性只是将风险降低到社会可接受水平以下的一种措施。任何一种误用情况、不充分的规定或不充分的技术及其对安全的可能影响都需要采取其他措施。

3.8.3　控制论和对环境的充分感知

控制论是我们能用模型和数学公式来解释行为的最好方法。如果我们能用模型和公式充分地解释现实世界的必要行为和反馈，我们就能更好地控制这个世界。

一个可以了解现实世界以及我们需要从现实世界感知到多少、感知到什么以及多深入地感知的很好的工具，是接收操作特征（Receiver Operating Characteristic，ROC）方法学或 ROC 曲线。

ROC 是二值分类器性能的直观表示。"假阳性率"与"真阳性率"用来直观地理解分类器的性能。

AUC 表示曲线下面积，是二值分类器性能的数值表示。

当使用归一化单位时，AUC 等于分类器将随机选择的正实例高于随机选择的负实例的概率进行排名：

－　真阳性（True Positive, TP），预测阳性，并且是真的。

－　真阴性（True Negative, TN），预测阴性，且为真。

－　假阳性（False Positive, FP），预测阳性，为假。

－　假阴性（False negative, FN），预测阴性，为假。

"预测值"可以为正或负，"实际值"可以为真或假（图 3.42）。

图 3.42　ROC 曲线的值和比率

召回率：在所有阳性类中，有多少被正确预测的。

精确率：在所有正确预测的阳性类中，有多少实际上确实是阳性。

准确度：在所有类别中，有多少预测是正确的（图 3.43）。

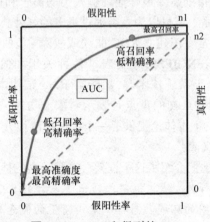

图 3.43　ROC 和得到的 AUC

ROC 提供下列信息与声明：

－　真阳性是阳性预测为真的正确观察。

－　真阳性率或"召回率"是介于 0 和 1 之间的比率。

－　假阳性是阳性预测为假的错误观察。

　　– 特异性是 1 减去假阳性率（假阳性率是评估规范的正确性）。

　　– 在 ROC 图上最好的点是左上角，TPR 为 100%，灵敏度或召回率为 100%，FPR 为 0%，也就是正确的特异性。

　　– 最佳可行点在 ROC 曲线上。当你从左向右移动时，你降低临界值来将观察结果归类为阳性，此时你得到更多真阳性预测，但同时你也得到更多的假阳性预测。

　　ROC 曲线显示可行的解决方案集，当你改变分类阈值，隐式地改变假阳性相对假阴性的成本。

　　ROC 曲线的斜率反映了你接受的每个假阳性所获得的真阳性数。

　　ROC 通常用于测试和验证模型，以回答如下的问题：

　　– 该模型有多好或者模型性能是否充分？

　　– 如何调整参数以获得充分的性能？

　　– 充分感知现实世界需要多少冗余或什么样的冗余？

　　该方法也常用于医学和社会预测。在某些情况下，静态传感器能够更好地感知真实世界，因为观测点总是处于与被观测物体或区域相关的相同位置。当一辆车靠近时，仅用一个传感器就能感知障碍物，有时效果更好，由于车辆的移动，任何来自传感器的快照都提供了不同的视角。例如，激光雷达在不同的时间段从不同的角度观察物体。如果感知系统能够在给定的实时性条件下记录和处理足够确定性的数据，就需要高性能的控制器来补偿振动、噪声、温度、道路和天气条件等对驾驶车辆的影响。

　　为人类提供服务或帮助需要很好地理解人类的需求和行为。控制系统的设计者更好地理解所有的关系，就可以为人类提供更多的好处。

　　在测试过程中，通常专门建立 ROC 曲线或故障 - 负曲线。20 世纪末，JOHN S GERO 和 UDO KANNENGIESSER 发表了各种关于如何系统性地感知和了解世界以及如何使之适合于系统技术。"功能 - 行为 - 结构本体论"提供了一种方法论来表示过程，尽管它最初的重点是表示对象。功能 - 行为 - 结构（Function-Behaviour-Structure, FBS）本体论提供了一个统一的流程分类框架，并在它们的表示中包含更高层次的语义。

　　在下面的文献中，他们介绍了这个框架。这篇论文的摘要如下：

　　本文扩展了功能 - 行为 - 结构框架，提出了设计的 8 个基本过程。这个框架并没有明确地解释设计中的环境动态特征是由情境的概念来描述。本文将这一概念描述为不同环境之间递归的相互关系，与建构性记忆模型一起，提供了情境性 FBS 框架的基础。在这个新的框架内重构了这 8 个基本过程，以表现动态世界中的设计。

　　在这篇论文中，他们认识到设计研究中的人工智能越来越关注于开发基于代理的设计系统。

他们声称：许多这些方法在支持概念设计方面只取得了有限的成功，因为它们忽略了概念设计（相对于常规设计）的最显著的特征。并不是所有的需求都是在设计任务的一开始就知道的，概念设计包括找到需要的东西并在过程中再次修改它。

以上内容来源：THE SITUA TED FUNCTION - BEHA VIOUR – STRUCTURE FRAMEWORK, JOHN S GERO AND UDO KANNENGIESSER, Australia, 2000。

他们引入了"位置功能 - 行为 - 结构"或"位置 FBS 框架"。它是基于三个不同的考虑阶段：

- 外部世界，当我们观察"现实世界"时；
- 理解的世界，当我们了解所观察到的事物时；
- 期望的世界，当我们需要它们为人类所用时。

FBS 本体论支持基于三个交互世界模型的过程情境视图。"情境式 FBS 框架"提供了一种描述过程情境设计的方法论。

情境 FBS 框架，基于与现实世界的循环经验，生成一个可以与现实世界有益合作的系统模型。我们需要了解许多真实世界的影响，以及人类打算用数字技术工作甚至生活的方式。如果我们不理解这种关系，可能会造成比为人类和社会提供利益更大的损害。

参考文献

[1] On Constructing a Reality, Heinz von Foerster, This is an abbreviated version of a lecture given at the opening of the fourth International Conference on Environmental Design Research on April 15, 1973, at the Virginia Polytechnic Institute in Blacksburg, Virginia. 2 Brown, G. S., Laws of Form. New York, Julian Press, page 3, 1972.

[2] McKinsey Quarterly, Where machines could replace humans—and where they can't（yet）, July 2016.

[3] Understanding Understanding：Essays on Cybernetics and Cognition, Heinz von Foerster, 2003.

[4] Download from September 2019, https://www.researchgate.net/fifigure/Typical-architecture-of-a-Distributed-Control-System_fifig1_242457425.

[5] Download from September 2019, Intel manual for 80xx Architecture, https://wikimili.com/en/Coprocessor.

[6] Download from September 2019, https://pdfs.semanticscholar.org/99b4/ec66e2c732e4127e13b0ff2d90c80e31be7d.pdf, Vehicle Capable on Dynamic Vision, Ernst Dickmanns, 2004.

[7] Benjamin Peters, How to network no nation. The turbulent history of the Soviet Internet 1965.

[8] Download from November 2019, https://aeon.co/essays/how-the-soviets-invented-the-internet-and-why-it-didn-t-work.

[9] Download from February 2020, http : //jmc.stanford.edu/articles/whatisai/whatisai.pdf, John McCarthy.

[10] THE SITUATED FUNCTION - BEHAVIOUR – STRUCTURE FRAMEWORK, JOHN S GERO AND UDO KANNENGIESSER, Australia, 2000.

第4章 系统安全工程

系统工程不仅仅是一种描述技术产品的方法。基于自动化技术的概念,我们需要思考这些问题:产品设计的意图是什么?它能为用户带来什么?它可能对人类和环境带来哪些风险?出行是指使用机器将人或货物从一个地方运送到另一个地方。"汽车"应该具有感知用户意图的功能,并且安全地完成所有期望的动作。但存在的问题是,汽车能否在不违反社会道德准则的前提下实现利益相关者的期望,并被使用者、拥有者和其他道路交通参与者所接受。面对越来越复杂的自动化设备,我们又该如何进行更好的控制呢?

本章的目标是提供一个合理的结构化系统安全方法,针对特定车辆该如何实现自动化功能和如何适应基于道路交通出行概念的自动化场景的问题,提出论证和建议。

在人类驾驶功能的自动化过程中,仅仅对正在开发中的系统进行验证是不够的。例如,存在这样的错误观点:"如果系统中所有的错误、误差、故障是可以控制的,那么这个系统可以认为是安全的。"

物理因素、社会环境、人类行为以及现实世界中的许多角色之间的复杂交错的联系能够导致更多事故的发生,同时也为自动驾驶带来更大的挑战,都值得我们进一步思考。

4.1 系统的观察者

如图 4.1 所示,系统总是依赖于它所应用的场景。ISO 26262 标准中的安全完整性只考虑了汽车的转向系统部分。类似于预期功能或基于现有车辆的初步假设应该被修改。

目前的法律涵盖了车辆层面的因素。转向系统法规 UN ECE R79 规定了转向系统在标准车辆中的运行方式。一般来说,我们应该从规则制定者的角度来理解M1 级车辆,了解法律制定者以及汽车制造商的观点,同时还需要从技术人员的角度去定义和理解车辆的需求和约束。

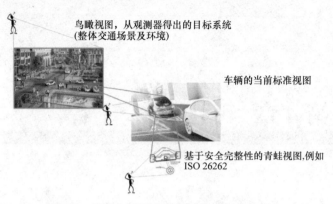

鸟瞰视图,从观测器得出的目标系统
(整体交通场景及环境)

车辆的当前标准视图

基于安全完整性的青蛙视图,例如
ISO 26262

图 4.1　不同立场下观察者的典型视角和观点

鸟瞰视图是一种以环境为中心的视图方法,将车辆和其他道路交通参与者作为道路交通场景中的动态对象。汽车制造商的"标准"视图是当前典型的视图方法。他们主要聚焦于整车设计以及如何突出汽车的特征和优点。安全通常被认为是用户的核心利益,例如安全测试认证。因此,新车碰撞测试(New Car Assessment Program, NCAP)的认证具有更高的优先权。而青蛙视图是典型的层次视图,他们关注转向、制动或驱动系统,通常是整个系统中的某个控制单元。

4.1.1　观点和视角

一个产品总是涉及很多利益相关者。在一个产品的开发过程中,需要同时考虑不同利益相关者的观点和需求。需求、特征、功能、约束、缺陷和目标用例可能会影响到架构和最终设计的所有抽象层次。理想情况下,可以根据利益相关者的抽象信息建立总描述模型。为了表明利益相关者的需求与产品的哪些特征相关,我们需要对这些需求进行分类并形成一个巨大的矩阵。我们对于利益相关者以及他们经常变化的利益,没有规定统一的标准。此外,我们对于考虑整个环境及其一致性的基本数据模型,也没有统一的标准。

社会系统工程可以帮助利益相关者对其需求进行分类,但对系统的影响始终是一个需要分析的问题。即使是谷歌、维基百科或人工智能算法这种先进的信息和数据管理系统也会捉襟见肘。诺伯特·维纳(Norbert Wiener)将控制论的社会含义进一步推广,将自动化系统与人类进行了类比。"社会控制论"的概念就此被创造出来。简而言之,社会控制论可以理解为社会学和系统科学。除了基础理论、认识论和其他哲学问题之外,社会控制论的应用领域还可以延伸到应用研究、经验主义、方法论和道德规范等不同范围。将它们联系在一起的,与其说是统一的研究领域,不如说是针对特殊假设和基本假设方法的理论基础,以及对社会复杂性问题的关注。社会控制论的重点不在于对特定因果关系的孤立分析,而在于动态自调节系统的相互影响。它遵循罗斯·阿什比(W. Ross Ashby)在1956年提出的原理，即不关注研究对象的特殊性质，而是关注其运作形式："不问'这是什么东西'，只问'这是做什么用的'。"系统过程应该提供系统功能与人类参与者之间的联系，并阐述系统功能如何与用户或操作环境中的人协同操作的概念。

施工图对于任何尝试过盖房子的人都不陌生。施工图的作用是向未来的业主展示房子完工后的样子。而对于建筑承包商建造的房屋特别之处在于，虽然通常有建筑规范，但如果没有专业人士的帮助，普通人无法真正理解这些规范。施工图往往会显示出正面、背面、侧面和横切面，很容易看到楼层结构、门在平面上的布置等信息。施工图总是展示同一所房子模型。我们的期望是从不同视角去看是一致的，例如，从主视图视角可以看到房子的前门，而从俯视图视角也能够看到它。

然而，建筑公司的不同利益相关者只希望看到自己感兴趣的架构视图。因此，如果将内门的平面图发送给木匠，他能够得到门槛的高度，但并不知道门楣的高度以及承载的重量。

在 20 世纪 60 年代末，菲利普·克鲁克腾（Phillipe Kruchten）提出了四个视图，通过与标准建模语言（Unified Modeling Language, UML）进行对比形成了以下 4+1 个视图：

－逻辑视图能够为用户描述系统的功能，使用逻辑元素是为了显示不同元素的之间的关系。分类图、通信图和序列图可以用作 UML 图。

－开发视图或实施视图是从开发人员的角度描述系统。组件图或包图可以用作 UML 图。

－流程视图（行为或功能视图）描述系统的动态属性以及元素在它们彼此交点处和已知环境中的行为。关系可以表现为多种类型的通讯方式（人机交互等），可以是配置和结构方面，比如并行、分布、集成、执行和可扩展性。活动图、序列图或时序图可以作为 UML 图使用。

－实物视图或部署视图从部署的角度，更确切地说，是从部署管理者的角度来描述一个系统。它包括组件、模块或电气组件和元件，通过部署以实现不同元件之间的通信（例如：电缆、总线、插头）。

－场景视图是附加视图，描述了用途、配置和版本特性的计划使用案例，可以作为设计元素之间行为的基础，架构验证作为集成测试的基础。用例图可以用作 UML 图使用（图 4.2）。

使用 UML 语言实现面向 UML 的表示，克鲁克腾（Kruchten）的 4+1 视图为典型代表：

－场景视图可以认为是利益相关者视图，可以表征各种利益、约束、期望和需求等，可以描述利益相关者的观点。除了利益相关者视图外，还需要定义中立观察者视图，例如展示仍处于开发中的产品或产品的整个生命周期。

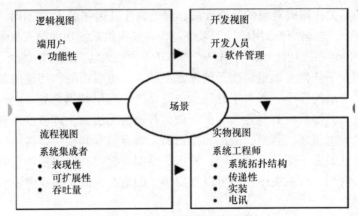

图 4.2 4+1 视图模型的架构

— 概念性的活动内容能够用过程视图表示，多种元素的信息流和预期通信与开发过程相关。基于此可以确定开发边界，通过边界分析，端口可以被元素识别，并判断是否在边界内，可以定义技术、功能元素和逻辑元素之间的通讯。行为模型可以描述人与技术要素间的交互作用。另一个重要方面是评估开发项目对环境的适应性，像车辆在各种操作场景中使用一样，产品可以在各种用例场景中使用。典型的出行概念需要在不同的道路交通环境中实现不同的操作条件，例如场景、状态和转换需要与人类角色（如驾驶员、行人、骑车人、交通警察等）有不同的联系（图 4.3）。

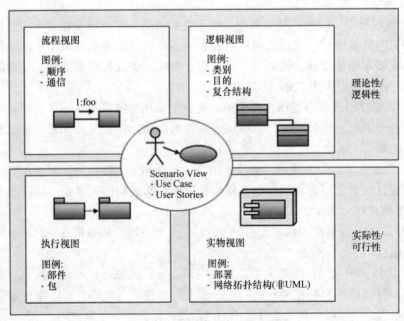

图 4.3 基于 UML 的 4 + 1 视图

－ 逻辑视图能够描述元素自身的逻辑依赖关系和行为以及它们之间的相互作用。在协同出行系统中，规则（如道路交通规则）是必须考虑的。UML 图不能够表征逻辑依赖关系及其方差和发生概率。类图、组合图、结构图和对象图具有很好的逻辑展现能力，但只能覆盖部分场景，不适用于有人类参与的出行场景。对于自动化项目，具有反馈回路和不确定行为影响的典型闭环控制结构需要其他的表示形式。

－ 在 UML 中，执行视图和物理视图更多地被考虑用于软件体系结构的表示，执行视图中典型的组件图和包图或物理视图中的部署图可以解决更多软件元素的特征。硬件软件接口的运行规范也需要由建模元素的规则进行表示。对于调度和资源使用，建议使用其他类型的视图进行表示。点对点 CAN 总线通信这样的技术通信可以用 UML 表示，而多层系统或基于分层模型 ISO/OSI 的网络解决方案需要用其他方法表示。

这些观点也为人们对系统的认识提供了新角度。参与建设或实施的人员更关注技术设计方面以及如何制造生产。而管理者会提出这样的问题：购买产品和自己制造产品哪一个更好？律师、顾客、用户和其他团体对产品或系统存在利害关系，在满足需求和约束条件下，产品可以为所有群体提供不同的效用或利益（图 4.4）。

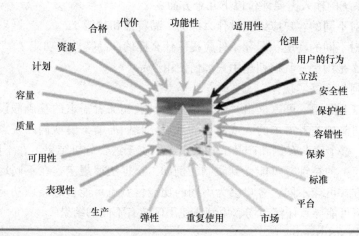

在下一个20年内的挑战并不会是速度或者代价或者表现性；
他会是一个复杂性的问题。我们的敌人是复杂性，消灭他们是我们的目标。
Bill Raduchel，首席策略官，Sun Microsystems Jan Baan

图 4.4 系统中的各种势力

图 4.5 展示了不同利益相关者从不同方面影响产品开发以及限制产品使用范围。只有在特定环境下，通过所有相关场景的使用范围去定义和分析产品特性，才能评估这些因素的影响。

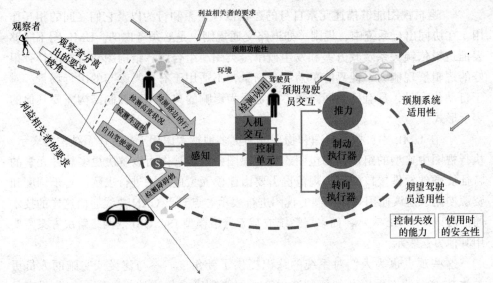

图 4.5 产品开发过程中的依赖关系

如果是自动化系统，利益相关者的任何需求都可能是相关的。需求或约束的相关程度与很多因素相关，从中立的观察者角度进行分析，可以平衡所有的需求。

分析系统的输入需要评价以下几个方面：

- 针对不同的客户应该提供什么样的产品特性和功能？
- 针对不同的环境状况和条件应提供什么样的产品特性和功能？
- 什么是用例？我们期望用户如何使用产品？
- 如何将产品实现？

基于以上问题，可以提出一个用于分析利益相关者需求的基础假设。该假设来自分析利益相关者需求的人或团体的观点。我们需要了解他们的观点和观点变化的原因。整个商业案例和产品的相关市场取决于这个分析结果。在不同的市场，产品的任何一种特性都可能受到限制，例如，根据法律规定，在不同地区产品的典型处理方式可能不同，客户会为不同的功能付费也可能会忽略该功能。典型的SWOT 分析可能导致任何市场、用例或使用区域有不同的结果：

- 优势（Strengths）
- 缺点（Weakness）
- 机会（Opportunities）
- 威胁（Threats）

不同的情况会导致不同的结果。我们意识到，内燃机的性能曾经是一个关键的销售点，现在变成了非卖品。时间点也会对利益相关者的需求产生影响。

在国际标准 ISO 26262 的发展过程中，汽车行业也尝试建立典型的架构观点和视角。为了解释 ISO 26262 中所考虑的系统安全方法，ITEA 在其资助项目"汽车安全软件架构（Safe Automotive Software Architecture，SAFE）"中提出了一个庞大的框架。

为了降低复杂性，ISO 26262 提出了一个重要的概念：利益体系的层次结构，SEBoK 提供了这个概念的两个来源：

1）考虑生命周期的系统。

2）观察者感兴趣的系统。

来源：Guide to the Systems Engineering Body of Knowledge（SEBoK），V2.2, 2020, https://www.sebokwiki.org/wiki/Guide_to_the_Systems_Engineering_Body_of_Knowledge_（SEBoK）

因此，有必要在环境中提出车辆层次模型的概念，这种模型能够表征在 ISO 26262 中通过接口连接的基础元素及其抽象概念（图 4.6）。

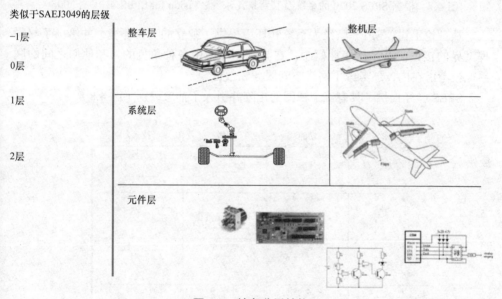

图 4.6　抽象分层结构

汽车行业建立了类似航空电子行业的典型抽象层次，像航空电子行业中的飞机或飞行器级别一样。而在车辆系统中的最高级别是车规级。为了建立完整的系统级别，需要引入一个或多个系统级别来描述不同的接口，然后才能识别不同的集成项，这些集成项是真正的物理单元，包括像软件组件这样的虚拟单元。

德国政府提供资金并开发了"嵌入式系统软件平台"（Software Platform for Embedded Systems, SPES）系统。SPES 为软件系统提供了建模和分析技术。不幸的是，SPES 和 SAFE 只重点关注直接指定嵌入式软件的方法，因此上层的系统工程方法过于简化（图 4.7）。

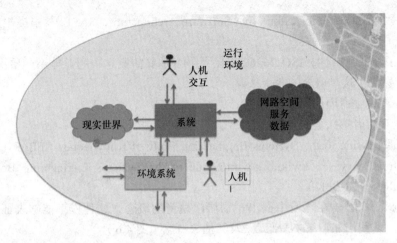

图 4.7 根据 SPES 2020 的系统及其背景（来源：Vision for SPES, BROY, 2006）

从理论上讲，SPES 已经为系统和环境提供了独立的工作环境，并给出了与物理世界的接口。基于连接性概念，在其操作环境中各种角色的人和他们之间的联系也被考虑在内，还考虑了网络空间服务和数据。

SPES 已经提供了具有三个视图的矩阵并引入了抽象级别（图 4.8）。

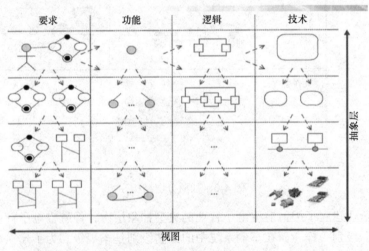

图 4.8 SPES 模型中包含视点和水平抽象层（来源：Vision for SPES, BROY, 2006）

四个视图如下：

- 需求视图
- 功能视图
- 逻辑视图
- 技术视图

控制电路和信号链被认为是逻辑视图。在许多出版物中，功能视图只是功能依赖关系，不涉及任何逻辑或技术元素的分配（图 4.9）。

用户
用户输入
<流>
传感器信号
<流>
环境
气缸盖生产线
流端口
用户输入
流端口
传感器信号
流端口
系统输出
流端口
供应输送
机信号
系统输出
<流>
供应输送机信号
<流>
供应管道机
(外部)

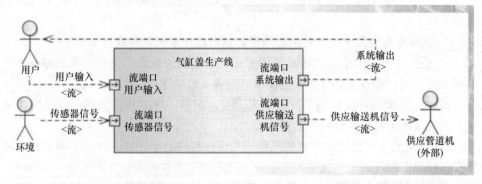

图 4.9　人机界面的 SPES 例子（来源：Vision for SPES, BROY, 2006）

SPES 提供了一个典型的例子，说明如何用来自人类的输入和来自系统的反馈来表示 HMI。

资助项目“SAFE”提供了进一步的观点和展望（图 4.10）。

个人观点可以描述如下：

- 操作透视图提供了人类之间的行为接口的观点以及相关环境中考虑的系统。
- 功能性视角提供了关于功能性工件的可观察行为的观点。
- 可变性视角提供了被考虑的系统支持特性的观点，包括各种利益相关者的观点和在执行或实现中的变化。

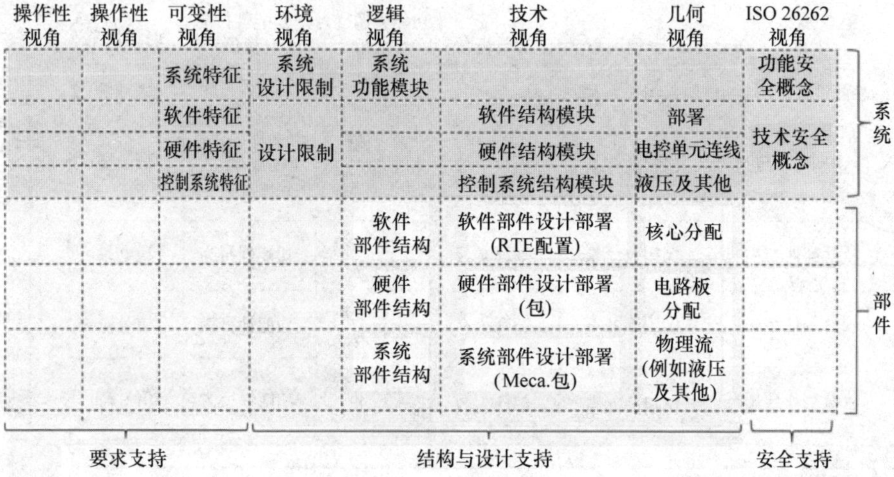

操作性
视角
操作性
视角
可变性
视角
环境
视角
逻辑
视角
技术
视角
几何
视角
ISO 26262
视角
系统特征
系统
设计限制
系统
功能模块
功能安
全概念
软件特征
软件结构模块
部署
技术安全
概念
硬件特征
设计限制
硬件结构模块
电控单元连线
控制系统特征
控制系统结构模块
液压及其他
软件
部件结构
软件部件设计部署
(RTE配置)
核心分配
硬件
部件结构
硬件部件设计部署
(包)
电路板
分配
系统
部件结构
系统部件设计部署
(Meca.包)
物理流
(例如液压
及其他)
系
统
部
件
要求支持
结构与设计支持
安全支持

图 4.10　根据 SAFE 的架构的视图和透视图（来源：ITEA 2 SAFE，WP 6.1, 2014）

－ 环境视角提供了需慎重考虑系统周围环境和潜在的影响或系统相关性的观点。

－ 逻辑视角提供了关于逻辑元素或元素及其接口的相互依赖性的观点。

－ 技术视角提供了关于技术元素的观点，以说明结构和界面或者此类界面上的行为。

－ 几何视角提供了在其几何环境中的逻辑或技术元素的观点。

－ 安全视角提供了关于体系结构安全相关方面的观点，包括不同的完整性级别或风险类别，还有关于故障、错误或措施有效性的观点。

操作、环境和可变性视角支持需求开发，逻辑、技术和几何视角支撑整体架构，而安全视角支持安全案例的其他需求。

"安全模型"考虑这些所有的视角、系统或组件的水平抽象级别。哪些视角需要在其环境中指定一个系统或多个系统，这取决于利益相关者（图 4.11）。

ISO 26262 只考虑了由 EE 系统故障引起的风险。所有源自车辆操作环境的风险都不在标准的范围内。"安全"只需要相关的架构视图，但通常是为了避免系统故障，整个架构和系统设计都需要在考虑范围之内，除非有足够的独立性或可以分离产品不相关部分。

对于系统抽象层中的"故障视图"，只考虑模块故障。而在组件抽象层中只考虑组件故障。"功能行为视图"和"功能失调行为视图"是附加的，因为产品的正确运营或成熟的系统对于生效是重要的。至少，"时序视图"要求识别系统内的信号链，以便开发时序需求和约束。

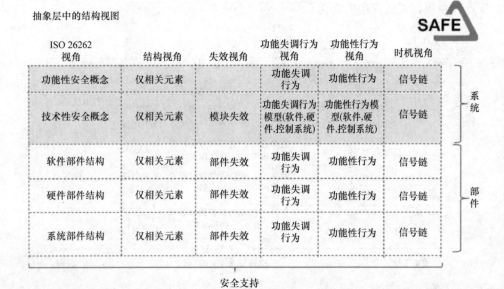

抽象层中的结构视图

ISO 26262 视角	结构视角	失效视角	功能失调行为视角	功能性行为视角	时机视角	
功能性安全概念	仅相关元素		功能失调行为	功能性行为	信号链	系统
技术性安全概念	仅相关元素	模块失效	功能失调行为模型(软件,硬件,控制系统)	功能性行为模型(软件,硬件,控制系统)	信号链	系统
软件部件结构	仅相关元素	部件失效	功能失调行为	功能性行为	信号链	部件
硬件部件结构	仅相关元素	部件失效	功能失调行为	功能性行为	信号链	部件
系统部件结构	仅相关元素	部件失效	功能失调行为	功能性行为	信号链	部件

安全支持

图 4.11　支持 ISO 26262 的相关架构视图（来源：ITEA 2 SAFE，WP 6.1, 2014）

为了管理成熟系统中常有和随机的故障和失灵故障，ISO 26262 只需要系统架构中的一些部分。对于所有其他可能导致事故的风险，即使是操作视图、可变性视图和环境视图也需要考虑（图 4.12）。

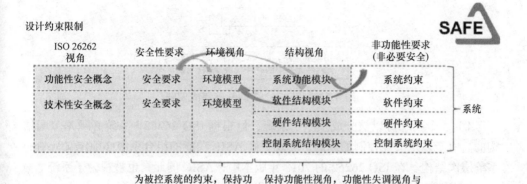

设计约束限制

图 4.12　按"安全"设计约束限制（来源：ITEA 2 SAFE，WP 6.1, 2014）

安全不仅与需要进行的活动有关，安全要求也提供了许多约束。约束不仅仅是对某个阈值的限制，它们还可能导致材料、解决方案、生产限制或特征被法律禁止。例如，车辆的前部设计应当在事故发生时避免行人受到严重伤害。

许多限制来自于人类能力研究或驾驶测试等，因为驾驶员不能正确地应用这些特征。特别是，所谓的"使用中的安全性"方面导致对车辆中功能和特征的集成或性能有许多约束。功能性能往往受到汽车底盘设计的限制。如果不能确保车辆在某些行驶情况下的稳定性，并且保护或主动安全机制（如 ESC）不能支持某些底盘设计，那么就不可避免地需要重新设计。环境影响对公路车辆是一个巨大的挑战，底盘需要通过大量的夏季和冬季测试计划，才能为所有底盘系统找到合适的设置，然后才能批量生产。

4.1.2　ISO 26262 体系结构模型

ISO 26262 提供了一个模型来解释标准中的层次结构和信息流（图 4.13）。

该标准的基本定义如下：

1）一个系统（一个系统涉及传感器、控制器和执行器）或多个系统，在车辆级别上实现一个（或多个）功能，适用于 ISO 26262。

2）一个系统可以有一个或多个功能，一个功能也可以在多个系统中被实现。

3）车辆级别的项目（或系统）由一个或多个系统组成，其中系统由至少一个传感器、处理单元和执行器组成。ISO 26262 得出的结论是，系统应该至少有三个要素，但执行器也有可能被整合在处理单元中。

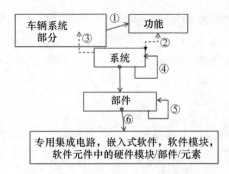

图 4.13 ISO 26262 的基础层次理解

4）一个系统可以被分成很多子系统，但根据 ISO 26262，系统必须是分层结构的。由于多重故障控制的原因，实现更高 ASIL 功能的组合系统必须定义清晰的系统层次结构。在 ISO 26262 的 2018 年版本中，ASIC 的元素也被视为子系统。

5）系统（或子系统）由一个或多个组件组成。

6）组件由（电气）硬件组件（硬件部件或 ASIC 的元素等）或嵌入式 SW（控制器中的整个 SW）、SW 模块或 SW 单元组成。

这里提供了如何阅读 ISO 26262 的方法，并使该标准的需求分配更容易理解（图 4.14）。该图提供了标准的层次结构以及在工作产品之间考虑的信息流（图 4.15）。通过软件视图和硬件视图的比较，解释了硬件进行的单层架构和设计。对于软件来说，架构层和软件设计层是不同的，软件单元被认为是软件设计的一种表现（图 4.16）。

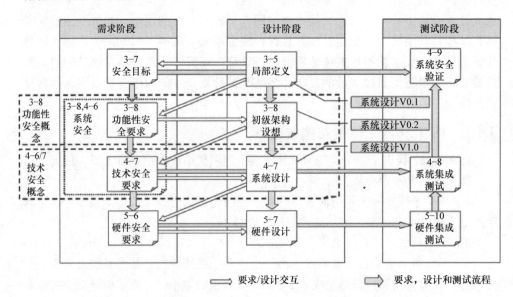

图 4.14 系统和硬件产品开发中的数据流程（来源：ISO DIS 26262）

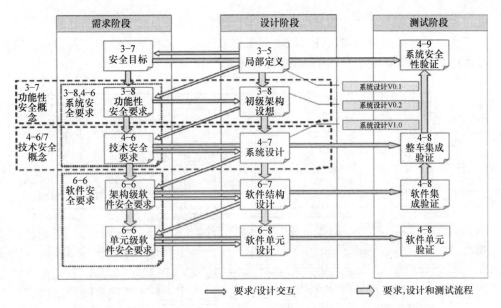

图 4.15　系统和软件产品开发中的数据流程（来源：ISO DIS 26262）

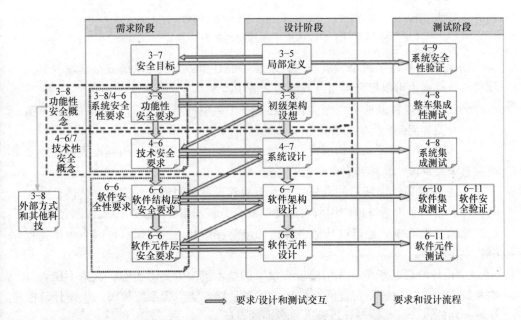

图 4.16　系统和软件产品开发中的数据流程（来源：ISO 26262：2011）

在官方发布的 ISO 26262：2011 标准中，在软件集成测试和软件验证中其他技术和外部措施的要素以及软件的两个集成步骤被分开。设计栏背后的成熟度模型的想法已经被删除。前面的图确实考虑到系统设计从项目定义到体系结构假设再到系统设计有一个渐进的发展。其基本思想是，从项目定义的意图到整个系统设计是一个连续的架构和设计过程。对于标准的应用，理解是至关重要的，以确保在自上而下的层次方法中的易处理性（图 4.17）。

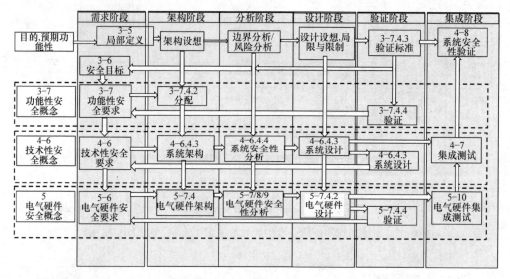

图 4.17 水平硬件层的项目开发

图 4.17 中列出了六个发展阶段，展示了 ISO 26262 所要求的安全活动及其工作包。这些列也可以聚合到角色或能力字段中。

— 需求阶段涉及所有规范工作，还有一个典型的需求，即工程师在适当章节中找到有关如何制定所需工作产品方法的需求。

— 架构阶段涉及从架构假设到实施或完成的活动。体系结构假设提供了整个产品直至系统设计结构和安全分析的基础。

— 分析阶段涉及所有的分析工作，以确保设计满足所有的需求。该体系结构的各种人工制品为系统地应用所有必要的安全分析提供了必要的输入视图和观点。可追溯的自上而下方法可以从危害分析和风险评估开始，例如，可以为生产过程分析提供活动。

— 设计阶段基于所有先前阶段提供了的技术解决方案。当然，这里不仅要解决系统安全设计问题，而且所有设计工作产品都可能包含系统故障。该设计阶段还涉及功能设计、系统设计以及人机界面的设计。

— 验证（和确认）阶段涉及所有活动，以确保前几个阶段输出的一致性、正确性和完整性。一些活动也使用验证方法来为必要的保证提供解答。在该阶段中，如果设计满足给定的需求，并且给定的目标已经实现，那么就应该给出该分析的开放性问题答案，以及给定的要求是否正确，或者是否在该阶段应该给出在所有相关用例中能够提供必要性能的技术解决方案。

－ 集成阶段考虑以下步骤中的所有元素，在考虑的应用程序环境中这些步骤可以展示成功的开发所需用例、所需特性和功能。ISO 26262 将安全目标的实现和正确性作为安全验证的目标。

ISO 26262 将 "安全目标" 视为高级安全要求。为了确保可追溯性，所有的安全要求都应该来自于这些安全目标。在需求阶段将产品开发称之为三重 V 模型。系统 V 使用硬件和软件的规范分支来开发专用需求（图 4.18）。

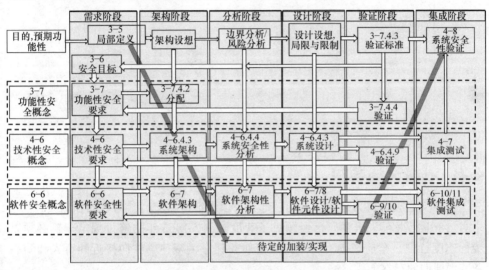

图 4.18　水平硬件层的产品开发

将硬件 V 模型和软件 V 模型集成到系统 V 模型中。软硬件集成是 ISO 26262 的第 4 部分，属于系统级别的产品开发（图 4.19）。

从 ISO 26262 的角度来看，系统集成分为三个层次：

－ 软硬件接口（hardware–software interface, HSI）是对硬件和软件组件的集成。多个硬件或多个软件组件的集成被视为组件集成活动。硬件 - 软件集成通常强调的是将基本软件实施到微控制器中。通常，应用软件与包括基础软件在内的电子控制单元的集成被认为是一个系统集成过程。

－ 系统集成包含组件或子系统的集成，这些组件或子系统属于开发中项目的范围。

－ ISO 26262 的最高系统集成级别为车辆集成。在集成阶段，不同的开发项目被集成到目标车辆中。在该阶段，需要考虑所有的车辆接口，以便可以系统地对集成环境和连接车辆的接口进行测试。

ISO 26262 的范围限于集成到车辆中的系统也称之为 "ITEM"。"ITEM 定义" 通常来源于具有类似功能的类似系统，因此对于新功能首先至少要满足法律要求以及最初的设计约束。

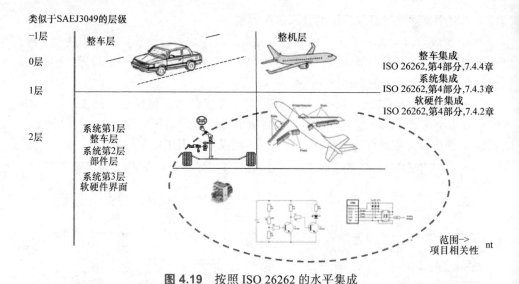

图 4.19 按照 ISO 26262 的水平集成

4.2 道路交通角度

道路交通应被视为系统方法的一部分，以保证道路交通参与者的和谐共存。

"1861 年火车头法案"已经预见了速度限制，1865 年的修订规定车辆必须以步行速度行驶，车前必须有一个人举着旗帜让车辆减速，并向接近的行人和骑马者警告他们的存在。

在美国，一些州制定了这样一些法规：

－ 1914 年，克利夫兰州安装了世界上第一个电子交通信号灯。

－ 1996 年，纽约州布法罗市在 1916 年竖立了第一个"禁止左转"的标志。

－ 1901 年，康涅狄格州通过了第一个限速法案。

－ 1908 年，底特律首次使用停车标志、车道标记、单行线和交通信号。

－ 1923 年，加勒特·摩根申请了一项交通信号的专利，该信号可以从两个方向阻止车辆行驶来改变交通流向。

－ 1935 年，39 个州要求持照驾驶。

为了使不同的利益相关者共享道路，制定了许多法规，而且也设置司法和行政部门，例如设立警察。

主要基于道路交通标志或交通法规等原则，道路空间的共享有几个维度：

－ 几何分配的可视化通常由道路标记完成；

－ 默认用户（行人、马、骑自行车的人、道路车辆、卡车等）或运输系统类别；

－ 默认的驾驶方向、速度限制和预期行为；

－ 交叉口优先通行；

－ 变道、超车等规则；

－ 临时使用车道或优先使用交通灯、铁路道口等；

－ 对使用者的限制（例如车辆类别的驾驶执照）；

－ 使用受年龄限制的道路或人行道（例如，六岁以下的儿童不得在道路上骑自行车）。

基本假设是任何类型的用户都按照道路交通规则的要求行事。如果不满足这个，它可能是：

－ 错误；

－ 交通系统应用不充分；

－ 交通系统设计不足；

－ 不适当的或错误的指示；

－ 各种各样的滥用或粗心；

－ 或上述的任何组合。

通常，道路交通法规定了对发生的损害进行赔偿。为了防止在没有责任方的情况下增加损害，法规应进行相应调整。

原则上，人们可以阅读世界上所有类型的交通法规，每类道路使用者都有自己应该的活动范围。公路专用于汽车，人行道专用于行人，骑自行车的人仍然是个问题。人们以错误的速度、在错误的情况或在错误的时间走在错误的道路上总是有风险的。此外，如果车辆在错误的时间、过高的速度或错误的情况下驶离车道或移动，也存在风险。公路是车辆的首选通道，就像铁路是火车、空中通道是飞机的通道一样（图 4.20 和图 4.21）。

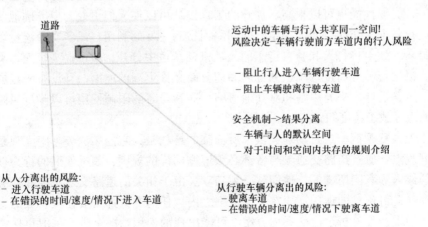

图 4.20　道路交通环境中的风险

道路交通中的安全环境

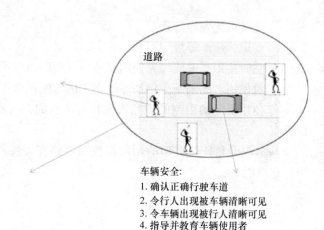

行人安全:
- 使车道对于行人和车辆标线清晰
- 使车辆的出现对于行人清晰
- 使行人对于车辆可被观察到
- 指导并教育行人

行驶车辆与行人共存:
- 分析现存指导与规则等
- 确认其他行业的比例
- 定义并发展规则等

车辆安全:
1. 确认正确行驶车道
2. 令行人出现被车辆清晰可见
3. 令车辆出现被行人清晰可见
4. 指导并教育车辆使用者

图4.21 道路交通参与者的安全

在所有元素都按预期方式运行的系统中，通常所有规则都应该是明确的。如果一个元素的运转不同，所有其他元素都可以相应地做出反应。如果存在意料之外的相关性，就会出现挑战，这可能会导致其他运行状况的出现。

典型的连锁反应可以由天气变化引起。在开始下雨时，行人和汽车驾驶员的能见度越来越低，骑自行车人的轨迹更加不确定。突然的变化可能会使人发生自发性或反射性反应的积累。在已变化的情况下，许多因素会影响驾驶员、行人或骑自行车人的特定行为。在行人少的地方，自发的不可预测的反应就会少一些。行人越多，发生不可预测连锁反应的可能性就越高。无法管理、无法控制甚至混乱的情况会导致车辆损害。除非不存在驾驶风险，否则车辆应减速。如果对可能的运行场景、反应场景和恶劣场景进行良好的工程设计，即使在高流量密度的情况下，交通性能也可以很高。良好的工程设计可以使人们更好、更准确地预测交通运行状况，交通空间在一定时间间隔内得到更好的利用，或者交通流量可以明显提高。如果将行人和骑自行车的人从机动车道中分开，便可提高车速，降低风险。根据行驶方向进行车道划分的高速公路允许更高的速度，且没有明显的高风险。道路设计、交通规则和对其他道路交通参与者的限制使用可以降低风险，但同时也导致了速度问题。

无人驾驶汽车或自动驾驶汽车所面临的挑战是，它们无法分享中立观察者的共同观点。所有道路交通参与者都必须遵循同样的规则，如果他们的行为被一个系统或人为意图所支配，他们就必须独立。由于相关的道路交通法规和社会安全的存在，可预见的误用需要在考虑范围之内。任何方案都需要在其相关的道路交通环境中，被分析可能的误用方案。可能出现的误用情况至少应采取更保守的驾驶策略。基础设施、车辆等方面的失败会导致运营的恶化。

4.2.1　道路交通环境

每个国家对于不同道路交通情景的法规及其容忍度都有自己的观点。不同的道路状况、道路特性、天气条件对驾驶员专注程度的要求不同。当驾驶员缓慢驾驶、小心驾驶或执行其他谨慎驾驶行为时，他所面临的风险取决于他的经验和受教育程度。

为了分析道路交通环境，需要一个非常系统的方法。路面会随着沥青、泥土、冰或雨的类型而变化。交通标志和道路标记的能见度随天气而变化。有些变化是动态的，比如夏天一场大雨后道路逐渐干燥的过程。此外，路面各处的摩擦力并不相同，在秋天时需要考虑水坑和湿树叶（图 4.22）。

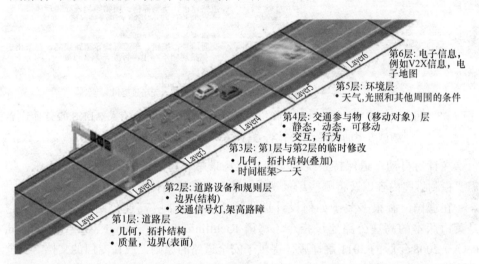

图 4.22　具有六个独立层方案的系统描述模型（来源：PEGASUS METHOD, https://www.pegasusprojekt.de/files/tmpl/Pegasus Abschlussverans taltung / PEGASUS-Gesamtmethode.pdf, 2020 年 1 月下载）

该项目名为 Pegasus，旨在让道路车辆技术更接近道路交通环境。在 Pegasus 方法中，定义了六个层次：

－ 第 1 层：道路（几何形状等）；

－ 第 2 层：道路设备和规则（交通标志等）；

－ 第 3 层：临时修改和事件（道路建设等）；

－ 第 4 层：移动对象（与交通相关的对象，如车辆、行人等，相对于测试中的车辆移动）；

－ 第 5 层：环境条件（光线情况、道路天气等）；

－ 第 6 层：电子信息（V2X、电子数据 / 地图等）。

这些层逐渐成为汽车行业的标准。第 6 层更多的是普通系统工程的一部分，但它提供了一个"智能道路"的接口。

同样在 UNECE 工作组中，AD 验证方法也发布了基于相似层的相似方法（图 4.23）。

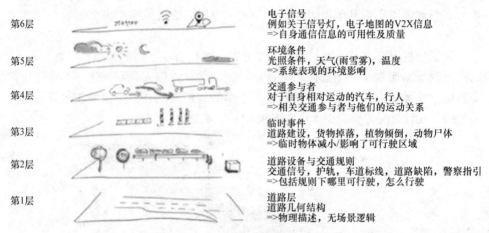

第6层		电子信号 例如关于信号灯，电子地图的V2X信息 =>自身通信信息的可用性及质量
第5层		环境条件 光照条件，天气(雨雪雾)，温度 =>系统表现的环境影响
第4层		交通参与者 对于自身相对运动的汽车，行人 =>相关交通参与者与他们的运动关系
第3层		临时事件 道路建设，货物掉落，植物倾倒，动物尸体 =>临时物体减小/影响了可行驶区域
第2层		道路设备与交通规则 交通信号，护轨，车道标线，道路缺陷，警察指引 =>包括规则下哪里可行驶，怎么行驶
第1层		道路层 道路几何结构 =>物理描述，无场景逻辑

图 4.23 用于逻辑推导具体方案的分离层（来源：VMAD-05-03，有关 ALKS 的交通干扰测试方案的提案，附件 X，有关 ALKS 的交通干扰测试方案）

在针对自动车道保持系统的交通干扰场景中，它们提供了进一步的需求，即需要检测哪些内容以及将哪些场景视为关键要素或极端情况。

在德国，有很多关于如何设计道路的法规。比如《高速公路设计指南》，它是英语版本的高速公路建设指令（德语 Richtlinienfürdie Anlage von Autobahnen, RAA）2008 年版的 2011 翻译版，提供了安全道路的原则，或在专门的文档"安全高速公路"中提供了原则（图 4.24）。

组别分类		高速公路	乡间道路	未开发地区的主干道	已开发地区的主干道	地方公路
关联功能级		AS	LS	VS	HS	ES
洲际性	0	AS 0	–	–	–	–
次洲际性	I	AS I	LS I	–	–	–
跨区域性	II	AS II	LS II	VS II	–	–
区域性	III	–	LS III	VS III	HS III	–
次区域性	IV	–	LS IV	–	HS IV	ES IV
地方性	V	–	LS V	–	–	ES V

Legende:
ASI	当该分类出现时的分类设计
(灰色)	问题性的
–	未出现或未定义

图 4.24 按 RIN 划分的道路类别（来源：《高速公路设计指南》，Richtlinien fur die Anlage von Autobahnen English Version, 2008 Edition 2011 Translation RAA）

RAS-L 界定了无耕作道路（乡村道路和高速公路）的应用领域。自 2008 年 6 月起，RAS-L 的有效期受到了限制，但仍然适用于乡村道路。对于高速公路，引入了高速公路建设指南（简称 RAA）。2012 年，RAS-L 被 RAA 取代。RAS-L 不适用于城市道路。对于城市道路，2007 年 6 月出版《城市道路建设指南》，作为《主要道路建设建议书》和《出入道路建议》的后续。《城市道路建设指南》适用于《综合网络设计指南》的新增道路类别 VS、HS 和 ES，大致对应于以前的 RAS-N 类别 C、D 和 E。

RAA 为了构成了一条所谓的安全道路，考虑的是非常具体的特性。

高速公路必须应对高流量，并允许车辆高速行驶。因此，安全尤为重要，设计和操作特性可以影响道路使用者的行为，进而影响道路安全。高速公路的设计和配备应该：

  - 在多数路段上，道路的特性尽可能地均匀；
  - 道路使用者可以及时调整速度以适应道路和交通状况；
  - 可以提前准确地识别出交叉路口；
  - 对需要保护的事故车辆和道路沿线地区 / 居住区的乘客进行保护，以免发生严重交通事故的后果；
  - 道路使用者可在行车道旁紧急停车；
  - 道路使用者可在紧急情况下使用路边紧急电话求助。

图 4.25 包含了如何选择一些重要目标和可能影响因素。提升道路安全的典型方面如下：

  - 使用了大量的设计元素（而不是最少的元素）；
  - 平面线形元素的顺序是平衡的；
  - 横向和纵向的排列相互协调、相互适应；
  - 道路使用者可充分看清他们所行驶路段的距离；
  - 横截面（特别是在建筑工程中）足够宽，并有坚硬的承重部；
  - 路标在前面足够远的地方竖立，而且十分醒目；
  - 尽量避免排水不良的地区，将地表水直接排走；
  - 避免侧面障碍；
  - 采取措施防止撞上危险障碍物（例如车辆约束系统或安全护栏及防撞垫）；
  - 通过建设适当的围栏、以桥梁或地下通道形式设置的动物通道，以及不种植能吸引动物的植物等措施，尽量减少涉及野生动物的事故；
  - 正确使用标识及交通指引设备。

《道路安全审核建议书》（德语 Empfehlungenfürdas Sicherheitsaudit vonStraßen，ESAS）包含改善道路安全的其他可能方法。此外，这些建议要求在完成每个规划阶段之前进行道路安全审核。

来源：《高速公路设计指南》英文版 Richtlinien für die Anlage von Autobahnen，

Edition 2008 Translation 2011 RAA，（图 4.26）。

表格2: 道路安全

目的	可能产生影响的变量
车辆安全跟踪	– 半径 – 三维校准 – 视距 – 斜坡 – 排水渠
在其他车辆旁或后方安全行驶	– 纵向梯度 – 爬坡车道 – 有道路建设情况下的充足车道宽度 – 坚硬路肩 – 交通控制系统
具有较少冲突点地会车	– 决策点与冲突点的分离 – 在水平面和竖直面冗余的元素设计 – 足够的匝道距离或者对于匝道区域的避让 – 对于前方交通情况充足的视距 – 对于方向指示的连续路口的充足距离保持 – 对于汇入的适当视距
路侧与路中区域安全行驶	– 行车道旁的障碍物密度 – 行车道边缘与障碍物间的距离 – 汽车的设备限制或安全屏障的质量 – 坚硬路肩 – 出口处的减速带和边缘区域 – 保护性紧急电话
行驶过程中的安全保持	– 坚硬路肩宽度 – 维修通道的设计 – 车辆设备限制的选定

图 4.25 道路安全的特征和方面

Table 10: Design classes and design features

类别设计	EKA 1A	EKA 1B	EKA2	EKA3
称号	长距离高速公路	跨区域高速公路	类高速公路	城市快速路
指示	Z 330 StVO(motorway)		Z 331 StVO (trunk road)	Z 330 or Z 331 StVO
方向指示	蓝色		黄色	蓝色，黄色
最大许可速度	无		无	<100km/h
合流点建议间距	>8000m	>5000m	>5000m	无
4车道道路建设区域内交通管理	4+0通常必要		4+0不完全必要	

*see explanation given in Section 3.4
**"4+0"表示在道路建设过程中的车道设置。"4"表示4条车道(单向2车道) 被管纳进一向行车道内，"0"代表在其逆向行车道内将没有任何车道当其在进行道路建设时。

图 4.26 RAA 的设计类别和设计特点（来源：RAA）

有一个重要的例子可以说明这些特征对安全性的影响。EKA 提供了关于不同类型的高速公路或等效公路及其特性的信息。

考虑到路面潮湿，他们提出以下车速限制：

- 对于长距离高速公路（EKA 1 A），为 130 km/h；
- 对于跨区域高速公路（EKA 1 B），为 120 km/h；
- 对于类似高速公路的道路（EKA 2），为 100 km/h；
- 城市快速路（EKA 3），为 80km/h。

《德国道路交通法》中提到，如果没有有明确的禁止标志，且驾驶员有能力控制更高速度的车辆，则允许以高于 130 km/h 的速度行驶。如道路状况不佳，驾驶员也有责任以可安全控制道路交通情况的速度驾驶。

正因为如此，驾驶员有责任观察道路交通及环境和车辆状况，如果两者都允许驾驶员以一定的速度驾驶，就可以认为车辆是安全的。

4.2.2　自动化道路车辆的背景

有很多利益相关者，他们为产品设计提供了很多方面的要求（图 4.27）。有些对整个车辆很重要，有些只对特定的系统有影响。安全对于汽车多媒体系统来说较为次要，但是对于像制动和转向系统这样的底盘系统来说却是非常重要的。法律要求是指针对特定设备，如针对雷达无线电频率的法规，特别是针对整车的认证法规。例如 UN ECE R13 是针对制动系统的，并不意味着它只针对汽车的制动系统。工程人员的工作是分析需求并将它们分解，用于开发中的系统。

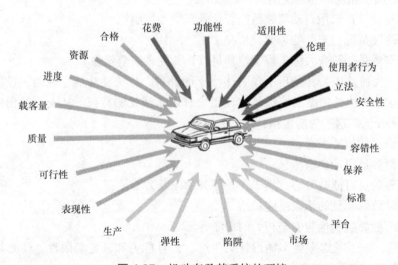

图 4.27　机动车及其系统的环境

道路交通环境是道路车辆的主要环境。法律环境是车辆（尤其是自动驾驶）的主要环境，因此其要求具有很高的优先级。

需要审议的立法领域如下：
- 认证规则
- 道路交通法规

- 道路安全条例

除了具体的立法，产品安全、产品责任和贸易法也是对道路车辆及其相关系统要求的重要驱动因素。贸易法当然也与汽车或相关系统的目标市场密切相关。在当今时代，针对行人、骑车人和乘员安全的几项新法规即将出台。诸如 NCAP 之类的来自消费者保护标准的要求越来越与法律法规融为一体。

另一个主要的利益相关者群体是用户。用户可以处于不同的位置：

- 驾驶员
- 乘客（乘坐车辆的人员）
- 车主（拥有并支付车辆费用的人）
- 专业用户（如货车、出租车、物流车、租赁汽车、经销商等）

对于这些人来说，实用性是重点，还要保证使用安全。预期用途是误用分析的基础。这一分析是发展新型汽车的主要焦点。诸如电动汽车充电、新出行、行人或骑车人保护系统、新助手或自动化系统之类的新场景需要深入的可用性分析。根据 ISO 26262 的危害分析和风险评估只是针对故障，以及驾驶员如何控制车辆系统故障这两个方面。除了驾驶员控制故障的能力之外，分析还需要提供证据来证明驾驶员能够在驾驶过程中应对各种情况。

与可用性相关的非常突出的问题如下：

- 驾驶员在启用自动驾驶后能否接管车辆的控制权？
- 驾驶员能否充分处理驾驶情况？
- 车辆是否符合人体工程学使其足以让驾驶者安全驾驶？

另一大利益相关者是指不仅关注汽车的外观，也关注功能、性能、设计等的人。所有的驾驶员辅助系统都具有让用户有乐于接受的特征。从安全的角度进行所有功能分析，这些功能包括：

- 潜在的故障来源；
- 驾驶员可能会被激怒；
- 驾驶员可能会分心，用于驾驶任务的注意力不足；
- 导致驾驶员的错误反应；
- 可能影响其他与安全相关的功能等。

当然，除了考虑影响车辆设计的生产、设计能力和其他局限性，还必须考虑到财务方面。

4.2.3 从利益相关者视角到运营视角的细分

车辆的基本功能是：

- 驱动
- 制动
- 转向

标准车辆的基本使用方式是驱动。制动和转向是当今车辆设计中不可缺少的部分（图 4.28）。

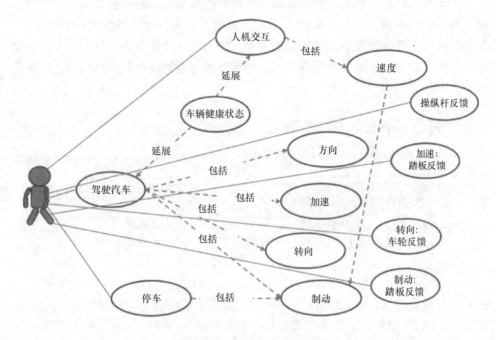

图 4.28　车辆行驶基本用例

驱动可以由以下子元素来分解：
- 感知道路交通环境；
- 感知车辆状况；
- 评估任务的最佳驾驶策略；
- 连续控制车速。

制动基本上就是反向驱动。它可以由以下子元素来分解：
- 感知道路交通环境；
- 感知车辆状况；
- 评估制动需求；
- 按需求制动。

转向的目标是在最优车道上控制车辆。它可以由以下子元素来分解：
- 感知道路交通环境；
- 感知车辆状况；
- 评估任务的最佳路线；
- 持续驾驶以沿车道行驶。

对道路交通环境和车辆状况的感知是所有车辆基本控制功能的共同特征。关键不同之处在于，需要感知不同标准和特征，这些不同标准和特征与适当反应有关。在驾驶的时候，对制动和加速操作时机的把握是练习和培训的问题。习惯于驾驶自动档汽车的人可能会觉得在弯曲的道路上快速行驶并同时换档非常困难。如果驾驶员在驾驶过程中不能熟练地换档，强烈建议使用自动档汽车。经验丰富的驾驶员可以更快地感知情况或条件，并充分独立地控制各种操纵机构，从而驾驶得更快。

4.3 符合 SAE J3016 的运行设计域

人们已经认识到，需要为特定操作定义具体的运行环境。SAE J3016"道路机动车自动驾驶系统相关术语的分类和定义"不仅对自动化水平进行了定义，还介绍了一些常用的自动驾驶术语和定义。

运行设计域（Operational Design Domain, ODD）：J3016 定义了一个以"特定设计去运行，包括但不局限于环境、地理因素或时间因素限制，并且可需要或者不需要特定的交通或道路特性的自动驾驶的运行条件"为基础的运行设计域。

自动驾驶系统（Automated Driving System, ADS）：ODD 是一个 ADS 或者一种其运行功能的设计域。J3016 介绍这个概念是为了获得自动驾驶等级 L1~L4 的局限性。L5 的 ADS（全自动驾驶）有一个无限制的 ODD，提供了和人类驾驶员同样的出行性。一个 ODD 可能受局限于：

- 道路环境；
- 装备 ADS 的主体车辆的行为；
- 车辆的状态。

一般道路环境的局限性可能包括道路类别（城市道路、乡村道路或者高速公路）和具体元素（例如环岛或者地下隧道、施工区域的临时建筑、车流量、天气和能见度）。道路环境的局限性也可能会特别具体，比如地理区域、季节或者当日时段。道路环境限制是 ODD 中最常见的元素，ODD 会造成 ADS 行为和状态的局限性。ADS 行为局限性可能包括速度限制或倒车之类的操作限制。主体车辆状态的局限性可能包括是否有连接拖车的需求，装载限制或者最低轮胎充气水平。ODD 反映了一种特定自动驾驶功能。J3016 在"特定 ODD 范围以及给定自动驾驶层级内，将自动驾驶系统特征定义了 L1~L5 级别自动驾驶制定功能"。驾驶模组包括低速交通拥堵辅助，高速巡航辅助，自动停车和城市道内驾驶。J3016 为 ADS 特性定义了 5 个级别，每个级别对应特定的 ODD 和功能。

运行道路环境模型（Operational Road Environment Model, OREM）：一个 ADS 的设计、识别和验证需要对装备 ADS 的汽车的运行环境进行建模。OREM 是对一个 ADS 操作装备 ADS 车辆的路面环境的相关假设的呈现。

环境模型捕捉与 ADS 相关的环境特性，同时减少不相关的细节。OREM 可以代表通用的环境，例如双车道乡村道路，或者在某特定地理区域的真实道路。OREM 可以采用不同的形式，包括参数文件和可执行模型。OREM 提供了用来指定 ADS 驾驶任务和验证 ADS 的内容，可运行的 OREM 可用于仿真测试。OREM 也可以指定封闭路面和区域测试的环境。一个 ADS 的 ODD 意味着一系列的运行环境，在这些环境中，ADS 可以控制装备 ADS 的车辆。这些环境可以被指定使用一系列的 OREM。OREM 可以在全部或者部分的 ODD 范围内，也可以在 ODD 范围之外。举例来讲，一个高速领航员的 OREM 包括一个高速区间、坡道和部分通往坡道的路面。例如，高速路和出入口匝道可能在高速路自动驾驶的 ODD 内，通往匝道的其他道路可能在 ODD 之外，但在 OREM 内。进一步讲，范围外 OREM 也可以指定 ODD 界限，或被用来测试 ADS 处理 ODD 范围外情况的能力，也可以用来测试当 ODD 失效时的系统表现。

SAE J3016 的想法为未来的一些法规提供了基础，如 UN ECE。其中的 ASCF（ALKS）成为第一个被正式批准的标准，而它基本覆盖了 SAE J3016 的 L3 级别。

4.4　自动驾驶的分层方法

任何建模方法都需要一个环境模型和执行模型。执行模型代表了预期的产品、系统或者功能，同时也是产品开发的目的和意图（图 4.29、图 4.30）。

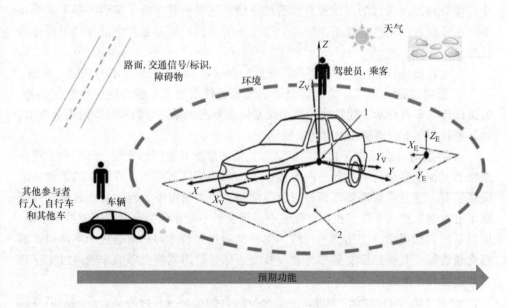

图 4.29　环境模型内的汽车

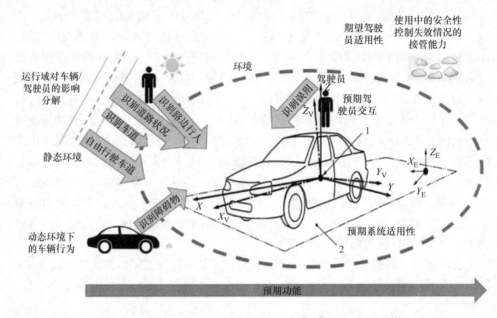

图 4.30   ODD 对车辆行为和衍生约束和要求的影响

如同在 ISO 8855 中的定义一样，汽车被视作一个具有一定自由度的黑匣子模型。环境模型指的是汽车的设计所针对的运行环境。SAE J1603 的方法从 OREM 中直接分离出所考虑的系统或自动驾驶系统，这导致其忽略了车辆的基本安全功能。在任何自动驾驶功能下，所有上路车辆的基础功能都必须全部保持可操作的状态。

在运行设计域中，对于车辆和驾驶员，有很多不同类别的要求和局限，包括：

－ 道路设计。天气、尘土、交通状况等条件限制了车辆的横向和纵向移动，道路设计、车道标示、建筑物等静态元素组成静态关系。它们短时间内不会改变，并且通常情况下由道路权力机构所规划。

－ 静态与动态元素一起组成了动态关系。静态元素例如天气、障碍物、道路杂物和其他交通参与者，动态内容提供了如障碍物跌落路面，或前车跌落物体的突然情况，这意味着需要车辆进行紧急应对。通常情况下，驾驶员通过制动或变换车道去避免交通事故。在自动驾驶中，驾驶员不能在此类突发情况中控制车辆，所以系统必须提供一个适当的反应。驾驶员通过驾校学习如何通过十字路口，道路交通管制、其他路面交通参与者以及交通信号灯因素都会影响车辆通过十字路口的速度和车道选择。

－ 对于非全自动驾驶来讲，一个充分的驾驶员反应和行为是必要的。但驾驶员并不总能做好应急接管车辆的准备。

－ 另一方面，驾驶员需要检测车辆状态和相关系统的条件。特别是，突如其来的系统失效是驾驶员不能控制的，例如转向系统或制动系统的突然失灵，所以需要实现足够的冗余，以保证系统可以在没有任何驾驶员干涉情况下降级。

基于这些分析，得出了许多系统性能要求、约束以及重要的时间约束（图 4.31）。

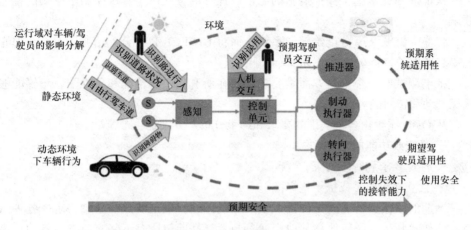

图 4.31　被考虑系统的分解要求

除了从车辆水平分析得出的要求和约束，车辆设计提供了进一步的要求和约束，这可能会影响预期操作环境下的"安全"车辆行为（图 4.32）。

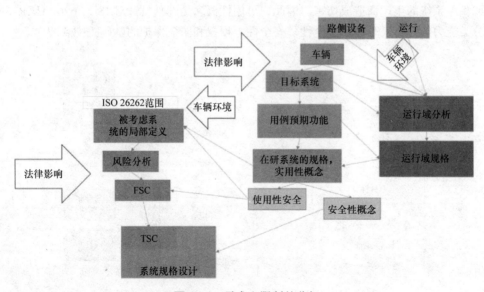

图 4.32　需求和限制的分解

操作层中的依赖性非常多样化，因为各种特定设计工件中的要求和约束都显示出重要依赖关系。

　　典型的道路交通法规对车辆的运行方式提供了很多限制，其大多取决于天气、道路和交通状况。通常，驾驶员在驾驶学校学习所有必要的要素，但是驾驶能力是经验的问题。

　　认证规则通常基于保护措施的需求以评估的方式产生，从而制定车辆的性能要求。

　　将 UN ECE R79 分配给转向系统，而将 UN ECE R13 分配给制动系统，但它们一起考虑了整个车辆的制动和转向能力。

　　批准测试的一个重要方面是要求证明在所有相关的情况和条件下，车辆能够确保制动和转向能力。

　　从 ODD 派生出各种类别的要求和约束分析，分别是：

－ 系统或功能能力要求；

－ 性能要求和时序约束；

－ 独立性要求（或抗干扰标准）。

　　预期的用例、功能或特性提供了产品的用途，也是客户的基础要求。各种角色，例如驾驶员、居住地和其他交通参与者，都期望所有道路交通参与者的行为是典型交通行为。

　　违反相关道路交通法规对任何角色都意味着一种风险。如果网络安全无法实现，那么数据可能会被篡改，对任何道路交通参与者、车辆所有人、保险、车辆或相关系统的生产商造成伤害。因此，可用性概念是驾驶员针对 ISO 26262 HARA 分类能力的分析，是使用安全性、安全性、授权和防盗保护的基础（图 4.33）。

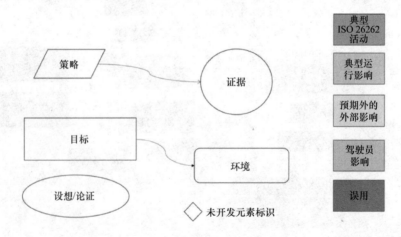

图 4.33　GSN 通知的典型图例

　　为了描述风险识别的方法，使用典型的目标结构化表示法（Goal Structured Notation，GSN）。菱形代表"策略"，圆形对应"证据"，矩形代表"目标"，圆角矩形代表"环境"，椭圆代表"设想 / 论证"。

考虑以下风险类别：

- 功能或技术要素的故障、错误、失效或功能失效，其中包含在 ISO 26262 的典型范围的 EE 元素；
- 在车辆开发和集成过程中的系统不足或错误，以及车辆性能的不足导致的典型操作影响；
- 意外的外部影响，例如异常或事件的组合；
- 导致错误行为的影响或驾驶员的任何人为因素影响；
- 各种滥用、意外使用、不良使用或黑客的网络安全攻击等（图 4.34）。

基于以下风险类别，可以为风险管理定义目标：

- 在给定的 ODD 中，任何车辆的操作风险及其可能带来的不合理风险，应得到实施控制；
- 驾驶员的任何误用或意外行为导致不合理的风险，应得到实施控制；
- 驾驶员对车辆的安全控制、指定的 ODD 的任何偏差及其对车辆安全操作的潜在影响，不会导致不合理的风险；
- 其他交通参与者的任何误操作或意外行为，将导致不合理的风险，应得到实施控制；
- 导致车辆非预期行为的外部（例如黑客）的任何滥用或影响，将引起不合理的风险，应得到实施控制；
- 系统没有因故障失灵等引起的不合理风险。

基于这些目标，可以采取适当措施进行风险识别，包括：

- 识别 ODD 对相关系统的预期功能的影响；
- 识别相关系统（system of interest，SOI）的行为对驾驶员的影响；
- 识别 ODD 偏差对预期功能的影响；
- 识别其他交通参与者的行为对预期功能的影响；
- 识别滥用网络对预期功能的影响；
- 识别由于 SOI 的意外行为造成的影响。

可以针对这些风险类别采取适当的降低风险的措施，如通过以下方式：

- 指定目标 ODD 中 SOI 操作的任何可靠方案；
- 必须在驾驶员的能力范围内指定 HMI；
- 指定在 ODD 可靠偏离下的有意行为与 SOI 行为；
- 指定因其他交通参与者的意外行为所可能产生的有意行为的影响；
- 采取措施避免、预防、控制和减轻可能的滥用；
- 识别由于 SOI 的意外行为造成的影响。

现在的主要策略是制定一致、可追溯和正确的规范的 SOI。

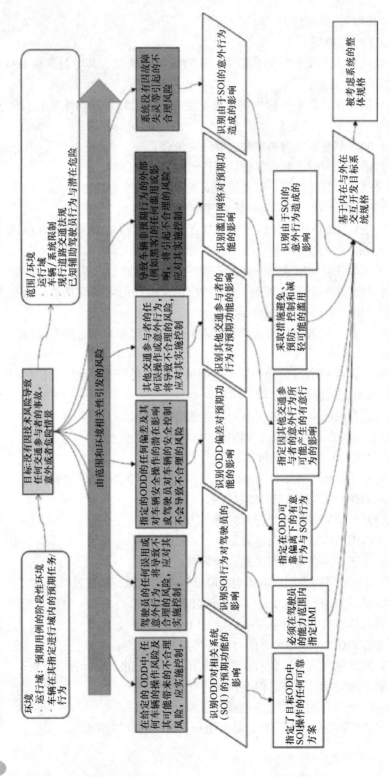

图 4.34 用于识别的 GSN 与风险管理

可以制定以下策略：即开发包括内部和外部接口的 SOI 规范。

最终，应指定所考虑的系统，其目标可以表述为：考虑中的系统在 SOI 内容中被明确指定。

4.4.1　分层工程方法的各个阶段

与 SPES 矩阵相似，在任何抽象级别上，工程过程开始于以下七个阶段：

－ 要求阶段主要集中于对第一要求的启发和发展。需求主要来自利益相关者的分析。利益相关者要求的主要类别之一是法律要求，应该从最新的分析中确定，或者从全新的相关工程与科学领域分析中确定。在较低的抽象层中，需求来自上一层并在专用抽象层中随着活动不断扩展。

－ 架构阶段至少考虑两个子阶段：首先是起草阶段来定义结构假设；第二个子阶段考虑行为和动态方面。结构应该具有比抽象 - 实施 - 实现更高的级别，并提供交互或边界分析的基础。该结构还进一步提供需求工程的框架。

－ 分析阶段提供了一组方法，这些方法通常从分解图表开始，例如用例、特证和功能的细分，以便基本要素变得显而易见。这是在专用情景中构成开发步骤的目的或整个产品的必要条件。

－ 设计阶段是确定解决方案的阶段。解决方案的结果应该基于给定的需求以及架构的假设和分析。设计决策应该被记录为需求管理的一部分，从而使设计决策保持可追溯性。

－ 验证阶段为开发方法的成熟度提供了基础。有关完整性、正确性和一致性的典型问题应进行检验。

－ 集成阶段提出了产品或系统是否适合给定环境的问题、基于产品和系统产物的模型及其仿真，在项目的早期阶段，分解的部分是否仍然在提供更高级别的目的问题。此外还提供证实更多的理论、数学和逻辑假设的证据。在实现或实施后，产品的原型或真实零件可以得到集成。

－ 确认阶段提供证据，证明所有先前的活动都会达到期望的目标。

以 SPES 矩阵衍生的活动为导向的矩阵以及功能 - 行为 - 结构框架的考虑（图 4.35）。

1）通过将需求转换为功能状态空间（$R \to F$），并将功能转换为行为状态空间（$F \to Be$），从而公式化制定问题空间。

2）根据行为状态空间的期望生成结构（$Be \to S$）。

3）分析生成的结构（$S \to Bs$），从而生成行为。

4）评估比较期望行为与结构内派生行为（$Be \leftrightarrow Bs$）。

5）说明文档记录根据结构（$S \to D$）生成的设计描述。

6）基于对结构的重新解读，重组类型 1 修改了结构状态空间（$S \to S'$）。

7）基于对结构的重新解读，重组类型 2 修改了行为状态空间（$S \to Be'$）。

8）基于对结构的重新解读和随后的预期行为重构，重组类型 3 修改了功能状态空间（S → F′ 通过 Be）。

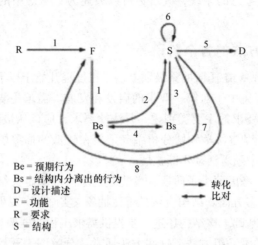

Be = 预期行为
Bs = 结构内分离出的行为
D = 设计描述
F = 功能
R = 要求
S = 结构

→ 转化
← 比对

图 4.35　功能 - 行为 - 结构框架

它已通过"已有定位的功能 - 行为 - 结构框架（FBS）"进行了扩展。

该 FBS 框架的基本假设是产品设计涉及外部世界、解析世界和预期世界之间的相互作用。它们的定义如下：

- 外部世界包含"外部"世界中的事物（例如，设计者的物理环境）；
- 解析世界包含由设计师与外界的互动产生的经验、感知和概念；
- 预期世界包含对设计师的行为结果的期望，其是基于对当前状态下的世界的目标与猜想所形成的。

资料来源：Gero J. S. 和 Kannengiesser U. "功能 - 行为 - 结构设计本体论"，2000 年。

本文提出的矩阵进一步讨论了控制论的方法，并考虑了：

- 在外部世界中可以观察到的现实世界；
- 用户对现实世界的看法，以及我们对产品或系统的期望如何适应所考虑的环境；
- 指定的世界，如何指定环境中的产品（图 4.36）。

在开发的任何抽象级别（level of abstraction，LoA）中，这七个阶段都是相似的。主要活动流程始终是从左到右，并带有所需的迭代。同时，流程取决于许多因素，例如项目的规模、产品的复杂程度、涉及的组织单位数量或项目成员数量。

开发阶段通常基于问题空间和解决方案空间。重要的是去分析解决方案的空间以及约束条件定义和所考虑的解决方案的深层内涵。另一方面，从利益相关者所得出的问题领域，始终是所有利益相关者之间的折中方案，除非利益相关者的容限是未知的，并且解决方案是无法评估的（图 4.37）。

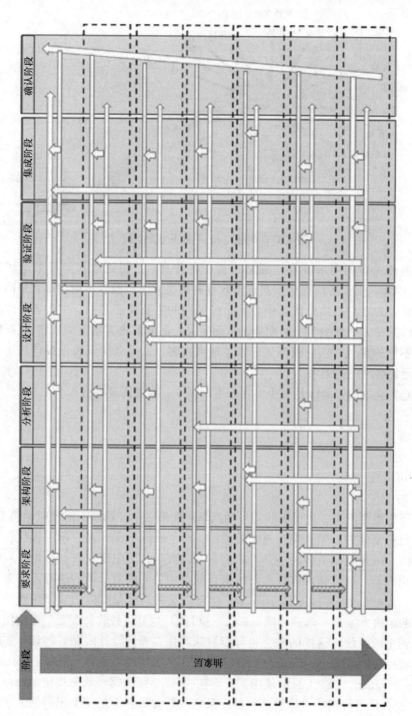

图 4.36 分层工程方法的层级

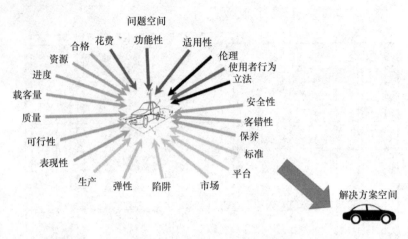

图 4.37　问题空间 vs 解决方案空间

　　利益相关者的要求或期望通常来自于各种观点。讨论最多的且最迫切的是"成本"因素。生产者应提供最具成本效益的解决方案，但客户期望得到最高的质量。通常，为客户提供最优折中方案是经销商的主要技能之一。生产者的产品经理需要以某种方式预测客户的期望，从而定义产品的解决方案空间。在供应链中，有很多不同的观点，供应商不仅应该了解直接客户，而且应该确保最佳解决方案始终满足最终用户的需求。

　　但是安全的容错等级是多少？在以下因素中，何处需要妥协？

- 安全
- 保障
- 性能
- 可用性
- 时序

　　如果您需要汽车，您可以购买一辆汽车。如果一个经销商不能及时提供车辆，您会去另一个地方。尤其是在过去的德国，对于新款车型，客户可以接受长达一年的等待。因为我们更多的不是考虑拥有一辆汽车，而更愿意仅在一段有限的时间内使用汽车。这意味着有很多新的来自利益相关者的对车辆的偏好。许多不同的用户、驾驶员等，将可能使用车辆，但驾驶员的情绪是难以适应该系统的。一个较小的解决方案是"渐进功能更新"，这可能只是另一种软件配置，但适用于车辆和车辆中的系统。这样的改变也可能意味着许多新的设计限制。例如，实施自适应巡航控制（Adaptive Cruise Control, ACC）大大增加电子稳定程序（Electronic Stability Program, ESP）泵的使用率。现在的 ACC 系统需要驾驶员施加踏板力然后通过 ESP 泵进行制动。带有驾驶辅助系统的驾驶员界面是完全不同的。这样的改变对于驾驶员来说是无法在驾校学到的。具有这种新功能的租赁车辆将立即租给驾驶员，但租车代理人的介绍不能教会驾驶员如何使用新功能。从更广泛的意义来说，如果自动驾驶功能产生了变化，使用者们如何进行训练从而掌握新的功能。通常情况下，我期望可以在周末租一辆车，并在一次道路交通使用过程中体验该车的整体功能。如果驾驶员情绪激动而没注意控制面板的警告会发生什么？今天，我们希望功能可以按需求进行更新；我们也希望能够租一辆大功率的车辆，以 250km/h 的速度行驶在德国的不限速高速公路上。在任何其他的国家，我们可以根据需求订购舒适套餐或更好的娱乐系统。我们提出了这样一个问题，这一切和安全性有着怎样的关系？我们希望经销商、租车或运营服务提供者在汽车上只提供安全的功能。但是，谁也不知道是否有驾驶员、操作者或者任何与车辆有关的使用者可以在任何情况下都能控制全部的功能。一些人可能会说，答案是人工智能。但智能系统完全控制不了情绪，因为这是一个人类和动物的独特特性。

4.4.2　环境层

最高级别的抽象是环境开发。利益相关者的要求、项目和产品架构的组织，包括环境影响都应该得到详细说明。没有基础的车辆模型，从 ODD 整体性分析中得出的整个环境的系统故障就无法被考虑。在规范中缺失的任何细节，都意味着正在开发的产品存在潜在的风险（图 4.38）。

安全道路意味着道路交通环境应保证路段会发生的事故越少越好。典型的环境层从道路设计开始。典型要求如下：

- 道路应为乘员、轿车和商用车而设计；
- 每个方向应有分开的车道；
- 道路应有硬实的路肩与防撞栏；
- 路面应足够光滑；
- 天气条件对道路交通的影响应最小（应避免路面积水等）。

还有典型的约束，例如：

- 道路不应有任何交叉路口、禁止向左转弯；
- 弯道的半径不应太短；
- 道路不能太窄。

这些是典型的要求和约束，这些要求和约束源于车辆应该在怎样的交通环境以及以什么样的速度运行这样的问题。

随着道路更多地遵从一致的设计思路，更容易使驾驶员适应在这样道路上的驾驶风格。权力机构利用事故信息以及肇事者的个人档案，为不同的道路定义了各种特定的或一般的速度限制。由于车辆还在不断改进其设计，因此对车辆的行驶稳定性提出了一些新要求。

道路和车辆的要求和架构不断改进，通常这不是系统工程的方法，但是针对新规划的道路，今天的指南为其提供了设计原则。持续的分析使这些方面得到优化：

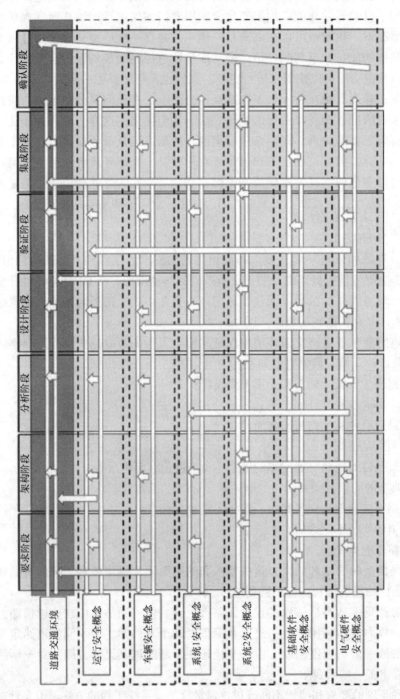

图 4.38　道路安全工程

- 交通密度；
- 平均流量速度；
- 事故的减少等。

在道路建设开始前，对需求和约束的验证是需要迈出的重要一步。最终的成品取决于调试阶段，而不是集成阶段。但是从方法论的角度来看，可以将其与系统工程中的典型集成阶段进行比较。确认阶段至少要分三步走：

- 第一步是在道路设计阶段结束时进行确认；
- 第二步是现场验收后确认；
- 第三步是在道路行驶过程中持续不断确认。

这种三步确认方法还将在系统工程中的较低抽象层的确认阶段重复进行。

4.4.3　运行安全概念的发展

现在这些阶段在更详细的抽象层上重复。分析所有更高级别的活动，并将它们派生的要求作为下一层抽象工程的输入。运行安全概念是由道路交通法规得出的。关于道路分段限速、基于特殊天气条件的限速、不同路面的驾驶策略、十字路口的路权优先以及其他交通参与者的共存，"安全运行"对于这些所有性能要求是需求阶段的最主要的输入。

下一层导致了运行安全概念的发展。上一层的工程是其基础，因此安全道路设计是安全操作的输入。

工程序列如下：

- 要求阶段收集来自上一层的输入，活动随着当前阶段需求的增长而增长。例如，来自上一层的输入表明，道路输入越安全，专用路段的运营要求就越容易开发。
- 架构阶段详细介绍了高层 LoA 的行为和结构，并考虑范围内相关的细节。
- 分析阶段提供了额外的要求，约束并分解了所有先前活动的结果。
- 设计阶段提出了从分析阶段得出的结果和从相关需求中得出的解决方案。
- 验证阶段与其他 LoA 一样，再次提供完整性、正确性和一致性有关的证据。
- 在运行概念的整合阶段，如果车辆是根据给定的要求和约束来设计的，应提供证据来佐证。
- 确认阶段提供证据证明目标已满足以及给定的需求是正确的。根据整个开发的成熟度可以得到确认阶段的测试更多地是基于真实世界而不是基于模型。用于较早阶段的模型也可以被确认。

4.4.4　车辆安全概念的发展

车辆安全概念是由认证法规主导的。对于目标车辆类型（如轿车、货车、SUV、商用车等）、市场和用户资料需要考虑制定相关的法规以发展车辆安全概念（图 4.39、图 4.40）。

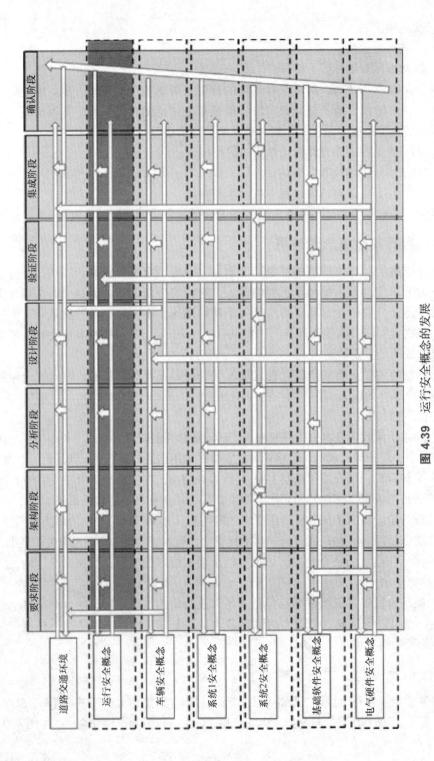

图 4.39 运行安全概念的发展

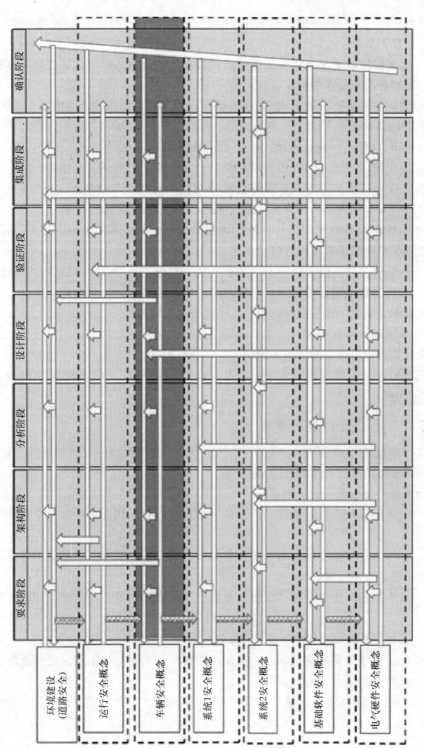

图 4.40　运行安全概念层

活动阶段与上一层相同，但是其顺序和方法需要针对特定的 LoA 进行调整。工程序列如下：

－ 要求阶段收集来自上一层的输入。目前，主要输入来自认证法规和标准以及目标车辆提出新要求的特定方面。

－ 架构阶段主要涉及车辆 EE 体系架构以及车辆系统架构产生的要求和约束。整个车辆的架构引入了动力管理、推进、制动、转向和 HMI。为了方便将环境中的行为标识为所需的功能，需要定义界面和边界条件。

－ 分析阶段提供了额外的要求和约束，并分解了先前活动的结果。从今天开始，不仅行为需要被考虑，还需要对故障用例、功能及与功能相关的车内元素、车内空间以及车辆内部的各种系统进行评估。

－ 设计阶段提出了基于分析的观测结果和基于相关需求的解决方案。目前，设计活动主要由车辆总体设计概念决定。

－ 验证阶段与其他 LoA 一样，提供车辆完整性、正确性和一致性的的证据。

－ 车辆的集成阶段为是否所有被考虑的系统都适合于车辆设计提供证据。车辆测试概念需要进一步发展，以便可以评估被定义的界面。

－ 车辆确认阶段包含两个主要问题，即车辆是否达到预期目的以及车辆的结构和设计是否符合给定的要求和约束。

在该阶段，需要规划整个认证过程。基于认证策略、给定的体系结构和设计决策，指定相关子系统。

4.4.5 工程模型的处理顺序

工程模型遵循典型的自上而下的方法，即从最高的抽象级别到硬件和软件，甚至到半导体的硅片、控制器、ASIC 等。

抽象级别可以进行如下定义：

－ 以道路安全为重点的发展，这是一个与我们对车辆安全认知完全不同的安全途径。

－ 基于所有道路交通参与者的共存关系"运行安全概念"以及从运行准则中衍生出必要后果的发展。

－ 基于车辆性能要求的"车辆安全概念"意味车辆需要符合交通环境内的预期目的。

－ 各种"系统安全概念"都源自车辆安全概念。

－ 将车辆架构聚合到控制单元不仅仅需要一个系统层。但是，任何系统层中的活动都遵循着相同的活动过程。

－ 在控制单元内部，硬件和软件的故障提供了对 LoA 工程的要求和约束（图 4.41）。

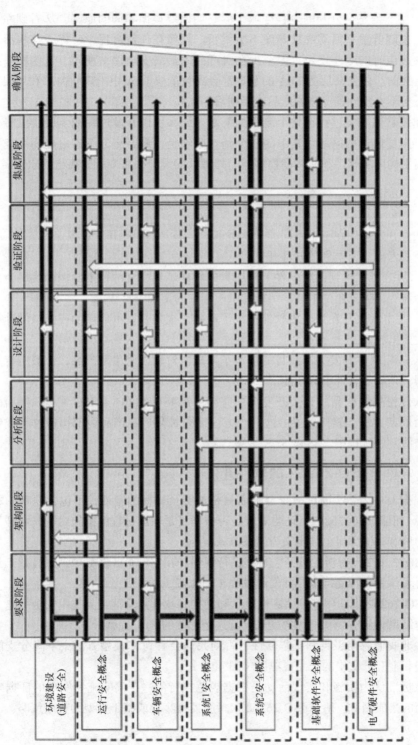

图 4.41　工程模型过程流程图

LoA 不是完全分开的过程区域，但它们始终遵循相同的原则。从右到左，需求和约束随着独立活动的成熟度不断增长。就像在任何过程中一样，这些活动永远不会按应有的顺序发生，但至少在对产品的最终安全评估期间，这些顺序必须是可追溯的。任何高层的 LoA 的缺口都会导致低层 LoA 中出现新需求和局限。因此，任何不完整性都意味着产品或者项目的风险。

如果软件开发过程在整个流程的下端，那么硬件开发过程或上层阶段将是一个基于高度假设的问题。其中的一个基本原则是，需要充分考虑由更高系统要求中分离出的应用软件和从微型控制器与处理器的设计决策中所分离出的软件需求。

4.5 软件开发

软件开发出现在三个不同的基本类别中，需要不同的开发过程。

需要考虑以下类别的软件开发：

– 从生产工具到典型软件工厂工具的软件工具发展的范围，例如代码生成器或编译器等，再到测试工具、结构需求工程中的工程工具等。

– 基本软件开发为应用软件提供了基础，也是开发可信赖的或安全的计算环境的主要措施。

– 应用软件开发为产品目的奠定了基础。对软件密集型产品，一般所有用户的期望都是应用软件中的功能。

软件密集型产品的有效开发需要完整的由 ISO 12207 或 ISO 15288 提出的软件生命周期方法。软件发展的这三个方面需要被集成在产品内部构造过程或者产品附加值发展过程中。

4.5.1 基于 ISO 26262 的软件开发

根据 ISO 26262 进行的安全验证只是对安全目标的验证，不包含项目中的其他目标。根据 ISO 26262，证明需求是否被满足是验证过程的措施之一，而开发过程中的所有其他证据也被定义为验证方式。

ISO 26262 没有对工具开发过程进行说明。在它的第 8 部分中，只是把工具鉴定的要求作为一种支持工具开发的过程（图 4.42）。

ISO 26262 中的典型可追溯性概念和结构将软件需求认定为技术安全概念方面任务的结果。从应用软件的角度来看，这是正确的。

除非我们忽略工具和基本软件，否则我们会看到 V 模型方法中下降分支的规格模型和上升分支中的产品成熟度（图 4.43）。

该标准认为实施和实现活动是根据规范执行的。正确实施和实现的证据来于前面的集成测试。所以 ISO 26262 未指明模型集成或基于模型的集成策略。

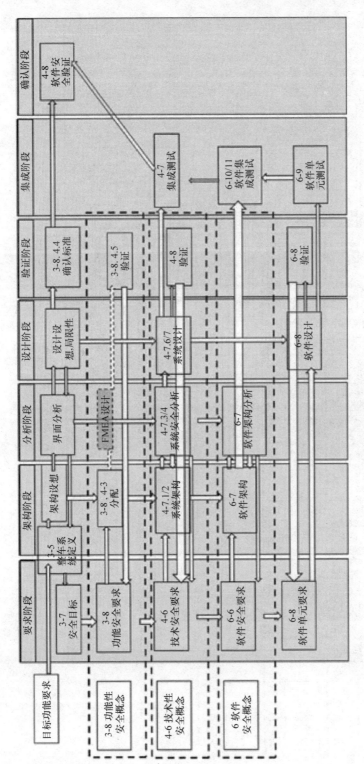

图 4.42　基于 ISO 26262 技术

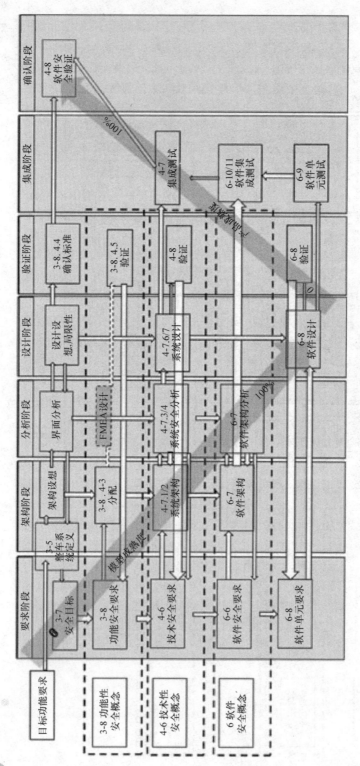

图 4.43 基于 ISO 26262 的模型成熟度与产品成熟度对比

对于基本软件，主要的分解是在第 4 部分"系统级产品开发"的软硬件接口（Hardware-Software Interface，HSI）上解决的（图 4.44）。

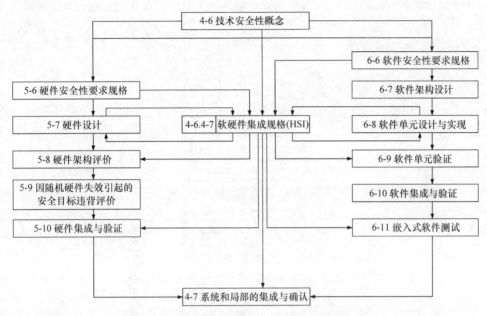

图 4.44 基于 ISO 26262 的需求分解（来源：ISO 26262: 2018，第 4 部分）

电子硬件提供了软硬件接口的需求，然后这些需求被分配给软件架构。从架构角度来看，基础的软件包含了一个操作系统、硬件抽象层、多个功能、驱动和进一步的服务等。

4.5.2 基础软件的安全机制

ISO 26262 解决了随机的硬件故障和软件错误，包括短暂或持续的错误。所有零星的错误都可能导致数据处理的失败。由于无法连续监视故障的发生，因此冗余比较是唯一的解决方案。像锁步原理一样，冗余处理假定在冗余路径中不会同时发生零星的硬件故障。任何系统性故障不仅需要冗余处理，还需要足够的容错性或规避策略（图 4.45）。

当今的微控制器无法在软件应用界面直接对硬件端口和外围设备频道进行分配。通过端口，相关硬件能够保存数据，这些数据被多路复用并根据不同的地址配置提供不同的输入。处理器可以被设计得非常高效，因此处理器周期和硬件周期可以在同一时隙中运行。出于鲁棒性的原因，通常处理器以一种可以从硬件中读取数据并通过冗余校对或校验来获得数据的方式运行。由于处理器中优化了时间安排和冗余机制，随机硬件故障可以被检测和进行纠正。如果可以通过足够安全的方式实现数据的校正，那么安全软件处理程序就可以控制随机硬件错误（图 4.46）。

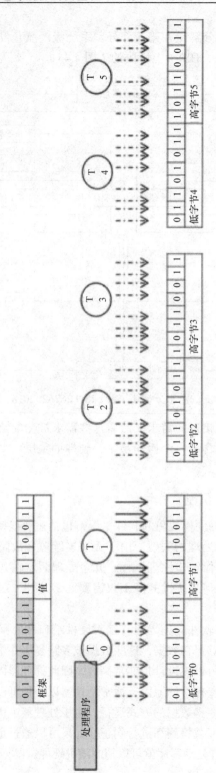

图 4.45 基础软件中的简化数据处理程序

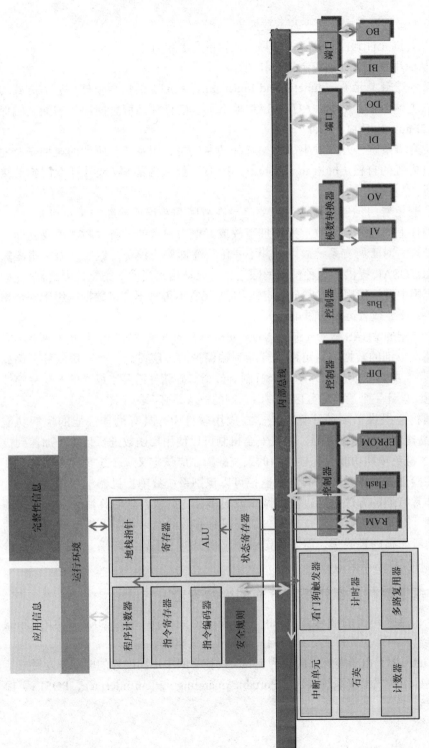

图 4.46 嵌入式微型控制器的典型数据流

典型的微控制器中有两个基本数据流：

- 从外围元件到控制核心（如算术逻辑单元）和内存；
- 从应用程序软件到控制核心和内存。

除算术逻辑单元（arithmetic and logic unit，ALU）的指令集外，通信方式均为硬件占主导地位。例如，AUTOSAR 提出了从信息源到信息使用者的端到端保护（End2End，E2E）（图 4.47）。

对于容错系统，万一发生故障，唯一的方法是关闭系统。所谓的典型安全控制器通过内置的自检（built-in self-tests，BIST）提供内部和 / 或外部看门狗的接口与诊断。

为了避免看门狗连续复位，需要将潜在故障和错误的诊断与关机设备分开。如果是硬件上的可能会导致重大管理事故或者电力损害的设备故障，需要立即进行关机处理。对于所有系统故障，并不一定要立即停止设备，但要及时汇报故障影响。AUTOSAR 提供了这种情况的限定，可以被用来当做"完整性限定器"。如果软件应用中设计使用了"安全限定器"，那么它不得将不合格数据应用于安全相关的功能、任务或者运算（图 4.48）。

一个典型的 EGAS 概念（基于 VDA 安全概念的电子节气门）是基于具有不同安全完整性级别的数据流且可以受到端到端保护的多层概念。在应用软件（例如 EGAS 2 级）中需要实施额外的安全机制。整个基础软件需要以最高的安全完整性级别实施。设计一个适当的分区或故障遏制的概念是必要的（图 4.49）。

该结构还提供了多种计算方法。在应用软件中，具有最佳性能的预期功能（例如提高速度）可以被处理，并且安全机制可以使用反函数进行计算（加速到极限）。为了避免预期功能引起软件中的系统故障，应该定义一个逻辑异类功能。开发阶段的验证和操作过程中的逻辑监控可以识别系统故障。机器学习算法（ML）是一种非常有趣的方法。通过使用两个或更多独立的机器学习算法，基于不同的逻辑原理，对算法进行比较或选择，最终只有有效的结果才能提供有效的控制输出。然而所面临的挑战是，需要确定哪个渠道提供了正确的结果。因此，基于诊断的优化梯度概念是必需的。

4.5.3　基于便携式操作系统界面的架构安全

如今，越来越多的嵌入式 Linux 应用程序得到关注。从 UNIX 派生的 Linux 操作系统包括两个主要模块，称为用户空间和内核空间。

在 Linux 中，由于多家供应商为 Linux 内核空间中不同硬件的驱动开发做出了贡献，使得便携式操作系统界面（Portable operating system interface，POSIX）标准得以创建。

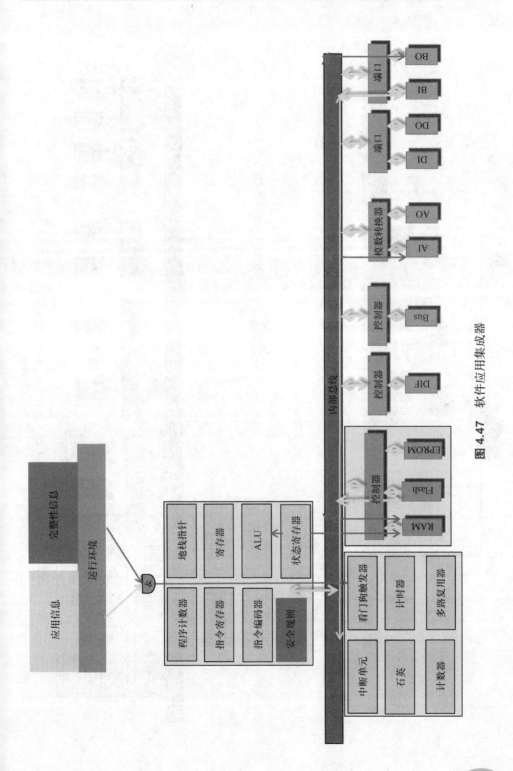

图 4.47　软件应用集成器

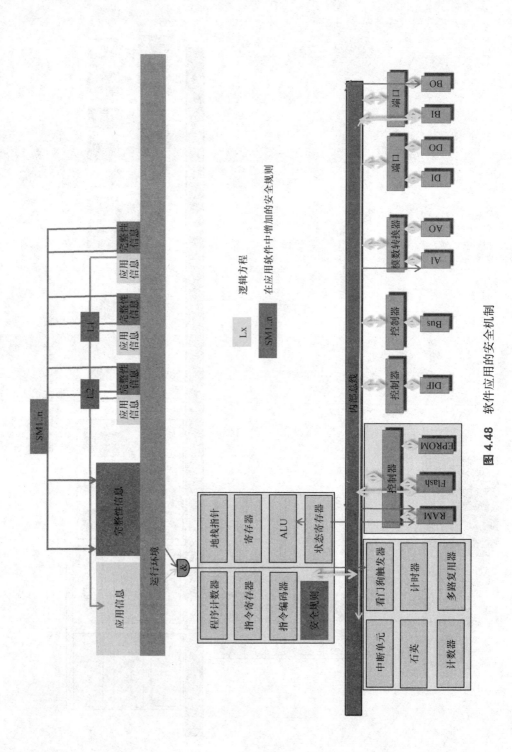

图4.48 软件应用的安全机制

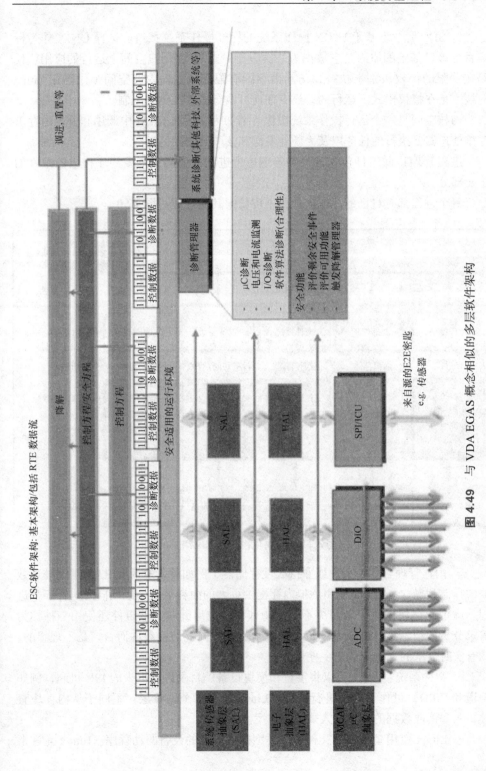

图 4.49　与 VDA EGAS 概念相似的多层软件架构

POSIX 是一组基于 UNIX 操作系统的标准操作系统接口。选择 UNIX 作为标准系统接口基础的原因是它被视为"供应商中立"。在用户空间上运行的应用或代码在受限的特权级别上执行，访问内存的有限部分，而内核空间（代码在 Linux 内核）是在特权模式下运行的，没有任何可执行操作类型的限制。

内核空间是一个运行操作系统模块（诸如为应用在 RAM 中调用和分配内存）、安排处理器要执行的任务以及为硬件发送和读取数据的区域。

进程管理：此组件包含处理器管理单个进程的代码。调度程序构成该组件的主要部分。

每个进程都有自己的虚拟内存，不可访问其他进程（图 4.50）。

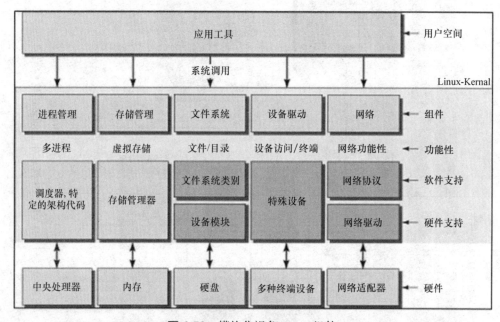

图 4.50 模块化视角 Linux 组件

– 内存管理：在持久性或非持久性存储器（例如硬盘驱动和 RAM）上处理数据的存储和操作。Linux 使用虚拟内存提供更大的内存区域，以便同时执行多个进程。虚拟内存使用页表来解决不同的物理存储地址问题。该组件还使用一种称为需求分页的技术。这对于系统负载和要求更快的内存访问条件而言，是不理想的。具有实时需求的系统应该避免使用它。

– 文件系统：Linux 可以将字符和模块设备、目录以及很少的 IPC 机制，例如管道和 FIFO，可作为文件进行处理。Linux 具有多个抽象层，不同于从内存块直接写入和读取数据的微型嵌入式解决方案。

– Linux 使用基于存储文件系统类型执行操作的设备驱动程序。Linux 允许根用户或管理员定义文件的权限规则。

－ 设备驱动程序：在 Linux 设备中，驱动程序是在硬件之上的抽象层。诸如块设备和字符设备之类的设备可以作为文件被用户空间使用。在将数据读取或写入这些设备文件后，相应的内核驱动程序代码将被调用并执行操作。在事件发生时，外围设备上的特定操作会触发中断，以指示系统由处理器来执行操作。

POSIX 标准是 Linux 操作系统的许多变体的基础，例如 Ubuntu、QNX 和 Solaris。POSIX 通过以下方式实现了与应用程序的兼容性：提供可在不同部分运行的 API，例如内存管理、过程管理、文件系统操作、网络通信的套接字编程应用程序接口（Application Programming Interface，API）命令行界面等。

已知 Linux 上的 pre-empt-RT 补丁可通过以下方式实现实时行为：提供确定性的窗口，在该窗口中可以完成实时操作。

POSIX 代表便携式操作系统接口。最初，当 UNIX 的多个版本开始兴起后，需要制定一个标准，以使应用程序的源代码在 UNIX 系列的操作系统之间更兼容。在一个操作系统中开发的源代码应能够在其他系统中重新编译而没有任何兼容性问题。这奠定了 POSIX.1 的初始版本，它涵盖了 UNIX 基本的调用，随后又进行了许多后续版本的开发。在 1993 年加装了实时扩展的 POSIX.4 被批准使用。POSIX.1-2008 是最新版本，也被称为 IEEE Std1003.1™-2008。

POSIX 在标准 C 库中提供了广泛的 API，而这些功能可以分类如下：

－ 文件操作
－ 进程管理
－ 存储管理
－ 进程间通信（Inter Process Communication，IPC）机制
－ 网络管理

默认情况下，POSIX 的各种模块执行以下功能：

IPC 机制：在此模块中定义了许多操作，涉及 FIFO 的创建或尝试使用 API 访问已命名管道并执行指定的读 / 写操作的所谓的管道功能等。它还包括输入类型和这些功能的预期输出。以下是此模块中已定义的功能：

• mkfifo（…）：负责创建 FIFO 的接口。

• open（…）：使用给定访问参数并提供读写操作的描述符命令打开指定的设备文件或特殊文件（在这种情况下为 FIFO）。

• read（…）：对特殊文件执行读取操作。

• write（…）：对特殊文件执行写入操作。

• close（…）：关闭给定的描述符。

进程管理：此模块包含运行过程中涉及的操作，如输入和预期输出的 POSIX 计时器。每个进程创建的计时器数都有特定的限制。POSIX 线程中涉及的操作也

包括在内。在 Linux 中，线程的运行类似于具有共享地址空间的进程。以下是此模块中指定的一些功能：

• pthread_create（…）：此操作用于在带有优先级和线程处理程序的应用中创建进程。

• timer_create（…）：此操作将创建具有给定属性的计时器，并提供正在运行的计时器的 ID。

• Timer_settime（…）：此操作为计时器定义属性，例如周期性和计时器使用的系统时钟变量。

• fork（…）：当应用程序运行在用户空间时，在 Linux 中调用此函数。在流程内部调用时，它将创建一个子流程。

网络操作：套接字在 Linux 中使用任何 TCP/UDP 协议用于实现网络操作。在应用程序中，UDP 协议用于传输／接收数据。创建套接字，绑定套接字到端口，套接字侦听这类的操作在此部分被列出。以下是此模块中描述的功能：

− socket（…）：此函数根据描述协议（TCP/UDP）和域的给定参数创建一个套接字。

− bind（…）：此操作将套接字绑定到端口，并且此操作还负责在网络中创建具有指定的端口侦听网络的服务器。

− recvfrom（…）：此操作接收从已提供的套接字描述符到缓冲区的消息。

− sendto（…）：此操作将消息发送到目标服务器的目标地址和网络端口中。

文件操作：在 Linux 中，设备和路径被视为文件，大多数设备文件位于 Linux 系统的 /dev/ 目录中。此模块中指定了基本的普通文件和设备文件的操作。这也包括端口的输入和输出。以下是此模块中指定的一些操作：

− fopen（…）：此函数将打开参数中给定的文件，然后提供可用于执行读／写操作的描述符文件。

− fread（…）：此函数对描述符文件执行读取操作并将其存储到给定的缓冲区。

− fwrite（…）：此函数将指定缓冲区中字符写入到描述符文件中。

− fclose（…）：关闭给定的描述符文件。

内存管理：POSIX 提供虚拟地址空间的描述符文件映射的接口以及动态内存分配接口，其中虚拟地址空间是用于创建拥有调用过程。除非有必要，否则建议不要使用它们。这个模块指定以下这些接口操作、以及其输入和输出：

− mmap（…）：此操作在给定的描述符文件的虚拟地址空间中创建一个新的映射。

− mlock（…）：此操作以某种方式锁定部分进程虚拟地址空间，以防止内存被分页。

　　– munlock（…）：此操作可解锁允许分页的内存。

　　– malloc（…），calloc（…）：这些操作分配动态连续内存并为应用程序提供缓冲（图 4.51）。

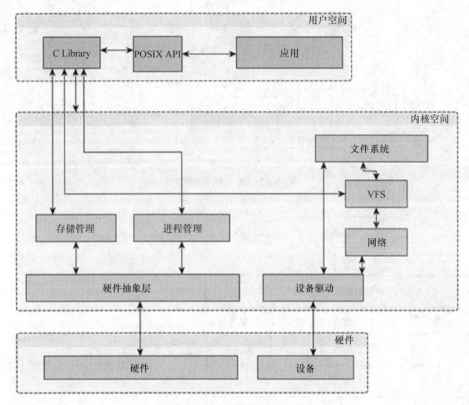

图 4.51　标准 POSIX 架构

　　POSIX 体系结构与常规嵌入式控制系统体系相比最重要的方面是虚拟内存管理。

　　每个进程都在 RAM 中分配了自己的专用内存。这个内存可能是位于物理 RAM 中的任何位置。进程中使用的地址是虚拟的地址，这些地址在运行时通过 MMU 转换为它们的物理内存位置。这些虚拟地址构成了进程的虚拟地址空间。一个进程的虚拟地址到物理地址空间的转换是该进程的私有内容。该进程拥有的内存地址只能由该进程读取或写入，其他进程无法访问。这样可以防止进程损坏或窥探对方的内存（图 4.52）。

　　从技术上讲，线程被定义为独立的指令流，可以由操作系统来实现运行。线程可以在操作系统下同时或独立运行，这种方式就是所谓的"多线程"程序。多线程程序也被称为"虚拟线程"，因为线程没有被物理分开（图 4.53）。

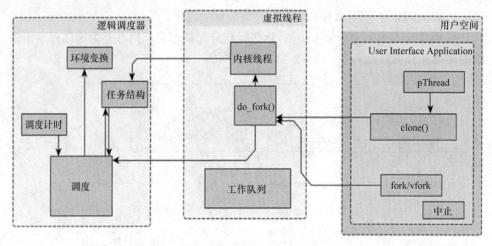

图 4.52 虚拟线程模型

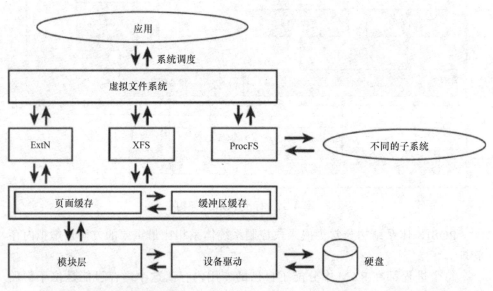

图 4.53 POSIX 虚拟文件系统（来源：Speicherübersicht，Maurer 2008，S.19）

　　虚拟文件系统（Virtual file System，VFS）也被称为虚拟文件系统交换机，是一个更加具体文件系统之上的抽象层。VFS 的目的是允许客户端应用程序以统一的方式访问不同的具体文件。VFS 是内核中的软件层，可为用户空间程序和文件系统提供接口。它还在内部提供了一个抽象内核，允许不同的文件系统的共存。

　　要管理系统的资源，内核必须能够控制运行的进程。因此，它需要能够暂停和恢复进程，而这需要进程、任务或环境交换。进程、线程、任务等的整体内容或环境均是基于虚拟环境的。

4.5.4　POSIX 系统中的故障与错误

POSIX 系统可以在界面上显示典型的错误模式。

POSIX API 的失败模式：

- 卡住
- D.C. 故障模型（包括外部信号线）
- 漂移
- 振荡
- 信息延迟
- 阻止访问系统资源
- 元素之间的不正确同步

文件系统的故障模式：

- 卡住
- 错误的地址信息
- 信息损坏
- 错误的数据顺序
- 信息插入

联网时的故障模式：

- 卡住
- 从发送方发送到多个接收方的非对称信息
- 禁止访问通信信道
- 数据包顺序错误
- 流量拥塞和消息丢失

通信时的故障模式（进程管理）：

- 信息损坏
- 信息重复
- 信息延迟
- 信息丢失
- 意外的信息重复
- 重新排序
- 插入信息
- 伪装式入侵。

内存管理中的故障模式：

- 卡住
- D.C. 故障模型数据
- 地址和控制接口

- 线和逻辑（包括同一模块内的地址线，并且无法写入单元）
- 数据或信息损坏
- 位单元的软错误模型

由于这些错误的起因都无法被追溯，所以它们的影响需要在单核应用中被控制或者避免。

4.5.5　管理程序方法

为了在多核系统上提供安全的执行，通常采用 Linux 虚拟机管理程序方法。在单个处理器中，多个任务可以被划分在不同内核上运行。虚拟机监控程序方法允许在专用内核上运行多个操作系统。在使用虚拟机监控程序的情况下，Linux 上的应用程序可以按照设计师的需求运行。除此之外，还有一个可以运行监视事件流的特定应用程序的实时操作系统。这实现了在不同的抽象层对应用程序的监视。但是，这种方法需要硬件之上的抽象层进行更多的工作。由于活动的多路复用，可能对单个系统的性能产生影响，处理器上的活动也可能导致内存不足。与虚拟机管理程序方法相似，可以使用更加简易的 Docker，但需要进行更多关于其是否与硬件设备有依赖关系的分析（图 4.54）。

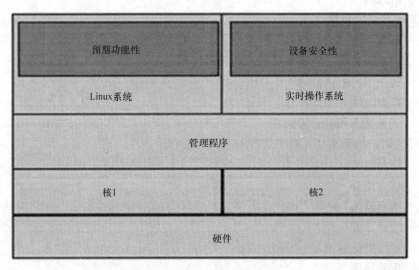

图 4.54　管理程序方法组件布局图

典型的程序管理方法不允许处理 Linux 分区中的安全相关任务。由于 POSIX 体系结构中的失败原因是不可追踪的，类似于随机的硬件故障或软件错误等，硬件冗余是不可避免的。对应用软件可能产生潜在影响的系统性故障，需要通过适当的措施进行控制。仅通过纯软件认证，Linux 或任何其他基于 POSIX 的系统都不能用于安全完整性任务。通过在同一核心或第二核心上实施安全完整性功能，

Linux 系统上的安全完整性功能可以适用于汽车的解决方案。

此外，关于监控程序方法，"非对称多处理器方法"在完全不同的处理器或者控制器中运行着两个操作系统。在基于 POSIX 的微型处理器系统上，高性能功能若可以被执行在 GPU 或者甚至是 AI 系统的专用硬件上，那么深度学习或者其他机器学习算法都可以运行。

一个完全独立的辅助系统可以用作安全完整性控制器。该控制器可以通过计时器和周期性功能直接影响微处理器系统或仅仅作为一种监视系统而存在。通常，安全完整性系统提供或控制整个非对称多处理器系统的确定性行为（图 4.55）。

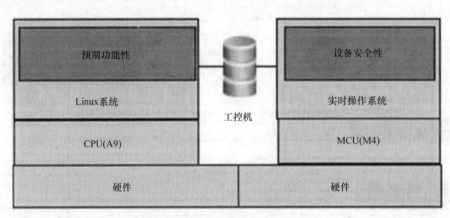

图 4.55　非对称多处理器方法案例

安全完整性系统应根据专用安全完整性标准进行开发，例如 ISO 26262 或 IEC 61508。微处理器系统像基本控制系统一样运行，因为它仅用于有限的降低风险的措施（符合 IEC 61508）。根据 IEC 61511，安全完整性系统或安全仪表系统需要对应用程序和基本控制系统进行故障监督。

有些微处理器具有独立的安全操作系统，但大多数安全操作系统至少需要安全的硬件支持，以确保提供足够的诊断范围来满足安全完整性标准的安全基本要求。同理，它也提供了一个可信任的安全操作环境机制。

4.6　实时嵌入式系统

一个实时系统指的是任何外界产生的刺激在有限或指定时间内进行回复的信息处理系统：

– 其正确性不仅取决于逻辑结果，还取决于时间；

– 无法响应与错误响应一样严重。

严格要求时序的系统提供了另一个功能或虚拟依赖性。许多因素会对时序和时间提出约束或要求，包括：

— 根据环境和操作要求（例如，在特定的时间限制内检测道路上的障碍物）；

— 来自闭环控制（在一定时间间隔内需要反馈）；

— 资源仅在特定时间间隔内可用（调度程序提供了一个具体时间段）；

— 需要在特定的时间间隔内控制故障（典型的FTTi，故障时间容忍区间）；

— 顺序进程需要其他进程的结果；

— 平行进程为了比较或同步需要特定时隙内的数据一致。

延迟可能会导致不同的后果。实时系统可分为硬实时系统和软实时系统（图4.56）。

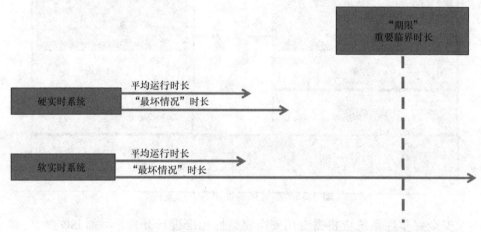

图4.56 基于重要期限距离的软硬实时系统

硬实时和软实时系统都有通用定义。

一种方法是基于系统的功能通过离临界时间阈值的间隔或鲁棒性的边界来定义硬实时系统：

— 如果阈值过于保守，以至于最坏情况下的执行时间可能无法违反临界阈值的系统称为硬实时系统。

— 如果平均处理时间明显低于关键阈值，并且仅在非常恶劣的情况下，系统可能会违反阈值的系统被称为软实时系统。

另一个定义是基于阈值的特征划分的（图4.57）。

对于硬实时系统，立即违反阈值会导致严重的危险事件。截止期限是触发事件发生后系统给定的处理时间，在这段时间内响应必须被完成（图4.58）。

软实时系统则意味着关键阈值在一段时间内，随着时间的流逝缓慢上升。错过最后期限并不能直接导致危险情况。反而来说，在关键性阈值超过后，硬实时系统最终会导致危险情况。

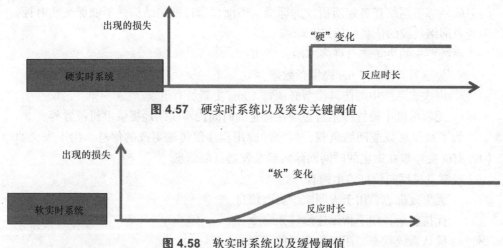

图 4.57　硬实时系统以及突发关键阈值

图 4.58　软实时系统以及缓慢阈值

4.6.1　时序与决策

实时系统中一个最关键的特性就是决策。如果一个响应是可预测并且在临界期限到来之前可以被执行，则将由嵌入式系统或者通信系统来提供一个决策。因此，下列事件对于执行或者响应时间来讲没有显著的影响：

- 系统错误
- 随机错误
- 常见资源使用
- 外部影响

执行或响应时间并不一定意味着很短时间；基于更高的抽象层分离出来的时序限制和适当的结构规划，这种瓶颈就可以被避免。与硬实时系统中最坏情况的响应时间相似，时间预测是关键的特征。一个连续的数据通信允许像时间触发的解决方案或者 FlexRay 这样的决策行为。但是在动态网络里，响应是很难去预测的。比较常见的方式是运用载波侦听多路访问 / 碰撞检测（Carrier Sense Multiple Access/Collision Detection，CSMA/CD）原则。这是一个在早期常应用于本地局域网的介质访问控制方法（Media Access Control，MAC），它通过使用载波侦听推迟传输，直到没有其他电台进行传输。通常情况下，常与碰撞检测结合使用，其中传输站在传送一个帧时，通过侦听其他站点的传输来检测碰撞。如果碰撞被检测到，则传送站停止传输帧，改为传送一个拥堵信号，然后基于传输框架等待一个随机的时间段。CSMA/CD 是纯载波侦听多路访问（CSMA）的改体。CSMA/CD可以改善 CSMA 的性能，主要通过在检测到碰撞后立即终止传输，从而缩短了重试之前需要的时间。标准 IEEE802.3 已经不再使用 CSMA/CD。所有对时间敏感型网络（Time-Sensitive Networking，TSN）的改进，主要涉及 IEEE 802.1 工作组的时间敏感型网络任务组所研发的标准，然而仅通过网络结构并不能保证实时性，因为对网络负载的依赖性始终会影响响应时间。

系统要求的决策来自许多方面，例如：

- 传感器必须每 5 ms 提供新数据。
- 嵌入式系统中的仿真模型必须每 50ms 更新所有值。
- 无刷电机中位置传感器必须在指定的时间内不间断地提供电机位置等。

为了减少总线或网络负载，当今的应用程序仅传输更改的信息。出于安全原因，有必要经常在固定的时间间隔内经常发送反向信息。

经常发送反向信息的示例有：

- 无更改标志，用于表明缺少更改信息。
- 保持转矩，用于指示连续转矩命令。
- 确认系统状态，用于保持当前状态。
- 有效性标志，用于确认系统参数的真实性。
- 发送空消息，用于指示没有更改。

该原理提供了通信系统正在运行和接收器在丢失信息的情况下可能会失效的证据。数据帧应有一个时间戳和计数器，以便接收器可以监视序列和信息的时间。

等时数据通信系统（例如 FlexRay）可以精确地进行周期性工作。例如，以 1ms 的时间间隔运行。总线周期偏差通常小于 1ms。位传输偏差等也可能会给决策带来负面的影响。

同步通信和控制算法的协调方式是：控制机制基于当前相关数据流量为传输顺序确定优先级。

同步通信系统有两种基本同步原理：

- 时隙方法：同步化主要是基于一个发出的同步信号，然后所有网络参与者周期性接收并处理这个信号。因此，为了实现从发送方到接收方的最小时序差异，应在固定的时间间隔内发送同步信号。
- 根据分布式计时的原理，IEC 61588 定义了"精确时间协议（Precision Time Protocol，PTP）"。分布式计时提供了精确的时间基准，并独立于运行时间或系统变量。为了在接收器上同步数据，消息必须能够足够早到达接收者处，因为数据传输本身是具有不确定性的。

4.6.2　实时系统中的调度

实时嵌入式系统的设计应考虑到涵盖的范围应尽可能精确，且应尽可能实现良好的性能和及时的响应。通过微控制器资源的使用便可得知，该原理是互相矛盾的。需要有计划地使用微控制器的可用资源，并且同时执行适当的原则，例如分期等。

在实时嵌入式系统中，关键的挑战是如何在给定时间内共享微控制器、库和功能等资源。如果控制器中只有一个功能或任务，在开发过程中则可以预测任何资源短缺。但对于多任务系统，通常由不同的开发团队实现，同时在运行时需要进行控制和管理。实时计算系统的调度分析包括调度系统以及实时操作算法的评估、测试和验证。为了安全相关的任务或操作，必须对实时系统进行性能测试和验证。性能验证和实时调度的执行应该通过分析算法执行时间来检查算法。验证实时调度程序的性能将需要测试不同测试场景（包括最坏情况的执行时间）下的调度算法。这些评估算法性能的测试方案涵盖多种不同的测试场景，包括最坏情况。调度系统分析所需的计算时间需要在代码级别来评估算法。

抢占是一种调度策略。执行中的进程可以在调度其他进程时中断和挂起。

设计用于抢先式调度的进程必须明确可能随时放弃处理器。它们与备用线程共享的任何数据必须通过锁定机制进行保护。

实时操作系统的调度程序在基于微处理器或微控制器的系统中管理资源的使用和可访问性。实时操作系统（Real-time operating system，RTOS）提供多任务处理功能，可以在特定的实时范围内基于共享的资源上，同时处理多项任务。计算机程序分为几个可以依次顺序执行的任务。

基本操作系统具有三个主要功能：

- 管理计算机的资源，例如中央处理器、内存、光盘驱动器和打印机；
- 建立用户界面；
- 执行应用软件并为其提供服务。

它提供了以下功能：

- 任务和调度策略；
- 事件、中断和陷阱；
- 计数器、警报和调度表；
- 资源和错误管理。

RTOS 服务于实时应用程序，该应用程序处理传入的数据，通常通过调度抵消缓冲区延迟。调度程序的基本状态如下：

- 运行（在 CPU 上执行）；
- 准备（准备被执行）；
- 已阻止（等待事件，例如 I/O）（图 4.59）。

调度程序可以是由时间或事件控制的，时间触发的调度程序按时间顺序更改状态。事件触发的调度程序通过触发事件更改状态。

任务通常在缓冲区中等待被执行或在中央处理单元（CPU）上运行。在单个 CPU 系统中，只有一个任务处于活动状态，因此时间和资源需要充分共享（图 4.60）。

周期表可以提供有关任务执行顺序的信息。

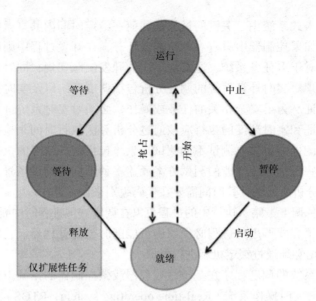

图 4.59 调度程序状态

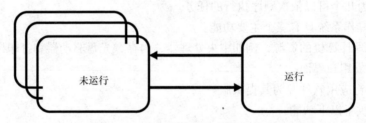

图 4.60 实时调度其中的任务状态

在 FreeRTOS 的新版本中，"挂起"和"阻塞"有一个区别。区别在于处于阻塞状态的任务始终具有超时；处于挂起状态的任务将无限期挂起，并且没有超时。从用户的角度来看，在事件上阻塞的任务处于阻塞状态。它可能实际上将任务移到了挂起的队列中而不是被移到阻塞排队，以便任务仍然被阻止而不是挂起。RTOS 中的功能和状态在细节上有很大不同，因此"安全"调度需要有关操作系统的详细知识（图 4.61）。

事件、中断和陷阱

中断服务程序（Interrupt Service Routines，ISR）也称为中断处理程序，是一种由硬件设备的中断请求调用的进程。它处理请求并将其发送到 CPU，中断活动进程。ISR 完成后，该进程将恢复。

陷阱是程序员启动的中断，通常不会是自动生成"例外"。

事件可以从 ISR 或任务生成，它们可以是扩展任务，可以等待一个事件的生成，但是任务无法确定事件的来源。

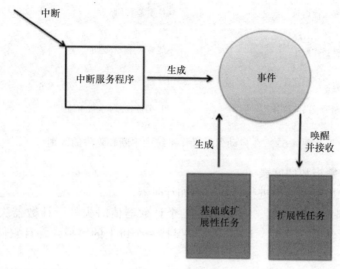

图 4.61　中断处理

中断服务程序：
- 由硬件调用的中断直接触发；
- 高于所有任务的最高优先级；
- 激活任务、抢占任务或触发事件。

ISR 通常有两种不同的类别：
- ISR 类别 1：无法调用系统服务；
- ISR 类别 2：可以调用系统服务。

ISR 类别 1 的优先级高于 ISR 类别 2。

在计算和操作系统中，陷阱（也称为异常或错误）通常是由特殊情况引起的一种同步中断（例如断点、除以零、无效的内存访问）。陷阱通常会导致切换到内核模式，操作系统在将控制权返回到原始过程之前要执行一些操作。内核进程中的陷阱比用户过程中的更加严重，在一些系统中陷阱更为致命。在某些用法中，陷阱特指将初始化环境切换到监视器系统或者纠错的中断。在某些操作系统中，中断服务程序和线程遵从不同的策略，可以像中断处理程序一样高效地分派线程，并且中断处理程序可以像线程一样灵活地进行调度。源自此种用法，在某些域，有时会使用陷阱来拦截正常控制流。

由于诸如不可屏蔽中断（Non-Maskable Interrupt，NMI）、指令异常或非法访问之类的事件而发生陷阱，它们始终处于活动状态，不能通过软件操作被禁用（图 4.62）。

中断	陷阱
由外部硬件事件引起	软件引起了中断
可以被硬件操作停止	不能被软件操作停止
中断旗帜可以影响硬件	清除旗帜不能导致陷阱
中断以重储CPU的前状态	CPU 的前状态不能被重储

图 4.62　在自动驾驶操作系统中中断和陷阱的区别

计数器、警报和调度表

计数器：用于对事件进行计数，例如计时器。

警报：绑定到计数器，并在达到某个计数器值时失效。计数器失效将生成一个事件或激活一个任务。计数器可以保持一个以上的警报，并且它们是循环的（或线性的）。

调度表：它们失效的预定义序列。在每个失效点，一个任务被激活或事件被设置。它被连接到一个计数器，该计数器提供基本时间间隔测量（图 4.63）。

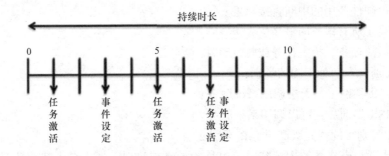

图 4.63　时间和任务激活

资源管理

资源是用于保护关键区域的数据结构，例如，独占访问端口或内存位置。资源可用于任务和 ISR（可选）。当两个任务等待被彼此持有的资源时，就会触发死锁保护。高优先级任务被迫无限长地等待优先级较低的任务被执行完成，会出现优先级倒置（图 4.64）。

调度

实时系统有两种基本的 CPU 调度原理。

当进程从运行状态切换到就绪状态时，或从等待状态切换到就绪状态时，将使用抢先式调度。资源（主要是 CPU 周期）在有限的时间内分配给进程，然后被带走，如果该进程仍具有中央处理器剩余爆满时间，则该进程将再次放回到就绪队列中。该进程一直处于就绪队列中，直到有下一次机会执行。

基于抢先式调度的算法如下：

－ 循环（Round Robin，RR）；

－ 最短的剩余时间优先（Shortest Remaining Time First，SRTF）；

－ 优先级（抢先版本）等。

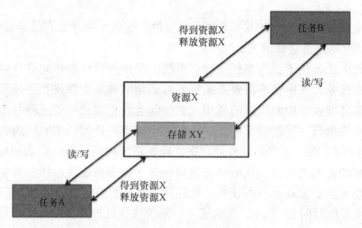

图 4.64　资源管理

进程终止或进程从运行状态切换到等待状态时，使用非抢先式调度。在此调度中，一旦资源（CPU 周期）分配给一个进程，该进程将占用 CPU 直到其终止或它达到了等待状态。在非抢先式调度的情况下，它不会在执行过程中中断运行 CPU 的进程。它一直等到该过程完成其 CPU 分割时间，然后可以将 CPU 分配给另一个进程。

基于非抢先式调度的典型算法为：

－ 最短的工作优先（基本上是非抢先的）；

－ 优先级（非抢先版本）等。

抢先式调度和非抢先式调度之间的主要区别是如下：

－ 在抢先式调度中，将 CPU 分配给时间有限的进程；而在非抢先式调度中，将 CPU 分配给该进程直到终止或切换到等待状态。

－ 抢先式调度中的当优先级更高的进程进入时执行进程会被中断；而非抢先式调度中的执行进程不会在执行过程中被中断，而是一直等到它的执行结束。

－ 在抢先式调度中，将进程从就绪状态变为运行状态，反之亦然，并保持在就绪队列；然而，在非抢先式调度的情况下，没有从运行状态到就绪状态的切换过程。

- 在抢先式调度中，如果高优先级进程频繁到达就绪状态队列，那么低优先级的进程必须等待很长时间，并且可能不得不等待；另一方面，在非抢先式调度中，如果分配了 CPU 到分割时间较长的进程，那么分割时间较短的进程可能要持续等待。

- 抢先式调度通过允许关键进程执行以下操作来获得灵活性，当其进入就绪队列时，无论 CPU 正在执行什么进程，其都可以访问 CPU；非抢先式调度也被称为死板调度，即使一个重要的进程进入就绪队列，也不会影响正在运行的进程的 CPU。

- 抢先式调度必须维护共享数据的完整性，这就是为什么它是与成本相关的；非抢先式调度则不是这种情况。

抢先式多任务用于区分多任务操作系统，多任务操作系统允许从协作多任务系统中抢占任务，其中在不需要系统资源时必须明确编程使进程或任务让行。抢先式多任务处理涉及中断机制的使用，它挂起当前正在执行的进程并调用调度以确定下一步应执行哪个进程。因此，所有进程都将在任何给定时间内获取一定数量的 CPU 时间。在抢先式多任务处理中，操作系统内核还可以启动环境切换以满足调度策略的优先级约束，从而抢占活动任务。抢先调度表示该时刻中的高优先级任务截断了当前正在运行的任务。抢先式多任务处理允许计算机系统定期为每个进程提供工作时间的"片段"。它还允许系统快速处理重要的外部事件（例如需要被立即关注的一个或另一个进程的传入数据）。

在任何特定的时间，进程可以分为两类：等待输入或输出（I/O 绑定）的进程和正在充分利用 CPU 的进程（CPU 边界）。在早期系统中，进程在等待时通常会处于"轮询"或"繁忙等待"状态，以等待请求的输入（例如光盘、键盘、网络输入）。在这段时间内，进程保持对 CPU 的完全控制。而随着中断和抢先式多任务处理的来临，这些" I/O 绑定"进程可能被"阻止"，或被置于保留，直到必要的数据到达，并允许其他进程利用 CPU。由于请求数据的到达将产生一个中断，因此被阻塞流程可以及时返回执行。

时间分片

在抢先式多任务处理系统中，进程允许运行的时间段通常称为时间片或量子。调度程序在每个时间片执行一次，进而来选择下一个要运行的进程。每个时间片的长度对于平衡系统性能与进程响应能力至关重要。如果时间片太短，那么调度程序将消耗过多的处理时间；但是如果时间片太长，进程将需要更长的时间来响应输入。

调度中断的目的是允许在进程时间片到期时操作系统内核进行进程切换，从而有效地在多个任务之间共享处理器的时间，此种操纵给人一种平行（同时）处理任务的感觉。基于此种策略设计的操作系统，被称为多任务系统。

4.6.3 硬实时系统中的混合临界状态应用

新车辆控制单元需要在单个控制单元中有针对不同 ASIL 的解决方案。如果安全相关的功能需要时间限制，则很难证明其具有足够的独立性。以下两种原理可以允许在一个微控制器中使用不同的 ASIL：

- 多任务处理
- 多核

多任务通常基于单核或单核锁步控制器。大多数具有单核锁步的方法具有以下优点：核心功能的随机硬件故障不需要额外的软件安全机制，即使对于 ASIL D 也不需要额外的软件安全机制。但是，单核锁步无法避免嵌入式软件中的系统性故障或错误。在单核锁步的两个核上运行着相同的软件。由于需要软件安全机制与系统的预期功能分离或至少两者具有足够的独立性，因此有必要在任务级别上进行分离。在单个内核上运行不同的任务需要共享资源，甚至使用什么资源也取决于编译器设置和编程样式。在微控制器内核出现新指令集的情况下，即使是非常好的软件编码准则也会遭受质疑。更换编译器或微控制器可能会产生巨大的安全影响。

以下示例考虑了一项安全任务，该任务需要每 1ms 重复一次。同步 I/O 数据（尤其是没有时间戳的数据）、触发看门狗或系统中任何其他降级机制必须达到毫秒级，它们在微控制器上分别以 3ms、5ms 和 7ms（净任务时间）运行。单纯运行累计时间将增加至 15ms。较高级安全任务的中断时间是其 2 倍，达到 30ms（图 4.65）。

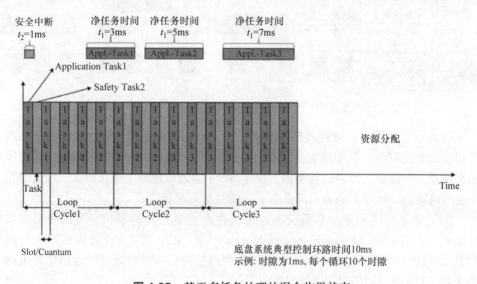

图 4.65 基于多任务处理的混合临界状态

由于该任务本身没有任何时间限制，因此这种解决方案是可以接受的。

典型的主动安全功能，例如用于底盘控制的功能需要应用软件的典型控制回路和更高级别的调度应用程序。如果安全任务需要较高级别的 ASIL，而应用程序则需要较低级别的 ASIL 或甚至仅质量管理（例如，遗留代码），则时序约束会违反具有不同 ASIL 的任务之间的环境切换。根据应用程序功能的复杂性以及微控制器和操作系统的能力，此类环境切换会导致大量的时间暴露。

有一些中断程序的运行时间为纳秒级，而环境切换的最短时间为微秒级。这导致应用程序任务的时间非常有限。

在今天的多核解决方案中，微控制器将安全功能分配给一个核，而将第二个核用于较低的 ASIL 应用功能。由于在此处使用锁步解决方案也无法针对系统性故障或错误提供任何措施，因此，要求安全核心也需要足够的独立监控层（图 4.66）。

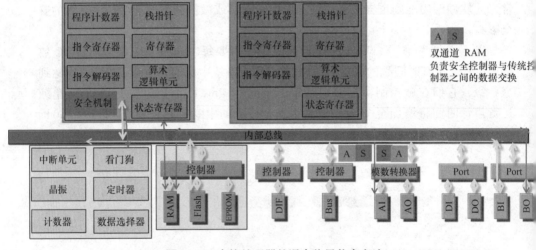

图 4.66 多核处理器的混合临界状态方法

在多核的使用中，微控制器的种类，编译器和操作系统可以决定微控制器内使用什么公共资源（核心功能使用不同的资源）。因此，由相关的故障或错误造成的影响是一个挑战。而对微控制器、操作系统和 / 或编译器（或仅设置）的更改几乎是不可能的，因而更凸显出涉及安全层面的至关重要性。

为了避免外围元素的数据交换与公共内存资源之间的干扰，可以使用双端口随机存取存储器（Random Access Memory，RAM），该 RAM 将由更高级别的 ASIL 内核进行监视，这样的 RAM 接口将像通信接口一样被处理。因而更高级别的 ASIL 内核应控制任何其他外部外围元件。

4.6.4　控制流和数据流监视

控制流和数据流分析是任何行业中与安全相关的软件系统开发过程中的基本安全活动。当涉及实际执行时，分析方法将预测系统执行预期软件的能力。存在带有和不带有侵入功能的方法，它们通过测试来证明数据流和控制流，从而可以进行系统的检查以证明需求的功能完备性。

数据流分析是一种用于收集有关在计算机程序中各点计算的可能值的集合的信息技术。控制流程图表示分配给变量的特定值可能传播到的程序部分（图 4.67）。

控制流分析是对命令式程序中各个语句、指令以及函数调用的执行或评估顺序的分析。

数据流和控制流分析所面临的挑战是：在软件程序中，数据流和控制流之间经常是紧密耦合的。但是，软件具有无限数量的数据和控制流。在实践中不可能完全证明所有数据和控制流的正确性。

非侵入式系统观察允许在不影响系统行为的情况下，对软件参数进行监视。与调试器测试相比，此类测试可以完全自动化。其支持在集成和系统测试中对数据流和控制流进行系统性的测量。集成和系统测试证明了功能的需求。重要的数据流和控制流始终反映在系统的功能中。因此，非侵入式系统观察支持需求完整性的检查。

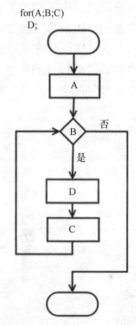

图 4.67　显示控制流的典型流程图

对于开发过程中对时间敏感的硬实时安全系统，并非所有条件都可以进行预测。为了在运行期间更改优先级、降级、调度或任何其他控制措施，应在运行期间实施控制流和数据流监视。活动图指定了数据/控制流，使预期的动态行为透明化，并且可以将其传达给用户、评估者或其他利益相关者。非侵入式系统观察还引起人们对现有开发方法的深层弱点的关注，以便在系统运行时的验证可以为系列开发应用程序中的使用情况提供预测。仅当在软件体系结构中至少定义了最重要的数据流和控制流时，通过测试对数据流和控制流进行系统性的证明以及对现有功能规范的差距的弥补才算完成了。活动图是在 UML 上定义软件架构的好方法。ISO 26262 第 6 部分中需要使用这种方法，并且在 DO178C 和 EN 50128/EN 50657 中需要进行数据流和控制流分析，并考虑在运行期间进行控制流监视。在开发过程中，经常使用静态分析或单元与软件集成测试来证明数据流和控制流。非侵入式系统监视将使得有可能在集成和整体系统级测试中，系统地验证数据流和控制流。这种方法不仅提供了测试复杂错误情形的可能性，还可以验证功能需求的完整性。系统地指定数据流和控制流的软件体系结构是明确的。

已实施的监视和诊断被认为是：

- 控制机制
- 监控机制（监视机制）

在开发过程中，需要考虑设计的不同层次的需求和可能的解决方案，并且必须根据控制器中的实施方法和后续的实施方法进行分析。这种数据流和控制流分析导致以下事实，即在设计之后还会保留一些无法测知的性质（系统错误流），这会导致控制器运行期间产生不可避免的错误。因此，还需要在程序中实现控制机制，并在运行时进行监视（图 4.68）。

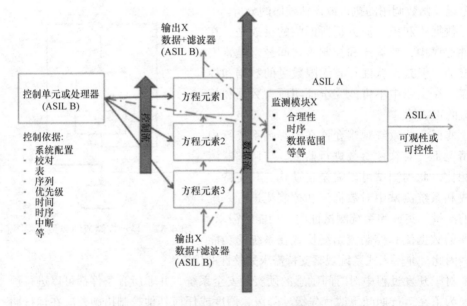

图 4.68 混合临界状态方法中的数据流和控制流

该草图显示了典型的安全评价方法：EGAS 方法或安全包方法：标称功能或预期功能需在专用程序流中运行。已实现特定的控制机制（如计数器、序列或检查点）提供了有关指定数据流的信息。在安全和保障方面，由于整个系统对最高安全完整性的需要，应为已实施的控制机制提供足够的钥匙。

除了数据流和控制流的体系结构方面，通过下列的实现方式可以在运行时监视数据内容，相对于规范的正确性：

- 配置检查，检查是否根据调用函数调用了带有不同参数的各种软件元素；
- 校准检查，软件元素提供正确的校准数据的证据；
- 数据和序列搜索，查找表和周期表等；

- 资源的可用性及其正确性或正确的功能能力；
- 时间方面；
- 中断、挂钩或其他控制机制；
- 认证、安全检查等。

监视器通常无法区分导致故障或错误的原因，因此在开发过程中需要进行系统的故障分析以支持监视器设计。

4.7　车辆操作系统

汽车工业中的大多数嵌入式控制系统都使用 OSEK 衍生产品，因为它声称其控制设备具有车辆开放系统架构（Automotive Open System Architecture，AUTOSAR）兼容性。在许多用于底盘系统的执行器控制系统中，还考虑了其他操作系统，或者实施了通过计时器和表格来管理整个软件的专用解决方案。

OSEK 在 德 语 中 表 示 为 "Offene Systeme und deren Schnittstellen für die Elektronik in Kraftfahrzeugen"。它是一个标准化的框架，为汽车嵌入式系统提供了操作系统、通信堆栈和网络管理协议的规范。

1993 年，德国汽车企业联合会与宝马、博世、戴姆勒、欧宝、西门子、大众汽车集团和卡尔斯鲁厄大学等一起成立了 OSEK。1994 年，法国汽车制造商雷诺（Renault）和 PSA 加入了该组织，他们拥有类似的车辆分布式执行机构（Vehicle distributed executive，VDX），合并为 OSEK/VDX（图 4.69）。

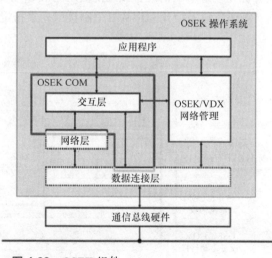

图 4.69　OSEK 组件

OSEK 的主要功能单元如下：

- OSEK/VDX 操作系统：OSEK/VDX 是一个抢占式多任务操作系统。其被定义为静态操作系统，可以优化使用 CPU 时间和硬件资源。在 osCAN 的产品说明中对具体功能做了说明。

• OSEK/VDX 网络管理：网络管理主要是针对汽车中的应用程序而设计的。主要任务是协调和同步地将所有总线节点从睡眠模式转换为正常模式，反之亦然。因此，无须将 CAN 总线设置为睡眠模式并手动进行唤醒。可以在 CANbedded 的页面上找到更多信息。

• OSEK/VDX 通信：该标准描述了任务和中断服务寄存器（Interrupt Service Register，ISR）之间的数据交换。它们既可以在目标平台上运行，也可以通过网络交换数据。目标硬件内的数据交换始终包含在 osCAN 通信中，因为这也是独立应用程序的基本机制。可以在 CANbedded 页面上找到与 CAN 进行数据交换有关的更多信息。

OSEK 标准指定了具有通用 I/O 和外围设备访问的多任务功能的接口，而这些接口取决于体系结构。人们希望 OSEK 系统可以在不需要内存保护的芯片中运行。通常可以在编译时配置 OSEK 实现的功能。应用程序任务、堆栈、互斥锁等的数量是静态配置的，且在运行时不可能再增加。OSEK 可以识别两种类型的任务 / 线程 / 合规性级别：基本任务和强化任务。基本任务从不阻塞，并运行直到完成（并行程序）。强化任务则可以使事件目标进入睡眠模式或阻塞它。事件可以由任务或中断触发。任务仅能拥有静态优先级。对于拥有相同优先级的任务采用先进先出（First in first out，FIFO）的时序安排。优先级上限用于防止死锁和优先级反置，例如没有优先级继承的情况。该规范使用与 ISO/ANSI-C 类似的语法。然而，系统服务的实施语言以及应用程序的二进制接口尚未指定（图 4.70）。

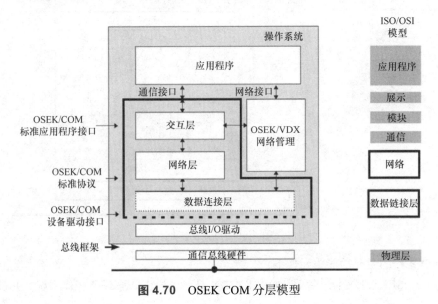

图 4.70　OSEK COM 分层模型

OSEK COM 的范围包括以下各层内容的部分或全部：

接口层（Interaction Layer，IL）

接口层提供了 OSEK COM API，包含用于消息传输（发送和接收操作）的服务。对于外部通信，它使用较低层提供的服务，而内部通信完全由 IL 处理。

网络层（Network Layer，NL）

网络层根据所使用的通信协议来处理消息分段 / 重组和确认。它提供了流控制机制，以实现具有不同级别的性能和功能的通信对等方的对接。网络层接收来自数据连接层提供的服务。OSEK COM 没有指定具体的网络层，而仅仅对网络层定义了支持接口层的所有功能的最低需求。

数据连接层（Data Link Layer，DLL）

数据连接层通过网络为上层提供服务，即单个数据包（帧）的非确认传输。此外，它还为网络管理提供服务。OSEK COM 也并未指定具体的数据连接层，而仅仅对数据连接层定义了支持接口层的所有功能的最低需求。

来源：OSEK Communication，Specification 3.0.1

在 ISO 17356：2005，道路车辆—车辆嵌入式应用接口—第 3 部分：OSEK/VDX 操作系统（road vehicles—open interface for embedded automotive applications—Part 3：OSEK/VDX operating system）中对 OSEK 进行了详细的规定。

ISO 17356-3：2005 描述了一种实时操作系统的概念，该实时操作系统具有多任务处理能力，且可用于机动车。它并不是有关具体实施的产品描述，但规定了操作系统的应用程序接口。在 ISO 17356-1 中已对通用约定、术语解释和缩写进行了汇编。ISO 17356-6 讨论了实施和系统生成方面。操作系统的规范表示统一的环境，且它支持对汽车控制单元中应用软件的资源进行有效利用。该操作系统是用于分布式嵌入式控制单元的单处理器操作系统。

OSEK VDX 会考虑以下主要组件：

• OSEK 操作系统：OSEK 操作系统负责控制单元内的程序流程。它为用户提供了界面，通过该界面，用户可以为合适的控制单元和设备开发应用程序。

• OSEK 网络管理：它提供了标准化的功能来管理内部网络以及其他控制单元，并进行监视。

• OSEK 通信系统：OSEK 通信系统为数据交换和协议提供所需的功能。

• OSEK 运行语言：OSEK 标准，尤其是操作系统的规范应独立于硬件。OSEK 运行语言提供了可用的系统功能和开发接口（APIs）。

OSEK 操作系统为不同的系统要求定义了四个一致性程序集，这使用户可以为不同的目标硬件系统配置操作系统。在项目期间，OSEK OS 未定义修改。

OSEK/VDX-COM 为通信提供了几个级别（通过 ISO/OSI 层模型进行划分）：

• OSEK/COM 数据驱动接口：数据连接层。

- OSEK/COM 标准协议：网络层的协议基础。
- OSEK/COM 标准应用程序接口：应用接口。

来源：ISO 17356-3：2005

OSEK 标准没有提供如 ISO 26262 所定义的具体安全要求，从而导致了各种异构安全解决方案的出现，但没有系统性的结构化解决方案。

4.7.1 汽车开放系统架构

汽车开放系统架构（AUTomotive Open System ARchitecture，AUTOSAR）是汽车制造厂商、供应商、服务提供商和一些来自汽车电子、半导体和软件工业的公司建立的一种全球发展合作伙伴关系（图 4.71）。

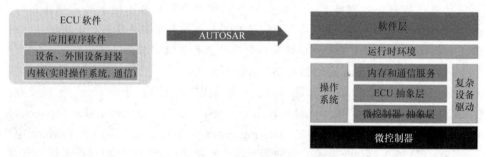

图 4.71 汽车开放系统架构概览

汽车开放系统架构经典平台体系结构将微处理器中运行程序抽象划分为三个软件层：应用程序层、运行时环境和基础软件层。

- 应用程序几乎不依赖于硬件。
- 软件组件经由运行时环境实现通信和对基础软件层的访问。
- 运行时环境代表应用程序的所有接口。
- 基础软件层分为复杂设备驱动和如下三个主要层：服务层、ECU 抽象层和微控制器抽象层。服务层进一步划分为代表系统、内存和通信服务的基础架构的功能组。

汽车开放系统架构需要考虑以下因素：

- 应用程序层
- 运行时环境
- 系统服务
- 内存服务
- 加密服务
- 机外通信服务
- 通信服务

- 机载设备抽象层
- 内存硬件抽象层
- 加密硬件抽象层
- 无线通信硬件抽象层
- 通信硬件抽象层
- 微控制器驱动
- 内存驱动
- 加密驱动
- 无线通信驱动
- 通信驱动
- 输入 / 输出硬件抽象层
- 输入 / 输出驱动
- 复杂设备驱动
- 微控制器

AUTOSAR 支持安全要求并提供安全规范（来源：AUTOSAR Release 4.3.0 功能安全策略概述）。

该文档分为以下几章：

功能安全机制：本章包含与防止汽车开放系统架构软件组件间的干扰有关的汽车开放系统架构功能安全机制。

- 内存：在应用软件开发和部署背景下，对汽车开放系统架构的分区机制。
- 时序：使用看门狗管理器的临时程序流监视机制和使用操作系统的时序保护机制。
- 执行：使用看门狗管理器的逻辑监管机制。
- 信息交互：使用端到端库及其扩展的通信故障检测机制。

功能安全措施：本章的主题是与安全相关的系统开发，具体包括以下内容：

- AUTOSAR 的功能安全措施，如可追溯性、开发措施和标准的更新。
- AUTOSAR 不进行具体的功能安全检测。
- 安全使用案例：使用 AUTOSAR 基于"前车灯管理"的典范安全相关系统。
- 安全扩展：在 AUTOSAR 模型和文档中如何用 AUTOSAR 元模型表达安全需求。

硬件诊断：本章包含的主题是在控制器所提供的功能是在可信的前提条件下，具体包含以下内容：

- 内核检测
- RAM 检测

AUTOSAR 安全规范特别考虑了 AUTOSAR 的处理方式和范围，包括基本软件和相关体系结构。使用中的安全指 AUTOSAR 软件的处理方式，而不是在使用最终系统中的典型安全。

时序层面与看门狗功能密切相关，因此对于 AUTOSAR 的系统高可用性和实时性是一个挑战。

4.7.2 航空无线电通信公司 653 标准接口（ARINC 653）

ARINC 653 是由航空无线电通信公司（ARINC）创建的航空电子标准——航空电子应用软件标准接口。ARINC 成立于 1929 年，是航空、机场、国防、政府、医疗、网络、安全和运输等八个行业的运输通信和系统工程解决方案的主要提供商。ARINC 已在警车和有轨电车中安装了计算机数据网络，并满足现场可更换单元的标准。

ARINC 653 处理与航空航天工业的特殊要求有关的计算机系统的虚拟化，其中的一个要求是计算机系统行为的可预测性。ARINC 653 的一个重要特性是为在同一处理器或内存上运行的各个应用程序分配资源（计算时间、内存等）。这确保了应用程序不会以非预期的方式相互影响。通过此功能，可以在一个 CPU 上运行具有不同认证要求的安全关键软件。应用程序编程接口（API）的定义也反映了航空电子模块化的趋势。

ARINC 653 提出了对联邦体系结构的改进。该联邦体系结构专用于数字飞行控制功能，例如自动驾驶、飞行管理、显示和偏航控制。每个功能都有其自己的计算机系统（单独的资源），并且这些功能可以通过有限的共享资源进行交互。它的优点是：由于对共享数据进行了限制，一个计算机系统中的故障不会轻易影响其他功能。

其缺点如下：

- 各个系统需要单独的硬件。
- 每个功能都有一个独立的计算平台。
- 开发和认证可在这些独立平台上运行的软件所花费的成本很高。

集成式模块化航空电子设备

集成式模块化航空电子设备（Integrated Modular Avionics，IMA）提供了以下内容：

- 所有的功能通过一个通用计算机系统解决；
- 具有减少功能之间故障的遏制力潜力；
- IMA 架构的操作系统是通过对空间、时间、输入 / 输出和通信的分区化设计的。

IMA 标准中提出的分区化设计方法是为了确保航空工业中的一系列安全性和实时性（图 4.72）。

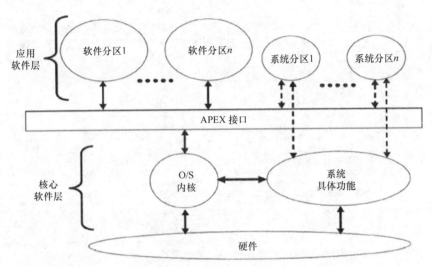

图 4.72　通过 ARINC 规范建立的逻辑实时操作系统结构

ARINC 653 定义了软件体系结构的通用结构，且该逻辑结构类似于实时操作系统。其包含以下基本元素：

- 硬件；
- 核心软件层，包括系统内核和特定系统功能；
- 应用／执行（APplication/EXecutive，APEX）接口（运行时环境）；
- 应用程序软件层，包括软件分区和系统分区。

在该规范中介绍了关键概念分区。分区为应用程序创建了一种容器，并确保应用程序的执行在空间和时间上的隔离。分区分为两类：应用程序分区和系统分区。应用程序分区执行航空电子应用程序。它们之间通过特定的接口——APEX 接口进行数据交换。其中，APEX 接口就是它们的运行时环境。系统分区是可选的，其主要提供 APEX 所不具备的服务，例如设备驱动或错误管理。系统分区可以处理其他资源，也可以处理独立于内核功能的控制器硬件，并且允许使用不同的 I/O 接口，包括独立的核心功能（图 4.73）。

ARINC 653 架构提供了：

- 基于 IMA 且严格支持鲁棒性的分区方法。
- 互不影响的硬件和软件开发。
- APEX 接口：实现更好的时间和内存分区。
- 健康监管：隔离故障并防止错误从一层传播到另一层（图 4.74）。

在 ARINC 653 中，基础软件被称为"核心软件"。

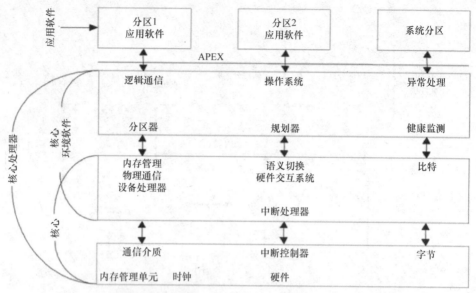

图 4.73 根据 ARINC 653 规范的硬件 - 软件架构的经典模块
（来源：ARINC 653 specification [17]，p. 11）

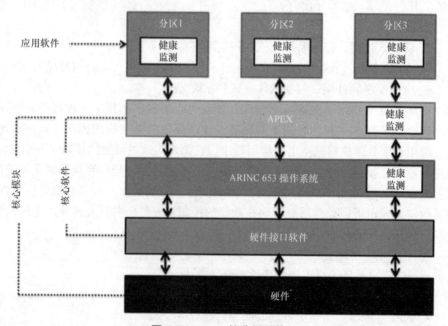

图 4.74 IMA 的分层结构

　　APEX 接口管理包含非周期性和周期性的激活过程。此外，每个过程都附加了一个称为"时间容量"的参数，这个参数定义了时间范围（最后期限）。在这个时间范围内，任务的一个进程必须完成计算。当这一进程开始时，最后期限被设置为当前时刻加上时间容量。操作系统会定期检查进程是否在指定时间内完成了处理。每个进程都有一个优先级。在每次重新规划事件的期间，操作系统始终选择处于"就绪"状态的最高优先级的进程来执行。分区间或应用程序间的通信是基于排队端口和采样端口通信单元来完成的。在系统集成期间，端口通过系统配置表中定义的通道进行连接。端口与模块内的其他分区或设备驱动程序通信，或在模块之间交换数据。

ARINC 653 的健康监视器是高级的异常处理引擎。其中定义了三种错误等级：

- 进程级别：影响分区中一个或多个进程。
- 分区级别：仅影响一个分区。
- 模块级别：影响这一模块中的所有分区。

分区级和模块级的错误均由一组过程来处理，而这些过程需要由系统集成商安装。在开发过程中，过程级别错误可以被解决。可以为每个分区注册一个单独的非定时任务，称为"错误处理程序"。当健康监视器检测到进程级的错误时，它会将其交给错误处理程序解决。

这些机制中的许多内容也进入了 AUTOSAR 标准，但分区和健康监控仍然是汽车解决方案中的挑战。ARINC 653 具有多种功能，这使 IMA 更适合于混合关键应用中具有多任务和多功能模式的安全相关实时系统（图 4.75）。

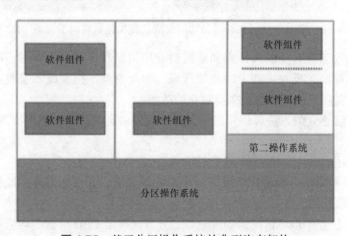

图 4.75　基于分区操作系统的典型汽车架构

一个典型的汽车操作系统通常在微控制器硬件的帮助下提供资源分区。内存保护系统只能借助适当的微控制器硬件来实现，虚拟内存管理等功能不允许用于安全关键分区。基于 ARINC 653 的分区操作系统提供以下功能：

- 单个通用计算机系统用于处理所有功能。
- 来自不同供应商的应用程序共享公共硬件资源。

– ECU 内的多封装环境。

– 空间分区：它确保分区中的软件组件不会改变或干扰另一分区中的软件组件。

– 时间分区：它确保软件组件不会影响其他组件从共享资源接收服务的能力（图 4.76）。

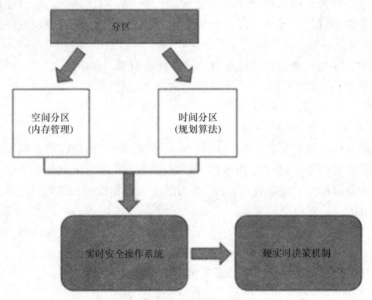

图 4.76 带空间分区和时间分区的集成式模块化航空电子设备（IMA）

我们的大脑存有反映人体感知系统的有序组织身体部位分布图，即通过大脑皮层的相邻神经元反映皮肤上的相邻区域。与此类似，控制设备需要这样的分隔才能安全地在同一控制设备中执行独立的功能。

有许多已建立的方法可以用来处理调度超限的影响，从而避免出现极端情况，其中包括：

– 最小化中断处理程序中进程规模。

– 分析周期帧内的最坏情况下的中断处理规模，并在必要时采取措施限制最大规模的中断处理。

– 分析任务中最坏情况的处理过程，并以此确定 CPU 负载平均值和峰值。

– 尽可能有效地利用基于优先级的调度，以便以尽可能确定的规则执行基本任务。

即使解决了所有潜在的调度问题并且系统正常运行，我们也无法验证其时间间隔的抗互扰性能。对于一些系统而言，这可能不是一个问题。但是，在处理混合关键性系统时，必须能够证明在较低关键性条件下运行的软件不会干扰为更高完整性级别分区而设计的软件的运行。

4.7.3　安全处理环境

安全运行环境用于需要安全限定符的安全相关的应用程序，其中，安全限定符用于显示相关数据是否为安全类应用程序提供了足够的安全完整性。

在任何与安全有关的固定或频繁的时间限制的情况下，至少需要实施与安全有关的时间监控器。该时间监控器可用于触发看门狗，以便通过关闭控制器使系统回归到安全状态。如果关闭控制器不能回归到安全状态，例如在发生故障的操作系统中，这种回归不会得到任何安全的反应。

在实时安全性要求较低的情况下，此类监视器可能会更改调度程序的周期，从而处理对安全至关重要的任务。在确定性更新的情况下（例如运行时环境中的传感器数据），该数据可用于识别延迟的信息。在这种情况下，应用程序可以提供足够的安全相关的功能，从而不会违反给定的安全要求。

在高实时性的安全系统中，时序安排必须受到监视。在许多应用中，如果较低的时间间隔始终要求控制器做出强烈的反应，那将是安全体系结构的问题。在发生错误的情况下，即使针对故障操作功能的受控确定性时序，也会导致违反安全目标，但微控制器的关闭不会对系统提供任何安全的反应。在这种情况下，微控制器的操作是唯一可能的解决方案。在飞机应用中，三重模块化冗余（Triple Modular Redundancy，TMR）系统是强制执行的标准。这些系统主要不对诊断和比较做出反应，而是基于三分之二（two out of three，2oo3）多数投票的原则。为了确保连续运行，即使在检测到故障的情况下，系统也会继续运行。这样被检测出缺陷的元素可以在恢复模式下运行（控制器重置后），在功能恢复后，这三个元素又可以继续控制关键安全执行器。挑战在于这种基于三分之二多数投票的原则的系统同步性很好，在时间延迟的情况下，投票者会得到太多不平等的结果，这通常不会导致关机，但会导致系统性能下降（图 4.77）。

这种典型的 AUTOSAR 兼容架构需要基础软件中的各种安全机制，例如：

- 端到端保护
- 诊断和监视功能
- 控制和信息流监视
- 故障处理（图 4.78）

为了避免对计算环境造成任何与硬件相关的影响，AUTOSAR 考虑了硬件抽象层（Hardware Abstraction Layer，HAL）和微控制器抽象单元，称为微控制器抽象层（MicroController Abstraction Layer，MCAL）。MCAL 通常是一个驱动程序，其提供对微控制器硬件元素的访问。HAL 提供：

- 滤波器
- 故障纠正机制
- 诊断信息

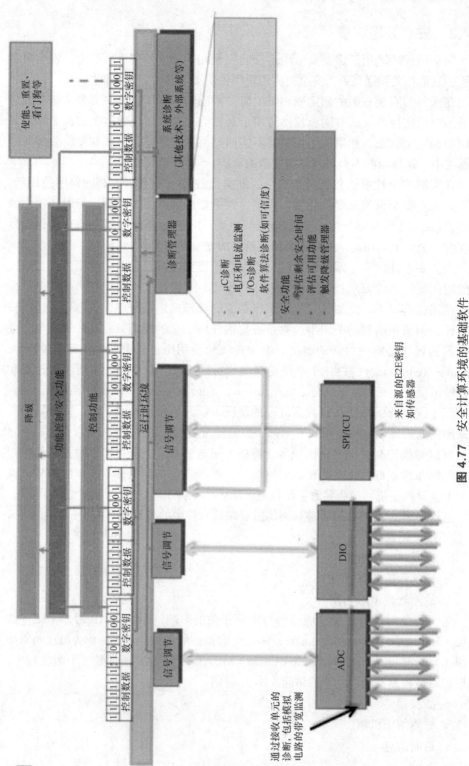

图 4.77 安全计算环境的基础软件

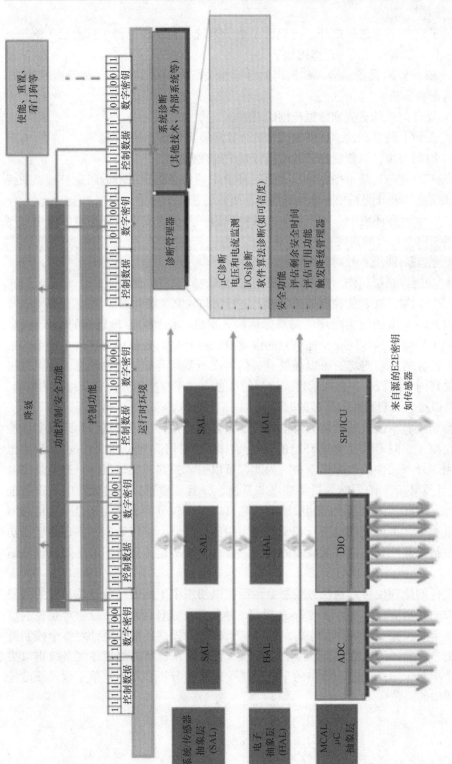

图 4.78 软件和系统抽象

除了这两个抽象层之外，还提出了一个系统（包括传感器）抽象层（System Abstraction Layer，SAL），作用如下：

– 来自外围设备、输入和输出信号等相关信号链中，任何系统元素的滤波、故障纠正和诊断。

– 物理信号的适应和数据范围的缩放。

– 逻辑上的合理性，以便为安全的计算环境提供正确的信息。

– 时间同步，以便仅在公共时间背景中处理数据。

在 AUTOSAR 规范中，可以为运行环境中的信号指定足够的限定符，以便将诊断和监视结果分配到"安全处理环境"所需的任何信息中。

在安全计算环境中，基于系统性故障原因，为构建安全计算环境的应用程序层提供了以下几层的建议：

– 控制功能层，针对预期功能。

– 功能控制层，作为控制功能层的监视器，监视系统性故障。

– 回归层，在功能控制层的基础上进行回归控制（图 4.79）。

因此，安全的硬实时环境需要标称输入信息（例如来自传感器的输入信息）和提供关于输入信号的完整性信息的限定符，并且还需要提供时序信息的第二限定符。这样的第二限定符可以提供有关信号在所需时间间隔内的信息，还可以提供有关其同步的信息，例如延迟或过早的信息。对于与车辆方向安全相关的控制，甚至可以提供来自检测传感器的时间戳（电信号的来源）（图 4.80）。

特别是，不能仅通过电力电子监控器来监控感知，还需要进行物理真实性检查或投票。在具有安全计算环境的现场可编程逻辑门阵列（FPGA）中，投票机制也用于外围元件的故障诊断中。为此，可以引入投票或比较层，以避免故障对"安全计算环境"的影响。投票速度非常快，并且通常可以通过无源电子设备进行设计。因此，此类高度时间敏感的信息可以实现较低的确定性延迟。在传感器开发过程中，不可能确定所有相关的应用用例。因此，可以确定并实现传感器功能，包括稳健性和控制可能故障的能力，但是无法确定传感器不能感知或测量的内容。

这样的原理也可以在任务级别上运行，以便三个不同的任务提供足够的与安全相关的控制信息，并且通过 2oo3 投票，执行器（或任何输出）能够提供控制信息。在单个微控制器应用程序中，这种基于软件的投票不能解决针对整个控制器的影响，例如，闪电会立即摧毁整个系统。但是，系统所需的硬件冗余级别取决于整个项目（道路交通环境中的车辆系统）的系统分析，而不是单个软件或微控制器架构的问题。

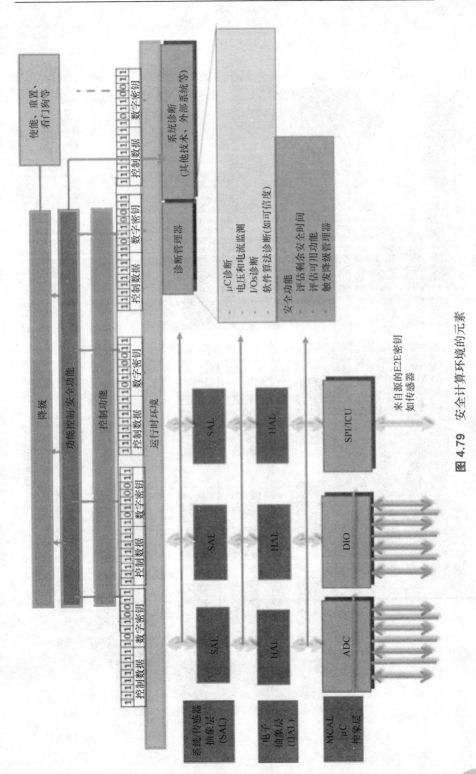

图 4.79　安全计算环境的元素

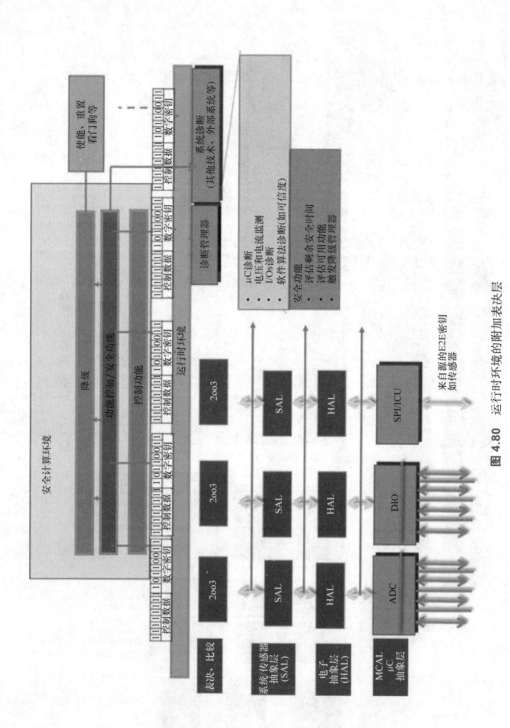

图 4.80 运行时环境的附加表决层

4.7.4　预测健康监视

在其他行业，特别是航空业和其他运输系统中，航空航天业如何寻找错误机制和因果关系的 1：1 分配的替代方法是一个重要的问题。有人试图从医药学中寻找答案，并遵循预测和识别症状的原则。在一些专家中，有人提出了 PHM，通常指：

- 预测健康管理（Predictive health management）
- 预后健康管理（Prognostic health management）

在许多文献中，字母 M 还可以表示"监视（Monitoring）"。

在自动化工厂和机械工业中，类似的原理用于：

- 状态监视
- 预测性维护
- 预测性机器健康监视

他们的动机是基于早期的故障检测，如识别由于压力引起的老化效应等。此外，先进制造取决于跨空间边界地从机器和过程中及时获取、分配和利用信息。这些活动可以提高预测资源的需求和分配，维护计划以及设备剩余使用寿命的准确性和可靠性。作为新兴的基础架构，云计算为实现先进制造的目标提供了新的机会。其采用了成熟的原则，例如预测理论、技术和项目，以及新兴的云基础架构所带来的未来增长。云计算所涉及的技术受到广泛运用，且这些技术对于基于云的制造预测产生了很大影响。

基于状态的维护和预测性维护是两种维护策略，旨在优化设备效率并减少设备生命周期中的服务时间和成本。状态监视（Condition Monitoring，CM）是对多个参数（例如设备振动和温度）的监视，以识别潜在的问题，包括未对准、轴承故障或任何其他与设计相关的可能会导致故障的动态影响。例如，当振动分析显示旋转设备组件的谐波频率发生变化时，状态监视工具可以提供设备退化信息等；根据振动测量和传声器的噪声数据等的频率，发现系统可能存在的缺陷。

机械中的连续状态监视技术应用于多种设备，例如压缩机、泵、主轴和电动机，并可用于识别机器上的局部排放或真空泄漏。预测性维护是基于状态监视、异常检测、分类算法的，并集成了预测模型，该模型可以根据检测到的异常来估计剩余机器的运行时间。这种方法涉及了广泛的工具，例如统计分析和用于预测设备状态的机器学习。

在航空系统等高可用性系统中，预测健康监视通常还用于对下列输入的诊断：

- 预防性资源使用
- 系统和性能的退化
- 跛行归家情景的初始化

预测健康监视通常包含各种特点和功能，包括：

- 健康频道（检测及物理监视）
- 模式（相关的阈值和限制）
- 触发有效事件的条件
- 相关性表述（因-果关系和其他基于输入的结果）
- 执行器或深加工活动的规则和结果
- 执行器的行为或跟随数据处理行为等

这样的序列通过多通道异构动作提供了结构化的实现和大量健康通道的处理，从而影响了系统的行为。

健康通道要监视的典型效果如下：

- 故障、错误和失效的检测
- 系统及通信设备等提供标称性能的能力
- 偏移设计的检测
- 环境数据（温度、电磁兼容性和压力等）
- 系统干扰（噪声等）
- 对动态系统的序列、条件、模式和状态的监视
- 脉冲波形监视
- 序列和同步性监视
- 频率、累积和拐点的测量
- 鲁棒边界的测量
- 安全、隐私和权威政策的监视
- 可用性或使用频率的监视
- 安全屏障的监视、完整性监视和其他分离机制的监视
- 截止时间监视、时序限制或时序相关的政策（还有状态、条件或操作模式的持续等）
- 针对复杂软件算法特性的服务质量监视，例如对人工智能、机器学习和带有商用现成技术的软件等

预测健康监视使用数据流和控制流监视等类似的原则。它能够集成使能、重置、故障处理和看门狗管理等功能（图 4.81）。

在医药工业中，下列循环经常使用到：

- 监视
- 分析
- 执行

在人机界面中，其包含着带有双倍运动的更大循环：

- 对（病）人的监视
- 相关数据的获取

- 数据处理

- 状态评估

- 诊断性测定

- 健康预兆测定

- 退化

- 决策支撑

- 对人体（病人）效果的监视

这些循环遵循了与技术系统非常相似的顺序。在高度可用的系统中，最重要的任务之一是对系统的评估。主要包含这样的信息，即用于"确定功能"的资源和要素仍然可用。"确定状态"不再是复杂系统中的弱状态。因此，此信息将对应于系统最高安全完整性步骤的要求。

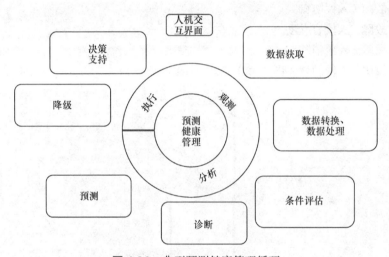

图 4.81　典型预测健康管理循环

4.7.5　安全和保障错误传播

安全性和可靠性遵循类似的原则来进行故障分析。特别是，相关故障及其分析表明：故障、错误、失效或失效原因、失效模式和失效影响的典型顺序并不总是适用的。类似的挑战正在影响安全分析。控制不同安全性线程（如完整性、机密性和可用性）的措施显示出与它们的可能效果和有效性不同的关系。黑客们使用预期功能来引入特洛伊木马或伪装的消息。在状态机的动态系统操纵中，黑客们的攻击条件是众所周知的威胁或安全性缺陷，以及在安全性中可能的故障情况。在闭环控制系统中，对反馈的操纵还可能导致执行器发生明显的危险行为。

Deep Medhi 做过一个主题演讲，并介绍了一个通用的"可靠性和安全性模型"。在故障级别上已定义了可能的威胁（主要是针对安全性的），以便防止进一步传播导致错误、故障和事故。在这种情况下，也必须考虑对数据的未经授权的访问和不可用的数据。

安全被定义为"属性"以及其他品质特征，例如安全性、可用性、机密性、完整性、隐私性、真实性、性能、可靠性、鲁棒性、弹性、可生存性和可维护性。在采用"RAMS 方法"（Reliability 可靠性，Availability 可用性，Maintainability 可维护性，Safety 安全性）的铁路标准中也有类似的考虑。在失效模式与效应分析（Failure Mode and Effect Analysis，FMEA）中，典型的错误传播也遵循类似的方法：

- 失效原因
- 失效
- 失效影响

在 FMEA 中，典型的措施如下：

- 故障 / 入侵防御
- 故障 / 入侵容忍度
- 故障 / 入侵消除
- 故障 / 入侵预测（图 4.82）

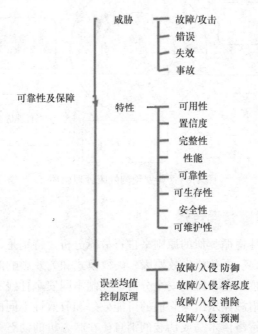

图 4.82 可靠性和安全性模型（来源：Deep Medhi，Proceedings of 7th International Workshop on the Design of Reliable Communication Networks，DRCN 2009，Washington，DC，October 2009）

这表明可以运用类似的安全和保障的方法，但是不会直接存在一一对应的关系。

保障性分析与安全性分析是相似的，正如同可靠性分析与安全性分析之间的关系。通过考虑这些经过充分检验的分析原理，可以检查系统或产品中存在的各种威胁、严重影响或察觉任何其他非预期事件。

4.8　软件强化工具开发

典型的瀑布过程始终是工具开发的基本过程。与安全相关的产品开发的整个开发周期中都使用了工具。在开发过程中，从最初的想法到产品退役，都需要使用工具。即使是由于责任原因，也需要将整个产品生命周期记录在一个足够的数据存储系统中。在开发过程中，我们使用工具进行以下活动：

- 架构和设计工具，电脑辅助工程
- 需求工程 / 管理
- 可靠性或安全分析
- 开发和生产阶段的验证和测试
- 建模、仿真和认证
- 文件处理、归档和管理工具
- 变化、结构、版本、问题解决管理等
- 软件工厂和软件测试

这些工具是为失效和黑客攻击提供了重要途径。黑客可以在产品中植入特洛伊木马程序，同时产品文档也为黑客提供了有关如何攻击产品的完美信息。然而，在整个产品生命周期中，直到产品维护，适当处置或报废之前，都需要系统的文档记录。

ISO 26262 提及了影响失效的来源，但没有提到由于错误地使用工具引起的因素。航空业将工具影响作为开发周期中的一项主要活动。重新制定的航空电子软件安全标准 DO-178C，以及其补充的软件工具认证注意事项（DO-330），已阐明并扩展了 DO-178B 中提供的工具认证指南。针对不同工具应用程序，DO-330 运用各种用例来解决了这些问题。只要没有发生任何会影响认证的变化，针对先前认证工具的特定指南就可以重复使用认证工件。它考虑了以下几种情况：

- 重复使用以前合格的工具，无须进行任何更改。
- 例如，在某工具用于相关项目或在现有项目的多个阶段使用中，开发人员需要在计划中确定方法和理由。
- 工具操作环境的改变。
- 开发人员需要更新一个或多个计划，但是大部分原来的认证工件可以按原样重复使用。认证机构只需要审核与操作环境相关的更新过的工件。
- 对于工具本身的改变必须提供变更影响分析，而工具重新鉴定仍然具有较低的成本，本质上仅要求进行与变更或受变更影响的方面相关的鉴定活动。关键是要能够准确确定并指定已更改的内容以及这些更改产生的影响。或者也许更重要的是指定不受变更影响的内容。

新标准显示了工具开发周期的重大变化。该工具不能被视为独立的开发步骤，且应该将它嵌入目标产品的开发周期中。工具的应用背景很大程度上改变了工具的安全需求，包括：

- 工具处理
- 误差处理
- 可用性
- 集成

对该工具的验证和认证需要与正在开发的产品相同的背景，其了解目标系统（System-of-interest，SOI）的整个生命周期（图 4.83）。

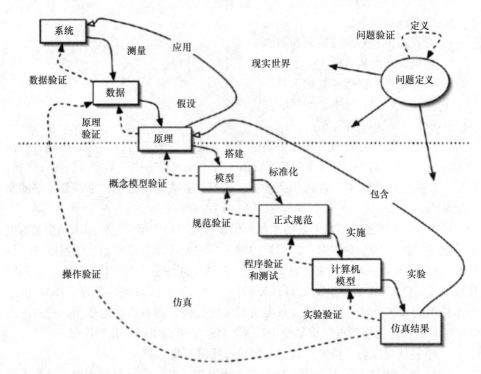

图 4.83 改良的认证过程（来源：Process-Oriented Analysis and Validation of Multi-Agent-Based Simulations，Nicolas Denz，Dissertation，2013）

许多工具需要遵循专门的过程，尤其是用于建模、仿真和验证的工具。这些工具需要被引导并融入到经典的开发过程中。尼古拉斯·丹兹（Nicolas Denz）的论文提供了一个有趣的瀑布表达形式，显示了各个方面。图 4.83 显示了各种成熟度活动，从系统到"模拟结果"，以及自下而上的验证和认证步骤。

4.9　验证与确认

在产品研发的过程中，如果开发活动依赖于前一环节的输入时，ISO 26262 通常要求先进行验证。在开发流程模型——V 模型的前半边，我们始终需要在水平抽象交互处进行验证。

在这个背景下，验证这一过程被视为完成了更高级别的活动，而较低级别的活动往往从需求分析开始。ISO 26262 还考虑了不同的测试，特别是在较低水平抽象级别中的测试，尤其是在组件设计期间将其作为验证方式。但是，从方法上讲，基于较高级别上正确推导的方法将需要进行确认。但是，重要的是有关正确性、完整性和一致性的验证是基于相同的验证方法。而在验证之前，可能分配工作已经完成了。这就意味着对于验证的需求已经分配到各个基础级别的元素中去了。在这种情况下，需要对两个级别的关系进行分析。仅当验证结果是完美无瑕的时候，验证才会开始进行过程迭代。根据验证期间的误差评估方式以及验证迭代所采取的措施，我们需要返回到之前相应的活动中去。这可能是同一水平级别内的需求、结构体系、设计或试验用例规范，也可能跳回到另一个水平级别。例如，从组件级别跳到系统，甚至车辆级别，以便产品的变化能够影响安全目标。需求验证期间的第一项任务应该是需求分析。

因此，存在的问题是：是否较低抽象级别的要求是从较高级别的要求衍生而来的？或是从较高抽象级别的约束、体系结构或设计（包括其背景）中衍生而来的？

需求验证不足以充分说明验证的重要性，我们需要进一步地用半正式或正式的描述来回答有关以下方面的典型验证问题：

- 正确性
- 完整性
- 一致性

通过确保后期保障或安全案例的可追溯性的方式来实现上述验证问题。

但是，在将这些信息传递给此信息的其他用户之前，应先对其进行测试或验证。这表明完成产品有许多不同的方法。最基本的是，我们应该区分需求规范和设计规范。但是，关于如何表述这两种规范类型，存在着不同的表现形式和定义。此时，需求规范应提供一般性的条件，这些条件是设计的基础。设计规范描述了已实现的特性，这些可以通过产品对其进行测量。需求规范给出产品应该是什么样的答案，设计规范定义如何设计产品。现在，我们也了解到了过程模型的功能局限。

是否验证这一过程仅仅发生于需求的发展过程中？是否在产品实现之前需求的发展就已经完成了？答案显然是否定的。即使验证结果被认定且产品很好地满足了所有需求，在使用的过程中总会出现新的未经充分考虑的方面。

此外，在这种情况下，稳定的迭代环将形成。由于现在的创新周期特别短，产品通常只有经过几年的使用和迭代才能逐渐成熟，并且对产品的每一次改变都将对产品的其他特性造成威胁。当然，当涉及产品的安全属性时，这一点是无法令人接受的。确实，缺乏经验的开发团队通常不知道影响因素，但是经验丰富的团队也可能做出错误的假设。不幸的是，上述做法本身也存在一定的危险性。如果根据给定的过程，系统性地开发需求且合理地得出需求，那么已知的影响因素将被涵盖在设计过程的考虑中。如果经验丰富的人对这些进行分析，则会涵盖超出设计人员的要求和经验方面的部分。在验证方式方面，也可以通过测试计划者来整合一定程度的经验。另外，通过进行单独的系统分析或验证，可以将互补的影响因子考虑在设计之中。然而，很难保证，甚至不可能确保所有影响因素都将被考虑在内，或者所有应用场景和相关条件都考虑到。如果我们现在有一个针对每个需求的测试用例（根据从 SPICE 或 Automotive SPICE，CMMi 等衍生的过程模型），而且其表明该需求被很好地满足了，那么就一定会有人质疑相关测试的重要性。需要进行多少测试将取决于多种因素，甚至在于尽职程度。基于此，在抽象级别处理过程的开始就已经进行了需求分析。需求和设计规范应以一种方式正式存储起来：需求中实际上只有一个参数，然而通过进一步地推导设计信息，可以开发出更多的参数。否则，将无法为较低级别的设计提供足够的信息。最简洁的示例展示在硬件 - 软件界面上。微控制器的设计提供了基本的软件要求，而不是高级别的要求。因此，ISO 26262 需要验证所有的软件需求，但是又不能够直接从分配给软件的系统需求中得出它们。微控制器的所有基本结构都必须包含在硬件 - 软件接口（HSI）的要求中，该接口通常无法满足对于软件组件的相关系统要求。这是一个非常简洁的示例，但绝对不是异常的例外。

除了安全性分析和测试，对于正在开发中的产品的安全性是否成熟，还需要进行越来越多的验证。在每个组织接口和所有水平接口以及各元素之间，应在开发结束时验证所有特征。通常，验证可以证实需求是否得到满足。从方法论的角度来看，只有通过认证才能知道目标是否达成。通过评估较高等级的需求或它们的正确派生得出的较低级别需求的约束，来验证需求的正确性，这一过程被称为 ISO 26262"认证"。

4.9.1　对安全和保障等多样化目标的验证

在开发周期的不同步骤中，产品的设计、体系结构甚至需求都应与产品的任何特征或功能保持一致。完整性和正确性是评估一致性的一般基础。如果设计、体系结构或需求是不正确的或不完整的，则任何更正或增加的特征都可能违反一致性的要求。

　　对于安全和保障等多样化目标，是否可以一步就完成其完整性或正确性的验证，是值得怀疑的。因此，在验证其共同的一致性之前，两者都必须完整且正确。如果安全机制和保障机制相互阻碍，那么该机制可能导致既不安全也缺少保障，或可能是两者的折中。但这常常违反诸如性能、可用性或其他特征之类的目标。

　　图 4.84 可作为联合概念开发过程的示例。

过程步骤	安全活动	保障活动	共有活动
工具认证	根据 ISO 26262	分析保障影响	协议的措施
开发环境保障	基于开发和产品的保障约束的安全活动规划	为开发和产品的保障概念的发展	检查措施的足够性
项定义	系统边界分析	授权概念	
危害分析及危险评估	危害鉴定和 ASIL	威胁鉴定	
功能安全概念	安全措施和分配	措施定义	
FSC 认证	措施认证	措施认证	评估措施间的兼容性能力
系统规范 / 架构	定义需求、架构、行为和内部接口	需求和实施概念	产品架构中的安全机制分配
分析	归纳与演绎	效力分析	对所有功能和机制的故障分析
系统 - 设计	为组件定义系统、参数以及需求	保障机制的演化和分配	对措施间的兼容性能力的认证
组件需求认证	为组件认证标准的可行性、完整性、正确性和一致性	为组件认证需求的可行性、完整性、正确性和一致性	分析需求间的一致性
组件规范 / 架构	定义需求、架构、行为和内部接口	需求和实施概念	对组件架构中的安全机制分配
组件分析	归纳与演绎	效力分析	对所有功能和机制的故障分析
组件 - 设计	对组件的组件定义、参数以及需求定义	保障机制的演化和分配	对措施间的兼容性能力的认证
实施 / 布局 / 实现前的组件认证	在实施前对需求的可行性、完整性、正确性和一致性认证	为实施前对需求的可行性、完整性、正确性和一致性认证	对需求间的一致性分析
实施 / 布局 / 实现	按细则实施	按细则实施	认证规范服从的实施
集成 / 测试	根据规范的测试	根据规范的测试	各机制间的兼容性和有效性的能力测试

图 4.84　安全与保障的验证

其中，共同的活动是验证的重点，以保证活动和结果是：

– 一致的

– 正确的

– 完整的

对于共用资源的使用以及共存，包含：

– 预期功能性

– 保障

– 安全措施

这种共存是集成活动和相关测试计划的主要计划方面。

4.9.2 确认

在其他标准中，确认有着更广泛的定义，而在 ISO 26262 中确认仅被视为"安全确认"。在安全确认或其他确认活动背景下，我们需要区别对待不同的确认。此外，ISO 26262 中的安全确认是一项特定活动，也是针对验证活动的话题，即将确认视为一种方法。通常，确认被定义为对目标的确认，需要一般有效性。有人说"确认是可重复达到目标的证明"。ISO 26262 进行了车辆级别的安全性确认，但安全确认不被视为一项单独的活动。安全确认应伴随整个安全过程，直到开发阶段结束。ISO 26262 的功能安全概念中一个有趣的方面，即第 3 部分中关于"确认标准"的发展。其他标准，尤其是类似的法规，从更广泛的角度考虑了确认。它们认为确认应对整个开发过程中所有的开发需求都提出质疑。在任何开发步骤中，确认都将成为迭代活动。这些步骤指螺旋过程或汽车典型先进产品质量计划（Advanced product quality planning，APQP）活动的固有部分。在汽车行业中，我们经常可以看到以下定义：

"客户的需求被确认了，而产品和技术规范等的需求则通常被验证。"

"确认"一词在各个行业中的使用具有很大的不同。下列各方面的不同应用与"确认"一词相关：

• 拉丁语：validus，意味着强壮，有效，健康。

• 有效性：陈述、研究、理论或假设的权重。

• 确认是与智力障碍患者沟通的一种方法。

• 确认：证明活性物质的过程，系统和 / 或生产可以重复地满足实际使用中的要求。

• 对半导体的确认表明，可以根据规格进行生产。

• 确认：大型项目及其可持续性报告的外部证明。

• 在计算机科学中，确认是系统满足实践要求的证明。

• 确认：一种方法或程序，是对关于标准验证的确认。

- 对于统计值的有效性和合理性的确认或测试。
- 方法确认证明了一种分析方法是适用于其目的。
- 确认通常是描述一种统计证明。
- 教育程度的确认。
- 模型确认表明，通过模型来开发的系统反映了足够精确的现实。

4.9.3　基于自动驾驶认证方法 VMAD 的确认

自动驾驶确认方法（Validation method for automated driving，VMAD）是联合国（UN）ECE WP.29 中的一个工作组。

基于"自动车道保持系统（Automated lane-keeping system，ALKS）"的新规定，他们遵循了新的确认方法。

在文中，他们确定了他们的目标：

该文章是由欧盟委员会的 2a 小组起草，根据 VMAD 上一次会议提出的部署（为什么、是什么和怎么办）描述"审核 / 虚拟测试 / 使用中的数据报告"支柱的概念。它在支柱下将现阶段确定的可能需要的主要组成部分作为附件包括在内。另一篇论文提出了联合国新的 ALKS 法规的附件草案。

为什么

通过自动驾驶，可以将可能的（交通）情况与当前的驾驶员辅助功能（例如防抱死制动系统或高级紧急制动系统进行比较。由自动驾驶系统管理的情况的复杂性也将增加，因为该系统将负责整个动态驾驶任务，特别是环境监控以及与其他道路使用者的交互，而在驾驶员辅助系统中这些都是由驾驶员进行处理的（图 4.85）。

因此，仅基于一组预定义的物理测试的"经典方法"已不能满足要求。仅基于测试轨道上有限的"代表性"测试集不可能证明系统的有效性能。

是什么

除了预先定义的物理试验外，我们还需要汽车制造商在展示自动驾驶系统的发展和设计过程中对于功能安全（由于可能的系统失效导致的安全问题）和操作安全（由于其他非失效原因导致的安全问题，例如感知问题）的可接受程度。同时需要他们保证，他们将在整个车辆生命周期内（开发阶段、生产阶段、后生产阶段、运行阶段和报废阶段）持续关注和解决安全问题。现在已经存在用于功能安全性的行业标准（ISO 26262），也有针对操作安全性的行业标准正在进行开发（ISO PAS ISO/PAS 21448 和 UL 4600）。

怎么办

制造商将被要求通过文档、物理测试（在轨道和路上）和 / 或虚拟测试来证明：

1）与系统相关的危险和风险已经被确定，并且已经制定出一致的安全设计概念来减轻这些风险。

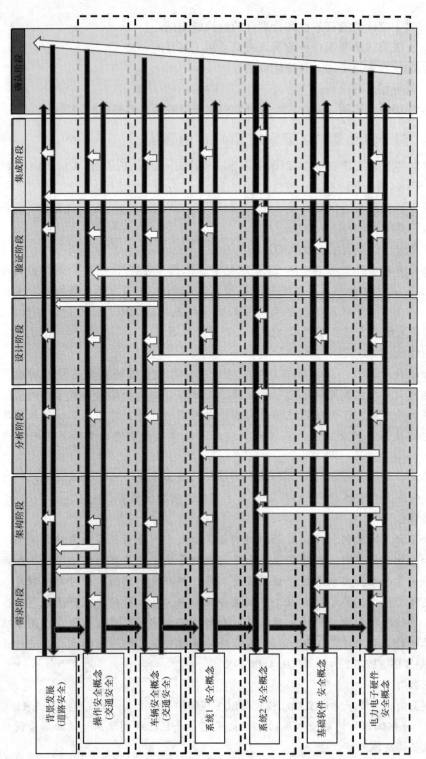

图 4.85　确认阶段

2）在车辆上路前，一个鲁棒的设计确认过程（虚拟测试、轨道测试和实际驾驶测试）已经证实，该系统符合法律性能要求和交通规则，并且不会对驾驶员、乘客和其他道路使用者造成合理的安全风险。

3）鲁棒的流程/机制/策略（安全管理系统）都已到位，以确保整个生命周期（包括开发阶段、生产、道路运行和报废阶段）的持续安全性。例如，制造商应具有监控其制造的车辆的事件/事故的流程，并在发生事故时做出适当反应。

根据制造商提供的证据，主管部门将能够审核/评估制造商的设计、确认和安全文化在功能和操作安全方面是否足够稳健。当局还将能够通过针对性的物理测试（在轨道和路上）和虚拟测试来检查车辆是否贯彻了设计安全性概念。

来　源：VMAD-05-05，UN ECE link：https：//wiki.unece.org/pages/viewpage.action?pageId=60361611

VMAD 工作组为各种活动建立了保护机制，例如：

- 危害和风险管理的确认
- 设计确认
- 过程确认，包含审计和评估等

它解决了"虚拟开发"和"虚拟测试或验证"的虚拟方面。它还致力于解决了既有的安全标准，其应提供方法论框架。一个主要方面是整个功能和相关信号链的时序。来自日本委托研究的论文给出了对该目标的独到见解（图 4.86）。

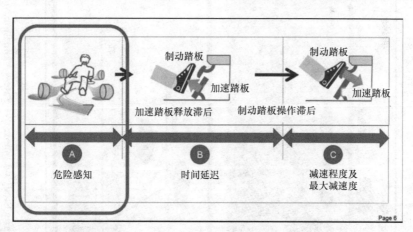

图 4.86　紧急情形的时间分化（来源：Safety Criteria Study on Innovative Safety Validation Methods of Automated Driving System，UN ECE，VMAD，2019）

在自动车道保持系统（ALKS）的低速场景下，驾驶员模型仅需要制动控制避障能力。这一驾驶员模型被分解为以下三个部分："风险感知""时间延迟"和"减速度和最大制动力"（图 4.87）。

他们认为正常制动和紧急制动之间存在明显的时间差（图 4.88）。

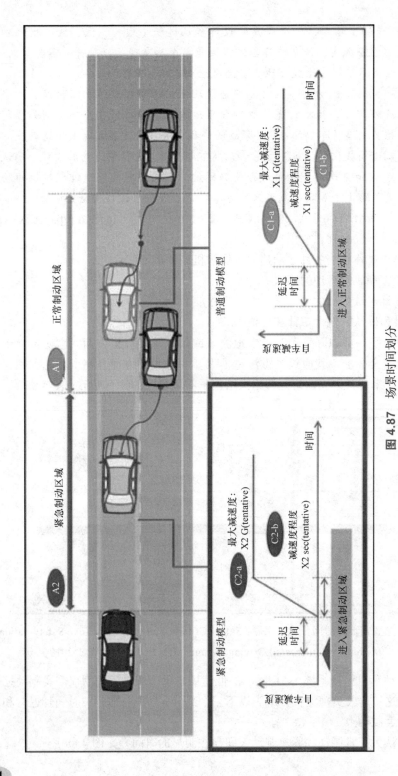

图 4.87 场景时间划分

（来源：Safety Criteria Study on Innovative Safety Validation Methods of Automated Driving System，UN ECE，VMAD，2019）

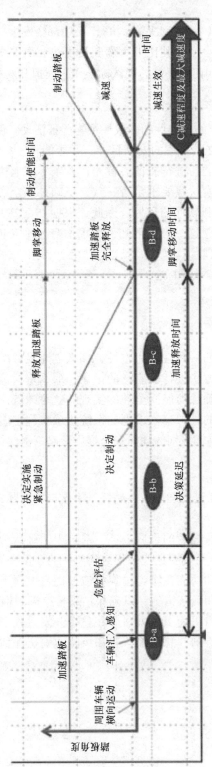

图 4.88 时间链和人类驾驶员的相关动作

（来源：Safety Criteria Study on Innovative Safety Validation Methods of Automated Driving System，UN ECE，VMAD，2019）

在人的每个驾驶过程（"感知 - 决策 - 执行"）中都会发生"时间延迟"。

在这里并不是要争辩自动驾驶比人类驾驶员更快、更安全，而是它应该演示如何开发驾驶场景，以及如何将评估的确认标准用于虚拟开发和测试。

4.9.4　ISO 26262 安全确认

ISO 26262 将验证要求的正确性和一致性视为验证活动。例如，检查目标是否已实现，这包括确认 ISO 26262 中的安全目标；是否能将 SW 安装到微控制器中，这一测试通常在电路集成之后进行验证。首先，有条不紊地检查中间步骤是否符合高层级别的要求，并核实这些要求是否一致、正确并完全实现。第二步，检查是否已实现安全集成硬件和软件的目标。因此，根据 ISO 26262 中的组件要求得出技术安全的功能安全概念这一方法可知，要求本身才是真正急需的。在此 ISO 26262 也将该活动称为要求验证。

基于基本验证的主要确认目标有：

- 目标已达到；
- 需求是正确的；
- 很好地满足了需求。

如果这能够促使推理的一致性和完整性，那么创建足够的透明度也不存在问题。如果对使用的活动和方法进行了广泛的记录，那么审核员可以确认活动的适当性，且评估人员应能够确认功能安全性的实现。这意味着，所有的验证过程都是对特定车辆或车辆类型的某一车辆级别的系统正确实施了所有相应要求和规范的确认。安全确认应该为车辆级别的功能安全提供最终论据。

4.9.5　确认阶段

基于许多确认标准正在进行确认，并始终基于这样的问题：需要多少中间"目标"（图 4.89）。

而确认阶段是集成阶段之后的最后一项。箭头表明确认为所有先前阶段提供了反馈。因此，验证和确认活动要迭代地集成到产品的开发流程中去（图 4.90）。

在开发过程中，系统和功能在实施过程中应遵循自上而下的原则。任何新的抽象级别都需要进行验证和确认措施，以确保结果可追溯。根据 V 模型方法，集成和并行验证措施应遵循自下而上的方法。在整个开发过程中，风险管理会评估当前的风险降低程度，最终的"总体确认"和风险或安全评估将确保"目标"的实现。

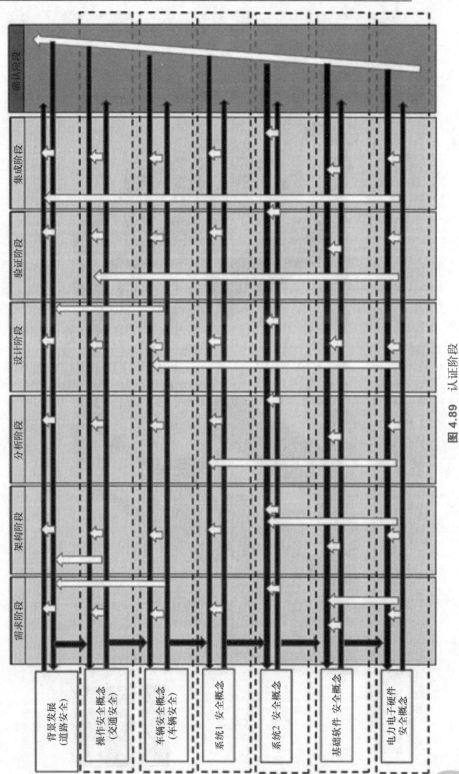

图 4.89　认证阶段

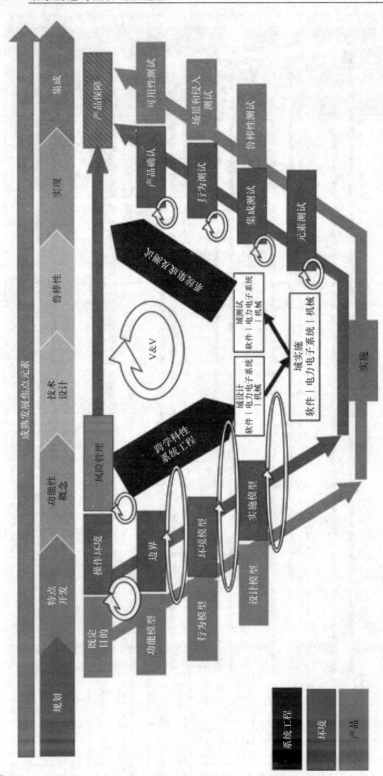

图 4.90　包括 V&V 模型及风险管理的开发流程

参考文献

[1] ISO/IEC/IEEE. 2015. Systems and Software Engineering—System Life Cycle Processes. Geneva, Switzerland : International Organization for Standardization (ISO) /International Electrotechnical Commission (IEC), Institute of Electrical and Electronics Engineers. ISO/IEC/IEEE 15288 : 2015. The second definition is an expanded version of the ISO/IEC/IEEE version.

[2] von Bertalanffy, L. 1968. General system theory : Foundations, development, applications, revised ed. New York, NY : Braziller.

第 5 章　组织的视角

事故是一类不良事件，其中有许多原因。对个人来说，什么可能算是坏运气（在错误的时间出现在错误的地点）？分析表明，事故是指一系列几乎不可避免的遭遇、失败和错误导致特定的不良事件。这些原因可以分为以下几类：

- 直接原因：由受伤或身体欠佳所导致（刀片、物质、灰尘等）。
- 潜在原因：不安全的行为和不安全的条件（防护罩被移除，通风关闭等）。
- 根本原因：由其他所有失败导致的失效，常发生在离不良事件比较远的时间和地方（例如，不能正确定义训练的需求和评估的能力，对风险评估的重视程度低等）。

为了防止不良事件的发生，我们需要提供有效的风险控制措施，解决直接的、潜在的和根本的原因。

人类在重大灾难中的作用已得到广泛承认，相关研究表明：人为失误是事故发生的主要原因。对塞维索、三里岛、博帕尔和切尔诺贝利等工业灾难的事故分析证实了这一观点。导致系统灾难的人为失误可以分为两种：

- 主动错误
- 潜在错误

主动错误的影响几乎是立竿见影的，而潜在错误可能在系统中潜伏多年，然后再由主动与局部问题和其他故障结合起来，造成影响更大的事故。

主动错误更有可能是由直接参与过程的人造成的。潜在错误往往是间接参与的人员造成的，他们有时甚至没有意识到自己的错误和因自己的过失所产生的后果。

操作过程中产生潜在错误的原因通常是：

- 时间压力
- 人员不足
- 设备不足
- 人员疲劳（材料疲劳是另一类）

以上错误能产生其他潜在错误：

- 开发过程中
- 生产或指令过程中

材料失效属于开发过程的失败，原因如下：

- 选错材料
- 用户配置文件与相应的配置文件未对齐
- 意外的环境影响造成了材料的老化加速
- 材料的生产或加工不足
- 在维修过程中损坏货物等

这就是当今安全相关设备的开发过程需要采用生命周期方法的原因之一。

5.1　事故研究

我们主要依赖经验生产安全的车辆和制定必要的道路交通规则。

然而更值得注意的是，对风险进行分类比对经验进行分类更有意义。

- 评价一个事故的严重性主要是基于事故所带来的损害以及所涉及的其他事件。改进的根本驱动力是为避免再次发生事故，造成大量人员的伤亡。
- 媒体曝光只是引发舆论，除非不再发生任何事故。如无人员伤亡和事故发生，则无权要求赔偿。如何预防此类值得注意的事件以及控制这类事件发生的频率，是实地监测的重点。这可能很大程度上取决于现场监测的质量。
- 在以普通法为主的国家，如美国，道路交通损害往往是在地方立法（市、县或州法）甚至私人（受害方和造成损害方）水平上进行控制的。这些国家的法律可以提供建议，但都没有像德国道路交通法和衍生的立法那样详细的规定。消费者保护组织的预防性立法和建议是流畅的，但往往也是冗余的，以至于无法追溯到它们的起源。许多安全措施只是在实践过程中表现优秀，但并不能究其原因和区分优异程度。

这些问题对工程组织有着重大影响。汽车制造商对道路交通环境下的整车负责，不仅有义务保证车辆的行驶性能，还要负责将各种系统或部件集成到汽车中。通常，由汽车设计、指令和生产产生的风险责任通过汽车制造商和供应商和分包商之间的合同而有效拆分开。

事故研究很早就成为道路交通的一门重要科学（图 5.1）。

在 20 世纪 30 年代初期，人们就已经注意到事故的显著增加。道路交通救援成为减轻事故后果、挽救伤者生命的重要措施。零事故在当时已经是目标，但社会只能承受事故的不断发生（图 5.2）。

Frank E. Bird 等人扩展了 Heinrich 金字塔，主要扩展了不安全行为和侥幸逃脱等方面。由于不安全行为和失误也成为了研究的范围，事故和事故预防成为了该方面的重点。

在金字塔的分析中，经常讨论的问题在于：各层的事故数量或死亡人数是否存在一个固定的比例？大量的研究表明，我们可以通过定义层级接口，比如如何切割、如何划分主次，来使模型具有代表性，使主流的观点得到证实。

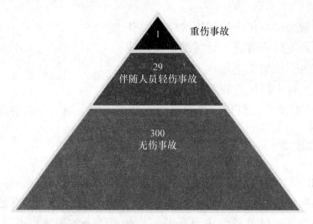

图 5.1　1931 年，赫伯特·威廉·海因里希（Herbert William Heinrich）在他的著作《工业事故预防：一种科学方法》（Industrial accident prevention : a scientific approach）中首次提出了这种关系

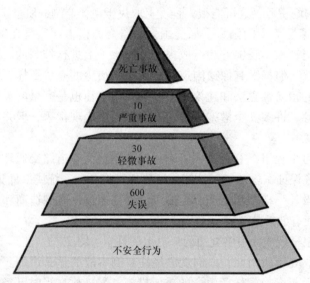

图 5.2　Frank E. Bird 在 1966 年对近 300 家公司的 170 万份事故报告进行分析后进一步发展的理论

从泰坦尼克号的事故研究到今天的事故研究，都显示出相似的"冰山"理论，即在水面以下隐藏着诸多不可见因素（图 5.3）。

安全隐患：事故调查

图 5.3　事故研究中的典型冰山

许多已知的"冰山"都涉及许多问题，并将其归为同一类，比如我们在技术风险管理中所做的原因分析：

- 产品故障及其集成
- 处理错误
- 误操作
- 开发过程中的系统故障
- 误用规程
- 经销商或生产商的激进策略以及交付链中的漏洞（图 5.4）

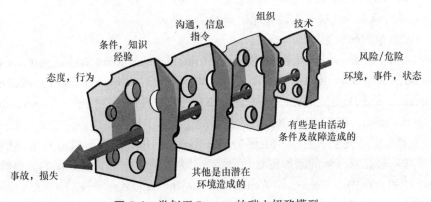

图 5.4　类似于 Raeson 的瑞士奶酪模型

Raeson 在"瑞士奶酪模型（Swiss Cheese Model）"中也对事故进行了不同的解释。在事故研究中，有各种各样的解释，以解决事故的原因。通常而言主要考虑以下几部分：
- 技术
- 组织
- 通信和信息
- 资质、经验和知识
- 态度和行为

"Swiss Cheese Model"的理念是：任何切片都意味着一个危险因素的屏障，除非切片上的洞不会让一个危险因素完全通过。

技术或技术产品是根本原因，并与之密切相关。对产品责任而言，发生的危险是可控的，甚至是可避免的。风险的进一步分析应该用于提供屏障，但如果它们没有在考虑产品、技术或用例的情况下充分开发，这些屏障也是自身的风险来源。

其主要特点如下：
- 分析事故的原因、过程和后果；
- 根据历史数据进行回顾；
- 为未来的规定、方式、方法提供证据；
- 措施及其有效性度量。

潜在利益相关者是权威机构（如法律、法规）、汽车行业（原始设备制造商和供应商）、基础设施规划者、道路使用者或社会（如教育、行为）、救援力量（医疗、创伤外科）和警察（执法）。事故研究的共同目标可以定义为：为各类道路使用者提供安全的运输。

安全可以定义为：
- 可容忍风险（可靠限度）；
- 清洁（例如环保）；
- 可持续发展（稳定、持续地达到安全水平）。

典型的事故研究数据库包括：
- 国际道路交通和事故数据库（International Road Traffic and Accident Database，IRTAD）。IRTAD 是由经济合作与发展组织（Organisation for Economic Cooperation and Development，OECD）和巴黎的国际运输论坛（International Transport Forum，ITF）一同维护的数据系统，涵盖了欧洲内外各国的安全数据。
- 国家交通安全信息库（State Traffic Safety Information，STSI）。STSI 包含了来自联邦公路管理局的附加信息：公路统计数据和美国人口普查局的人口数据。国家统计和分析中心（National Center for Statistics and Analysis，NCSA）负责管理 STSI，它是国家公路交通安全管理局的一个办公室，负责为 NHTSA 和整个公路安全社区提供广泛的分析和统计支持。
- 日本交通事故研究和数据分析研究所（Institute for Traffic Accident Research

and Data Analysis，ITARDA）成立于 1992 年，由政府警察、交通、建设部门，以及日本汽车制造商协会和日本通用保险协会等机构推动。

　　– 德国深度事故研究（German In-Depth Accident Study，GIDAS）是德国的事故数据收集项目。GIDAS 项目每年在汉诺威和德累斯顿市区收集约 2000 起涉及人身伤害的交通事故。该项目由联邦公路研究所（德语 German Bundesanstalt für Straßenwesen，BASt）和汽车技术研究协会（德语 Forschungsvereinigung Automobiltechnik e.V.）支持。

　　通常，数据库提供关于：

　　– 按年龄、路网区域或道路用途分类的道路使用者死亡情况；
　　– 道路网络区域造成人身伤害的交通事故。

　　事故的研究和获取的相关数据库对于相关安全产品的开发是必不可少的，其提供：

　　– 先进的技术；
　　– 对风险评估的支持；
　　– 为风险评估提供指引和基准；
　　– 有关措施的有效性及有效性的参考资料等。

　　风险管理的能力和经验是企业的核心竞争力，企业需要提供安全服务或相关产品来保证其产品质量。

5.2　质量管理

　　质量管理和适当的质量管理体系可以确保组织、产品和服务的一致性。没有这种一致性，一个公司就不可能成为服务用户或产品客户的可靠合作伙伴。质量管理不仅关注产品质量和服务质量，更关注实现质量和服务质量的手段。因此，质量管理通过质保手段和对生产过程以及产品的控制来实现持续的质量提升。客户想要东西并愿意为它付钱，这决定了产品的质量。它是对市场上已知或未知消费者的书面或非书面承诺。因此，质量经常被描述为产品的适当预期，或者说产品执行其预期功能的表现。质量管理和实施的质量管理体系主要保证了过程、方法、合格的生产工具和受过有效培训的员工。如果没有这些隐性技术进入开发和生产体系中，产品质量就无法保证，从而无法实现持续的改进，技术的可持续发展性很低。一个学习型企业进入新市场，开始一个新的技术方法，总是从一个基本的层面开始。所有产品的进步和改进都取决于员工的个人技术和积极性。如果关键人物离开了公司，对公司而言就意味着技术的丢失。在生产过程中，高标准的要求是保持产品的质量不受任何人为因素的影响。在生产中，人的影响总是一个难以控制的风险。

　　质量管理体系提供典型的活动，包括：

- 质量计划
- 质量保证
- 质量控制
- 质量改进

它为隐性技术提供管理、开发过程、各种支持过程和相关依据。隐性技术是企业经验的基础。

风险管理、业务报告、上报原则、发布管理和现场监控是企业获得信任的重要基础。

在安全标准方面，安全文化和运行质量管理体系为有能力开发安全相关产品的组织提供了基础。

景观图中的基本流程显示了公司的特性。景观图是企业、业务或组织内相互关联的流程的一致集合。它们展示了连锁流程、业务流程和工作流程的结构、分组、模块化、功能和技术。

在汽车行业中，已经建立了 ISO 9001 的补充。ISO TS 16949 得到了持续改进，现在已经作为 IATF 标准发布。IATF 16949 标准结合了现有的（主要是北美和欧洲）汽车工业质量管理体系的一般要求。它由 IATF 成员共同开发，并作为 EN ISO 9001 的增强版发布。超过 100 家现有的汽车制造商同意 IATF 的九个成员（宝马、克莱斯勒、戴姆勒、菲亚特、福特、通用汽车、标致雪铁龙、雷诺和大众）的这些协调要求，然而大型亚洲汽车制造商对集团和供应商的质量管理体系有不同的要求。该标准在描述中增加了特别是产品开发和生产的内容，发展成为这个行业的标准。由于历史原因，亚洲的制造商仍然采用不同的标准。特别是在日本，质量要求更多地关注六西格玛（six sigma）理念（例如六西格玛设计，design for six sigma，DFSS）。

制造过程设计输出应以能够依据制造过程设计输入要求，进行验证和术语表达。根据 IATF 16949，制造过程设计输出应包括以下内容：

- 规格和图纸；
- 制造工艺流程图 / 布局；
- 制造工艺故障类型与影响分析；
- 控制计划；
- 工作指令；
- 过程批准验收标准；
- 质量、可靠性、可维护性和可测量性的数据；
- 防错活动的结果；
- 产品 / 制造过程不合格的快速检测和反馈方法。

该标准需要一个组织良好、完善和应用良好的质量管理体系。在任何安全标准中，这些要求都是开发安全相关产品的基础。美国制造商，特别是福特、通用和克莱斯勒在汽车工业工作小组（Automotive Industry Action Group，AIAG）召开会议共同制定质量管理的要求。德国在德国汽车工业协会（Verband der Automobilindustrie，VDA）的框架下制定了类似的标准和要求，其目的是定义开发过程、规划先进的产品质量改进措施以及先进产品质量规划（Advanced Product Quality Planning，APQP）（APQP 来源于 AIAG）。VDA 和 AIAG 发布了一系列文件，这些文件被认为是 VDA 和 AIAG 成员的基础。在供应商的合同文件中，经常强制性地引用这些文件。然而需要注意的是，这些文件并不是高度一致的。例如，两个组织都描述了不同的 FMEA 方法（或几种 FMEA 方法）；在 2019 年，他们共同发布了一种通用的 FMEA 方法。此外，这些组织还引入了里程碑或者成熟级别的概念，这些概念主要用于汽车制造商和供应商的同步（图 5.5）。

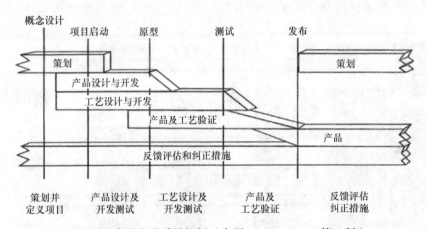

图 5.5　先进产品质量规划（来源：APQP AIAG 第 4 版）

AIAG 将 APQP 定义了五个"里程碑"，具体如下：

• 第一阶段"概念、启动、批准"，此阶段也为规划阶段。

• 第二阶段，在方案批准前，规划以及产品和工艺开发应具备一定的成熟度。然后，作为项目批准的一部分，对产品的可行性进行验证。

• 第三阶段的重点是第一个原型的开发、验证（通常是原型测试）以及产品和生产过程的验证。此时应该基本完成产品设计。

• 第四阶段，生产第一个系列开发（试点）产品。这些产品应该用系列生产工具进行生产。

• 第五阶段，产品发布启动系列生产。这就要求完善的供应链，能够保证足够的数量和质量的生产。

产品发布后，需要对产品开发进行评估，并采取适当的纠正措施。所有活动都持续受到监督，当调查结果出来时，需要采取必要的纠正措施。

AIAG 提出了生产部件的工艺检查的以下步骤：

- 计划和定义程序；
- 产品设计和开发验证；
- 工艺设计和开发验证；
- 产品和工艺验证；
- 反馈评估和纠正措施。

在规划和概念开发过程中，开发过程是基于认知进行的。产品的验证处在一个较早的阶段，因为工艺设计不仅要考虑开发过程，还要考虑生产过程（图 5.6）。

与 AIAG 框架类似，VDA 也侧重于生产部件。整个供应链建立在这样一个理念上：处于不同成熟阶段的生产部件在它们的结口处不断调整适应。在早期阶段，它仅仅是功能和技术接口，但机械部件在其使用寿命中也会出现老化效应，并由于设计和生产方式而存在公差（图 5.7）。

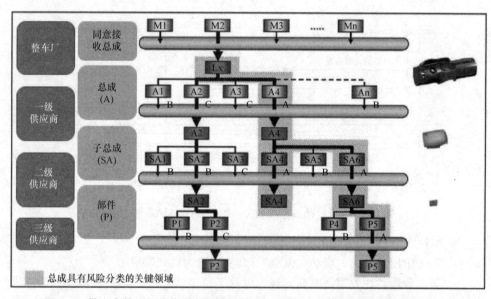

图 5.6 供应商管理—指定关键路径（来源：VDA《新部件的成熟度级别保证》第 2 版，2009）

VDA 成熟度模型显示了产品开发过程中的挑战。如下几个方面的专家都应该参与到生成过程中：

- 开发
- 采购
- 物流
- 质量

－ 生产

以下阶段提出了一个分三步的降低风险程序：

－ 开发过程中；

－ 生产计划，并将产品从开发阶段转移到生产阶段；

－ 生产过程中。

他们提出了一个典型的风险管理过程，包括对关键风险因素的监测并相应采取措施。

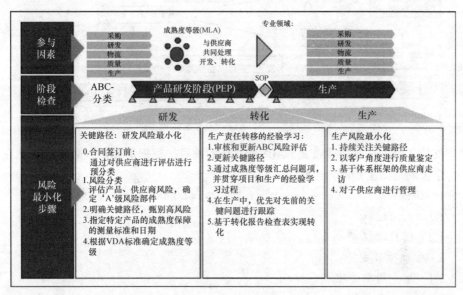

图 5.7　VDAmaturity 模型，新部件的成熟度套期保值（来源：VDA 新部件的损坏情况）

5.3　软件质量

软件密集型产品的生产过程通常不一样，因为软件需要保证关键的质量因素，而不是生产部分的平均值（图 5.8）。

ISO/IEC 12207 "系统和软件工程—软件生命周期过程" 仍然被认为是所有软件密集型产品生命周期方法的基础。它涵盖了软件生命周期过程的必要活动，包括开发和维护软件。作为一个生命周期标准，它包括在系统服务的获取和配置中应用的过程和活动。它定义了 43 个系统和软件过程，是软件项目定制的基础。

其流程分为三种类型：

－ 基础

－ 支持

－ 组织

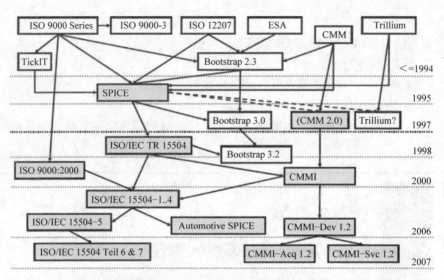

图 5.8   质量管理和以 ISO 12207 为基础的软件过程标准

支持和组织过程必须独立于组织和执行的项目，根据情况具体化基本进程。
生命周期的主要部分包括：

1   协议：

1.1   采购过程

1.2   供应过程

2   组织项目支持：

2.1   生命周期管理

2.2   基础设施管理

2.3   项目组合管理

2.4   人力资源管理

2.5   质量管理

3   项目：

3.1   项目计划过程

3.2   项目评估和控制过程

3.3   决策管理过程

3.4   风险管理过程

3.5   配置管理流程

3.6   信息管理流程

3.7   测量过程

4   技术：

4.1   涉众需求定义过程

4.2　系统需求分析流程

4.3　系统架构设计流程

4.4　实现过程

4.5　系统集成过程

4.6　系统确认测试过程

4.7　软件安装过程

4.8　软件验收支持流程

4.9　软件操作过程

4.10　软件维护过程

4.11　软件处理流程

5　软件实现：

5.1　软件实现过程

5.2　软件需求分析过程

5.3　软件架构设计流程

5.4　软件详细设计流程

5.5　软件构建过程

5.6　软件集成过程

5.7　软件鉴定测试过程

6　软件支持：

6.1　软件文档管理过程

6.2　软件配置管理流程

6.3　软件质量保证过程

6.4　软件验证过程

6.5　软件确认过程

6.6　软件评审过程

6.7　软件审计过程

6.8　软件问题解决过程

7　软件复用：

7.1　域工程过程

7.2　复用资产管理过程

7.3　复用程序管理过程

以上目录表明，软件开发非常需要不同的学科和项目背景的成员参与。

包括 SPICE、Automotive SPICE、CMMi 等，所有这些标准都源于 ISO 9001。然而，没有一个软件质量标准考虑开发路径，例如像 IATF 16949。许多方法将软件视为一个独立的产品。然而，只有当增值功能适合目标系统时，它才能为客户提供好处。在大多数软件标准中，一个定义良好的系统可以是任何软件开发的入口点，但这只是一个现实的假设吗？

5.4 流程模型

事实上，有很多方法和思路可以简练地概括一个软件开发的过程。比如说常见的"瀑布流程"软件开发过程，就是一个很好的模型展现（图5.9）。

一个"瀑布流程"模型展现了以下几个方面：

— 初始化：它涵盖了所有的系统需求和约束条件，以及所有的利益相关者。此外，组织结构的建立和工具基础结构建设也为产品开发提供了强大的驱动力。

— 分析：介绍完所有的需求和约束后，在这个阶段开始可行性研究，

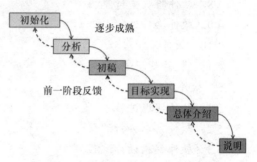

图5.9 带有前面活动反馈的瀑布流程

并提供各种各样的反馈，比如需求和约束的完整性、正确性、适用性和一致性。

— 初稿：经过初步分析后，初稿逐步得以完成，其实现显示了过程的可行性；同时评估了基本的设计原则和架构假设。

— 目标实现：在此阶段逐步形成产品。

— 总体介绍：确保产品满足利益相关者的需求，并把产品和产品背后的理念传递给用户。

— 说明：用户体验和解决问题过程中的分析提供了预期应用环境下的经验。

这个非常简短的示意图在某种程度上也反映了"瀑布流程"的弱点，在得到用户反馈、利益相关者反馈和整个开发环境的适宜性之前，还有很长的路要走。虽然大多数软件工具都是依据"瀑布流程"开发的，但是任何使用过它的人都知道这个"瀑布流程"的缺陷（图5.10）。

在20世纪70年代末提出的V模型（V-Model），是德国IT项目开发的一个过程模型，一直以来受到德国整个业界的认可与推崇。其中的"V"代表了一种可视化，对比细节和分解整体完成度的可视化。同时，V-Model XT不仅支持这个过程模型，还支持许多其他方面的开发（如敏捷系统开发）。1986年，一家国有企业开发出第一个V-Model。最初，它是用于德国公共部门的IT项目，但后来它也用于私营部门。与之前经典的阶段导向的流程模型不同，V-Model只需定义活动和结果，不需要严格的时间顺序。但是，它缺乏一个象征阶段结束的概括性定义。尽管如此，将V-Model XT的活动映射到"瀑布流程"或螺旋模型还是有可能的。

V-Model XT主要考虑了以下几个方面：

- 项目管理
- 质量保证
- 管理配置
- 问题和变化管理

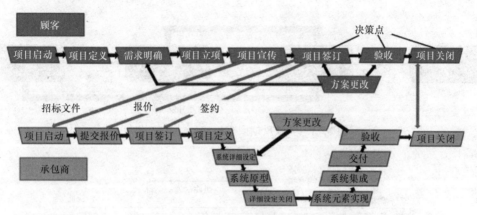

图 5.10   根据 V-model XT，V-model 客户 - 供应商接口（来源：V-model XT 1.2）

这些也是汽车 SPICE 考虑的具有典型帮助性的流程。典型的系统工程活动有：
- 系统的创建
- 要求的规范

主要需要做的事情是合同协议，具体细节如下：
- 供应商交付和验收
- 客户交付和验收
- 供应商签订合同
- 客户签订合同

V-part 本身就是一个典型的系统过程，具有：
- 系统规范
- 初稿系统
- 具体设计

递减分支开始于：
- 系统元素实现
- 系统集成
- 交付
- 验收

V-model XT 这个模型看起来非常接近"瀑布流程"，因为客户最终的接受度都是建立在交付产品的基础之上的。

V-model XT 提出了一个带有具体反馈式的接受度设计的设想（图 5.11）。在管理人员或客户接受产品或设计之前，验收循环体现在实施的各个步骤中。用一个较短的周期来验证之前考虑的各个角度和一个更长的管理周期来由组织提供产品或者设计验收（图 5.12）。

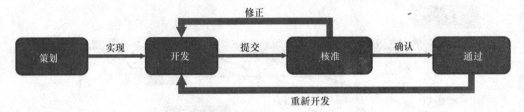

图 5.11 验收反馈回路与 V-model XT 相似

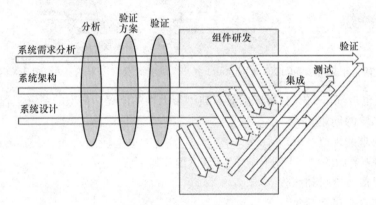

图 5.12 工艺流程及验证

系统设计的信息流通常基于一组不同的需求、结果和约束等要素，它来源于运行时的体系结构、设计和前后具有关联性的操作。每当要素在系统、设计中发生变更时，组件或子元素可能会受到或多或少的影响，并且它可能会产生新的需求、体系结构、设计和实现或应用。

ISO 26262 没有对活动过程中存在的安全问题与产品开发的一致性提出要求。此外，在确认标准措施中也没有进行准确的描述，对活动安全性的验证也是如此，这可能是源于安全活动的交叉进行。由于从未完整描述过这个过程的规范性，所以在项目计划的实施过程中可能会被破坏。因此，活动的安全性检测不应被忽视。按道理说，所有横向开发层以及在需求分解、架构和设计之间相关的活动都需要被多次验证。然而，在功能和技术安全概念以及组件的横向架构接口中，已经验证了这一过程。事实上，在相关活动的安全性方面，每一项输入和输出的信息都应该得到验证。值得注意的是，安全过程是定义在预期范围里产生系统故障，并经过长期不断积累而形成了理论。因此，具有 QM 特点或没有 ASIL 特点并不意味着依旧需要对活动进行任何的验证，但对于多个平行的系统来说，在每个交互完成之后都需要进行验证。这样做的好处是，产生的结果在验证之后成为下一个阶段的输入内容，确保了每次新的输入和之前过程的关联性，由此产生一定的安全性。

V 模型的目的是关联过程，或者解释如何将各个活动的开发关联起来。因此，要至少通过 V 模型两次，一次是在活动的计划期间，另一次是在产品的实现期间。在计划过程中，预先考虑具体的活动，然后应用在实施过程中。

这种 V 模型更远的目标层级是验证信息和验证过程。从定义上来说，验证是检查每个需求的正确性、一致性和完整性的方法。对目标提出问题，然后评估目标在功能、处理、适用性、可生产性、可维护性和技术可行性等方面的可实现情况。

产品的实际落地也是对开发计划的一个验证，它的成功与否与之前计划的质量和可行性脱不开联系。

5.4.1　循环过程模型

自 20 世纪 50 年代以来，在汽车工业中就存在着循环过程的试验研究。其主要目标是在每个阶段上实现更高程度的顾客接受度（图 5.13）。

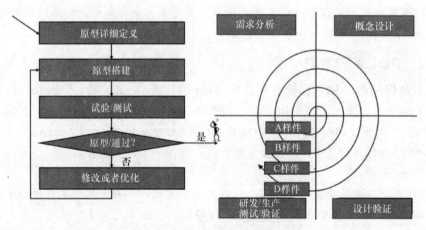

图 5.13　原型样品典型螺旋过程

当今，传统的样本名称，如 A、B、C 和 D 样件只在某些公司标准中引用（例如在戴姆勒的标准中）。在来源于 AIAG 中的 APQP 标准中或德国的 VDA 标准中，所有样本均参考最初的样本。不同客户的样本组大多符合整车开发的要求。

螺旋模型阶段一：原型

每个流程开发人员和设计工程师的梦想是，在产品开发之初就有一份完整的规格说明。实际上，需求的建立成为了一种全生命周期的方法。对于传统结构来说，尺寸和几何数据是产品的基本参数。在开发过程中，功能可能会出现问题。通常只有一个为第一次迭代在更高的抽象级别上定义的规范。

在汽车工程的早期阶段，A 样件是可以用木头做的，因为一开始的重心是如何安排车内所有的产品和部件。而在今天的 CAN 总线时代，连接性是第一批样件的早期目标。

原型构建

为了验证交付给客户的样品，必须先生产样品，通信接口应与车辆参数一致。在接下来的迭代中，在功能、精度、适应性等方面的成熟度不断增加。D 样件、首样或初样是批量生产的基础。

测试 / 验收

样品必须根据给定的要求进行测试。样品在实验室条件下的第一次迭代中进行测试，然后在客户环境中进行测试。

参与这个过程的各方都希望能在第一时间弄清楚所有必要的需求，并希望样品能以通过检测的结果返回。在现实世界中，原型是需求分析的重要输入因素。验收阶段通常是一个多步骤的方法。在交付给客户之前，单个元素、子组件等通常要在模拟环境中提前进行测试。客户认为交付的样品需要符合约定的规格。

更新、修改或优化

在经过测试、验证、确认或变更请求，并对下一个样本变更的协议反馈之后，下一个级别成熟度和下一个周期就开始了。

5.4.2 PDCA 和 CIP

质量保证的一种可比较方法是 Deming 循环或 Deming 轮、Shewhart 循环或 PDCA 循环。它描述了一个用于学习和改进三或四个阶段的迭代过程。PDCA 的意思是"计划（Plan）- 操作（Do）- 检查（Check）- 行动（Action）"。Walter Andrew Shewhart 描述了一个三步走的方法：规范→生产→检查。

Shewhart 写道：

"这三个步骤必须是一个循环，而不是一条直线……把大规模生产过程中的三个步骤看作科学方法中的步骤可能会有所帮助。在这个意义上，规范、生产和检验分别对应于提出假设、进行实验和检验假设。这三个步骤构成了一个动态的科学知识获取过程。"

Deming 在 Shewhart 的三阶段过程中增加了更深入的一个步骤来说明进化质量的发展，这一过程在今天习惯称之为四阶段。Shewhart 循环成为系统持续改进过程中的一个阶段。按照 Deming 偏爱的人际关系方法，他把重点放在工作系统上："开始行动的地方"。最重要的是，他把了解工作场所情况的当地雇员安排在计划中心。由于美国对日本的国际影响因素，发展周期的思想传入日本。Ishikawa

Ichiro 接受了这个核心思想。

PDCA 循环由四个要素组成：

计划

在实际实施之前，必须对各自的过程进行规划。"计划"包括发现改进潜力（通常由员工或现场的团队领导进行）、分析现状和发展新概念（由员工深入参与）。

操作

与人们普遍认为的相反，操作并不意味着在一个广泛的领域中引入和实施，而是在一个单一的工作场所通过快速实现的方法、简单的手段（例如临时装置），对概念进行试错、测试和实际优化，并基于现场（Gemba）员工的高度参与下进行。Gemba 表示观察实际过程，理解工作，提出问题和学习的行动。它也被称为精益管理哲学的一个基本部分。

检查

在小范围内实现流程，如果成功，还需要仔细审查结果。并且，通常通过发布来实现在更广泛的前端价值。

行动

在行动阶段，在一个广泛的前端引入新的一般要求，制定并遵循定期的符合性检查（审计）。这确实是一个"重大行动"，在个别情况下，可以涉及广泛的组织活动（例如，更改任务列表、NC 程序、主数据、开展培训课程、调整组织和运营结构）以及可观的投资（在所有可比的工作场所，在所有工厂）。本标准的改进从计划阶段再次开始（图 5.14）。

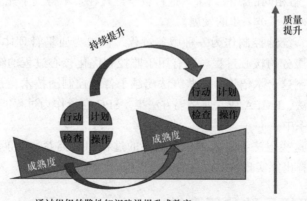

图 5.14　PDCA 结合持续改进（CIP）

PDCA 循环通常与持续改进（continuous improvement，CIP）相结合，后者也以不断增长的质量成熟度为目标。

在工业和服务领域，PDCA 循环和 CIP 是 DIN EN ISO 9000、ISO 14000、ISO/IEC 20000 和 ISO/IEC 27001 等标准系列的基本组成部分。过程管理领域的另一种循环方法是 DMAIC 循环（定义 - 度量 - 分析 - 改进 - 控制，Define-Measure-Analyse-Improve-Control）。在此基础上，考虑了关键性能的参数以衡量改进的潜力。

另一种从 Walter Andrew Shewhart 的循环思想中衍生出来的方法是统计过程控制（Statistical Process Control，SPC）。

Shewhart 的著作《产品质量的经济控制》描述了 SPC 的科学原理。他从一个假设出发，即最终产品的质量基本上取决于各个部件的分散参数的组合。他发现了导致这种分散的两种不同的根本机制：

- 由于随机过程产生的噪声（物理）；
- 特殊原因导致的散射（材料缺陷、机器缺陷、设计缺陷等）。

Shewhart 的第二个重要发现是，当试图将这种分散最小化时，可能会犯两个错误：

- 错误 1：将偏差归咎为特殊原因，即使它是由一般原因引起的；
- 错误 2：将偏差归咎为一般原因，即使它是由特定原因引起的。

这两种错误可以完全避免，但不能同时避免。因此，必须找到一种方法来尽可能的减少发生错误的成本。广泛的统计研究和理论研究最终导致 Shewhart 开发了控制图作为一种最佳工具，将获得的知识应用到日常实践中。William Edwards Deming 认识到这些见解和工具可以应用于所有类型的流程（业务流程、管理流程等），并获得相同的积极结果。这种教学方式在日本得到了充分的发展，在丰田生产体系中得到了进一步的发展。

今天，统计控制作为一种服务过程，被视为质量管理体系的一个组成部分，是生产或服务的核心过程。所有用于监控和优化核心过程的统计方法都总结在统计过程控制这个术语下。这些方法超越了各种控制图技术，并包含了实验的统计设计的方法、FMEA 或六西格玛方法集。SPC 变量作为过程能力指数被纳入顾客 - 供应商关系中。

所有这些想法都考虑了一个循环的过程和关键参数的度量，以确定优先级，优化并选择出能实现有效改进的必要措施。

5.5 组织导致的复杂性

一个典型的汽车制造商组织必然会定义一个管理层，负责一种特定类型的汽车。为了找到与几个车辆领域的协同效应，它们被组织在一个矩阵中。这种矩阵组织已经导致非常复杂的相互作用（图 5.15）。

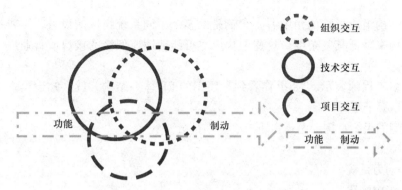

图 5.15 典型技术开发项目中的组织交互

这三个圆圈代表交互的基本类型：

- 组织交互（其他部门或更分离的组织单位）；
- 技术交互，基于需要集成到车辆中的技术元素；
- 项目交互，不是独立的，还取决于开发进度、要素的可用性、历史和外部影响因素。

很明显，像制动这样的基本功能提供了几个组织交互接口，如果这些接口不能互相协调，复杂性就会呈指数级增长。

从质量管理的观点或从 ISO 12207 的所有活动所需的软件密集型产品，我们得到以下组织单位。

仅就技术流程而言，ISO 12207：2008 定义了以下内容：

- 业务或任务分析
- 涉众需求和需求定义
- 系统 / 软件需求定义
- 架构定义
- 设计定义
- 系统分析
- 实现
- 集成
- 验证
- 过渡
- 认证
- 操作
- 维护
- 处理

5.6　车辆结构和组织

从结构组成形式的角度看，车辆是由多个不同系统组成的设备，需要一套通用的架构来降低其复杂度。这些架构应尽可能地适应低级的接口或行业广泛接受的接口。

许多工程师表示："如果你看到一辆车的 EE 体系结构，就会知道负责该车辆开发的是哪个组织。"

典型的组织结构会考虑以下三个基本部分：

- 底盘
- 动力系统
- 车内配置

其中底盘覆盖了车辆的主要基本控制功能，例如制动和转向。动力系统提供了推进力，同时对能量进行管理。在车辆内部，重点在所有类型的人机交互以及车辆基本操作所需的功能上。同时车内的部分通常还包括各种驾驶员信息、维修信息、舒适性功能以及乘员安全性。在许多组织中，因为存在法律方面的问题，以及各种与底盘和动力系统功能安全相关的相互作用关系，所以碰撞管理被剥离出去。所有被分配到视觉、照明和驾驶员行为的法律要求，通常属于身体支配的范畴（图 5.16）。

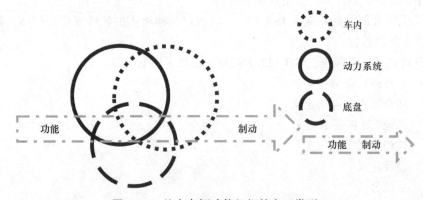

图 5.16　基本车辆功能组织的交互类型

EE 体系结构反映了各个技术开发部门的业务模块之间组织的相互关系。其体现了连锁流程、业务流程和工作流程的结构、分组、模块化、功能和技术（图 5.17）。

即使在 21 世纪 20 年代，几乎所有常规车辆平台都使用各种 CAN 总线技术，并用于：

- 底盘

- 动力系统
- 车内配置

底盘的 CAN 为以下功能提供通信网段：

- 电动助力转向（Electric Power Steering，EPS）
- 电子稳定性控制（Electronic Stability Control，ESC）
- 电子驻车制动（Electronic Park Brake，EPB）
- 底盘控制系统（Chassis Control Systems，CCS）

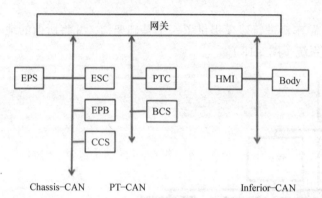

网关
EPS:电动助力转向
ESC:车身电子稳定性控制
EPB:电子驻车制动
CCS:底盘控制系统
PTC:动力系统控制
BCS:电池控制系统
HMI:人机交互
Body:车身控制模块

图 5.17　典型的 ComNet 架构

由于存在横摆率传感器，所以安全气囊控制单元通常也是底盘 CAN 中一个单独的转向角传感器。

动力系统 CAN 总线可以为以下系统提供通信：

- 动力系统控制（powertrain control，PTC）
- 电池控制系统（battery control system，BCS）

对于电动动力系统，整个能源管理通常分为不同的控制单元。充电、加热和冷却系统通常也是动力元素的一部分。

车内 CAN 总线可以为以下系统提供通信：

- 人机交互（human machine interface，HMI）
- 车身控制模块（body control modules，Body）

除踏板外，与驾驶员的相互作用通常也是各种 HMI 控制单元的一部分。所有与整车、空调、门锁和座椅相关的功能，均属于车身部分，包括防盗的设备等。

这种分布不是某品牌或制造商特有的，而是反映了相应的车辆平台的发展。如果一个德国和法国的平台是基于联合开发的，那么之后可以从中追溯出许多模型周期。即使在电动汽车中，也能看到先前燃油车通信网络的影子。

然而，导致车辆复杂性的并不只是通信网络。一路传承而来，各个功能和特点都已经较为确定。无论何时，当传感器、控制单元或执行器之间存在关键时间通信时，由于不可能与两个以上的控制单元进行数据传送，所以需要添加一条附加的 CAN 总线。

由于上电、唤醒或能量管理，控制设备的顺序取决于 ComNet。线路和终端的概念也需要相应地调整。几乎所有的控制单元都需要来自其他控制单元的信号，因此任何降级都需要给定的体系结构。所有车门开启、车辆移动等状态当然也依赖于给定的 ComNet 架构。如果因为电磁兼容等导致通信故障，则可能会扰乱和损坏整个车辆功能。一种典型的情况是亮起所有的警告灯且使电机断电。

SAE J3049 为如何对道路车辆进行建模提供了一个基础架构，并将所谓的地面车辆系统分解成不同的子系统（图 5.18）。

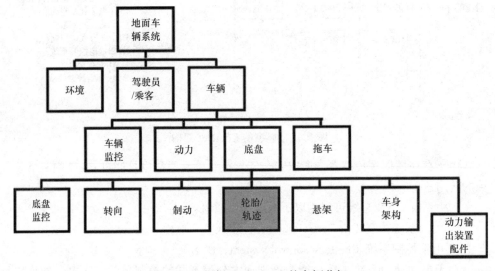

图 5.18 根据 SAE J3049 的车辆分解

- 车身架构监控子系统
- 车身下子系统
- 车身上子系统
- 车舱内子系统
- 车舱环境子系统

这些子系统相互关联，共同提供了一个不受天气影响的封闭空间，其中包括用于运输人员的座椅、用于运输货物的存储区以及用于控制封闭空间环境的子系统。车身架构监控子系统负责监督和协调车身框架子系统中所有子系统的控制。此外，它提供了一种灵活的控制器信息总线结构，用于根据需要与所有车身架构子系统控制器相互协调，并协调整个车辆子系统中的控制器。高级控制器通过监视这些子系统的功能，以及协调控制其他车身架构层级下子系统的功能的人员需求，来协调车身架构子系统的所有子系统的操作。

来源：Model Architecture and Interfaces Recommended Practice for Ground Vehicle System and Subsystem Dynamical Simulation，SAE J3049，2015

该标准为整个汽车工业中的常见车辆部件提供了基本结构，并对开发标准道路车辆的模型提供了多方面参考。

5.7　有能力组织的规模

一个组织需要多种控制机制来控制企业风险。即使出于财务原因，公司也必须建立一套业务风险流程。在大多数国家，出于财务状况，公司必须要能产生利润，才有能力承担责任风险。

Nancy C. Leveson 的立方体结构展示了三个维度（图 5.19）：

- 6 个级别的意图规范；
- 部分 - 整体显示了情景、人因和过程产品中的系统；
- 通过精炼为产品和活动细节提供了一个维度。

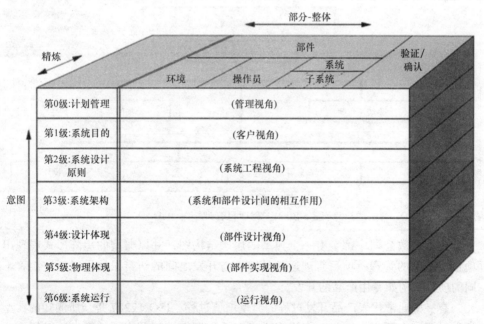

图 5.19　意向规范的结构（来源：Nancy C. Leveson，Engineering a Safer World，Multi-dimensional structure of specification n）

示意图规范维度涵盖了与 V-model XT 类似的内容，包括程序管理方面，同时也覆盖了所有与平台相关的主题：

- 第 0 级：计划管理是针对管理的视角；
- 第 1 级：系统目的是针对客户视角；
- 第 2 级：系统设计原则是针对系统工程视角；
- 第 3 级：系统架构是针对系统和部件设计间的相互关系；
- 第 4 级：设计体现提供了部件设计的视角；
- 第 5 级：物理体现提供部件实现的视角；
- 第 6 级：系统运行提供了运行的视角。

在系统安全工程中，需要从这个立方体的其他维度考虑，并且所有的方向都应该由一个相应的组织负责。

5.8 组织的结构

组织通常是基于历史的演化发展而来的。在现代的技术公司里，有典型的研究、预开发或高级开发以及典型的产品开发组织（图 5.20）。

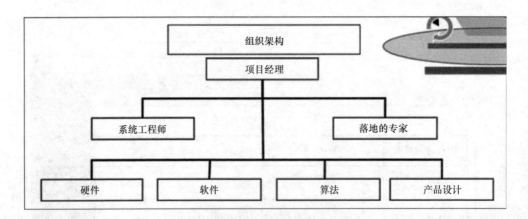

图 5.20 工程项目管理矩阵组织

在大多数公司中都会有一个典型的层次结构图，并以典型的矩阵形式展现出项目或产品的管理。项目管理通常是销售与开发之间的纽带，项目经理控制着不同的项目，例如专用产品的开发。

有一些通常代表产品开发过程的典型增值过程。ISO 12207 是众所周知的典型开发过程。在研究过程中，有许多不确定性和探究性问题需要被开发，以便能评估可行的模式。在概念阶段，从产品和平台概念出发，需要把研究产生的"噪声"进行"过滤"（图 5.21）。

管理需要为产品理念提供目标，并为整个产品开发过程提供方向和框架。研究不需要因为不确定性而完全非结构化，它应该在概念阶段进行系统化的引导（图 5.22）。

典型的产品开发周期基于所有必要的交互，来进行利益相关者的分析。V 模型通常是从需求和面向实现与应用的结构化开发分支开始的。在产品发布前，需要通过所有必要的验证和确认。该过程由许多子过程支持，这些子过程将并行，并按顺序运行和频繁迭代（图 5.23）。

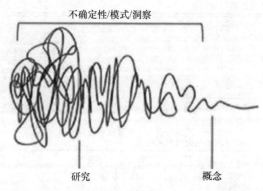

图 5.21　从研究到概念开发的典型过程

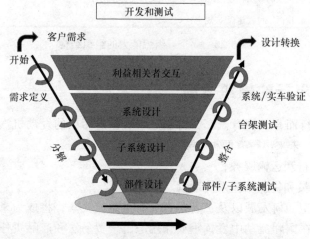

图 5.22　考虑利益相关者交互的典型开发过程

一个典型的组织通常以分层的结构运行。一个公司越大，其组织开销就越高，工作协同起来也就越困难。如果没有结构性组织，也没有工厂、实验室和支持基础设施的通用资源，则很难在企业级别对组织进行系统控制。如果发生产品责任，一个公司的 CEO 将首当其冲。通常，CEO 会指定一个特定的组织来管理此类问题，并且很可能是一个质量监管组织。通常来说，还会安排质量管理组织来完善公司流程，并根据产品生命周期控制成熟度。

我们无法找到导致事故的组织失效究竟来源于组织中的哪些业务或职能部门，例如开发或生产部门。质量组织通常只管理诸如投诉管理之类的任务，但质量经理不会为事故负责，因为并不是他的个人过失导致的事故发生。

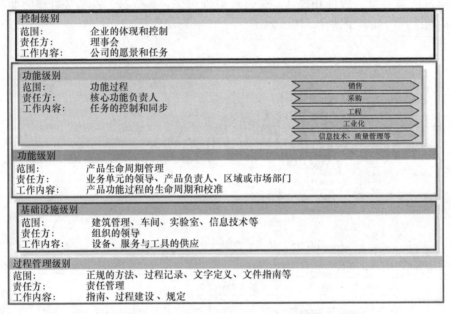

图 5.23 一个有组织能力的组织结构

5.9 未来出行的组织方面

对未来出行而言，拥有汽车，特别是带有噪声污染的发动机汽车，将不再受到社会的青睐。未来出行有两种主要模式：

- 提供出行和运输服务；
- 进行人员和货物运输系统运营。

这两种模型如何发展以及二者是否会有重叠或交集，将成为未来的问题。经销商和进口商在国际流动中发挥重要作用。由于贸易法和产品责任的存在，在安全方面，这些部门还需要考虑不同的层面。

"出行即服务（mobility as a service，MaaS）"一词将成为未来出行的标语。它描述了用于个人运输、旅行车辆向以提供服务为主的出行转变。它可以让用户使用一个账户付费，并通过统一网关创建和管理行程，将公共和私人交通提供商的交通服务结合在一起。用户可以在有限出行距离内，按单次旅行或按月付费。

MaaS 背后的核心概念是根据旅行者的需求来为他们提供出行解决方案的。专业的城市出行应用程序也在扩展产品从而布局 MaaS，例如像 Transit，Uber 和 Lyft 这样的汽车共享服务提供商或交通服务提供商。

旅行计划通常从行程规划簿开始，行程规划簿可以是智能手机上的应用程序。举例来说，行程规划簿用来显示用户可以通过火车、公共汽车、飞机和其他运输服务（如班车等）的组合从一个目的地到达另一目的地。接下来，用户可以根据成本、时间和便利性选择他们喜欢的旅行。届时，任何必要的预订（长途火车上的座位）都将作为服务的一部分进行。这类服务要确保有漫游功能，使用户在不同城市时，不需要下载并熟悉新的 App 或注册新的服务。

未来将出现许多只存在于有限许可和认可下的新的出行概念，驾驶员或其家人拥有的典型量产车的数量将减少，至少这些私家车将不具备高度自动化功能。为行人、骑自行车者和乘员提供的有潜力的新保护系统将主导辅助系统，以及用于控制侵权系统的设计和类型。汽车共享模式也是如此；在自动化功能的支持下，它们也会将这些概念运用到充电或停车设施。然而，客户并不能从这些必要的服务中直接获益；驾驶员与乘客只是需要从一个地点安全抵达另一个地点。而停车收费就成为了共享汽车或租车服务里面的一项任务和负担（图 5.24）。

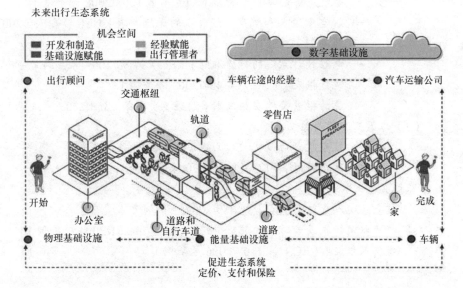

dupress.deloitte.com

图 5.24　未来移动出行生态系统（来源：Deloitte，https://www2.deloitte.com/us/en/insights/deloitte-review/issue-21/transportation-ecosystem-future-of-mobility-reshaping-work.html，让未来出行发挥作用：新的交通生态系统如何重塑职业和就业，Burt Rea, Stephanie Stachura, Laurin Wallace, Derek M. Pankratz，下载时间：2020 年 4 月）

Deloitte 的方案考虑了铁路、汽车、骑自行车的人和行人之间的出行关联性，但未来还需要考虑机场、直升机场甚至空中出租车。

空中系统在一片被特殊控制的区域内运行，空中走廊受到政府的严格控制。自行车和行人未经授权使用是不太可能的。

通常，一个基础架构组织可以提供：

- 汽车的道路
- 火车的铁路
- 飞机的空中走廊

各种运输系统的基础结构通常由立法定义。

欧洲出行和运输委员会提供了《欧洲民用航空手册》，包含了以下主题：

第 1 部分：法规和指令

1. 航空运输和市场问题

（1）内部市场

- 航空承运人的执照 [（EC）第 1008/2008 号条例]
- 区域航空承运人进入区域内航线的权限 [（EC）第 1008/2008 号条例]
- 航空服务的票价和费率 [（EC）第 1008/2008 号条例]
- 航空承运人和航空器经营人的保险要求 [（EC）第 785/2004 号条例]
- 电脑预订系统的行为准则 [（EC）第 80/2009 号条例]
- 统计报表 [（EC）第 437/2003 号条例]
- 统计报表条例实施细则 [欧盟委员会第 1358/2003 号法规]

（2）与第三国的关系

- 航空服务协议 [（EC）第 847/2004 号条例]
- 防止补贴 [（EC）第 868/2004 号条例]

2. 乘客权益

- 航空承运人责任 [（EC）第 889/2002 号条例]
- 拒绝取消登机或长时间的航班延误 [（EC）第 261/2004 号条例]
- 残疾人权益 [（EC）第 1107/2006 号条例]

3. 安全

- 和谐 [（EC）第 216/2008 号条例]
- 民航事故和事件的调查 [（EC）理事会指令 94/56]
- 通用规则—欧洲航空安全局 EASA 设立 [（EC）第 216/2008 号条例]
- 民用航空事故报告 [（EC）第 2003/42 号指令]
- 适航规则 [（EC）第 1702/2003 号委员会条例]

- 持续适航 [（EC）第 2042/2003 号委员会条例]
- 使用社团机场的第三国飞机的安全 [（EC）第 216/2008 号条例]
- 欧洲航空安全局上诉委员会 [（EC）第 216/2008 号条例]
- 受操作禁令约束的航空承运人的清单 [（EC）第 2111/2005 号条例]
- 被取缔的航空承运人名单实施细则 [（EC）第 473/2006 号委员会条例]
- 由欧洲航空安全局征收的费用 [（EC）第 593/2007 号委员会条例]
- 欧洲航空安全机标准化工作方法 [（EC）第 736/2006 号委员会条例]
- 收集和交换有关飞机安全的信息 [（EC）第 768/2006 号委员会条例]
- 通用规则—欧洲航空安全局 EASA 设立 [（EC）第 216/2008 号条例]
- 禁止航空承运人清单 [（EC）第 1043/2007 号委员会条例]

4. 安全性
- 航空安全性通用基本标准 [（EC）第 820/2008 号委员会条例]
- 国家民航安全性质量控制计划 [（EC）第 1217/2003 号委员会条例]
- 机场的安全禁区 [（EC）第 1138/2004 号委员会条例]
- 民航安全性的检查程序 [（EC）第 1486/2003 号委员会条例]
- 民航安全性 [（EC）第 300/2008 号条例]

5. 环境保护
（1）噪声排放
- 噪声限制 [EEC 理事会指令第 89/629 号]
- 附件 16 第二部分第三章第一款的飞机的运行 [EC 第 2006/93 号指令]
- 噪声相关限制的介绍 [EC 第 2002/30 号指令]
- 环境噪声管理 [EC 第 2002/49 号指令]
（2）气体排放

6. 机场
（1）排水槽
- 排水槽的布置 [（EEC）第 95/93 号理事会条例]
（2）地面勤务
- 进入地勤群体 [EC 理事会指令 96/67]

7. 空中交通管理
- 创造 Single European Sky（SES）的框架 [（EC）第 549/2004 号条例]
- 在 SES 中提供空中航行服务 [（EC）第 550/2004 号条例]
- SES 中空域的结构和使用 [（EC）第 551/2004 号条例]
- 欧洲 ATM 网络的互操作性 [（EC）第 552/2004 号条例]
- 提供空中航行服务的要求 [（EC）第 2096/2005 号委员会条例]

- 灵活使用空域的规则 [（EC）第 2150/2005 号委员会条例]
- 空中交通管制员执照 [EC2006/23 指令]
- 空域的分类和飞行的准入 [（EC）第 730/2006 号委员会条例]
- 交换飞行数据的自动化系统 [（EC）第 1032/2006 号委员会条例]
- SES 飞行前阶段的飞行计划程序 [（EC）第 1033/2006 号委员会条例]
- 空中航行服务的通用收费方案 [（EC）第 1794/2006 号委员会条例]
- 建立开发 SESAR 的合资企业 [（EC）第 219/2007 号理事会条例]
- 飞行信息传输协议应用的要求 [（EC）第 633/2007 号委员会条例]
- 空中交通管理中的安全监控 [（EC）第 1315/2007 号委员会条例]

8. 个人和社会问题
- 人员执照的互认 [（EC）第 216/2008 号委员会条例]

9. 竞争规则
（1）反垄断实施法
- 竞争规则的实施 [（EC）第 1/2003 号理事会条例]
- 技术 85-3 在航空运输部门的应用 [（EC）第 487/2009 号理事会条例]
（2）经济集中法
- 集中控制 [（EC）第 802/2004 号委员会条例]
（3）国家援助
- 财务关系的透明度 [（EC）第 2006/111 委员会指令]
- 其他相关文本

来　源：https://ec.europa.eu/transport/modes/air/internal_market/handbook/part1_en，2020 年 5 月下载。

欧洲交通运输委员会还提供了"欧洲铁路安全法规和标准"。他们提供了对"2004/49 / EC 指令—欧盟铁路安全"的概要，并定义了以下的目标和关键点：

该指令的目的是什么？

其目的是建立一个更具竞争力和更安全的铁路系统，覆盖整个欧盟市场区域，而不是仅限于一个国家市场。

关键点
范围

该指令适用于欧盟国家的铁路系统，其覆盖率可以满足整个系统的安全需求，包括基础设施和交通管理以及铁路企业和基础设施管理者之间的相互关系。

在这方面，指令主要关注以下 4 个主要方面：

- 在每个欧盟 / 地区国家负责监督安全的机构的设立；
- 在欧盟国家 / 地区获得的安全证书的互认；

- 建立通用安全指标（common safety indicators，CSI），以评估系统是否符合CSI，同时协助对铁路安全运行的监控；

- 安全调查通用规则的定义。

安全的开发与管理

已在全国范围内制定了安全规则和标准（例如操作规则、信号规则、人员要求和适用于轨道车辆的技术要求）。

这些国家安全规则应逐步被基于共同标准的规则所取代，而这些规则是由互操作性技术规范建立的—设备或组相互协同操作的能力。欧盟委员会有权延迟国家安全规则的执行，但最长不得超过6个月。

在这方面，欧美国家必须确保：

- 考虑到欧盟法规的发展，通常会维持并不断改善铁路安全；

- 以开放和非歧视的方式制定、应用和执行安全规则；

- 基础设施管理者和铁路企业必须负责铁路系统的安全运行以及与之相关的风险的控制；

- 通过年度报告收集有关共同安全指标的信息，以便评估国家技术服务小组的成就的同时，可以监测铁路安全的总体发展。

来 源：https://eur-lex.europa.eu/legal-content/EN/TXT/HTML/?uri=LEGISSUM:l24201a&from=EN，2020年5月下载。

与国家道路安全法的典型内容相似，重点关注：

- 运输方式（航空、铁路、公路）的基本要求；

- 交通参与者共存的规定；

- 对运输工具（汽车、火车、飞机）的要求，这些要求是典型的认证标准，描述诸如车辆的驾驶性能以及飞机的适航性等；

- 零件、设备和运输工具的许可或证明；

- 授予操作员、驾驶员等（可以是个人或组织）的许可证。

今天，基本的原则如下：

- 驾驶员驾驶道路车辆；

- 飞行员控制和操控飞机；

- 火车司机驾驶火车。

过去，运营商主要负责提供基础设施，组织或个人拥有地面或空中的运输工具。自2016年起，在"维也纳公约"中进行了变更，也可以使用一种系统来操作、控制或"驾驶"一辆道路车辆。

通常会考虑以下四个方面：

- 驾驶员在驾校学习期间会通过道路交通培训获得驾驶执照。驾驶员的驾驶能力受到年龄和健康情况的影响，因此有关更新驾照的问题正在讨论中。

— 基础设施赋予了运输道路运输的质量和能力。它们负责根据交通运输量的增长来修复和适应道路运输的能力。

— 运营商通常是政府，他们提供限制和必要的交通环境。例如制定道路交通法规，来确定道路上的动态条件和规则。

— 车辆提供功能与属性。这些功能和属性由车辆制造商提供，包括检查、维护和改装的程序。

这些都是在"美国汽车工业联盟"与全球认证标准协调目标会议期间提出的议题（图 5.25）。

图 5.25 道路交通利益相关者的责任（来源：美国汽车工业联盟会议，安第斯 / 墨西哥代表团，2016 年 12 月 7 日）

对事故的主要来源进行分析之后，随之而来的问题是：由谁负责赔偿发生的损失呢？历史研究表明，事故中近 90% 的损失是向驾驶员索赔的。

通常，法律规定驾驶员应负责以下事项：

— 车辆的驾驶性能的证明；

— 道路交通中的适当驾驶；

— 保持并评估自己驾驶车辆的身体能力；

— 驾驶环境条件的适应。

由于我们更倾向于处理汽车共享或其他租车业务模式，因此个人在出行中的角色已然改变。

传统的驾驶员通常是车辆的所有者，应该负有全部责任。而且只拥有使用特定车辆的权限的这种思维方式已经越来越淡化了。与拥有车辆使用权的优点相比，拥有一辆车的负担显得过于高昂。这将导致典型的保险业务模式发生变化。

5.10　产品开发中的组织结构

为了管理产品的整个生命周期，需要对传统的安全生命周期做出修改。根据ISO26262，生命周期始于项目定义。由于我们希望将整个车辆视为一个项目，因此需要重新评估关于非电子电气系统及其保护或安全功能的各种注意事项。为了解决自动化功能，需要一种基于环境中心开发方法的系统工程操作层。不仅要考虑交通场景，还要考虑对道路交通参与者的保护，因此，有必要将以环境为中心的方法分解为以人为中心的方法。驾驶员的人机交互界面是一个重要的界面，堪比对车内隔板的需求和设计的重要性，以及必要的车内保护机制。其他道路交通参与者的误用不是汽车制造商的问题，而是驾校和政府执行人员（例如警察）的工作疏漏。当下，大多数事故可追溯到驾驶员和其他道路交通参与者的误用。使用安全性更多地关注设计问题，例如锋利的边缘或人机工程学问题、驾驶员的视野、座椅位置、踏板布置等。过去，系统故障可以得到很好的管理，并且解决方案也足够完善，因此车辆设计问题很少进入公众的讨论范围。安全气囊系统的故障首次引起了公开讨论和召回，获得了媒体的高度关注。对于制造商和供应商的质量部门而言，现场监控很早就是一个重点关注领域，然而大部分的产品召回都是秘密的，或是选择在车间进行维修。

5.10.1　沿用至新千年的经典组织

物流和市场营销是汽车制造商的业务领域。

一级供应商提供主要的零部件包括转向系统、制动系统、动力系统和其他内部系统。

典型的制动系统供应商分为以下主要领域：

– 基础制动（基本的液压或气动制动系统）；

– 以制动助力器和串联主缸为主要产品的制动器（制动踏板和驻车制动杆等通常是二级供应商提供的零件）；

– 电子制动系统；

– 实体设施，例如管道、主机、制动盘和制动片。

法律规定了需要有两个独立的制动系统。一个用于正常操作或行车制动，另一个是备用辅助制动系统的驻车制动器，有以下基础的设计要求：

– 车辆可以在其允许载重的情况下减速到静止；

– 车辆在其允许的载重下可以保持在特定的坡度上（如 25% ~ 35%）。

UN ECE R13h 的早期版本中，以某种方式设计了基础制动系统，该基础制动系统可以使车辆抵抗发动机转矩。后来定义了固定数据，这些固定数据用于计算以达到特定的停止距离。制动助力器的需求逐渐增加，同时基础制动的需求在逐渐减少。

电子制动功能的发展始于保护功能。主动制动力分配是对带制动盘的底盘系统的适应，同时人们由此意识到前轴制动器可以提供更短的制动距离。后轴制动器对于车辆的稳定性影响重大，过高的制动力会导致后轮有抱死的趋势，导致全车的重量移到前轴上。同时大家发现了另一影响：根据阿克曼原理，趋于抱死的车轮不再能够遵循转向系统中的转向要求。这就导致了对 ABS 的需求和发展。ABS 是一种维持车辆操纵稳定性的保护机制。最初尝试使用节流孔和节流阀这类机械解决方案来降低抱死的影响，然而结果并不尽如人意。因此，微控制器及其配套软件被系统地移植到车辆的基本安全系统中。

电子制动系统分为液压部分、电子部分、传感器部分和不断增加的软件部分。软件安全已成为软件密集型系统的重要组成部分，因此软件部门分为基础软件开发部门、应用软件开发部门和故障安全或软件安全部门。

5.10.2　开发组织的未来驱动力

随着车辆的软件系统越来越丰富，并且几乎所有主要系统都是基于软件功能来提供关键功能，因此软件越来越备受关注。我们都希望能有达芬奇这样的通才，但对于如此复杂的系统关系，仍难以找到想要找的目标。因此，一种方法是严格按照特定的流程模式开发整组产品。时至今日，仍然普遍的做法是在开始生产后就将车辆视为已完成，然后根据交付的单位数向制造商付款。当今，通过如"Firmware Over-The-Air"这样的系统或者智能手机上的应用程序，能很明显看到系统和车辆只是为功能提供载体。财富是可以通过预定的服务赚取的，系统平台的模块化程度越高，业务模型越好。对一个成功的产品来说，其他方面也必将提供相应的应用程序。亚马逊并不靠自己生产产品赚钱，它这样的交易平台通过把客户和制造商连接起来赚钱。这样的平台还提供了介绍产品优势和提高制造商能力的基础。因此，汽车本身将可能会成为基础的载体平台，从而把用户和服务拉得更近。为了确保这一功能，车辆必须满足一些基本要求：

- 模块化且自适应的平台；
- 其设计必须安全可靠；
- 拥有开放的标准化接口，以用于远期的增值产品和功能；
- 需要定义规则和标准并强化功能；
- 需要建立一个商业平台。

这意味着当今的汽车制造商正在成为平台的生产商，目的是提供运输工具。

在大多数国家，还保留着提供基础设施的权利，尽管 Alan Musk 早已通过 Boring Company 定位了自己的市场，但该公司还是私人运输路线和基础设施的著名拥护者。除了运输手段和基础设施之外，还必须有运营商，并以这种方式提供把人或者货物从 A 地运输到 B 地的服务。运营商最关注的是运输效率。

为了确保长时间的运行，运输工具、基础设施以及技术设备都需要进行维护。对于出故障的系统和部件，将有一个制造商来保证维护的及时性和优化系统的适应性。

在航空领域，波音和空客就是类似的制造商。汉莎航空、中国国航、达美航空等航空公司可以确保乘客和货物从 A 地到 B 地。机场通常由另一家公司运营，空中交通区域通常是与负责空中交通管制、确保交通安全等服务公司共享的公有区域。航空公司认为以哪种运输方式为客户提供服务比较好，就会在以后将该模式推广到道路出行，未来的运营商将决定是由哪一款车辆将客户从 A 地带到 B 地。

为此，监管机构与其他政府机构将共同负责道路安全。当然，这些机构也会对社会接受的风险水平进行归纳和统一。

第6章 自动驾驶与控制

自动驾驶（Automated Driving，AD）是随着驾驶员辅助系统发展起来的一门工程学科。AE、VDA 等组织从手动驾驶到驾驶员辅助系统、再到完全自动驾驶的持续改进理念早已过时（图 6.1）。

自动化系统需要一种能够对通信方式和控制策略进行系统分解的控制论方法（图 6.2）。

在无人操作的条件下，自主运行的传统轿车和货车的引进代表着重大的技术和概念性飞跃。部分自动化（2 级）和条件自动化（3 级）之间的阈值对应着美国几个州在非自动化和自动化车辆之间划定的界限。条件自动化理论假设人类驾驶员在被提示后不久将恢复手动驾驶，由此引出了特别困难的人机交互问题，然而这些问题尚未得到令人满意的解决方案。美国国家公路交通安全管理局（National Highway Traffic Safety Administration，NHTSA）制定了一种更为规范的分类法，该分类法跳过了条件自动化分级，直接到高度自动化级。

资料来源：经合组织（OECD），《不确定性下的自动化和自动驾驶章程》，2014 年。

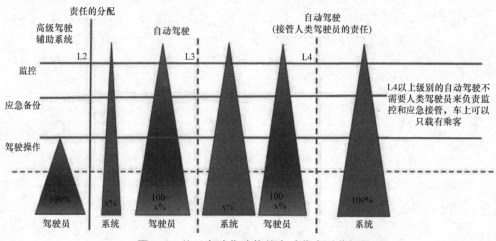

图 6.1 基于自动化功能的自动化水平分级

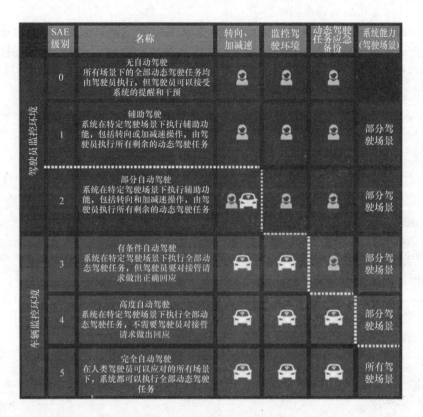

SAE级别	名称	转向、加减速	监控驾驶环境	动态驾驶任务应急备份	系统能力（驾驶场景）
0	**无自动驾驶** 所有场景下的全部动态驾驶任务均由驾驶员执行，但驾驶员可以接受系统的提醒和干预	👤	👤	👤	
1	**辅助驾驶** 系统在特定驾驶场景下执行辅助功能，包括转向或加减速操作，由驾驶员执行所有剩余的动态驾驶任务	👤	👤	👤	部分驾驶场景
2	**部分自动驾驶** 系统在特定驾驶场景下执行辅助功能，包括转向和加减速操作，由驾驶员执行所有剩余的动态驾驶任务	👤🚗	👤	👤	部分驾驶场景
3	**有条件自动驾驶** 系统在特定驾驶场景下执行全部动态驾驶任务，但驾驶员要对接管请求做出正确回应	🚗	🚗	👤	部分驾驶场景
4	**高度自动驾驶** 系统在特定驾驶场景下执行全部动态驾驶任务，不需要驾驶员对接管请求做出回应	🚗	🚗	🚗	部分驾驶场景
5	**完全自动驾驶** 在人类驾驶员可以应对的所有场景下，系统都可以执行全部动态驾驶任务	🚗	🚗	🚗	所有驾驶场景

左侧竖排标注：驾驶员监控环境（级别0-2）、车辆监控环境（级别3-5）

图 6.2 根据 SAE J3016 分类

6.1 车辆行为

任何观察者都可以根据自己的视角来描述现实世界中的场景。每当观察者改变视角或观察的环境发生改变时，观察者都会有不同的认知。在道路交通场景中，我们需要找到一个标准化的视角来描述车辆在道路交通环境中的行为。ISO 8855 提供了与 SAE J670 一致的基本条款和限制性规定。

ISO 8855：2011，"道路车辆—车辆动力学和操纵稳定性—术语"提供了如下介绍和范围：

介绍

本国际标准定义了与道路车辆动力学有关的术语，主要供汽车行业的设计、仿真和开发工程师使用。第二版标准根据第一版标准更新，与 SAE 发布的相近的标准（SAE J670：2008 年 1 月）一致。本修订版扩展了包含范围，它包括提供单独的轮胎和车轴系统、倾斜和不均匀路面、轮胎力和力矩、多节商用车和具有四轮转向几何结构的两轴车辆规定。

本国际标准中包含的词汇从上一版和 SAE J670 中发展而来，以便于准确无误地传达对道路车辆横向、纵向、垂直和旋转动力学中的测试、分析和一般描述的术语和定义。

范围

本国际标准定义了用于道路车辆动力学的主要术语。这些术语适用于带有一个或多个转向轴的乘用车、公共汽车和商用运输车辆以及多节组合车辆。

来源：ISO 8855：2011。

对于道路车辆，本标准侧重于描述车辆在公路上的行为的专业词汇。车辆抓地力相关的考虑基于路面状况和道路几何形状。

6.1.1 道路车辆的自由度

在公共道路上行驶是一种闭环控制功能。通常，道路提供了基本的环境、道路交通规则、道路标线和标志等，并提供了基本的功能。为了使车辆能够在这样的道路上行驶，车辆需具备某些特性与性能等，以便充分适应这样的道路交通环境。一般来说，认证标准定义了特定区域内的有效道路性能。

车辆的基本标称功能包括：

- 驱动
- 转向
- 制动

如果没有这些基本的控制功能，则车辆根本无法实现其预期功能。另外，如果不保证这样的基本控制功能，导致参考的缺失，那么对车辆的风险评估也是不可能实现的。由于拥有动能，移动车辆已经具备了初步风险。转向对汽车横向运动的影响尤为显著，而驱动力则保证了汽车向前行驶。基本的制动功能是通过减速控制纵向运动来实现的。而驱动和制动只是控制横向运动的常用机制。通常，车辆静止时的行驶方向是通过变速杆预先选择的（图 6.3）。

在 DIN ISO 8855 标准中，车辆通过规定 X_v、Y_v 和 Z_v 轴形成运动坐标系，通过规定 X、Y 和 Z 形成水平坐标系，以及通过规定 X_E、Y_E 和 Z_E 形成静止坐标系。

考虑以下坐标轴：

- 车辆在 X 轴上纵向运动；
- 在 Y 轴上横向运动；
- 在 Z 轴上垂直运动。

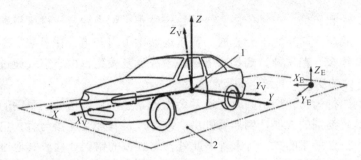

图 6.3 道路车辆的自由度（来源：DIN ISO 8855 道路车辆的动态和性能）

从典型操作的角度出发，Z 轴不直接影响车辆运动。悬架系统将提供 Z 轴方向的功能，但这些功能通常是为了补偿道路设计的影响。为了提高侧向稳定性，有一些功能是通过悬架系统来完成的。

任务阶段

功能故障一般源于普通四轮汽车的可能自由度，这是汽车在任务阶段的主要危险源。

纵向：加速 / 减速

故障 • 驱动转矩太高 / 太低 / 非预期的
　　　 • 制动转矩太高 / 太低 / 非预期的

危险 侧面碰撞，由于突然加速导致的行人 / 自行车事故
　　　 • 尾部碰撞，由于车轮锁定导致的不稳定或不易控制的车辆

横向：左 / 右；转向 / 不稳定；横摆

故障 • 偏航扭矩太高 / 太低 / 非预期的
　　　 • 太少或太多的转向角 / 转向扭矩
　　　 • 摆动的转向

危险 • 车辆稳定性控制不足、可能出现转向不足 / 过度
　　　 • 偏离车道
　　　 • 与迎面而来的车辆发生事故。

此外，车辆的旋转效应能够对车辆的横轴和纵轴产生影响。通常，这应该是车辆设计的一部分，以确保这些效应对车辆稳定性的影响是有限度的。

在 DIN ISO 8855 标准中，除了考虑街道设计对于车辆有影响之外，也包括了天气等因素。例如，潮湿的道路通常会减小路面摩擦。

同时，根据 ISO 26262 进行的危险分析和风险评估，故障可能是车辆自由度的意外偏差引起的。将车辆视为符合 ISO 26262 的 ITEM 可以使我们从 IEC 61508 中找到通往 EUC 方法的桥梁。

根据 ISO 26262，只有当 EE 功能具有影响车辆行为的能力时，才考虑其他轴的自由度，例如摆动、侧倾和俯仰。

由于摆动和俯仰，车辆依靠底盘的稳定性很少偏离稳定，进入极端的驾驶状态。然而，从众所周知的十分激烈的赛车运动中可以知道，在极端状态下的性能发挥意味着什么。在这种极端状态下一些事故反复发生，由于空气通过流经车辆的风产生巨大的压力，导致车辆飞起或翻滚。

当车辆的行为与预期不同时，通常会出现紧急或危险情况。车辆的意外行为可能危及不同类别的人群，例如驾驶员、乘客以及其他交通参与者，包括其他车辆中的人、骑自行车的人、行人等。此外，驾驶员的错误处理或其他道路交通参与者的错误行为也可能导致危险情况。故障和失效是一种潜在的危害来源，其他类别的风险也可能致使道路交通中的危险情况发生。

我们从航空电子设备、飞机等被设计得十分安全的设备中学到了十分重要的经验。飞机可以安全飞行的原因是基于设计。由于机身和机翼的精巧设计，一架飞机只需一个推进力就可以朝目标飞行。当它处于一定高度时，可以在没有任何推进的情况下利用动能航行或下降。而战斗机需要一个永久的电子控制系统才能飞行。因此，客机和战斗机或军用运输机的设计要求有所差异。

今天的道路车辆的自身设计在很大程度上也是安全的。乘员舱、转向和整个底盘的设计都遵循一定的安全标准。由于我们还不知道是否有任何更安全的设计，即一直遵循阿克曼原理使用四个车轮和转向系统。汽车及其认证规定的设计是为了便于负责任的驾驶员使用汽车。如果车辆是由一个系统控制的，那么驾驶员的许多已学习的功能和能力都必须被记录和评估，并且必须被映射到系统技术。其中，一个巨大的挑战是将车辆控制从系统转移到人类驾驶员。这种转移需要系统和人类驾驶员之间的安全协作。今天，许多研究人员指出，只有在车辆静止时，系统才有可能安全地将控制权移交给人类驾驶员。

6.1.2 惯性时空系统框架

"参考系"是一种可以测量运动和静止的标准相对物；任何一组静止的点或物体都是相对于另一物体而言的。原则上，这使得我们能够描述物体的相对运动。因此，参考系是一种用于运动的几何描述而不考虑所涉及质量或力运动学的纯粹方法。对运动的动力学描述引出了"惯性系"概念，惯性系相对于参考系，运动具有显著的动力学特性。因此，必须把惯性系理解为一种结合测量时间方法的空间参考系，以便将匀速运动与加速运动区分开来。牛顿动力学定律给出了一个简单的定义：一个惯性系是一个有时间刻度的参考系。相对于这个参考系，不受力的物体的运动总是沿直线且匀速的。加速度总是与作用力成比例的，并且在作用力的方向上，施加的力总是受到等大反向的反作用力。因此，在惯性系中，相互作用的封闭系统的质心总是静止或匀速运动的。我们也可以说，相对于惯性系匀速移动的任何其他参考系也是惯性系。例如，在牛顿天体力学中，以"固定恒星"为参照系，我们原则上可以确定一个以太阳系质心为中心的（近似）惯性系。根据这个框架和牛顿运动定律，每个行星的每一个加速度都可以（近似地）解释为与其他行星的引力相互作用。

这个理论起源于对牛顿力学中相对性和不变性原理的深刻哲学思考，并对 20 世纪的时空理论产生了非同寻常的影响。

我们用于激光雷达或摄像系统的整个光电效应理论并非在所有条件下都遵循牛顿定律。在这里，我们需要"狭义相对论"。狭义相对论解释了以匀速直线运动的物体的空间和时间是如何联系在一起的。

对于协同自动化系统来说，在同一空间中有许多独立运动的物体、车辆和人，因此拥有一个独特的参照系显然是必要的。总的来说，幸运的是我们身在同一个星球上，所有的人员、物品、障碍物等都受着几乎相同的引力。

由于高度和位置引起的重力偏差、影响仅与某些测量原理（如压力或旋转测量）有关。然而，由于这样的测量基于不同的参考，我们会遇到"环境失败"的情况。这种情况在检查设备时无法被检测到。特定环境的验证是必要的，并且只有相同的环境条件才能保证正确性。ISO 8855 考虑了不同的车辆参考点，例如：

－ 重心（Centre of Gravity, C.G.）：车辆参考系中的一个点。当悬架处于平衡状态并且车辆位于平坦的表面上时，该点与整个车辆的质心重合。

－ 空气动力学参考点：车辆参考系中的一个点。当悬架处于平衡状态且车辆停在平坦的表面上时，它位于车辆对称平面与地面平面的交点，位于前轴和后轴中间。

它基于以下坐标轴：

－ C.G. 的垂直位置：Z-Z_E 坐标轴；

－ C.G. 的纵向位置：X-X_E 坐标轴；

－ C.G. 的横向位置：Y-Y_E 坐标轴。

该标准描述了车辆的下列运动轴：

－ 横向加速度 A_y：质心加速度矢量的 Y 轴分量；

－ 横向速度 V_y：质心速度矢量的 Y 轴分量；

－ 纵向加速度 A_x：质心加速度矢量的 X 轴分量；

－ 纵向速度 V_x：质心速度矢量的 X 轴分量；

－ 垂直加速度 A_z：质心加速度矢量的 Z 轴分量；

－ 垂直速度 V_z：质心速度矢量的 Z 轴分量。

对于车辆的前部，存在这样一些定义，这些定义对于传感器的定位很重要：

－ 俯仰中心：在 X_vZ_v 平面上且通过车辆参考系的横向中心的假想点。在这个点上，施加在车辆身上的纵向力不会引起悬架的弹跳（前或后）。

－ 滚动中心：在包含同一轴的两个车轮中心的 Y_vZ_v 平面上的假想点。在这个点上，施加在车身上的侧向力不会引起悬架的侧倾（图 6.4）。

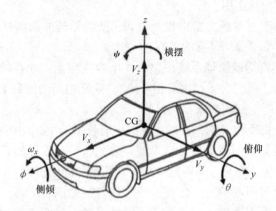

图 6.4 根据 ISO 8855 规定的车辆轴（来源：ISO 8855）

横摆角、俯仰角和侧倾角对于底盘设计是十分重要的；横摆角速度是 ESC 的设计基础。侧倾和俯仰不仅在数学上影响横摆角速度，特别是如果传感器未完全安装在车辆重心上时，车辆的所有运动都会导致偏差，需要进行补偿（图 6.5）。

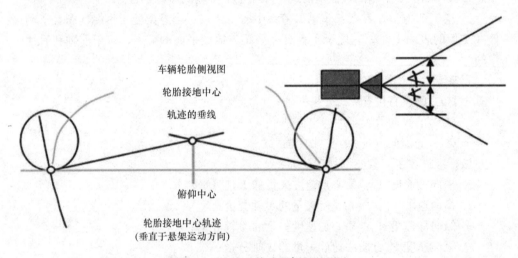

图 6.5 俯仰对传感器测量的影响

摄像机、雷达或激光雷达传感器通常不安装在汽车的重心或任何其他中心位置，例如它们通常安装在车辆前部对称的两个角上。它们的方向通常是从水平的零度开始，以便对驾驶方向有一个可追踪的参考。根据传感器的距离目标，其角度可以高于或低于水平线。由于俯仰效应，传感器中心线会随着道路几何形状而上下移动（图 6.6）。

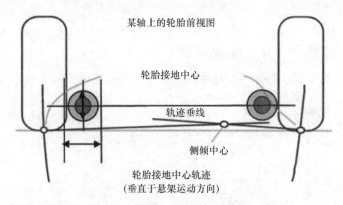

图 6.6　滚动对传感器测量的影响

车辆的侧倾导致车身的上下摆动并偏离环境感知的水平线。对于车辆前部，侧倾中心取决于前轴的几何形状，并且主要是取决于车辆当前的转向角。

对于制动系统的设计，通常一个单轨模型就足够了。该模型的参考是后轴，这与转向角度无关（图 6.7）。

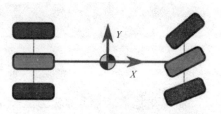

图 6.7　单轨模型基础

在一个典型的单轨模型中，每根车轴有两个轮胎，并且连接到一个虚拟轮胎上。重心建立了纵向和横向运动的参考点。

将单轨模型集成到一个真实的坐标系中，后轴作为参考点（图 6.8）。

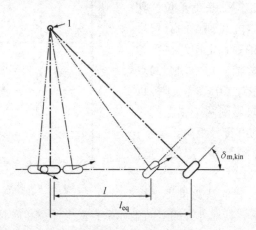

图 6.8　单轨模型中的车轮距离和角度（等效轴距）（来源：ISO 8855，2013 年）

单轨模型的轴距是基于固定后轴和同步轮角的。车轮滑移角是在动态模式下基于许多车辆数据得出的结果。在转向点周围的特定距离内，车辆根据固定的转向角移动。

6.1.3 "真实世界"中的道路车辆

在将单轨模型集成到世界坐标系时，参考点经常选用后轴中心（图6.9）。

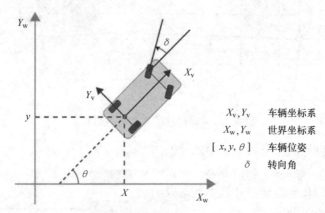

X_v, Y_v	车辆坐标系
X_w, Y_w	世界坐标系
$[x, y, \theta]$	车辆位姿
δ	转向角

图6.9 世界坐标系中的车辆坐标

世界坐标系通常也被称为笛卡儿坐标系。笛卡儿坐标系是正交坐标系。它是以法国数学家 René Descartes 的拉丁名字笛卡儿命名的，他引入了"笛卡儿坐标"的概念。在二维和三维空间中，它是最常用的坐标系，因为在这个坐标系中可以清楚而简洁地描述许多几何事实。它通过一组数值坐标唯一地指定平面中的每个点，这是通过以相同的长度单位，测量两条固定的垂直定向线到点的有符号距离来实现的。每条垂直定向线被称为系统的坐标轴，简称轴。它们相交的点是它的原点，即有序对（0，0）。坐标也可以定义为点垂直投影到两个轴上的位置，表示为距原点的有符号距离。通常，在直角坐标系中横坐标是一个点的 X 值，纵坐标为 Y 值（图6.10）。

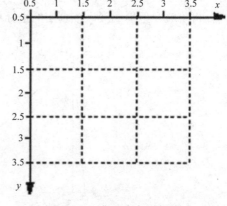

图6.10 典型直角坐标系

基于这一认识，我们认为世界坐标系是一种空间坐标系。其他种类的空间坐标系有极坐标系和球面坐标系（图6.11）。

球面坐标系是三维空间的坐标系，其中三个数确定一个点的位置：

- 该点与固定原点的径向距离；
- 该点与由该点的固定顶点方向测量的极角；

– 该点在参考平面上的正交投影的方位角，其中，参考平面通过原点并与上述顶点正交。

球面坐标系可以看作是极坐标系的三维版本。

还有很多的坐标系将地球定位纳入其框架之中，例如导航系统。

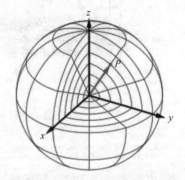

图 6.11　球面坐标系或极坐标系

局部切线平面（Local tangent plane, LTP）坐标，有时称为局部垂直与局部水平（Local Vertical Local Horizontal, LVLH）坐标。这是基于局部垂直方向和地球旋转轴的地理坐标系。它由三个坐标组成：一个代表北轴的位置，一个代表局部的东轴的位置，一个代表垂直轴的位置。存在两个右手变体：东、北、上（ENU）坐标和北、东、下（NED）坐标。它们用于表示航空和航海控制论中常用的状态向量（图 6.12）。

ENU 坐标：在许多靶向和跟踪应用中，局部 ENU 坐标系远比 ECEF 或大地坐标直观实用。局部 ENU 坐标是由与固定在特定位置的与地球表面相切的平面形成的，因此有时被称为"局部切线"平面或"局部大地测量"平面。通常，东轴标记为"x"，北轴标记为"y"，上轴标记为"z"。

NED 坐标：在飞机中，大多数目标物体都在飞机下面，所以把向下定义为正。

这个坐标系通常选择飞机重心以下大地水准面上的一个点作为原点。然

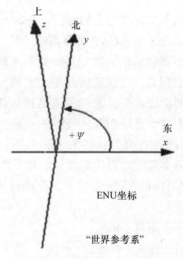

ENU坐标

"世界参考系"

图 6.12　局部东、北、上坐标

而，必须注意的是，如果飞机正在加速（线性旋转或加速），那么 NED 坐标系就不再是惯性系（图 6.13）。

对于制动系统仿真而言，纵向运动的典型参考点通常为后轴中心。转向系统仿真一般使用车辆中心做参考点，因为纵向运动与侧向力（如离心力）之间存在相互依赖的关系。对任何车辆而言，描述纵向运动所用坐标系间的差异都是固定的。

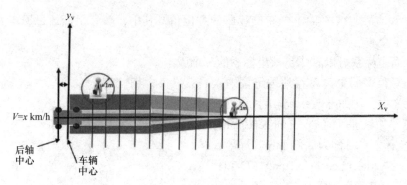

图 6.13　车辆纵坐标和横坐标

6.1.4　临界状态取决于距离

　　一辆汽车在局部危险区域的风险与速度强相关。在只研究纵轴的情况下，停车距离与速度的平方成正比。在驾校，我们了解到 100km/h 的制动距离约为 100m。根据物理方程，制动距离或停止距离是车辆从充分使用制动器到停止移动为止所经过的距离。这通常被称为"100—0km/h 制动距离"，例如 56.2m，并且通常在干燥的路面上测量。一些 M1 级车辆的 100—0km/h 制动距离可以做到低于 35m；为了从 NCAP 获得高的评分，被测车辆应该使该测试结果低于 40m。如果是人类驾驶的话，我们还需要加入驾驶员的反应时间。从驾驶员意识到需要停车到踩下制动，在这段时间里，车辆行驶的距离称为反应距离。反应距离需要被添加到制动距离中。感知距离是指从你的眼睛捕捉到危险并传递到你的大脑，使其意识到这个危险时车辆行驶的距离。高警惕性的驾驶员的感知时间大约是 1s，以 100km/h 的速度，我们在这段时间行驶了大约 40m。

　　人类驾驶的制动距离 = 感知距离 + 反应距离 + 停车距离

　　在良好的天气条件下，车速维持在 100km/h，运用一个非常保守的计算得出以下数据：

　　停车距离：40m；

　　反应距离：40m；

　　感知距离：40m。

　　这说明当车速为 100km/h 时，车辆总体的制动距离为 120m。驾驶员正常的感知时间和反应时间为 1s。然而，如果驾驶员没有完全参与驾驶过程，例如他分心于其他事，这个时间就会显著增加。停车距离主要取决于道路和天气条件以及车辆能力。

　　从 ISO 26262 和事故研究中，我们了解到 40km/h 的碰撞速度就可能导致死亡。这导致我们需要考虑将速度为 100km/h 的车辆前面 100m 的区域设置为高严重程度区域（图 6.14）。

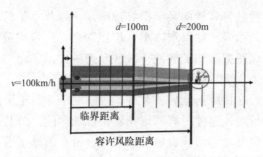

图 6.14 临界距离

如果我们在高速公路上，那么可以认为道路区域内没有人。在法律允许车速达到 100km/h 的乡村公路上则需要考虑道路上有行人的情况。发生事故后，也要考虑到高速公路上有人的情况。根据假设，我们需要考虑车辆 200m 前的距离，这个距离表示一个可承受风险的范围。

横向运动

移动车辆的另一个维度是横向运动。在一条完美的道路上，一个完美的转向系统和一个完美的驾驶员在直道上将不会进行车辆横向运动控制。

平均的车辆宽度通常都超过 2m（加上了后视镜）。根据高速公路的设计准则，道路宽度随着允许的车辆速度的增加而增加。欧洲道路上最大车辆宽度为 2.5m。德国高速公路的右车道一般为 3.5m。这种宽度只允许货车两侧各有 0.5m 的余量。任何转向角度的偏差都可能在 1s 内导致车辆显著偏离车道。许多司法实践显示出以下风险容忍范围：

- 当汽车与人们之间的横向距离不到 1m 时，即使车速很低，人们也会感到危险。

- 如果车辆在距自行车小于 1.5m 的距离内通过，则骑车人被认为有危险（图 6.15）。

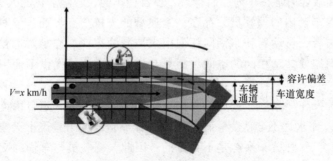

图 6.15 车道与侧移有关

在一条完全笔直的道路上，可以很容易地确定车辆通道。在这种情况下，可容忍的通道可以由驾驶员和转向系统很好地确定。现代电子转向辅助系统也纠正了驾驶员轻微的转向影响。如果道路不平坦或弯曲，则很难预测车道。一个缓慢而谨慎的驾驶员会试图把汽车准确地行驶在车道的中间，而一个具有快速且运动取向的驾驶员往往会选择切线驾驶。

对于城市道路，这种距离就需要改变车道。对于人行道上的行人来说，如果他们沿着道路边缘行走，这种距离就意味着持续的风险。公共道路交通中任何行为者发生任何非预期行为都意味着风险。因此，所有道路交通法律都要求对较弱的道路使用者给予特别的照顾和考虑。这些主观的限制是由人来权衡的，且随具体情况而变动。人类驾驶员往往更愿意冒险驾驶。这种行为不能存在于技术系统中，这就是为什么越来越多的游说团体要求为自动驾驶制定明确交通规则的原因。在目前的形势下，从社会和政治角度是否准备以牺牲行人和骑自行车的人为代价来这样做，这是值得怀疑的。今天，在城市道路交通环境中我们总是讨论"以人为本的设计"。目前有多项研究活动涉及道路车辆和其他道路交通参与者的和谐共存问题。

在亚洲，很多城市规划者也考虑到整个新生活区规划的需要。他们对残疾人和需要更高保护的其他群体（例如儿童）给予了特殊的照顾。

6.2 驾驶员 - 车辆交互界面

对于任何出行场景，我们都不应该忘记人的存在。他们在其中扮演着不同的角色。通常考虑以下几类行为者：
- 驾驶员（自动驾驶车辆的驾驶员，或其他车辆的驾驶员）
- 乘客
- 行人
- 骑自行车的人、摩托车驾驶员、踩滑板的人等

驾驶员和乘客通常在车内，而行人、骑自行车的人、踩滑板的人等则在车外。

对于受控车辆内的驾驶员，存在一个典型的人机交互界面。但对于其他所有道路交通参与者，自动驾驶车辆同任何由人控制的车辆一样是对道路使用权的竞争对手。他们需要共享相同的空间，而只有道路交通法规提供了使用时间划分和条件的规则。

在通常的操作场景中，我们将受控车辆视为一个具有一定自由度的黑匣子。在 HARA 中，你永远不会认为一辆汽车能够依靠自己的力量飞上天空。在那个级别的抽象层上，驾驶员和乘客是不可见的。因此，驾驶员与车辆的交互界面只在较低的抽象层次上可见，在那里你可以看到踏板、方向盘、变速杆等（图 6.16）。

为了向驾驶员描述交互界面，交互界面需要得到认证。制动、驱动和转向系统是车辆发展一百多年以来的一种演变。自从 Bertha Benz 驾驶三轮汽车以来，今

天的汽车基本都有四个轮子，并使用基于阿克曼（Ackermann）原理的转向系统。现在有后轮驱动、前轮驱动和四驱车辆；与车辆自动化的开始类似，我们再次尝试使用电驱动系统。由于电力驱动器转矩特性的变化，底盘设计的要求发生了变化。这也导致了一些车辆内饰方面的优点和缺点。它提供了车内新的空间，并且电动汽车通常振动较少，从而实现更高舒适性的驾驶。然而，基于沉重的动力电池的电力驱动概念及其特点也导致了底盘设计的变化。

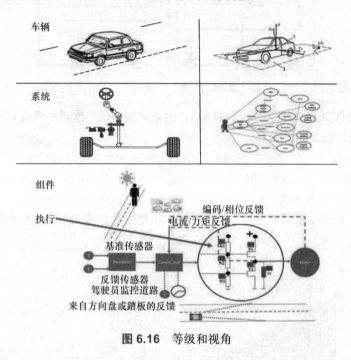

图 6.16　等级和视角

6.2.1　驾驶员的可控制性

在更高的自动化水平中，人机交互界面是车辆必备的；到 SAE 的 L3 及以上级别，人机交互界面起着重要的作用。在驾驶员辅助系统中，转向系统只为驾驶员的预期行为提供帮助。而在自动化系统中，人机交互界面必须适应各种操作情况下的不同系统状态。

在正常辅助系统中，有必要分析由系统引起的可接受的影响程度，以保证任何驾驶情况下驾驶员能够控制车辆。根据助力转向系统的力矩和车辆的速度，系统可能产生的对响应和车辆行为的影响是不同的。在较高的车速下，非预期的转向干预对车道保持的影响比车速较低时更大。因此，系统对转向系统的可容忍扰动是与速度相关的。这将导致驾驶员控制助力转向系统故障的能力降低（图 6.17）。

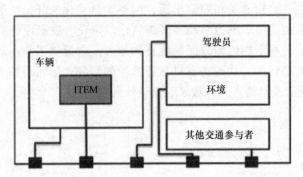

图 6.17　类似于 ISO 26262 的例子，其中该 ITEM 是车辆的一部分

由于 ISO 26262 只考虑一个 ITEM，例如转向系统，所以不考虑以下车辆环境和可能的安全相关的影响：

- 驾驶员
- 环境
- 其他交通参与者

以上因素均以不同的方式影响 ITEM。在驾驶员和转向系统之间存在着许多影响因素（图 6.18）。

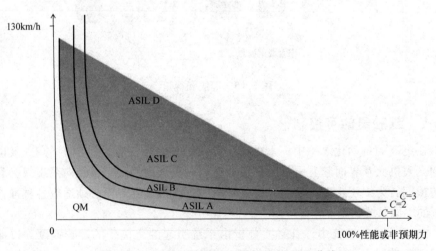

图 6.18　由面向驾驶员可控性的 ASIL 双曲线

助力转向系统的 ASIL 分布通常遵循双曲线。助力转向系统的典型暴露程度定值为 $E = 4$。当车辆严重偏离车道时，随之发生的伤害可能致死；车辆的可控性取决于方向盘上可能存在的力。图 6.18 中的横坐标表示可能的非预期力或性能，纵坐标表示车辆的动能随速度的增长。在做 ABS 试验的冰面上，可能的失效强度与

助力转向系统的性能需求之间存在关系。以下的失效模式可以在考虑之内：

- 助力转向系统太强的干预；
- 单个车轮上制动力过强或不对称；
- 由于驱动故障而引起的强烈减速，通常只在弯道上，驱动会导致非预期的横向干预。

随着非预期的横向影响强度增强，驾驶员对可能的系统失效越没有控制能力。当然，这取决于驾驶情况和道路条件。当这种故障导致车道偏离时，上述情况就会发生。

以下影响应在考虑之内：

- 由于车道偏离，与迎面而来的车辆发生事故；
- 由于车辆的不稳定，例如横摆效应等，与其他车道上的基础设施或车辆发生事故；
- 由于系统意外或车辆影响，驾驶员实施错误干预。

驾驶员也可能对系统影响或意外车辆运动做出错误反应。导致驾驶员错误干预的典型原因有：

- 由制动或转向等车辆系统的故障导致的对方向盘的影响，驾驶员试图以非预期的动作补偿这种影响；
- 当车辆驶过坑洼时，驾驶员修正方向的反应过于激烈；
- 驾驶员从导航或其他系统中获取信息，但做出了错误反应；
- 由于其他道路交通参与者的行为导致驾驶员的错误反应，例如他们为躲避突然出现的动物而转向迎面而来的车辆。

特别是对于驾驶员如何对系统和车辆影响的各种来源或对各种信息来源做出反应的评估，是非常难以确定的。

在 ITEA2 资助的项目"安全"中，"任务 3"研究了转向系统，模拟了对于驾驶员的影响，并分析了可控性的限制。

电动助力转向被用来演示变化的方法。在行驶方向上，方向盘发出转向角命令。此外，当驾驶员握住方向盘时，他在任何时候都会得到来自道路的反馈。以下要求和与环境的交互适用于转向系统：

- 驾驶员用于转动方向盘所需的手力应尽可能低，但电动助力转向的反馈力应当足够明显，以使驾驶员充分参与转向过程；
- 方向盘的旋转和转动次数应与转向角度和驾驶员施加的转向力矩强度呈线性关系；
- 在驾驶时不需要来自驾驶员的任何力量，转向系统都能恢复到直行位置；
- 路况的反馈应明显地传递给驾驶员。

最大操作力的法律要求和转向辅助的持续时间为驾驶员提供了固定的转向感

觉（图 6.19）。

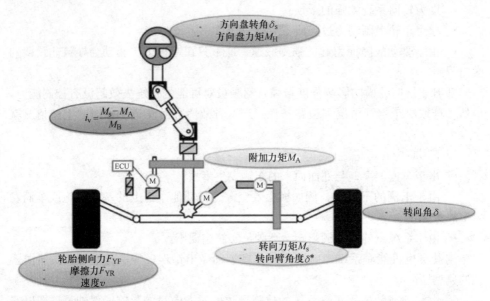

图 6.19 转向系统和系统交互（来源：安全 -ITEA2，WP4，可交付的 D3.4.a "可变管理技术描述指南）

电动助力转向系统基于以下基本原理：

－ 首先，通过力矩传感器检测方向盘的转动。然后，力矩传感器将数值传递给 ECU，ECU 计算必要的助力力矩，再在各自的时间间隔内进行期望的功率放大。

－ 功率放大通过变速器、电机和控制单元的功率器件传输到转向系统。元素的设计定义也为我们提供了架构的技术视角，包括内部和外部交互的技术方面。

当不要求力矩或不要求这么大的力矩时，在如下情况中会识别出非预期转矩的风险：

－ 背景：车速高于 50km/h 且在半径固定的弯曲道路上。

－ 风险：在 100ms 内，最大力矩 MaxTorque（x）超过指定力矩，且持续时间大于 x。

－ 最大力矩 MaxTorque（x）给出了在 100ms 期间最大可容忍的力矩（图 6.20）。

使驾驶员感到不安甚至无法控制方向盘力矩和电机转矩的时刻取决于偏离期望值的持续时间和强度。

基于这些假设，在车辆层级上确定了可能的故障模式。并且可以通过这种方式，制定 ISO 26262 所规定的安全目标："避免任何故障导致危险情况"。

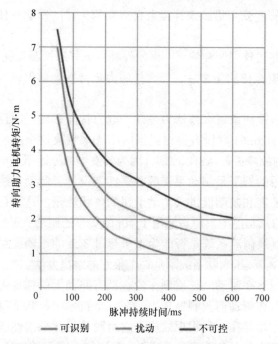

图 6.20　转向系统的电机转矩和持续时间（来源：安全 -ITEA2，WP4，可交付的 D3.4.a，"可变管理技术描述指南"）

在接下来的步骤中，应该确定助力转向系统可能的设计限制。下列问题（例如，从 HAZOP 派生出来的）正在为这样的限制或约束提供标准：

－ 对于助力转向装置，正确的转向力矩特性是什么样的，以使驾驶员仍然可以安全地驾驶车辆？

－ 在持续时间和频率方面，转向力矩的哪些限制是可以接受的？

－ 对于转向系统的机械部分，可以考虑哪些最大瞬态和力矩限制？动力转向装置是否提供必要的特性和性能？

－ 助力转向系统能否提供必要的反应和性能，以适应突发事件的力矩特性，如恶劣的道路条件或任何其他外部事件？

－ 在发生电气故障时，助力转向系统能提供正确的反应和足够的性能吗？

为了设计好转向系统，应牢记不仅仅电气故障会导致危险情况。整个助力转向系统需要安全，而安全的手段不仅局限于控制电力电子故障。

ISO 26262 的典型安全目标不足以涵盖整个转向系统的设计约束，以下类型的安全机制也需要考虑：

－ 转向系统的机械部分需要什么样的保护机构？哪些限制和约束是相关的？

— 需要采取哪些安全措施来补偿来自道路的突然的影响或任何其他外部的影响？

— 应考虑哪些设计限制和约束，以便驾驶员更好地控制驾驶情况？

— 在关闭车道保持功能之后，什么样的力矩特性能够保证驾驶员对车辆控制权的接管？

这种设计限制或约束可以被认为是在"电力转向系统"项目的开发过程中的系统故障，但 ISO 26262 并没有提出适当的措施来解决这个问题。我们不可能对这种与设计相关的故障进行 ASIL 评估，因为其发生的原因不是电气电子故障。

一个非常简明的例子是制动系统的必要性能设计。制动系统的标称性能是指可能的最大压力梯度和制动液进入制动卡钳的体积流量。这种最大压力梯度足以使一辆重达 3.5t 的汽车停下，但不能用于 40t 的货车的制动。最终电动汽车将达到什么样的程度，以及制动系统是否能为重量超过 3.5t 的车辆提供足够的制动性能可能是很难预测的。气压制动系统不是一个很好的解决办法。

轮速传感器能够在制动时检测到车轮在沥青路面上的抓地力，但没有任何合适的测量技术可以在制动前预测抓地力。在汽车技术中，几乎没有传感器直接测量目标的物理量。总存在一种物理效应，它与测量目标呈线性或任何其他确定性的关系。通过以某种方式进行校准或配置，我们能够有足够的信心对其进行测量。助力转向系统中的扭力杆是应变计，它被校准为驱动力矩和受道路摩擦和转向系统刚度影响的力矩之间的力矩差。

错误的校准、配置或设计无法被定义为电力电子故障。这种故障通常是设计工程师或至少是产品开发过程和应用方法的系统性错误。

"间接测量"在今天是很正常的，用以测量名义性能、功能性能或必要的系统能力。

下一个挑战是通过整个执行器系统的设计，以控制由电力电子功能造成的可能的关键场景。它是否需要其他技术的保护机制，或经过充分验证的先进的设计原则？

问题是，该设计经过广泛证实了吗？

各个方面都需要证实情境的名义功能、某些状态和状态的转换是正确的。在转向或制动系统中，尚未考虑需要特殊保护功能的乘员保护或可能发生的故障。一个重要的例子是 ABS 的主动安全或保护功能，它的任务是避免制动系统中过度的压力导致车轮抱死。

然而，这背后的危险是什么？

— 当车轮被抱死时，车辆就失去了转向能力。尽管方向盘转角很大，车辆还是直接向前行驶。

— 后桥不再引导车辆，并且失去横向稳定性或其他性能。

ABS 的保护功能只是制动保护功能。ABS 的功能不能避免由于加速引起的车轮或驱动轴的"抱死"。

传动系统"抱死"也可能是由于：

- 后桥前进而前桥后退，反之亦然；
- 过度修正或机械阻塞。

通常，所有的这些故障都是无法避免的，很少能够被 ABS 或制动系统中的牵引控制功能所控制。

一个值得讨论的问题是，通过环境传感器对现实世界进行多少检测才是足够的。由于其测量原理，雷达适合于检测运动物体。测速摄像机因其速度测量的正确性导致其复杂度的增加。然而，雷达是正确的目标检测设备吗？摄像机是三维物体测量的完美设备吗？雷达是一个完美的距离控制和预警系统，更适合于动态物体。立体摄像机的两个成像器之间的距离比较小，非常类似于人类的眼睛。与我们的眼睛相似，立体摄像机可以识别许多模式，当然也包括 3D 模式，但它至少仍然是一个感知系统。激光雷达对物体形状的感知效果较好，然而即使它这么贵，它也不是对任何测量目的都完美的传感器。

功能的不足可以在 IEC 61508 的框架内考虑，因为该标准定义了 EUC 的可供参考的内容。在大多数情况下，EUC 就是车辆，因此根据 IEC 61508 的规定，验证中的决定性问题是，如果车辆正确运行，是否可以通过定义的制动或转向系统来充分安全地进行驾驶和制动。然而，根据 ISO 26262，这些系统是否可以不被视为车辆的控制功能？

当考虑系统时，IEC 61508 指的总是 EUC。这意味着，在 IEC 61508 的背景下，当系统按规定执行、工作、操作和表现时，一个正确运行的机器（EUC 的例子）永远不会导致伤害或事故。第二步，将分析整个设备（机电设备）中可能发生的故障，并根据这一分析评估风险。在操作层面，对充分的保护措施和可用性概念进行了阐述。在进行技术风险分析后，根据电气或电子技术，以及液压、气动或其他机械解决方案等其他技术，确定了适当的措施。对于任何派生的 EE 系统，都有以下几种分类：

- EE 标称控制功能，如可操作的制动系统或基本转向系统；
- 控制操作风险或系统风险的保护性控制系统；
- 根据 ISO 26262 或 IEC 61508 等安全完整性标准开发的 EE 安全机制。

IEC 61508 区分了"按需模式"和"连续模式"。在操作层上，一辆车对下列原则进行了区分：

- 制动系统是一种按需系统（当请求时必须有效地干预）；
- 转向系统是一个连续模式的系统（它连续工作）。

然而，我们应该理解，任何保护系统或安全机制通常是按需系统，但当时间间隔或需求率太低时，应该考虑连续的运行模式。就整个事件或故障而言，对循环诊断的监视无论如何都是必要的。

分析事故情景及其原因通常也是非常不同的，这是一门基于经验的科学，因而对事故的预测常常以失败告终。

6.2.2 事故及其根源对策

事故是一类不良事件，它们的发生有很多原因。哪一些事故可以称为坏运气（在错误的时间出现在错误的地方）？通过分析接连发生的故障和错误可以得出结论：哪些因素几乎不可避免地导致不良事件的发生。

这些原因可分为：

- 直接原因：受伤或危害健康的原因（刀片、物质、灰尘等）；
- 潜在原因：不安全行为和不安全条件（防护被移除，通风设备关闭等）；
- 根本原因：导致其他所有故障都增长的故障，往往在时间和空间上与不利事件没有直接联系（例如，未能确定培训需求和评估能力，对风险评估的重视程度低等）。

为了防止不良事件的发生，我们需要提供有效的风险控制措施，这些措施解决了直接的、潜在的和根本的原因。

人类影响在重大灾害中的作用已得到广泛承认，研究得出结论：人为失误是事故发生的主要原因。对塞维索、三里岛、博帕尔和切尔诺贝利等工业灾害的事故分析证实了这一观点。导致系统灾难的人为错误可以分为两种：

- 主动错误
- 潜在错误

主动错误的影响几乎是立竿见影的，而潜在错误可能在系统中潜伏多年，然后再主动与局部问题和其他故障结合起来，造成更大的事故。

主动错误更有可能是由直接参与过程的人造成。潜在错误往往是由设计师、经理和其他人员造成的，他们有时甚至没有意识到自己的错误和因自己的过失所产生的后果。

操作过程中潜在错误的原因通常包括：

- 时间压力
- 人手不足
- 设备不足
- 人的疲劳（材料的疲劳是另一类）

涉及的阶段有：

- 在开发过程中
- 生产或指令过程中

材料失效属于开发失败，其原因可能有：

- 选错了材料
- 用户和压力的配置文件未对齐
- 环境影响加速材料老化
- 材料的生产或加工不足
- 维修过程中货物损坏等

这就是当今安全相关设备开发过程需要采用生命周期方法的原因之一。

对于整个车辆来说，这种关系变得非常混杂，无法追溯到车辆中系统的特定特征。没有一个系统性的工程过程（包括充分的模拟），我们就无法使面临的问题和可能的系统故障透明化。

6.3 控制和通信

未来的出行将与各种利益相关方存在交流。通信不能停留在车辆内部，这就意味着仅仅建立人机接口是不够的。许多媒体报道和广告将这样的汽车比喻为"车轮上的智能手机"。在这种解决方案下，有必要将车辆集成到消费者网络中。

6.3.1 事件驱动控制

人类驾驶意味着驾驶员处于所有控制任务的中心。而一个类似于人类驾驶员操作的自动驾驶系统将是一个高复杂度的控制系统，它必须是人类驾驶员的确定性数字孪生，不仅需要包括传感器、神经系统和大脑，还需要具备经验丰富的驾驶员的反应能力。

在自动化工程中，第一个常见的问题有：

- 当前技术的潜力是什么？
- 什么需要改进？
- 我们是否需要颠覆性的方法？还是坚持目前的设计原则？

人类系统可以更多地与事件驱动的控制系统进行比较，而不是确定性的、时间触发的控制系统。

VDA 安全概念提供了发动机管理控制系统的边界（图 6.21）。

EGAS 系统包括发动机控制单元、加速踏板和节气门。传感器、喷油器、其他微控制器、制动踏板或其他控制杆被认为是外部装置。

机械式发动机被认为是 EUC，它甚至不是 EE 系统的一部分。虽然发动机确实没有电气接口，但它对车辆的行为具有重要的意义。发动机可以中止或继续转矩的提供，因为它需要能量以及来自控制设备的命令。

任何设备都需要访问通信通道和能量，来实现自身的控制和执行器的驱动。

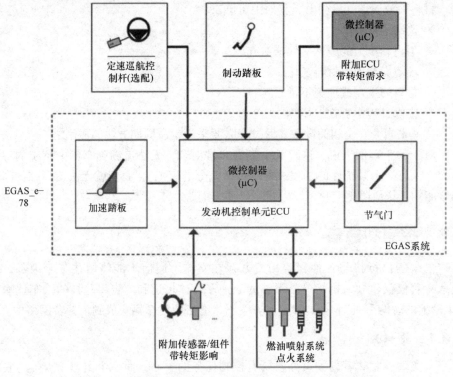

EGAS_e— 78

图 6.21　VDA EGAS 边界（资料来源：VDA EGAS，6.0，2013 年）

　　一个典型的 EE 架构解决方案可以包括一个带有两个独立以太网交换机（com-switches）的双核锁步控制器（图 6.22）。

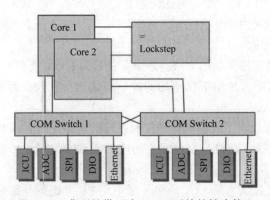

图 6.22　典型的带两个 COM 开关的锁步核心

　　锁步控制器的缺点是当检测到故障时其会失去可用性。当通过锁步比较检测到故障时，大多数的锁步原理选择关闭核心。即使仅切换一个核心都需要足够的诊断信息，例如缺陷的核心是哪个，或者说哪个核心导致了比较结果的识别偏差。其优点是使用相同的软件运行，两个核心的同步和比较仅需要几微秒（图 6.23）。

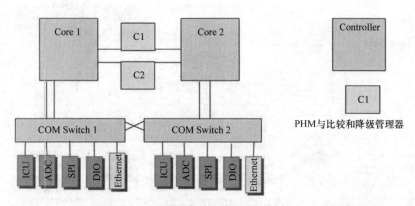

图 6.23　具有预测健康监测的双核芯与比较和降级管理器

　　使用带有非对称多进程的独立双核原理需要付出更多的工程努力，但应对系统故障的措施无论如何都需要得到分析和实施。连同预测健康监测（Predictive Health Monitoring，PHM），使得故障原因得以透明化，并且这两个核心可以基于不同的软件甚至不对称的数学模型或逻辑原理运行。由于存在连续的比较，两个核心都可以给其他控制单元提供相同的结果，并且可以使用第一个数据进行后续处理。可以为每个核心和外围元件独立添加电源，这样外部干扰就不会导致设备完全关闭。

　　假设存在一个控制网络，它可以从它需要的任何信息源中获得数据。基于这样的构想，最终我们在通信技术中找到了环通信的思想（图 6.24）。

　　当然，传感器和执行器也需要有访问冗余控制网络的冗余权限。传感器可以作为环形通信线路之间的共享资源。两环网络的充分独立性是传感器和执行器集成的最高设计目标。最简单的方法是车辆的一环与另一个环完全独立。从而，每个环有自己的电源、传感器和执行器。只要用相同的电子硬件来设计和实现两个环，那么任何随机硬件故障都可以通过两个环之间的交叉比较来检测。交叉比较单元应采用电流隔离，从而使得过电压和电磁兼容性等不会由任何共同原因所触发。任何控制单元的系统故障都需要自己的 PHM。如果传感器被分配到控制单元，它们应该集成到控制单元的 PHM 中。任何执行器电子都应该存在完全独立的冗余，并集成在相应的机械设计上。PHM 的设计应使所有监测数据都能在两个环形网络中获得。任何功能退化都应该由其他环网络通过良好的退化机制来启动。任何可退化单元都需要保证当退化发生时不会导致任何故障。

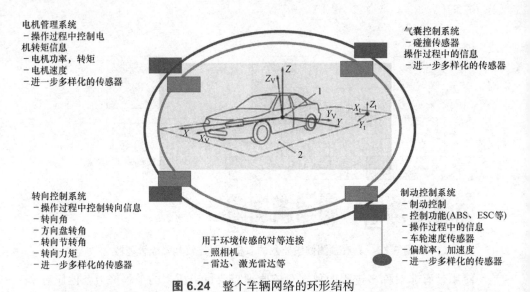

图 6.24 整个车辆网络的环形结构

性能退化可以通过机械设计来完成，例如电动机上的两组独立线圈。只有两组线圈都能提供完整的性能，执行器才能根据设计极限提供性能。对于转向执行器来说，50% 的性能足以满足大多数驾驶操纵，但即使在跛行模式下，在驾驶过程中失去车辆的横向控制也意味着很大的风险。即使车速为 50km/h，失去横向控制也意味着很大的风险。因此，对于转向执行器，我们需要采取进一步的措施，除非我们不考虑将人类驾驶员作为后备选项。对于发动机提供的驱动力来说，50%的性能下降是可以容忍的（图 6.25）。

控制网络应该以客户端 - 服务器网络的形式工作。任何传感器和执行器都应该是客户端。所有客户端的设计应使所有必要的数据都能从网络中检索，或连续地将时间戳、序列计数器等提供给网络。在网络中，相关的服务器应该存在冗余机制，使得当服务器发生故障时，每个环网络中有备份的服务器。只要两个网络中的两个客户端都是正常工作的，它们就可以随时接收来自两个环形网络的控制和监视数据。对执行器而言，可以使用第一个有效的数据集来控制它。执行器通过第二环网络接收到的第二数据集可用于监测或性能增强。冗余执行器应保证微小的时间差得以补偿，然后再以机械的形式耦合到系统中。在这种情况下，可以明显地减少为使执行器工作同步所做的努力。冗余比较所需的实时窗口要大得多，使整个系统的容错能力得以提升。只要锁步比较不会使控制设备退化，锁步就不会限制其可用性。而锁步设计的缺点是同步困难、时间延迟以及缺乏控制器资源等。

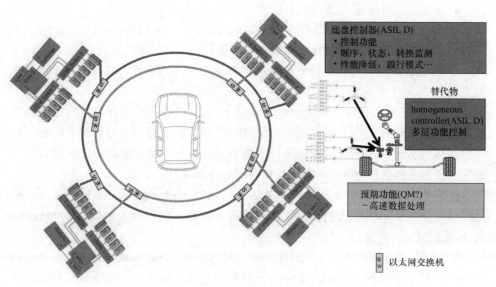

图 6.25　冗余环网

　　然而，如果控制器由不同的供应商提供，任何供应商都将负责控制自己的随机硬件故障的发生率。环境感知、轨迹规划等任务应通过不同的控制和逻辑原则来实现，这些原则应在两个环形网络中冗余地实施。任何监控软件也应该作为 PHM 的一部分在控制器的单独分区中实现。

　　系统故障需要通过适当的设计过程来避免，这需要对车辆的整个 EE 体系结构进行系统级的设计保证。对整个开发过程的开发保证水平（Development Assurance Level，DAL）的理解以及按照具体的设计保证水平的零件设计过程（例如航空电子行业），当然是开发过程中的一个沉重负担。如果有更精简和更有效的解决办法，航空业就不会建立如此复杂的发展进程。详细地说，可能会存在更简单的解决方案，但每个开发过程都应该允许这种根据风险水平定制方案的自由。但是，这种发展进程必须是可核查的，且安全情况下的结果必须保持透明。只要安全论证是可理解的，陈旧的工艺规程不应该成为新的安全解决方案的障碍。

6.3.2　发布 - 订阅网络

　　发布 - 订阅模式可用于描述信息异步管理的通信系统，是一个消息传递的方式。作为信息的消费者，用户向系统发出持续的查询和订阅需求。而生成数据的源头（生产者）向系统提供带有数据的事件发布。发布 - 订阅系统基础架构负责（异步）将发布事件与所有相关的订阅相匹配。因此，从本质上讲，这种基础架构为每一个用户过滤了所有可用信息，只向每个用户提供相关的信息单元。

发布 - 订阅网络使用以下原则：

– 软件组件不一定需要知道它正在与谁通信；

– 数据生产者将数据整体打包发布给系统；

– 数据的使用者从系统订阅和接收数据包；

– 数据包带有标签，以便软件模块能够识别可用的信息，这样的标签也被称为主题。

队列管理器（Queue Managers，QMs）控制发布者和订阅者之间的过滤和交互。每个队列管理器将发布到主题的信息与订阅了该主题的本地订阅者匹配。可以配置队列管理器网络，以便在同一个网络下，将一个队列管理器中应用程序发布的信息传递给在其他队列上创建的相匹配的订阅者。

这需要在队列管理器之间的简单通道的基础上进行额外的配置。大多数信息传递系统在其 API 中支持发布 - 订阅模式和信息队列模型，例如 Java Message Service（JMS）。

分布式发布 - 订阅结构由一组连接在一起的队列管理器构成。这些队列管理器可以都在同一个物理系统上，也可以分布在多个物理系统上。当队列管理器连接在一起时，订阅者可以订阅一个队列管理器并接收最初发布给另一个队列管理器的消息。

IBM 在其知识中心提供了一个单一队列管理器发布 - 订阅网络的流程示例（图 6.26）。

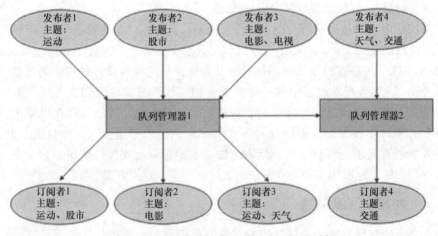

图 6.26　用两个队列管理器发布 - 订阅示例

为了说明这一点，该图将第二个队列管理器添加到示例中提及的单个队列管理器发布 - 订阅结构中。

– 发布者 4 使用队列管理器 2 发布天气预报信息以及关于主要道路交通状况

的信息。其分别使用天气和交通作为主题。

－ 订阅者 4 也使用队列管理器 2，并以交通为主题订阅有关交通状况信息。

－ 订阅者 3 也订阅有关天气状况的信息，尽管他使用与发布者不同的队列管理器。由于队列管理器是相互连接的，所以它可以接收到相关的订阅信息。

既可以手动将队列管理器连接为父子层次结构，也可以创建发布 - 订阅集群，并让 IBM MQ 定义相关的连接细节。还可以组合使用这两种方法，例如将多个集群连接在一个父子层次结构中。

资料来源：https://www.ibm.com/support/knowledgecenter/SSFKSJ_8.0.0/com.ibm.mq.pro.doc/q005120_.htm。

这样的基本框架提供了主要的基本通信特性。这样的发布 - 订阅网络提供了复杂网络的基本需求，包含不同的利益相关者的需求（图 6.27）。

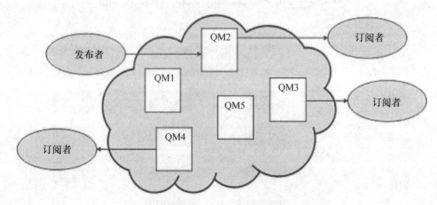

图 6.27　发布 - 订阅集群

（资料来源：https://www.ibm.com/support/knowledgecenter/SSF
KSJ_8.0.0/com.ibm.mq.pro.doc/q005120_.htm）

这样的基本结构可以用来在集群中发送消息：

－ 直接发送；

－ 主题宿主发送。

这两种配置构成了任何通信架构的基本模块，尽管它们是异构的。在同一背景中，可以同时运用几个查询管理器 QMs，例如交通管理。第二个主题可以是天气或道路条件，这提供了许多的机会，如将天气预报、交通堵塞辅助和导航系统与自动运输系统的主动车辆控制相结合（图 6.28）。

为了提供来自不同利益相关者的各种观点，有必要将这样一个网络置于一个层次结构中。在 IBM 的示例中，QM1 处于最高层次，QM3 高于 QM4 和 QM5。这种结构可能适用于道路交通条件，而对于天气或交通控制，查询管理器拥有另一种层次结构（图 6.29）。

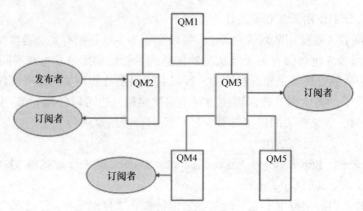

图 6.28 发布 - 订阅分层视图（资料来源 https://www.ibm.com/support/knowledgecenter/ SSFKSJ_8.0.0/com.ibm.mq.pro.doc/q005120_.htm）

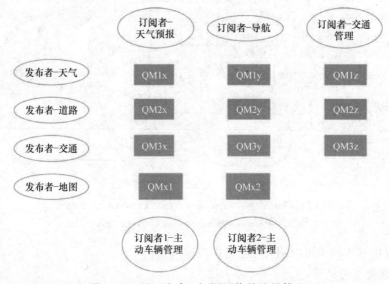

图 6.29 基于发布 - 订阅网络的流量管理

在这样的网络中，可以使用典型的发布者（PM-x）来提供以下信息：

- 天气状况；
- 道路状况；
- 道路交通状况；
- 道路环境的当前地图。

天气、交通堵塞和路径预测可以作为订阅主题，它总是从不同的发布者那里获得最新的数据。对查询管理器进行配置，使订阅者根据条件和情况及时获得正确的数据。

基于冗余订阅者可以实现主动车辆管理，以便在发生故障时应用必要的功能或任何类型的降级模式（图 6.30）。

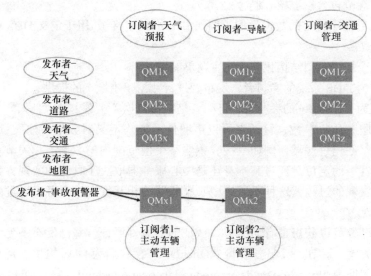

图 6.30　事故预警器作为发布者

与人的反射活动相似，道路交通情况需要立即快速的反应。典型的情况有事故、恶劣天气引起的道路堵塞、其他车辆货物掉落或意外出现在道路上的行人等。主动车辆管理需要及时的信息，如果没有位置、交通状况和天气等信息，它就很难对突发事件做出正确的反应。可以设立一个发布者，该发布者提供最高优先级的信息，而查询管理器对其立即做出反应以实现主动车辆管理。查询管理器可以提供必要的信息，以便对受控车辆做出适当控制。自动控制车辆可以拥有一个辅助车道，且交通控制管理可以要求其他交通车流进行减速。通过这样的查询管理，可以预先定义和实现这些场景，以便像正常情况一样控制突发事件甚至降级场景，只是具有更高的优先级。

6.3.3　数据分发服务

在物联网世界上，近年来建立了一种新型中间件，适用于实时应用，并支持多种安全保障机制。数据分发服务（Data Distribution Service，DDS）是对象管理组（Object Management Group，OMG）指定的标准。DDS 代表了高度动态分布式系统中以数据为中心的通信中间件。它是基于确定性资源管理的发布 - 订阅概念。

规范分为两个方面：

- 以数据为中心的发布 - 订阅（Data - Centric Publish - Subscribe，DCPS）描述了数据分发的基本概念；

– 数据局部重建层（Data Local Reconstruction Layer，DLRL）为基于 DCPS 的应用程序提供了一个抽象层。

DDS 规范包含以下核心概念：

– 应用程序特定的数据类型（例如 IDL 中的定义），用于定义 DDS 包中含有的信息类型；

– 一个用于逻辑结构化与容纳主题集的域；

– 作为 DDS 系统的参与者，发布者进行数据（主题）的提供；

– 作为 DDS 系统的参与者，订阅者是某些数据（主题）的收件人。

使用服务质量参数，订阅者可以声明性的方式定义对数据传输质量的要求。它们还可以创建过滤器，例如只接收主题某个值范围内的数据。相关节点（发布者和订阅者）的定位是通过其本身还是中心服务器取决于具体的实现方案。存在节点相互发现的过程，这种不通过中心服务器的相互发现过程可以通过多路广播等方式实现。

目前已经可以获得带有 DO178C 认证的商业许可证，并已发布了无线通信管制的解决方案。存在一个开源社区"OpenDDS"，它们为 DDS 提供支持、工具和软件包。网址为 https://opendds.org/about/dds_overview.html，它为 DDS 提供详细的处理和应用支持。

这种"发布和订阅"方法允许分布式网络通信，而不需要任何"中央"服务器。这种方法使在许多可能的故障条件下保持通信成为可能。合理的控制机制可以保证网络中缺陷、损坏甚至受攻击的部分不会影响网络其余部分的正确运行。

这种"发布和订阅网络"可以成为未来自动化道路车辆通信网络的解决方案之一。

6.3.4 通信网络和能源运输

如果执行器缺少了所需能量，任何通信都将是无用的。当你使用制动或转向系统时，目前的汽车只是通过辅助系统来加强驾驶员的腿或手臂的力量。如果驾驶员无法完成执行器的启动，系统必须确保能量和命令信息在正确时刻出现在执行器上。这意味着需要一个能源管理系统，以确保在任何时候所需的执行器都有足够的能量。汽车的一个显著优点是，无论是否缓慢行驶，都不需要耗费太多的能量来制动。随着车辆行驶速度的加快，更多的动能需要被控制；同时，使车辆转向所需的能量也越来越少；只有驱动系统需要更多的能量来加速。照明、控制、加热和空调系统不需要那么多能量，但它们也是重要的因素。

只要车辆的 EE 体系结构能够保证驱动和控制系统所需能量，那么行驶车辆中就有足够的能量来控制车辆。为了确保功能降级的操作或跛行模式，车辆内部需要足够的独立网络。在当前这个时代，一个基本的想法是装载动力电池，其续驶里程大约为 500km。多年来众所周知，公共能源网有待进一步地完善。其基本思想是建立智能电网，以便在任何需要的地方提供能量，在任何时候都尽可能多地提供能量。

目前有各种活动以及许多标准化的解决方案，以确保能源的可用性。既有必要及时提供能源，又应该向计费系统提供准确数据以补偿成本。能量分配需要不断优化，以使有价值的电能不会被浪费或被用于没有意义的目的。

另一个重要方面是能源的安全供应，例如没有能源断供的风险。突然能源断供可以通过如分布在车辆内部、生活设施和家庭住宅内的分布式储能系统来补偿，但任何故障都意味着能源损失。智能解决方案越来越多地应用于保护机制。其主要的保护方面包括安全、隐私和可靠性领域。在各种应用中，安全领域的数量迅速增长归结于人们使用能源的方式。

以下典型系统可执行的功能如下：

－ 故障检测、分离和恢复（Fault Detection, Isolation and Restoration, FDIR）系统的重点是提高分配网络的可靠性。

－ 集成电压 -VAR 控制（Integrated volt-VAR control, IVVC）系统的设计是为了减少支线电路上的损耗，在峰值和非峰值时段改善整体电压分布和保护。

－ 有机闪蒸循环（Organic flash cycle, OFC）系统有可能增加热能库的发电。围绕智能电网及其通信系统建立了许多标准，以便为用户提供能源。

结合先前列出的技术，下列一系列相关的协议也可以在这些网络上使用：

－ 分布式网络协议（Distributed Net work Protocol, DNP）：它是专门为自动化系统的设备通信而设计的一组通信协议。它主要用于 SCADA 系统，将主站与 RTU 和 IEDS 互联。可靠性是它的设计目标，但是还缺乏相应的安全措施。

－ IEC 61850：它是一种用于控制变电站自动化过程的标准。它定义了控制系统和变电站之间的数据交换。它包含了执行这些功能所需的许多特性，包括数据建模、数据存储（变电站配置语言或 SCL）、快速传输事件和报告方案。其中还包含了为不同系统设置的协议变体，如水力发电厂（IEC 61850-7- 410）或配电自动化系统（IEC 61850-7-420）。

－ IEC 60870：它定义了电力自动化系统的监督和数据采集所需的系统，主要分为五个部分：传输帧格式、数据链路传输服务、通用应用数据结构、信息元素的编码定义和基本应用功能。

并非所有通过因特网通信的技术和协议都默认支持保护机制、安全和安保措施，因此必须使用额外措施来加以保证。

可用于保护通信的一些最常见的安全技术包括：

－ 传输层安全（Transport Layer Security, TLS）：它是一种加密协议，旨在保护网络通信。它是通过使用非对称密码学和客户端证书来验证发送方和接收方，并进行数据加密的对称协议来实现的。它的前身是 SSL v3，尽管 SSL v3 被检测出了数个安全缺陷，且不推荐使用，但人们还是经常使用该协议。

－ IEC 62351：它是一种用于处理 IEC 60870、IEC 61850、IEC 61970 和 IEC 61968 等多个协议安全性的标准，包括了 TLS 加密、节点认证、消息认证和其他几个特定的安全配置文件。

－ IEV IEC 61850-90-12：它为广域网工程提供了定义、指南和建议，特别是关于广域网的保护、控制和监测。它是基于 IEC61850 和几个相关的协议标准，主要用于变电站和控制中心之间的通信。因特网协议安全（Internet Protocol Security，IPSec）包括一组协议，专门用于通过对 IP 通信应用身份验证和加密来保护 IP 通信。它支持相互认证，并在 Internet 层上工作（而 TLS 在更高级别的应用层上工作）。

－ 安全外壳（Secure Shell，SSH）：它是一种通过应用加密来保护数据，为远程机器提供安全连接的协议。对于这种通信，远程机器必须有一个可操作的 SSH 服务器，并且客户端也要连接到该服务器上。

－ DNP3 安全：它是对标准 DNP3 协议的升级，旨在提供额外的安全措施，包括身份验证和数据加密。它符合 IEC 62351-5 标准，在某些情况下虚拟专用网络（Virtual Private Network，VPN）也被用于 IP 网络的安全。

－ VPN 本身并不是一个协议，而是一个概念，但它可以被认为是一种保护通信的安全措施。在 VPN 中，可以实现在公共网络或 Internet 上使用点对点的专用网络。VPN 使用隧道协议来提供专用通信，并使用加密协议来保护传输的数据的机密性。

这些只是可用于减少风险的解决方案的一系列标准和措施。未来出行所面临的挑战是如何识别所有风险，并找到最有效的措施将风险降低到社会可容忍的水平以下。

6.4 道路交通的危害和风险

道路交通安全的关键是理解所有道路交通参与者的基本安全原则。互相理解以及对较弱道路使用者的保护是所有交通法的原则。即使在他人犯错的情况下，也必须避免损害和事故，或尽量减少损害的程度。误解、错误的交通规则、忽视、无知或误判的情况往往意味着存在重大的交通安全风险。特别是运动中的道路使用者，如使用电动滑板车、骑自行车和摩托车的人，除了观察交通区域外，还必须充分控制他的交通工具。他们必须知道交通系统如何运作：

• 必须行驶在各自的交通环境中；
• 规则记录在哪里，标志对他们的行为有什么作用；
• 他们在公共道路交通中使用交通系统时的责任。

虽然相关定义只是理解道路交通安全的一种方法，但对于安全的持续关注是很重要的。

道路上或附近的物体或障碍物，有些有权出现在那里，有些无权在那里。为了对物体进行安全检测，必须感知到对受控车辆或其他车辆构成安全风险的所有物体。

规则和定义很重要，因为它们是我们评估环境的过滤器。

这些规则需要在所有可能的道路交通场景中预先定义。令人遗憾的是，法律条例并不能处理所有风险和相关情况。没有这样的共识，就不可能定义降级或任何其他类型的事故情景。仅仅实施基于一种视角得出的规则将侵犯社会权利，因为其余社会团体都会提出异议。在发生事故后，法官的观点与紧急情况下驾驶员的观点当然是不同的。

基于这种背景的风险是什么？

风险是道路交通安全的核心问题之一，它有以下几种含义：

- 是一种条件，如物体、情况以及环境等，该条件可引起不可接受的危险；
- 在每个安全事故生命周期中只发生一次；
- 如果没有及时控制，可能直接导致风险（即安全事故等）的发生；
- 可能来自危险机制，如启动行为和危险来源。

FAA 将风险定义为：“一种可预见地导致或促使飞机发生事故的条件。”（14CFR § 5.5）。

为了知道什么是风险，需要识别以下要点：

- 温和的物体（鸟、山、人）是危险源；
- 安全事故是风险发生的另一种说法；
- 损害赔偿是风险发生的产物；
- 与启动机制有关的危险行动。

在实际操作环境中，人们可能不认同风险条件的界定。

我们怎样才能把这转变为道路交通安全？

温和的物体必须被放在考虑范围内。动物经常出现在乡村的道路和高速公路上，因此它们的危险较低。在城市环境、工业区，人们经常出现在道路交通中，而动物就不那么频繁了。然而，即使在禁止行人通行的高速公路上，人们有时也会出现在路上，例如在交通事故发生后。山、小丘陵、掉落的运输货物以及石头、木材等障碍，在道路交通中必须得到考虑。像雨、冰和雷暴等天气状况都是常见的情况，需要得到考虑。

道路基础设施的变形和损坏可能导致危险的驾驶情景，如天气影响造成的道路损坏或车辆损坏导致的事故。喇叭是一种安全装置，喇叭的故障可能会导致事故，同理还有轮胎的磨损或照明系统的缺失。在世界范围内，酒驾行为是对车辆乘客和其他道路交通参与者的风险。

道路事故最常见的原因是车速过高，这是一项危险的活动，同理还有在蜿蜒的乡间道路上超车。

由警察采取的事故预防措施以及道路和车辆维护是事故预防和道路交通控制的典型例子。

所有道路交通行为者，如所有交通参与者、警察和维修人员等，都应了解安全事故生命周期的基本框架。增强安全意识以及了解危险报告和处罚，有助于危险识别，并建立必要的纪律。

确定安全事故的几个角度如下：

- 存在危险源，这是安全顾虑的出发点，也是事故的根源；
- 启动机制与危险源的相互影响增加了对其余道路交通参与者的威胁水平；
- 缺乏对日益增加的危险的识别，使危险总是重新出现；
- 危害发生，使作业环境达到不可接受的安全水平；
- 将风险控制步骤进行分解，以将危害减轻到可接受的范围；
- 风险发生，造成损害。

道路交通中的风险管理是必须进行的。在车辆开发的整个生命周期中，一个持续的风险管理过程伴随着新功能和特性的开发。

安全相关的考虑可以减少导致风险状态的产生。因此，至关重要的是，所有道路交通参与者和行为者，如警察和维修人员等，都必须对风险和危害有深刻和共同的认识。

风险的例子

证明什么是风险的最好方法是提供一些简单的例子。这里有一些风险发生的例子，并且它们都表现出了危险的不可接受程度：

- 公路损坏；
- 在需要特别保护的地方作业或驾驶，如儿童或野生动物等非理性生物附近；
- 缺乏适当的交通指导（即天气、交通密度、最高车速等）；
- 非正常工作的技术系统（例如交通灯、传感器、车辆）；
- 道路交通管制机制（交通管理，以及车辆的内置功能，例如车道保持及ACC功能）；
- 不可靠的安全数据（例如车辆的数据，包括车辆内的数据）；
- 任何一种常见的原因都可能导致一种冗余的失败；
- 可能的意外使用、误用、重大疏忽等。

这只是一些例子以及细节，仍需要系统性的困难和风险分析。但所有这些点之间的主要相似之处是：它们是不可接受的安全水平的条件。

如何识别道路交通环境中的风险？

实际上，风险识别比通常想象的要更灵活一些。它不仅仅意味着在风险发生时识别它。当然，这只是风险识别的一个要素。

风险识别也包括：

- 识别行驶环境中日益严重的威胁；
- 识别不安全的相互影响作用（例如启动机制）与危险的来源；
- 确定不安全的情况，并了解如何规避它。

风险识别的正式过程中还包括风险通信。这是指通过媒体报道安全问题以及如何确定或避免风险的最佳实践。来自产品、道路交通和驾驶员的观察是法律规定的义务，这也是驾驶证登记的目的。针对拥堵路段等场景的持续立法更新，对于保持目前的风险水平而言是必要的。

6.5　水平和垂直工程

为了评估出行安全,需要考虑所有的影响因素，可以按作用方式将它们分为水平方式和垂直方式。以下这些影响因素以水平方式作用于信号链：

- 对传感器的物理影响；
- 数据到执行器的传输和处理过程；
- 直接作用在执行器上的物理影响。

而自上而下的垂直影响因素，很大程度上取决于车辆整体和子系统的设计。任何设计决策都可能导致新危害的发生。

ISO 26262 涉及的内容有以下情况：

6.4.4.7 如果在安全分析或系统架构设计期间，新发现了尚未被安全目标涵盖的危险，应依据 ISO 26262 3: 2018 将其纳入更新后的危害分析和风险评估中。

注：安全目标尚未涵盖的危害可能是非功能性危害。非功能性危害不在 ISO 26262 讨论范围内，但可在危害分析和风险评估中予以说明。例如，通过用以下语句对这类危害进行注释："由于该危害不在 ISO 26262 涉及范围内，因此不对其做 ASIL 分级"。

来源：ISO 26262: 2018，第 4 部分。

ISO 26262 的考虑范围很大程度上局限于 EE 系统的故障和失效，不涉及来自驾驶员的、非 EE 系统的，以及所有 ITEM（见 ISO 26262: 2018 的定义）之外，可能影响系统行为的环境因素。对于诸如 EMC 之类，这些非来源于 EE 系统的影响因素但有导致伤害可能的非预期系统行为，只能通过超出 ISO 26262 范围的适当的安全分析进行评估。

如何找到适当的方法呢？在许多行业中，一个非常普遍的方法是数字孪生（Digital Twin），这是一种为现实中的对应物找到正确的抽象层次的方法。

正确的抽象层次需要考虑以下问题：

－ 设想的系统（System of Interest，SOI）是什么样的？系统生命周期的不同部分需要以何种精细程度来考虑？

－ 系统所处背景是什么样的？需要考虑哪些利益相关方？不同的使用者与系统之间有什么样的关系？

－ 预期使用情况是什么样？系统或产品要达成的目标是什么？

－ 应该运用怎样的技术？

－ 虚拟的效果如何影响实际的人？

为了评估影响系统开发的所有因素，需要建立一个巨大的矩阵形式的层次图。整个开发计划也需要作为一个系统的知识建设过程，并加以调整。在系统开发的任何一次迭代中，都需要细致地考虑该矩阵的所有元素（图6.31）。

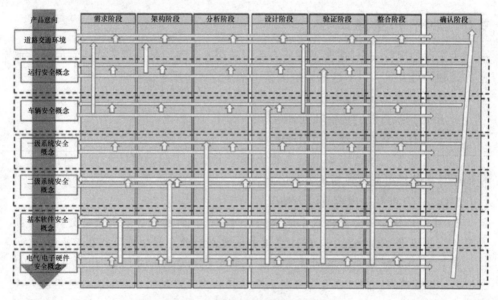

图 6.31　垂直和水平活动结构图

数字孪生需要持续地改进和不断地积累经验。其中运行安全概念层包括以下内容：

－ 对所考虑车辆的影响或刺激因素；

－ 由刺激和车辆内部因素引起的反应，如控制系统或车内的驾驶员的操作。

这一层级的车辆实际代表一个具有一定自由度的黑匣子。

再来看下一个水平层级，它描述了车辆内部的所有基本依赖关系。理论上，它是车辆的 EE 架构。在这一层上，你可以看到该特定抽象层级上具有包括外部和内部接口在内的车辆边界。而由车辆边界的内容，至少可以得知能量分布、信息交换和物理接口的情况。甚至转向柱也是将方向盘上的物理运动传递给转向节的信息媒介。实际上，它同时将信息和能量从驾驶员的手传递给车辆前轴，从而影响车辆的横向移动，除非车辆本身没有移动。因为在车辆静止期间，驾驶员的转向动作只会导致轮胎发热和机械磨损。

在该层上，车辆不仅仅是一个黑匣子，而具有以下可观测属性：

－ 能量管理和车辆内部以及外部接口（如充电接口）的分配；

－ 车内通信设施；

－ 信号链，包括传感器的输入、控制装置的输入及其最终元件，如执行器的输出；

－ 车辆内部的物理效应，如机械运动、物理接触、物质交换或转移，也包括如液压或气动系统中的压力流、动力电池或燃料电池中的电解等物理效应。

首先，该层及其内部结构和相互依赖关系为其上层提供了新的要求和约束（图 6.32）。

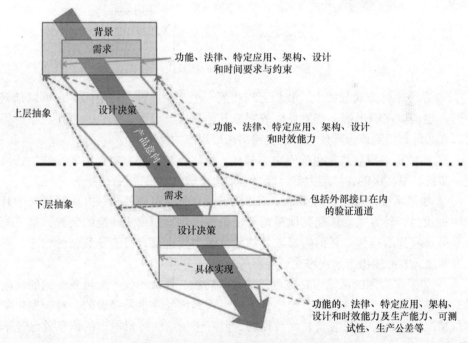

图 6.32　水平抽象层从高到低的层级细分

实际上，在较低抽象级别中的任何架构或设计决策都可能导致在较高抽象级别中出现新的约束和需求。即便图灵向我们解释了黑盒问题，我们也知道如何辨识内部的记忆效应，但我们仍没有任何经过完备性论证的方法。

6.5.1 闭环控制和信号链

选取自上而下的方法时，为了充分论证，仍然有对系统元素的内部方面的要求（图 6.33）。

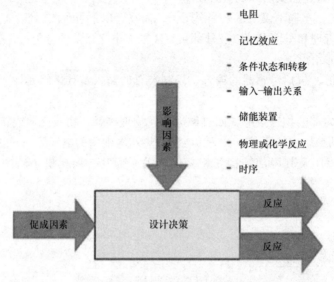

图 6.33 黑盒及其内部效应

— 在一根纯金属导线上，我们可以得到一个与温度有关的电阻。它可以延迟信号，也可以在输出端不产生反应或完成其他反应。温度、电磁兼容性、噪声等可以作为外部影响或内部效应，改变输出端可观察的反应。

— 即使是一根导线也可能有电容效应，所以不难理解它对存储的影响。任何进一步的、更高级的存储能力都可能显著地改变输入输出关系。

— 如果系统内部已经有了一个简单的开关，那么可以使用该开关所指向的其中一种或另一种方式。任何其他根据特定条件提供不同模式转换的装置，都可能改变可观察到的行为。任何内部或外部的反馈当然也都有可能导致新的状态，并且在系统元素的输出上呈现潜在可观察的反应。

— 如果在观测的系统中存在可选的模式转换，那么不仅产生可观察到的反应的时间是可疑的，而且在什么输出量下可以看到该反应也是存疑的。对于发生爆炸的情况，它的总体反应是显而易见的，但对于指定的特定输出的信息就已经不可追踪了。

— 任何储能装置都可以根据设计释放或储存能量。可观测的输出总是依赖于内部和外部因素。

— 对于动力电池和燃料电池，非预期的物理和化学效应（如腐蚀）会改变可观察到的反应。

－ 随着时间的推移，所有上述影响也可能导致其反应加速、延迟、偶发性的反应或其他输出特性的变化。

一个纯粹的自上而下的规范需要经受来自设计决策的考验，它可能会影响当前系统元素的预期效果或考虑中的元素的非预期反应。从以上效果的任意组合来看，显然有必要对其进行分析。并且，对于设计决策的质疑是十分有必要的（图 6.34）。

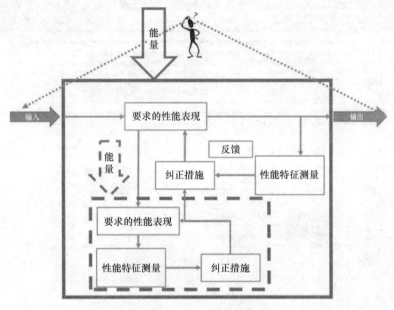

图 6.34　对串级控制的观测

在典型的串级控制中，我们很容易知道，状态的数目和状态转换容易导致非常复杂和异构的输入输出关系矩阵。

ISO 26262 标准的典型安全案例在其第 5 部分，提供了电子控制系统的指标和相应表格，但不适用于闭环控制电路（图 6.35）。

典型的闭环控制电路提供持续反馈，而信号链中的故障对各个执行器的影响有很大差异（图 6.36）。

在人类驾驶的情况下，驾驶员的存在使得传感器、反馈传感器和车辆执行器之间形成闭合回路，通过踏板、方向盘和变速杆等控制装置控制相应执行器。除了利用眼睛的视觉感知外，驾驶员还利用控制装置上的触觉感知和平衡感知作为参考和反馈传感器。在驾校中，驾驶员就学习了如何作为这种多闭环控制系统的一部分进行工作，接受了如何对各种执行器装置做出反应的训练。

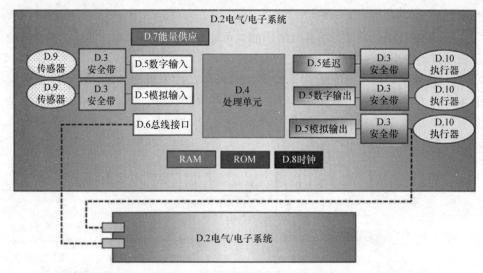

图 6.35 系统的通用硬件（来源：ISO 26262：第 5 部分，附件 D）

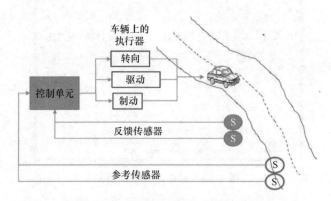

图 6.36 车辆控制的主要控制回路

在系统控制体系结构中，需要提供一种独特的闭环控制体系结构，以实现可追踪的控制功能。

因此，参考传感器至少需要检测车辆是否保持在最大可行驶速度和适当车道内，还必须感知所有必要的偏差，以使车辆保持在驾驶通道内。

一般而言，驱动方向的控制回路是静态回路。

制动控制系统已是一个闭环系统。在现代车辆中，制动系统包含轮速传感器、横摆率、横向和纵向加速度传感器，以达到制动力分配和稳定制动的目的。

驱动系统采用闭环控制来补偿系统自身的惯性矩、转矩和外部作用，如车辆特定的风阻系数以及与路面的摩擦等的影响。

EPS 通过内部控制回路补偿可能导致车辆横向运动的许多短时影响。

如果使用制动功能（如电子稳定控制）和线控转向系统进行协同转向，则存在由多个内部和外部（如道路反馈）闭环控制组成的串级控制。

在一个典型的电机控制系统中，输出整流器使用电流反馈来控制温度，也可以对转矩或相位做出反应。电机中的旋转变压器可以在电机控制单元内提供进一步的反馈。电机的反应和反作用力因素可能影响电机的每一个动作。但是功率整流器的输出取决于电机驱动执行器的外部负载转矩。在强负载情况下，驱动电机必须施加更大的转矩，其可根据电机和功率整流器的设计，改变旋转变压器的转差率或相位，或电路中的电流或电压反馈（图 6.37）。

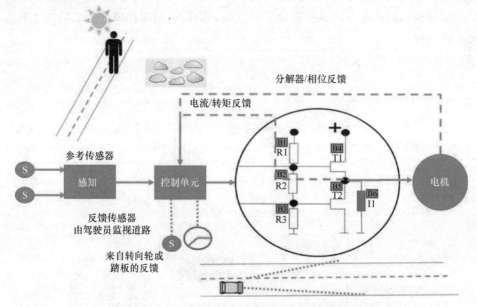

图 6.37 系统内部和车辆外部控制电路的闭环控制

对于经典的驾驶辅助系统，驾驶员能够控制所有车辆外部影响。但对于自动驾驶，驾驶员几乎不可能有控制此类复杂控制回路的能力，因为驾驶员没有这种自动化车辆系统所需的协同控制能力。一旦系统出现故障，甚至失灵，以驾驶员作为后备的措施也会失败。

在多个受控车辆的协同驾驶场景中，如果不了解车辆控制回路及其各自的实时行为，几乎不可能实现同步的车辆控制回路。

关键的挑战在于，对于存在不同传感器的控制电路，不只需要弥补功能故障，以及特定的时序延迟，还要考虑由环境引起的随机效应导致的不同的控制器特性。除了功能和时序故障外，错误的控制特性也可能导致错误的车辆行为。

典型的控制特性误差如下：

－ 反馈时间过长或过短；

－ 比例平均值过高或过低；

－ 积分和微分平均值过低或过高。

这些特性根据控制器的配置，会产生不同的控制效果。

由于转向和驱动是连续操作系统，对典型按需功能（如电子制动功能、电子稳定控制系统、制动力分配等）的影响取决于一个完全不同的控制原理。多个控制回路使用相同的传感器可以在正确设计的控制通道和相同的时间基础上工作。

6.5.2 不同抽象层的闭环控制

与闭环串级控制相比，典型信号链的复杂度要高得多。只有在串级控制对更高级别是透明的情况下，从更高级别的抽象到更低级别的抽象的可追溯性才有可能（图 6.38）。

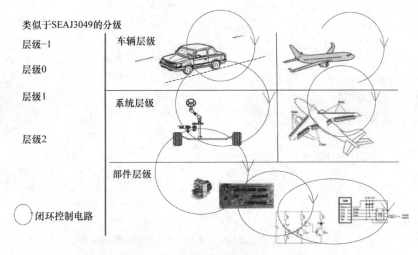

图 6.38 典型的车辆抽象层与飞机抽象层的比较

总体边界是车辆，所有基于车辆设计的控制回路和抽象层级的系统级分解都可以得到应用，而此时较低级别的控制电路架构是可以实现的（图 6.39）。

对于典型的输入 - 处理 - 输出系统，元素和元素之间固有的接口形成了由较高的抽象级别至较低的抽象级别的通道（图 6.40）。

在标准控制电路中，控制器的输出根据反馈不断调整，而控制指令的参考值通常相对稳定。对于转向系统的抽象控制回路，其指令控制值由车道特性所决定。通常，控制目标是使车辆保持在车道中心线上。测量的校正值是与理想中心线的正距离或负距离（图 6.41）。

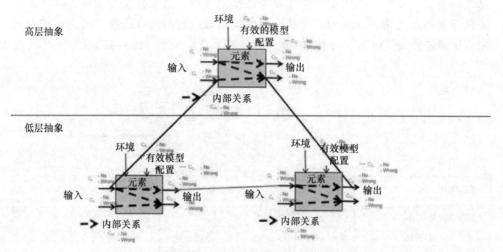

图 6.39　典型 IPO 系统的层次分解

闭环控制

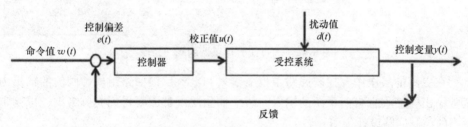

图 6.40　典型的闭环控制电路，只有一个反馈，没有级联

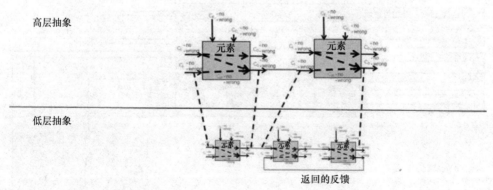

图 6.41　从更高的抽象层次看控制电路的透视图

从更高的抽象层次来看，元素的分解及其接口，甚至元素的错误及其接口，都是固有的。故障的发生因素可能发生在反馈环节，是来自受控系统，或是来自道路或环境，通常很难检测。这导致了典型错误认定的两难选择，因为不知道是来自反馈过程的错误还是由于现实世界或受控系统的干扰（图 6.42）。

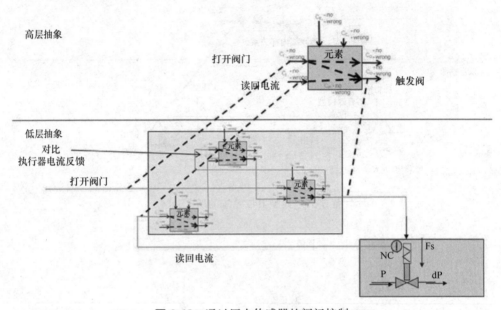

图 6.42　通过压力传感器的阀门控制

在更高的层次中，控制回路由指令输入和电流反馈回路组成。阀门的输出为正常输出，接收来自两个源的输入。两个抽象层次都需要得到充分考虑，以制定适当的控制回路设计（图 6.43）。

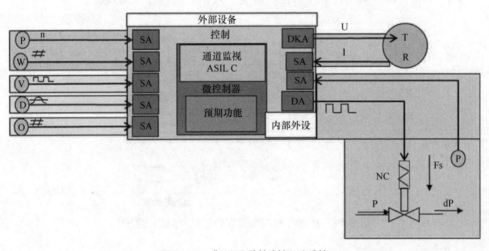

图 6.43　典型通道控制闭环系统

对于闭环控制电路，通常会对执行器设置上下限。由于存在与设计相关的限制，通常对驱动系统而言，略高或略低的输出值可以忽略不计。但对于转向系统，其上下阈值更为接近，导致故障可容忍的时间限制非常小（图 6.44）。

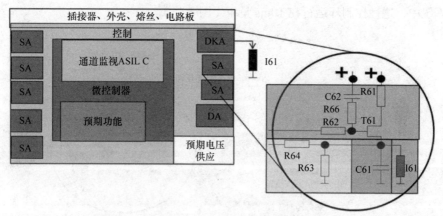

图 6.44　一种阀门控制电路在电子设计层的分解

由于功率晶体管中的反馈使晶体管栅极处直接产生更高的电流，因此电子设计层面的电流反应非常快。这些电流反馈可能由于风的影响而导致驱动电机产生更高的转矩。为电机功率整流器提供参考指令的微控制器，一般不涉及这种控制回路。这种控制回路通常能在数微秒内对预期的干扰做出反应。这与所选电子硬件部件的可靠性通常不相关，除非电子电路在设计极限内工作。设计极限通常可由微控制器通过电流反馈进行控制（图 6.45）。

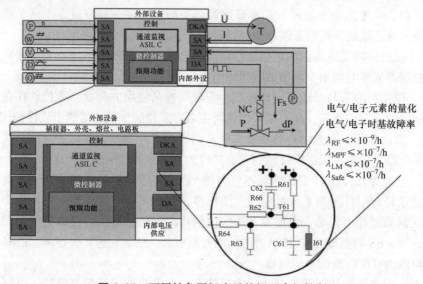

图 6.45　两层抽象层级表示的闭环串级控制

如果我们观察这两个抽象层，就可以发现两个典型的闭环控制：电子层上的电流反馈和系统层上的压力反馈。

在电机管理系统的案例中，两个控制环通常运行在几百毫秒范围内。而在转向系统中，这种控制环运行在 10ms 量级（图 6.46）。

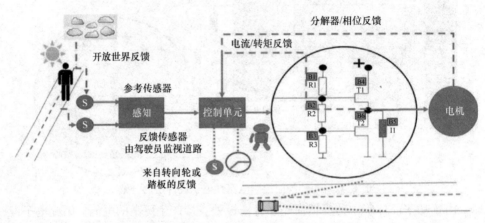

图 6.46 自动驾驶功能中的多重反馈

典型的 L3 级自动驾驶功能需要考虑各种反馈。上文提到的图中考虑了以下反馈：

－ 来自电力电子器件的 EE 硬件层级的电流反馈，其相当于电机当前转矩需求。有时，从电力电子器件到功率整流器调节门之间存在滤波器，提供了微秒级的反馈回路。这使得将电流读回微控制器取决于微控制器的循环时间。

－ 通过旋转变压器读取电机运行中的转差或相位延迟的系统反馈，通常运行在微控制器周期时间至少两倍的时间间隔内。

－ 驾驶员的参与形成了闭环控制。只要驾驶员使用方向盘，或控制存在物理阻尼的加速或制动踏板，甚至是采用任何主动方式控制车辆，都能形成控制闭环。

－ 方向盘或踏板上的传感器对驾驶员的输入进行测量，并通过通信总线向一个或多个特定控制单元提供反馈信号，并作为传感器的专用控制装置。

－ 通常情况下，环境传感器不仅为横 / 纵向传感器提供参考值，还会提供有关制动或转向闭环控制系统控制质量的反馈，例如车辆车道保持效果如何，以及车辆在制动过程中，是否保持在车道线内的情况等信息提供。在典型的横向控制方面，与 ABS 制动或 ESC 传感器的功能有所重合，例如轮速、横摆率，ESC 的传感器组内也有横向或纵向传感器。

在一个典型的执行器控制单元中可能有几个重叠的闭环控制电路。但在控制输出方面并不会持续重叠，而是取决于以下因素：

　　– 各种运行或驾驶情境；

　　– 天气情况；

　　– 车辆或系统状态和情况；

　　– 车辆或系统运行模式等。

　　通常在制动或转向控制器内部，有针对多种情况和条件下的所有状态和模式的仲裁控制机制。

　　具体的控制和反馈的问题可通过基于系统理论事故模型及过程（System-Theoretic Accident Model and Process，STAMP）的系统理论过程分析（System Theoretic Process Analysis，STPA）等方法解决（图 6.47）。

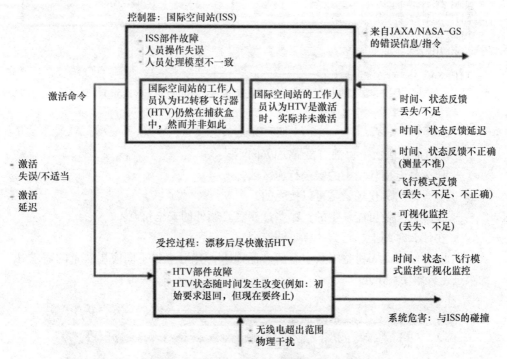

图 6.47　STAMP 示例，控制器的受控过程

　　对于运输控制系统，仅仅进行故障模式的系统分析不能解决所需的反馈。使用 Nancy G. Leveson 的方法，与 STPA 方法进行对比，能够解决缺少的背景（法律法规等）要求和使闭环控制器反馈问题变得清晰透彻（图 6.48）。

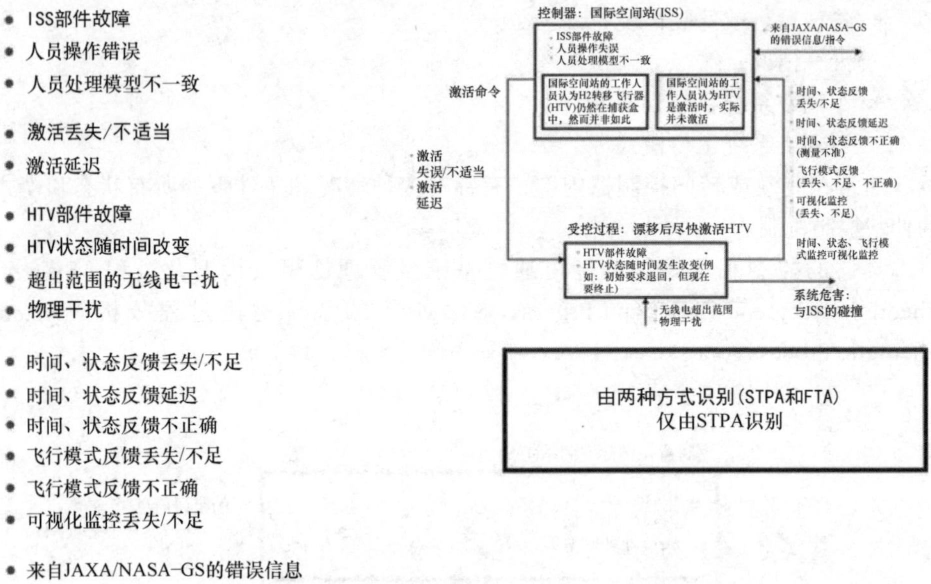

ISS部件故障
人员操作错误
人员处理模型不一致
激活丢失/不适当
激活延迟
HTV部件故障
HTV状态随时间改变
超出范围的无线电干扰
物理干扰
时间、状态反馈丢失/不足
时间、状态反馈延迟
时间、状态反馈不正确
飞行模式反馈丢失/不足
飞行模式反馈不正确
可视化监控丢失/不足
来自JAXA/NASA-GS的错误信息
控制器：国际空间站(ISS)
ISS部件故障
人员操作失误
人员处理模型不一致
国际空间站的工作人员认为H2转移飞行器(HTV)仍然在捕获盒中，然而并非如此
国际空间站的工作人员认为HTV是激活时，实际并未激活
来自JAXA/NASA-GS的错误信息/指令
激活命令
激活失误/不适当
激活延迟
时间、状态反馈丢失/不足
时间、状态反馈延迟
时间、状态反馈不正确(测量不准)
飞行模式反馈(丢失、不足、不正确)
可视化监控(丢失、不足)
受控过程：漂移后尽快激活HTV
HTV部件故障
HTV状态随时间发生改变(例如：初始要求退回，但现在要终止)
时间、状态、飞行模式监控可视化监控
系统危害：与ISS的碰撞
无线电超出范围
物理干扰
由两种方式识别(STPA和FTA)
仅由STPA识别

图 6.48　FTA 与 STAMP 对比（来源：Nancy C.Leveson）

6.5.3　分析方法

在任何抽象层次上，都需要解决以下问题：

- 什么是专用环境中的安全行为区域？
- 什么样的退化场景是可以接受的？
- 哪些过渡是可能发生的？哪些过渡需要额外的安全机制？
- 在什么时刻上，行为才算足够安全？

因此，有必要从利益体系中分解产品需求，并对来自不同应用背景的需求和约束进行分解（图 6.49）。

风险管理
特征开发
功能概念
技术设计
稳健性
实现
集成
预期目标
运行环境
风险管理
产品保证
功能模型
边界
跨学科系统工程
V&V
系统集成与测试
产品确认
可用性
行为模型
环境模型
行为测试
场景和注入测试
设计模型
实现模型
SW|EE|Mec领域的设计
SW|EE|Mec领域的测试
集成测试
稳健测试
SW|EE|Mec领域的实现
元素测试
真实现
系统工程
背景
产品

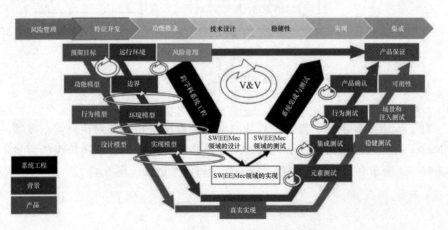

图 6.49　V 模型的开发模式逐渐成熟

总而言之，数字孪生是在对应的目标开发过程中不断演进的。

6.5.4　分层系统分析

由于动态系统中的故障传播依赖于外部事件和内部状态或条件，因此系统需要一个全面的安全概念。一个动态系统的性质决定了在一种状态下需要特定的活动、功能或特征，然而在另一种状态下又是不需要的，甚至可能导致故障或失灵。

IEC 61508 已经考虑了两层保护，而这两层保护在 IEC61511 中得到扩展，并应用于过程工业。

IEC 61508: 1998 第 1 部分有以下内容：

7.5.2.4 如果 EUC 控制系统的故障对一个或多个 E/E/PE 或其他技术安全相关系统和 / 或降低风险的外部设施提出了要求，并且不打算将 EUC 控制系统指定为安全相关系统，则应适用以下要求：

a）EUC 控制系统的危险故障率应通过以下方式之一获得数据支持：

— EUC 控制系统在类似应用中的实际运行的经验；

— 根据公认程序进行的可靠性分析；

— 通用设备可靠性的行业数据库。

b）EUC 控制系统可以断定的危险故障率应不低于 10^{-5} 次 /h 危险故障。

注 1：本条要求的基本原理是，如果 EUC 控制系统未被指定为安全相关系统，则 EUC 控制系统的故障率不得低于 1 级安全完整性的较高目标故障度量（即 10^{-5} 次 /h 危险故障）。

c）应确定 EUC 控制系统的所有合理可预见的危险故障模式，并在制定总体安全要求规范时将其纳入考虑中。

d）控制系统应独立于 E/E/PE 安全相关系统、其他技术安全相关系统和降低风险的外部设施。

注 2：如果为提供足够的安全完整性而设计安全相关系统，并考虑 EUC 控制系统的正常需求率，则无须将 EUC 控制系统指定为安全相关系统（因此在本标准中，不会被指定为安全功能）。在某些应用中，特别是在高要求的安全完整性的情况下，通过将 EUC 控制系统设计为具有低于正常故障率的安全相关系统，来降低需求率可能是合适的。在这种情况下，如果故障率低于 1 级安全完整性的上限目标安全完整性，则控制系统将与安全相关，并适用本标准中的要求。

来源：IEC 61508: 1998，第 1 部分，7.5.2.4。

两个系统包括：

— EUC 的基本控制系统（位于自动驾驶车辆系统）；

— 根据安全完整性标准（图 6.50）开发的安全仪表系统（EE-PES 系统）。

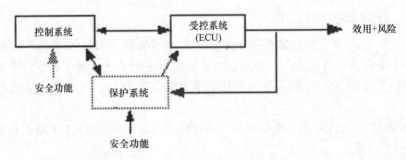

图 6.50　IEC 61508：1998 的基本安全概念

在 IEC61508 中，所谓 E/E/PE 安全相关的系统是保护系统的一部分，并已经对基本控制系统降低了一定程度的风险。其中，该标准规定了最大风险 10^{-2} 的限制。即如果系统按照 IEC 61508 标准设计（图 6.51），则保护系统可提供降低至 10^{-7} 的风险水平。

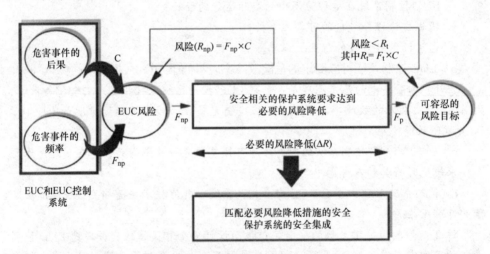

图 6.51　由基本控制系统和保护系统（包括根据 IEC 61508 开发的 E/E/PE）构成的降低风险的保护系统

考虑到意外事件发生的频率应低至 10^{-9}，因此根据 IEC 61508，至少需要两层保护。故障树的不足之处是只能处理独立的故障。因此，除了定量分析外，还需要定性分析。

在 IEC 61508 标准中为满足独立安全机制的需要，提供了另一种方法，或者如标准所称，"安全功能"是必要的（图 6.52）。

a）以下要求巩固了严重性矩阵，并且每一项都是待认证方法的必要条件：安全相关的系统（E/E/PE 和运用其他技术的系统）以及降低风险的外部设施是独立的。

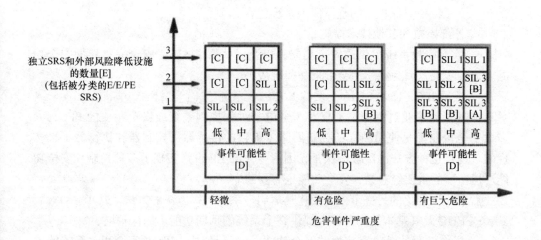

独立SRS和外部风险降低设施的数量[E]（包括被分类的E/E/PE SRS）

危害事件严重度

轻微　有危险　有巨大危险

[A] 一个SIL 3 E/E/PE安全相关系统不能在该风险水平下提供足够的风险降低需要额外的风险降低措施
[B] 一个SIL 3 E/E/PE安全相关系统可能无法在该风险级别提供足够的风险降低，需要进行危险和风险分析，以确定是否需要采取额外的风险降低措施
[C] 可能不需要独立的E/E/PE安全相关系统
[D] 事件可能性是指在没有任何安全相关系统或外部风险降低设施的情况下发生危险事件的可能性
[E] SRS=安全相关系统，事件可能性和独立保护层的总数是根据具体应用定义的

图 6.52 危险事件矩阵（来源：IEC 61508：1998）

b）每一个安全相关的系统（E/E/PE 和运用其他技术的系统）和降低风险的外部设施都被视为保护层，降低了部分风险。

注 1：只有对保护层进行定期验证试验时，这一假设才有效。

c）当增加一个保护层时，安全完整性提高一个数量级。

注 2：只有当安全相关的系统和降低风险的外部设施达到足够的独立性水平时，这一假设才有效。

d）仅使用一个 E/E/PE 安全相关系统（但也可能与另一个技术安全相关的系统和 / 或降低风险的外部设施相结合使用），为此建立了必要的安全完整性水平。

由上述考虑可以导出图 6.52 所示的危险事件严重性矩阵。应当注意的是，该矩阵已经填充了示例数据，用来描述一般原则。对于每种具体情况或可比较的具体行业部门，可以制定一个类似于图 6.52 的矩阵。

来源：IEC 61508：1998，第 5 部分。

目前有三种危险事件得到了考虑，并需要一套不同的应对措施。EUC 的总体风险降低效果取决于对这三类事件的效果总和：

- 小事件；
- 严重事件；

－ 广泛事件。

基于三种独立保护层的整体保护系统包含：

－ 外部措施和其他技术措施；

－ 基本控制系统提供的安全功能，以及一些要求 SIL 1 安全完整性的安全功能（很难实现，因为独立性会带来一些挑战）；

－ 根据 IEC 61508 SIL 3 开发的 E/E/PES 系统。

在过去的工业过程中，不仅对于全电子过程控制系统或安全相关的 PES，大多数安全机制都是使用独立的控制回路（单独的传感器、控制器和执行器）来实现的。现在这种方法已经被淘汰了，因为今天的 EE 设计实现了多种控制和安全功能。但留下的重要经验是，安全功能也需要独立。

后来，标准化的另一个主要变化是运用多系统层级方法的方法，基于：

－ EUC 及其基本控制系统（提供整个系统的预期功能）的保护层；

－ 提供必要的具备完整性的安全功能，以满足对 E/E/PES 安全相关系统的风险降低要求。

6.5.5 保护层的定量方面分析

前文给出的基于 IEC 61508 示例的原理来源于工业过程，例如在化学工业中。在分析系统能力时，我们需要一种自下而上的方法，而不是自上而下的方法，因为需要用它来分解用户需求（图 6.53）。

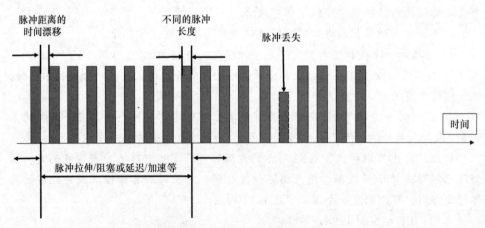

图 6.53 石英晶体脉冲的误差情况

这种错误情况的原因可能是：

－ 系统功率太小或功率下降；

－ 由设计或物理元件老化效应引起的功能故障；

－ 受到电磁兼容性影响等。

这也会导致脉冲形式、脉冲高度等方面的错误，具体取决于如何使用石英脉冲输出。故障会以许多不同的方式影响系统（图 6.54）。

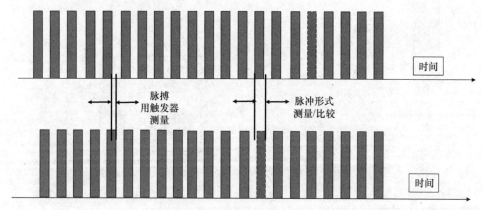

图 6.54 冗余石英及其比较

提高石英晶体可靠性的典型方法是通过石英晶体的冗余来实现的。具有对比效果的差异取决于石英的使用。

－ 使用石英作为专用时间范围内的脉冲供应器，测量任何脉冲的参考触发点并相互比较触发事件就足够了。这样通过相互比较就可以知道两种石英的运行效果。

－ 为了对石英晶体做出定性评判，必须在运行期间对每一脉冲进行分析，并根据规范对其精度进行监视。

对于千兆赫兹石英，几乎不可能在运行时测量和分析其所有的属性。唯一的办法是对石英进行可靠的设计。但设计只能确保特定设计特征的统计正确性，而完全正确是不可能的。必须通过一个适当的集成策略来确保可能的故障能够得到控制。

对于一个具有冗余的石英，简单重叠脉冲并不是最好的方法。一些解决方案使用被动的过滤系统，而非选择信任单一的石英，这样的解决方案似乎是最快的原则。每当在主动的石英中检测到某些偏差时，可以切换到另一个石英。这一切换过程可以通过非常可靠的元件来实现。我们可以把这样一个设计理解为一个守门者，为最健康的脉冲打开大门。在这种热备份保护概念中，空闲的石英也会持续运行，并且在发生错误时，守门者能够采取措施来避免错误传播（图 6.55）。

由于需要考虑在运行过程中石英的故障，因此要考虑所有可能的技术故障。通过充分的设计，我们就可以降低故障发生的频率。

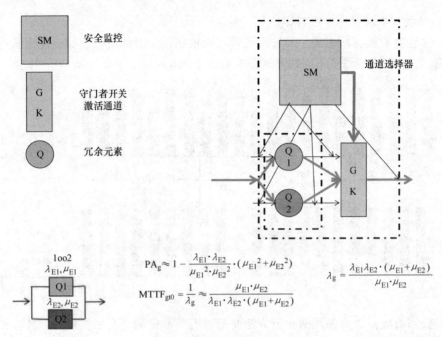

图 6.55　一种控制冗余石英晶体的守门者方法

故障发生概率可用以下公式描述：

$$\mathrm{PA_g} \approx 1 - \frac{\lambda_{E1} \cdot \lambda_{E2}}{\mu_{E1}^2 \cdot \mu_{E2}^2} \cdot \left(\mu_{E1}^2 + \mu_{E2}^2\right)$$

– λ_{E1} 表示元件的故障率；

– μ_{EX} 表示修复率或恢复率。

对于具有 Q1 和 Q2 的冗余设计，我们通过以下公式得出整体故障率：

$$\lambda_g = \frac{\lambda_{E1}\lambda_{E2} \cdot (\mu_{E1} + \mu_{E2})}{\mu_{E1} \cdot \mu_{E2}}$$

由此导出该冗余设计的"平均无故障时间（MTTF）"，公式如下：

$$\mathrm{MTTF_{gt0}} = \frac{1}{\lambda_g} \approx \frac{\mu_{E1} \cdot \mu_{E2}}{\lambda_{E1} \cdot \lambda_{E2} \cdot (\mu_{E1} + \mu_{E2})}$$

这样的体系架构可以映射到任何功能上。但我们还需要通过以下典型问题来评估架构元素的更具体的特征：

－ 冗余的部分是什么？

－ 与设计相关的可靠性及其有效性的度量是什么？

－ 作为黑匣子的冗余元件有哪些可能的故障模式？

因为它们要使用内存、外部反馈（例如闭环控制电路）、用于实现状态机等原因，我们必须了解内部可能的错误状态和其他可能的故障模式。而这些在冗余性概念中，基本是从属故障的原因。

－ 内部可靠性和提高可靠性的能力或可能性如何？

－ 哪些误差情况需要控制？该采取何种措施？这些措施的有效性如何？

这意味着需要对特定安全相关的应用元素进行鉴定，也意味着需要对候选方案进行深入的系统分析，所有这些机制都需要落实到监控功能中。监控功能不会以任何形式影响从传感器到执行器的信息流。监控的设计通常应确保监控设备仅向守门者提供信息，而不应对预期功能或基本功能造成任何干扰。监控功能主要的设计标准是保证独立性，即监控功能故障只会导致守门者执行切换功能，而不会导致预期功能的故障。

守门者的设计应确保热备用机制可以在允许的切换时间内实现，且不会对单元的输出造成功能性影响（图 6.56）。

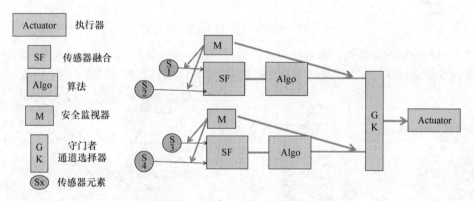

图 6.56　冗余守门者架构的应用

这种体系架构的方法也可以应用于更高的系统级别，例如作为传感器融合的一部分。

考虑带有 2 组冗余传感器（此处有 4 个传感器）的融合和相关算法（Algo）的情况，此时包括了守门者的这种体系架构可以得到应用，守门者的作用是有条件地把一条冗余路径切换到另一条冗余路径。守门者越靠近执行器，就越有利于体系架构以及整个系统的可用性。我们通过使用同样的传感器，即使运用不同的逻辑原则，也可能在执行器上得到相同的效果。例如制动系统应在靠近障碍物前制动，转向系统应根据获得的车道和轨迹指令转向。而三模块检测系统可分别采用以下逻辑原则实现：

- 目标检测和静态定位；
- 光流或动态行为模型；
- 自由空间检测等。

由于我们只需要了解内部的错误情况，这种使用方法应对的是一种针对神经网络和机器学习等人工智能的典型安全应用（图6.57）。

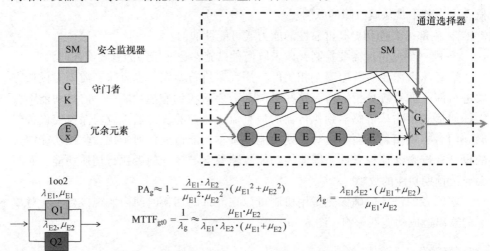

$$PA_g \approx 1 - \frac{\lambda_{E1} \cdot \lambda_{E2}}{\mu_{E1}^2 \cdot \mu_{E2}^2} \cdot (\mu_{E1}^2 + \mu_{E2}^2)$$

$$\lambda_g = \frac{\lambda_{E1}\lambda_{E2} \cdot (\mu_{E1} + \mu_{E2})}{\mu_{E1} \cdot \mu_{E2}}$$

$$MTTF_{gt0} = \frac{1}{\lambda_g} \approx \frac{\mu_{E1} \cdot \mu_{E2}}{\lambda_{E1} \cdot \lambda_{E2} \cdot (\mu_{E1} + \mu_{E2})}$$

图6.57　受安全监控控制的冗余元素

以传感器融合为例，冗余路径可以尽可能长，可以尽可能包含多的元素。即使考虑安全性和可用性，体系结构的原理及其鉴定方法也是基本相同的（图6.58）。

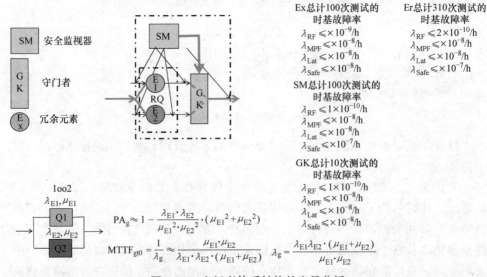

Ex总计100次测试的时基故障率
$\lambda_{RF} \leqslant \times 10^{-9}/h$
$\lambda_{MPF} \leqslant \times 10^{-8}/h$
$\lambda_{Lat} \leqslant \times 10^{-8}/h$
$\lambda_{Safe} \leqslant \times 10^{-8}/h$

Er总计310次测试的时基故障率
$\lambda_{RF} \leqslant 2 \times 10^{-10}/h$
$\lambda_{MPF} \leqslant \times 10^{-8}/h$
$\lambda_{Lat} \leqslant \times 10^{-8}/h$
$\lambda_{Safe} \leqslant \times 10^{-7}/h$

SM总计100次测试的时基故障率
$\lambda_{RF} \leqslant 1 \times 10^{-10}/h$
$\lambda_{MPF} \leqslant \times 10^{-8}/h$
$\lambda_{Lat} \leqslant \times 10^{-8}/h$
$\lambda_{Safe} \leqslant \times 10^{-7}/h$

GK总计10次测试的时基故障率
$\lambda_{RF} \leqslant 1 \times 10^{-10}/h$
$\lambda_{MPF} \leqslant \times 10^{-8}/h$
$\lambda_{Lat} \leqslant \times 10^{-8}/h$
$\lambda_{Safe} \leqslant \times 10^{-8}/h$

$$PA_g \approx 1 - \frac{\lambda_{E1} \cdot \lambda_{E2}}{\mu_{E1}^2 \cdot \mu_{E2}^2} \cdot (\mu_{E1}^2 + \mu_{E2}^2)$$

$$MTTF_{gt0} = \frac{1}{\lambda_g} \approx \frac{\mu_{E1} \cdot \mu_{E2}}{\lambda_{E1} \cdot \lambda_{E2} \cdot (\mu_{E1} + \mu_{E2})}$$

$$\lambda_g = \frac{\lambda_{E1}\lambda_{E2} \cdot (\mu_{E1} + \mu_{E2})}{\mu_{E1} \cdot \mu_{E2}}$$

图6.58　守门者体系结构的定量分析

考虑元素故障率：$E_{rxtotal} = 100fit$ 的冗余元素、$SM = 100fit$ 的安全监测和 $GK =$

10fit 的守门者，我们得出潜在和单点故障的诊断覆盖率为 E_{Rtotal} = 310fit 的总故障率（图 6.59）。

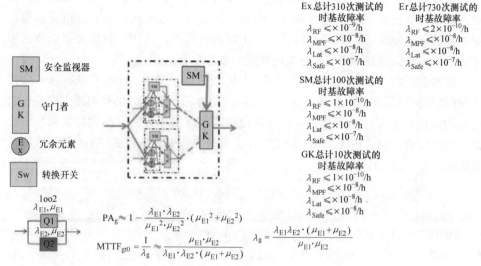

图 6.59　冗余守门者体系结构的定量分析

这样一个应用可以并行实现，并且可以得到一个级联的守门者架构。通过这样的考虑，我们可以知道安全机制的影响是可以忽略的，并且主要的故障率是由守门者所控制。在高可用性设计的情况下，应使用交叉比较单元来替换守门者，因为该单元在中任何一个监测单元都监测着冗余的预期功能（图 6.60）。

守门者的工作原理与投票原则非常相似。但它通过遵循适当的设计和冗余原则，以确保更好的控制原理、更高的诊断程度和更高的可用性。

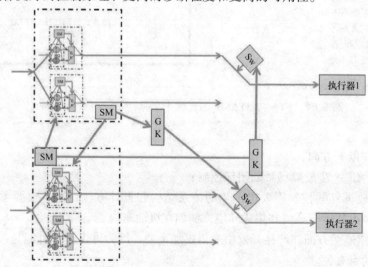

图 6.60　基于守门者架构的交叉监控方法

6.6 风险管理方法

风险管理的方法需要与用例相适应。因为我们探讨的用例通常在交通出行行业，所以需要据此对方法进行调整。另一方面，为了理解风险场景，借鉴其他行业的经验越来越重要。如果我们没有在正确的背景下，使用完整生命周期方法来考虑系统，将会遗漏许多需要分析的风险和危险场景。

这种改变的例子有诸如 STAMP 或 STPA 等方法，其由 Nancy C. Leveson 教授于 2000 年初详细阐述。在航空电子和空间应用方面，已经汇集和阐述了许多行之有效的风险评估方法。今天，我们经常使用这些方法来分析自动化场景和汽车道路交通中自动驾驶的用例。在一篇论文中，就可以很好地概览 STPA 与传统故障树分析的典型不同（图 6.61）。

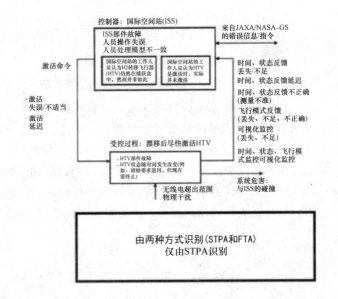

图 6.61 FTA 与 STAMP 的比较（来源：Nancy C.Leveson）

差距在以下方向：

– 要求进一步故障场景的闭环控制；

– 开放世界的控制需要进一步的体系结构和设计方法，这不仅要考虑系统，还要需要考虑其运行环境和集成环境，例如在机动车内；

– 法律遵循方面在产品开发中变得更加重要，因为许多法律可能与系统设计、可用性及约束有关。

6.6.1　失效模式及影响分析

经典的失效模式及影响分析（Failure Mode and Effect Analysis，FMEA）设计用于机械部件，目标是达成适当的设计和合理的特性。根据部件分解图，可以对详细特性进行评价，并分析偏离标称公差或规定公差的后果（图 6.62）。

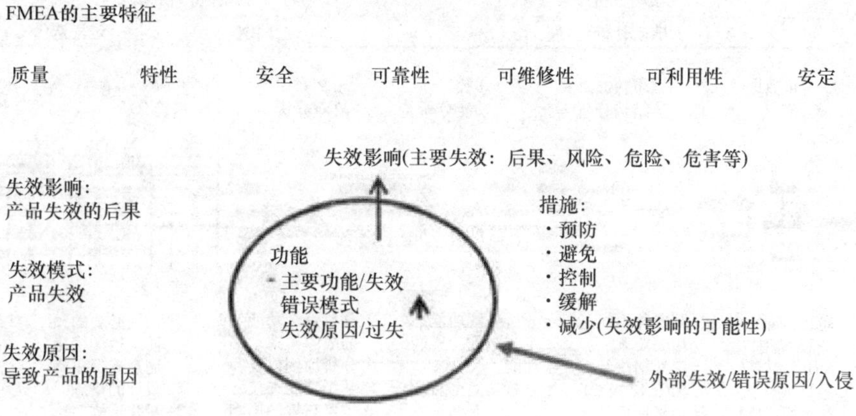

FMEA的主要特征

| 质量 | 特性 | 安全 | 可靠性 | 可维修性 | 可利用性 | 安定 |

失效影响(主要失效：后果、风险、危险、危害等)

失效影响：
产品失效的后果

失效模式：
产品失效

失效原因：
导致产品的原因

功能
· 主要功能/失效
错误模式
失效原因/过失

措施：
· 预防
· 避免
· 控制
· 缓解
· 减少(失效影响的可能性)

外部失效/错误原因/入侵

图 6.62　FMEA 的基本原则

像 VDA 和 AIAG 等汽车协会已经描述了汽车行业 FMEA 的基本方法。其他行业的标准也根据具体要求进行了改进。汽车行业的 FMEA 是根据 ISO 26262 进行安全分析的归纳方法。然而，汽车行业中所有的 FMEA 方法都广泛基于失效原因、失效行为和失效后果的顺序。标准中对改进产品，避免或减轻错误及其传播的措施进行了不同的定义和应用。"风险优先数（Risk Priority Number，RPN）"基于以下因素相乘：

· 损害的严重程度（S）；
· 错误的发生概率（O）；
· 错误的检出概率（D）。

由于 FMEA 评判的严重性等级通常由失效影响决定。这里的严重性 S 定义不同于危害和风险分析中的严重性。一般来说，危害和风险分析的严重性是指对人类造成的影响或伤害（其他标准是指环境损害）。FMEA 中的严重性等级则更多是针对车辆本身。这就是为什么车辆经常被用作 VDA-FMEA 的根元素。在危害和风险分析中，还要考虑驾驶和运行条件，驾驶和运行条件导致相对于 FMEA 非常多样的异构结构，但也并不意味着不能应用于简单的系统。故障发生概率（O）等级和故障检测概率（E）等级通常基于对故障原因的评估。这三个因素构成了 RPN。S 和 O 这两个因素通常在所谓的临界状态中被结合起来考虑。但在不同的 FMEA 方法中，通常是分别评估这些因素，经典的 FMEA 通常不考虑误差传播的概率。

FMEA 方法的步骤 1 是确定所考虑的系统的范围和边界，步骤 2 和步骤 3 是分析和获取信息，典型的失效分析本身只发生在步骤4。在步骤2和步骤3中，FMEA中需要使用分析和信息来呈现分析的对象或用于其他分析。因为功能和结构被分解了，所以步骤1~4可视为推理分析的说明（图6.63）。

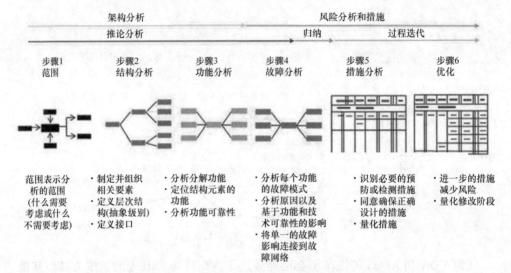

架构分析　　　　　　　　　　　　　　　风险分析和措施
推论分析　　　　　　　　　　　归纳　　　　　过程迭代

| 步骤1
范围 | 步骤2
结构分析 | 步骤3
功能分析 | 步骤4
故障分析 | 步骤5
措施分析 | 步骤6
优化 |

范围表示分析的范围
(什么需要考虑或什么不需要考虑)

· 制定并组织相关要素
· 定义层次结构(抽象级别)
· 定义接口

· 分析分解功能
· 定位结构元素的功能
· 分析功能可靠性

· 分析每个功能的故障模式
· 分析原因以及基于功能和技术可靠性的影响
· 将单一的故障影响连接到故障网络

· 识别必要的预防或检测措施
· 同意确保正确设计的措施
· 量化措施

· 进一步的措施减少风险
· 量化修改阶段

图6.63 FMEA的6步骤，与VDA 4和AIAG联合开发小组类似
（来源：FMEA，joint development group of VDA 4 and AIAG，2018）

分析格式有许多的可用类型，但至少要包含以下几项：
- 功能（预期功能）；
- 故障类型；
- 故障原因；
- 故障影响；
- 发生、控制和/或检测措施；
- 风险优先数的风险因素。

6.6.2　故障树分析

故障树分析（Fault Tree Analysis，FTA）是包括核电厂或航空航天领域在内几乎所有工业产业开发和安全相关系统分析的关键方法。在一个系统中，相关元件可能会发生故障，并导致非期望的状态或事件，例如发动机故障。通过组合使用布尔逻辑的故障树分析，我们可以进行检查。故障树分析的目的在于确定可能导致此类顶层事件的最小事件数量，从而检测系统中的特定弱点和意外状态。

故障树分析有着来自军事部门的历史背景。在20世纪60年代初，这项技术首先被美国空军使用，后来被推广到航空航天的其他细分领域以及核能领域。

人们正在致力于用故障树来说明和分析越来越综合和复杂的系统。故障树基于布尔逻辑，可以在最小分割集上使用不同算法对不同目标进行研究。一些特殊形式割集分析的算法有，用于布尔逻辑的最简化的 Quine–McCluskey 算法、MOCUS 算法、对于二元决策图的 Rauzy 算法、带元积的 Madre 和 Coudert 算法以及 CAMP DEUSTO 搜索策略。这些算法基于不同的数据结构和程序来确定最小割集。

布尔代数和图形故障树通常为这种分析奠定了基础。在 ISO 26262 中，故障树分析通常被视为演绎分析，但并不能说是对割集进行的高级分析。这些分析对于 V 模型的下降分支的架构开发需求也并不是必需的；它们更支持的是 ISO 26262 第 5 部分第 9 章的分析，对应于 V 模型的上升分支，此时已经考虑了产品的第一次实现。在这种情况下，所需要的分析和相关度量（例如随机硬件故障的概率度量）的目标，是基于随机硬件故障的故障率及其违反给定安全目标的潜在可能性来识别错误传播的。

6.6.3　马尔可夫分析

马尔可夫分析主要用于评估从一种状态到另一种状态的转换。在 IEC 61508 第 6 部分，对于安全架构的公式就是由此模型推导得到，这些公式非常适合用于 EE 安全体系结构。但是，由这些基本原理和假设推导得到的模型和推导公式，对现行的汽车架构通常不适用，或者是不够的。通常一次只假设一个故障，如此一来，老化影响、错误组合和依赖关系、瞬态和潜伏故障的影响都无法依靠该公式推导。尽管如此，在作为近似估计方法或量化的帮助以应用于相应的进一步分析时，这些公式仍是适用的。

道路交通情景的马尔可夫分析

在协作道路交通场景中，不同道路交通参与者的行为不能被认为是确定性的，因此马尔可夫分析将变得更加重要。

道路交通事故的预测对于确定最危险的位置、提高安全管理水平具有重要意义。通过对传统的危害和风险分析方法的比较分析，运用灰色系统理论和马尔可夫链理论建立起了马尔可夫预测模型。结果表明，该预测模型能较好地应用于道路交通事故预测，具有较强的工程实用性。

对于道路交通，特别是在交通密度的估计上，通常使用马尔可夫模型，并与 GPS 相结合。可以采用以下步骤：

1）导航部分：通过参考旅行时间安排，可以及时更新时间相关的道路网络路径问题，并导出导航路径。

2）预测部分：均衡马尔可夫链通过交通状态的计算来处理交通拥堵状况，即通过马尔可夫转移概率矩阵的计算，设计拥塞缓解策略来平衡均衡状态。

马尔可夫链蒙特卡罗技术

在交通流模型的大规模部署中，模型参数的估计是一项关键而繁琐的任务。在数据贫乏的环境中，校准不当的模型会导致估计错误和预测能力受限。一些方法运用离散标量守恒定律，只使用速度测量值来校准流模型参数。这些方法基于马尔可夫链蒙特卡罗技术，其中，马尔可夫链蒙特卡罗技术可以用于近似估计后验分布模型参数。这种数值实验方式突显了交通堵塞密度估计的困难，并提供了一种通过对模型的重新参数化，来提高采样性能的新途径。

6.6.4　危害和可操作性研究或分析

危害和可操作性研究（Hazard and operability study，HAZOP）是一种结构化、系统化的系统检查和风险管理技术。尤其是，HAZOP 技术通常被用于识别系统潜在危险和识别可能导致不合格产品的可操作性问题。HAZOP 主要基于一种的理论，即假设风险事件是由系统偏离于设计或运行意图引起。其使用一组"引导词"作为偏差观点的系统列表，有助于识别此类偏差。这种途径是 HAZOP 方法的一个独特特点，有助于激发分析团队成员在探索潜在偏差时的想象力。

IEC 16882 提供了一种可用于工厂自动化的 HAZOP 方法。具体来说，IEC 61882：2016 提供了系统性使用引导词的 HAZOP 研究指南，对该技术的应用和 HAZOP 研究程序提供了指导。其内容包括定义、准备、审查和结论文件以及后续行动。此外还提供了文档示例及包含各种应用的一系列示例，进一步对 HAZOP 研究进行了说明。重点部分包括：

- 澄清了术语，与 ISO 31000：2009 和 ISO Guide 73：2009 的定义进行了校准；
- 提供了一个程序化的 HAZOP 改进案例的研究，关键词是 HAZOP、风险和可操作性问题。

HAZOP 是对单个技术元件的失效或失灵条件下的潜在危害进行定性分析的方法。对于跨学科团队，即包括架构师、系统分析员或测试人员的团队，他们依据来自分析对象的详细描述，以及对可能的故障功能或故障行为和措施的结构化考验，设计目标对象的目标功能（包括适当的功能性）。

故障树分析或 FMEA 的变体中也考虑了 HAZOP 中存在的类似问题，以便找出已知故障的原因（图 6.64）。

SAE 成立了一个工作组，根据 ISO 26262、ISO 26262 注意事项、ASIL 危险分类和 SAE J2980 提案草案 F2011ff，并发布了一个有关 HA&RA 详细说明的标准。在该标准中，来自其他行业的 HAZOP 的关键或引导词也被引入到汽车应用中（图 6.65），同时深入地讲述了非常重要的背景信息，有助于对汽车应用进行危害和风险分析。

引导词	重要性	方面
NO, NOT, NOT	目标功能的否定	不执行目标功能的任何部分，但也没发生什么
MORE	数量增长	物理尺寸：重量，速度时间方面：太迟，太早 覆盖范围：太晚、太短、太高、太低 安全：材料，动态。导热动力学：加热。压力建立
LESS	数量减少	移动，旋转
AS WELL ... AS	质的增长	功能目标实现后，副作用表现为： - 动态效应：热阻增大、容量减小、超调 - 有形影响：污染、磨损。 腐蚀，火焰接触
PARTIALLY	质量下降	部分特征： - 性能未达标 - 振动(信号总是中断) - 信息或信号不完整 - 子功能或子元素不起作用
REVERSAL	目标功能的否定	方向、信号、动作原则
DIFFERENT TO	运行阶段	点火周期、序列、状态机， 微控制器中的存储器组织。 数据字段的生成

图 6.64　HAZOP 关键词、含义和所属方面（来源：SAE J2980，ISO 26262 ASIL 危险分类的考虑因素，2015 年）

引导词 →

系统功能	不激活	不正确激活1 (超出要求)	不正确激活2 (低于要求)	不正确激活3 (不正确方向)	自动激活 (非需要下)	功能锁死 (不能释放)
电子转向辅助功能	失去转向辅助	转向辅助过度	转向辅助减少	反向转向	非预期转向	转向锁死
线控制动 (基本制动功能)	失去制动能力	过度制动	制动不足	—	非预期制动	制动器卡住
稳定控制功能 (带制动的ESC)	失去ESC	偏航力矩校正过大	偏航力矩校正不足	不正确的偏航力矩校正	非预期的ESP使用	ESC卡住

图 6.65　HAZOP 适应于汽车应用的指南（来源：SAE J2980 2011 年修订的拟议草案）

针对特定分析目标的 HAZOP 定制

可以通过目标导向的引导词来定制 HAZOP 方法的基本框架。例如，在以下例子中，可以采用适当的引导词定制：

- 危害和风险分析（见 SAE J2980 示例）；
- 支持设计和系统的 FMEA，或重点放在开发和使用分析过程中的 FMEA；
- 安全、隐私或真实性分析；
- 软件安全或软件架构分析等；
- 操作场景；
- 误用场景。

基于 HAZOP 制定的图表文件，记录有类似阐述的危险情况的原因和避免措施。

HAZOP 是一种评估设施、设备和过程中危险的方法，能够从多个角度评估系统。具体如下：

设计：
- 评估系统设计能力以满足用户规范和安全标准；
- 识别系统中的弱点。

物理和运行环境：
- 评估环境以确保系统处于适当的工作状况、得到适当的支持、得到适当的服务、受到适当的控制等。

运行和程序控制：
- 评估工程控制（如自动化）、运行顺序、程序控制（如人机交互）等；
- 评估各种运行模式，如调试、备用、正常运行、稳态和非稳态、正常停机、紧急停机等。

6.6.5　初步危害和风险分析

通过评估与系统相关的主要危险，进行初步危害分析，以确定系统中将对安全产生影响的区域，提供对已识别的危险的初步评估。典型的初步危害分析（Preliminary Hazard Analysis，PHA）应包括：

- 确定可能存在的危害及其可能的影响；
- 确定设计过程中使用的一套明确的指导方针和目标；
- 制定应对重大危害的计划；
- 分配危险控制（管理和技术）的责任；
- 分配时间和资源来处理危险。

头脑风暴技术用于通过人们头脑风暴活动得到的经验，来讨论系统的设计或操作，而检查表则通常用于帮助识别危害。基于以下因素的经典 PHA，通常以表格形式表示（可以概括为对系统及其运行域的简要概述）：

- 对在此阶段识别的任何子系统及其边界的简洁描述；
- 适用于系统的，包括说明和唯一参照的已识别危害清单；
- 适用于系统的已识别事故清单，包含关联的危害和事故顺序的唯一参照和描述；
- 事故风险分类；
- 每次事故的初步概率目标；
- 每个事故序列的初步预测概率；
- 每个危险的初步概率目标；
- 系统功能和安全特性的说明；
- 对可能造成或促成事故的人为错误的描述。

使用 PHA 方法的优点包括：

- 它能在项目开发的早期阶段确定潜在的重大危害；
- 它为设计决策提供了依据；
- 它有助于确保工厂与工厂之间和工厂与环境之间的兼容性；
- 它有助于后续进行全面的危害分析。

但 PHA 的缺陷是不全面，因此必须进行全面的 HAZOP 研究。

初步风险评估（Preliminary Risk Assessment，PRA）是一种初步分析方法，用于分析一目了然的已识别风险的影响（因此得名"初步"）。它通常被认为是 FMEA 的简化版本，其运用的基于风险的思维可能非常有益。

- 由跨职能团队进行头脑风暴，思考这样一个问题：系统可能出错的事情都有什么？如果有必要，可以通过 PRA 流程处理所有这些可能出错的事情。可以根据 PRA 产生什么的结果，决定只管理前 5 项或前 10 项。
- 确定事件的每一项潜在影响并放在第一栏中。因为一件事出了问题也可能会产生多重影响，参阅下面的示例可以帮助我们了解这在具体的 PRA 中可能是什么样的。
- 确定每个"出错事件"的潜在原因。潜在原因可能有多种，参阅下面的示例可以帮助我们了解这在具体的 PRA 中可能会是什么样。
- 为可能性定义一个度量标准，并由跨职能团队为某事件发生的可能性分配一个定量值。
- 定义严重性度量标准，由跨职能团队为发生某事件后果的严重性赋值。
- 只需将可能性和严重性列相乘即可创建风险分数。
- 考虑采用哪些可以实施的额外控制措施来有效减轻或控制风险。

PHA 和 PRA 都遵循系统的头脑风暴技术，这些技术通过使用度量和比例缩放的方法，得出可评估的结果。可以认为这两种方法都遵循着同一种过程，只是细节通过 HAZOP 或 FMEA 来支持。

由联邦航空管理局提出的功能危害分析

FAA 提供了一种与以上方法非常类似的方法，被称为功能危害分析（Functional Hazard Analysis，FHA）。

在 FAA 的系统安全手册中定义了以下步骤：

8.2 详细的安全设计标准的依据

来源包括职业安全与健康管理局（Occupational Safety and Health Administration，OSHA）标准、美国军用常用电子设备标准（MIL-STD-454）的要求 1 和系统安全军用标准（MIL-STD-882）。

对设计的评审通常是使用危害分析的连贯过程。内部和客户对设计的积极评审对于捕捉关键危害及其特征也是必要的。

8.2.1 危害分析的作用是什么？进行危害分析可以识别和确定危害条件 / 风险，以消除或控制危害。在该分析中会检查系统、子系统、组件和相互关系，还检查和提供以下国家空域综合后勤保障（National Airspace Integrated Logistics Support，NAILS）因素所需的输入：

- 训练；

- 维护；

- 运行；

- 维护环境。

系统 / 部件执行危害分析的处置步骤：

1）依据第 3 章的系统描述指导来描述和界定系统；

2）对所研究的系统进行适当的功能分析；

3）制定初步危害清单；

4）识别促成危害的始发事件或其他原因；

5）适当地通过识别现有的控制措施来建立危害控制的基准；

6）确定潜在的结果、影响或伤害；

7）对后果严重性和发生可能性进行风险评估；

8）依据其风险对危害进行分级；

9）制定一套用于消除或控制风险的建议和要求；

10）为管理者、设计师、测试规划人员和其他受影响的决策者提供进行权衡所需的有效信息和数据；

11）对具有中、高风险的危害进行跟踪和风险化解，验证步骤 9 中确定的建议和要求是否已实施；

12）证明符合给定的安全相关技术规范、操作要求和设计标准。

8.2.3 安全性和可靠性之间的关系是什么？在系统分析中可靠性和安全性是

相辅相成的。它们各自提供的信息比单独获得的信息要多。很少有两者可以被替代的情况，当它们的分析联合进行时，可以产生更好、更高效的产品。

通常有两种可与危害分析进行对照的可靠性分析方法，其中一种是另一种的子集。分别是故障模式、影响和关键性分析（Failure Modes, Effects, and Criticality Analysis，FMECA），和作为其第一步的故障模式和影响分析（Failure Modes and Effects Analysis，FMEA）。这两种类型的分析结果都可以视情况作为最终产品。FMECA 是由 FMEA 通过添加关键性价值系数得出的。进行这些分析的目的是获取可靠性和可保障性信息。

使用自上而下方法的危害分析过程首先要确定风险，然后分析所有可能（或大概率可能）的成因。而运行系统，是针对特定的可疑危害。在危害分析的情况下，故障、操作程序、人为因素和瞬态条件都包含于危险原因列表中。

相比而言，FMECA 更加局限，因为它只考虑硬件故障。其可能采用从上到下或从下到上的方法，通常是后者。它是通过提问产生的，比如"如果发生故障，对系统有什么影响？能检测到吗？它会导致其他的故障吗？"如果是这样，则导致的故障称为二次故障。可靠性预测确定了总成（或部件）的故障率或故障概率。在组件和装配水平上的定量数据，是定量可靠性分析的主要数据来源，对于正确使用是必要的。总结一下，危害分析首先以定性的方式进行，然后识别风险、原因以及与涉及风险相关的危险的重要性。

资料来源：FAA 系统安全手册，第 8 章"安全分析 / 危害分析任务"，2000 年 12 月 30 日。

安全分析的一般方法

在一些标准中，典型的危害或风险识别和风险评估过程与系统安全分析方法是独立的。由于风险识别及其分类是基于经验的、跨功能的方法，系统方法如下：

- 危害和可操作性研究或分析（HAZOP）；
- 故障模式及影响分析（FMEA）；
- 故障树分析（FTA）等。

这些方法建立了更多的二次过程，详细说明并验证危害和风险分析的效果，支持对组织、过程和开发团队的各个层面上的措施进行规范，也支持对产品的实施及其必要有效性的评估。

6.6.6　运行安全评估

航空业在风险管理和功能风险评估的基础上定义了"运行安全评估（Operational Safety Assessment，OSA）"。

OSA 旨在提供一种规范的、国际开发适用的方法（RTCA SC189），用来客观评估航空航天系统的安全要求。在 FAA 中，OSA 用于评估通信、导航、监视和空中交通管理系统。OSA 识别和评估系统中的危害，定义安全要求，并为与投资分析、解决方案实施、服务管理和服务寿命延长相关的机构安全分析奠定基础。OSA 由两个基本要素组成：运行服务与环境描述（Operational Services & Environment Description, OSED）和运行危害评估（Operational Hazard Assessment, OHA）。OSED 描述了系统的物理和功能特性、环境的物理和功能特性、空中交通服务和运行程序，包括了待分析系统的地面和空中要素。OHA 是对 OSED 相关运行危害的定性安全评估。每种危害都根据其潜在的严重程度进行分类，然后根据发生概率将每个分类危害映射到安全目标上。一般来说，随着危害严重程度的增加，安全目标要求降低危害发生的概率（图 6.66）。

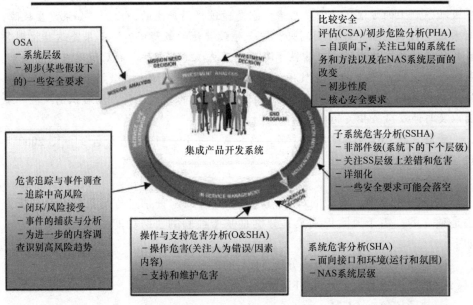

AMS生命周期中的系统安全产品

图 6.66　集成产品开发系统（资料来源：FAA 系统安全手册，第 4 章 "投资前决策安全评估"，2000 年 12 月 30 日）

OSA 包含了 OHA。OHA 是对 OSED 中所述系统相关危害的定性评估。

一旦对系统进行了界定和描述，并在 OSED 中确定了功能，分析员就可以确定与系统相关的危害。对于这些类型的评估，最好的方法是评估包含一组危险条件的场景。因此，以下定义可用于确定初步危害清单（Preliminary Hazard List, PHL）中的危害：

危害：导致伤害的潜在因素。它是可能导致事故的不安全行为或不安全条件

（危害不是事故）。

危害或危险条件：可能导致或促成事故发生的任何事物，无论是真实的还是潜在的。

危害：事故发生的先决条件。

资料来源：FAA 系统安全手册，第 4 章"投资前决策安全评估"，2000 年 12 月 30 日。

OHA 和 OSA 聚焦于运行方面的问题和相关开发方的相互关系，并侧重于由运行意图派生的需求。

OSA 涉及以下方面：

- 运行危害；
- 伤害与严重性；
- 安全目标（主管部门，运营商，飞机等）；
- 功能故障；
- 运行安全要求。

通常，OSA 为 FHA 提供输入。

6.7　航空业的应用

大多数应用技术的起源都来自军事、航天和航空业的经验。一开始的著名太空应用是无人的，直到 1961 年宇航员 Yuri Gagarin 才成为第一个进入太空的人。第一批进入太空的动物是一群果蝇，美国军事科学家于 1947 年 2 月 20 日将它们发射到 42mile（67.6km）的高空。但不管是这群果蝇还是 Yuri Gagarin 都没有驾驶太空船或火箭，所有应用到火箭中的数据都是预先开发的。多亏了 Norbert Wiener，我们学会了如何控制火箭，当然这一原理也被用于后来的宇宙飞船。

火箭的原理自然而然地被应用于喷气式飞机上。在最初的喷气式飞机上，飞行员虽然并不直接控制涡轮，但他用操纵杆控制涡轮的物理推力，这个操纵杆相当于当今线控飞机上存在的力反馈。在许多商用飞机上，仍然有一根钢索直接连接到涡轮的节流阀上，这样一旦发生电力故障，涡轮还可以手动控制，这也意味着飞行员能够感觉到节流阀上的力直接反馈到他的手上。自动驾驶只是线控技术的扩展，它允许飞行员在许可的空中交通情况下免去手动操作。飞行员或他的副驾驶必须持续监控仪器，并按下按钮表示他仍然控制飞机（图 6.67）。

飞机的自动驾驶系统由三个主要的控制模块组成。其中任务控制是与导航系统紧密配合的，通常飞机的任务是从一个机场飞往另一个机场。在汽车中作为导航系统的功能单元是众所周知的，而在飞机上一个典型的导航系统是由更多的细节组成的，例如以下信息：

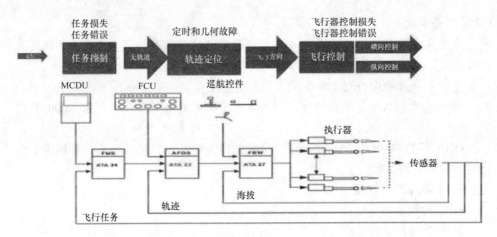

ATA(航空运输协会)

图 6.67 商用飞机的典型自动驾驶系统（资料来源：飞机系统，Ian Moir 和 Allan Seabridge，2001 年）

- 机场的详细信息，包括机场的地方法规；
- 有关天气预报、飞行控制和导航的电子支持设备的信息；
- 飞行走廊的详细信息，包括其使用规定；
- 飞行走廊附近的禁区等关键区域。

任务控制模块通常仅仅基于一个双重控制装置。因为飞行员可以切换到手动模式，所以通常不需要更高程度的冗余。此外飞行员还有其他选项，如找到最近的机场，以获得空中交通管制的支持。一般来说，在给定的飞行走廊内，飞行员会被指示在没有任务控制的情况下驾驶飞机。因此，如果一架飞机按照适用的安全规定，即便飞往错误的机场，虽然将导致其违背控制任务，也不会导致任何危急情况。航空运输协会（The Air Transportation Association，ATA）为飞机提供了设计规则，其中飞机的所有技术系统被划分为相应的组和子组；例如，油箱归属于第 28-10 章节，即第 28 组—燃油系统，第 10 子组—储存。每架依据 AR25 和 ASACS-25 认证的飞机上的系统都可以验证该规则。这意味着每架用于运输乘客和 / 或货物且最大起飞重量超过 5.6t 的民用飞机都是根据这些规则认证的。ATA 规则的章节部分通常对应零件号，这使得维修人员、后勤人员甚至设计工程师能够以统一的方式工作，并且能容易地识别飞机系统和部件。ATA-34 中的规定考虑了导航的双重控制。

第二个控制模块是依据 ATA-22 设计的自动规划器，它由轨迹规划器和定位单元组成。在没有定位的情况下进行轨迹规划是不可能的，因此，在自动驾驶系统工作期间，这两种功能都必须可用，直到飞行员安全接管手动控制为止，但飞行轨迹规划和定位的突然失效可能导致飞行员无法立即控制。虽然飞行员或副驾驶有义务在自动驾驶过程中监控所有功能和仪表，但在发生故障或重大故障时，进入危急飞行状态的可能性是显著存在的。因此，控制装置采用了四重冗余架构，这意味着一个冗余控制被实现了两次。

自动驾驶仪的第三个控制模块是飞行控制，具体设计规则依据 ATA-27。飞行控制的对象是涡轮，涡轮是一个复杂的系统，从技术上讲，它只能提供过小或过大，而不是恰到好处的推力。如果飞行员或系统决定增加推力，那么在某个时刻，将出现一个止回点，之后涡轮将不可逆地增加推力。只有在下一个控制循环中，偏差才能被纠正。因此，所有影响推力控制的源都必须从涡轮处得到明显的反馈。

涡轮有三种典型的反馈：

- 飞行控制模块通过反馈获得涡轮的当前姿态；
- 自动规划器模块通过反馈获得涡轮与机尾等的当前轨迹；
- 导航模块通过反馈修正当前的飞行任务。

所有控制参数可在预期参数和反馈测量值之间进行比较（图 6.68）。

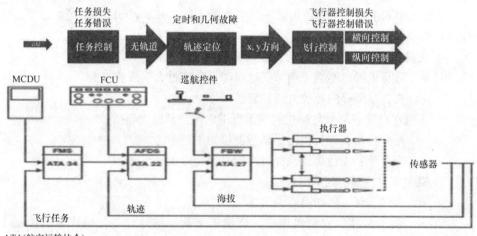

ATA(航空运输协会)

图 6.68　自动驾驶系统的人机界面和接管

飞行员可在显示器上获得飞机设计极限内的比较数据。因此在人工飞行的情况下，飞行员可以监视系统的稳定飞行状态，以使飞机运行在允许的状态范围内。在系统接管的情况下，也总是可以监控整个策略的稳健性边缘。在系统操纵飞行的情况下，飞行员可以监控稳定裕度，随时知道飞机是否处于稳定飞行状态。飞机越稳定，系统对飞机的性能或功能的要求就可以越高。但当飞机状态接近其设计极限时，飞机系统的完整性就降低，此时所有控制算法、传感器和执行器的工作都接近其设计极限。例如，如果飞机在良好的天气条件下飞行，由于整个飞行和控制系统的性能都比较稳定，所以它可以飞得更快。然而，提升功能意味着降低专用飞机或其系统的完整性。

6.7.1 飞行包线

在一架航空器上，对于不同系统存在各种各样的被称为飞行包线的定义。其中有一种定义是基于飞机或导弹的某一技术能力，它可能是导弹在高度 - 速度图或载荷 - 多速度图中可能性能的包络线。例如，表示导弹的允许工作范围的飞行包线，它取决于相互影响的参数矩阵。而研究这些参数时，一般假定其中的某些值，通过检查速度、高度、攻角、侧滑角、重量、重心和航空器配置（如起落架、襟翼、缝翼、加力燃烧室）的所有可能组合，以确定这些变量改变时航空器的极限。不仅机动性、结构载荷和发动机性能必须保持在可接受的范围内，发动机也有其允许功率范围的包络线。在飞行员使用的人机接口上，飞行包线可以防止飞行员的错误动作。飞行包线保护是一种独立的背景保护，防止飞行员超过允许的和技术上可行的控制区域。在执行飞行员的控制命令前，计算机将据此检查它们。

飞机失事和事故的主要原因之一是"失控（loss of control，LoC）"。以下是主要的 LoC 类型：

- 飞机在手动速度控制期间失速。典型的原因包括：
  - 飞行员操作不当（例如低速时倾斜角度过大）或疏忽；
  - 失去空间导向导致失速和旋转。
- 飞机在自动或部分自动控制的运行中失速。其原因包括：
  - 部分自动：飞行机组手动控制推力 / 空速；
  - 全自动：飞行机组选择过度爬升率指令。
- 横向方向控制。其原因包括：
  - 大气条件（例如尾迹湍流）；
  - 由于结冰、发动机熄火、燃油不平衡，部分自动化模式下的控制不均衡。
- 飞机结构应力过大。其原因包括：
  - 在大气扰动期间处理不当，例如舵控制尾涡相遇；
  - 失速恢复期间处理不当；
  - 超过法向载荷系数的操控行为，例如消防飞行作业。
- 因下列原因超过高速飞行限制：
  - 部分自动化：飞行机组手动控制推力 / 空速；
  - 全自动：飞行机组选择过度下降率指令。
- 由于以下原因导致关键飞行控制功能失效：
  - 设计缺陷；
  - 硬件故障。

飞行包线可以是飞机或导弹的典型特征，而基于飞行包络的保护系统则是防止飞行员失误的机制。在对这两者的设计过程中，在可允许的系统模式下，飞机的能力和设计限制得到详细论证和检验。飞行包线也是控制回路设计的基础，运用这种工程方法时，需要对飞行器允许的飞行情况进行全面的预测。基于此得到闭环控制回路，使整个飞行器的所有设计参数，包括在给定的飞行区域内的位置，都能得到持续的控制和监视。如果飞行员失误或技术装置发生故障，系统的降级裕度能够保证其始终可用。恶劣的天气条件或关键性飞行操控总是会被监测，以保证不超过飞行器相应的设计极限。这样的监测行为还可以保证能够通过计划进行性能或系统的适当降级，并且保证飞行器的最终行为是可预测的。

6.7.2　应用于自动驾驶

飞行包线的原理也可应用于自动驾驶车辆的控制之中。自动驾驶车辆也有一个典型的驱动包络设计，因为车辆的自由度或多或少地限于纵轴和横轴。相比飞行器，车辆减速导致的风险水平是较低的，除非制动太快。在飞机上，安全飞行走廊通常是由空中交通管制提供的。飞机必须始终能够在给定的飞行走廊内运行。这意味着飞机能够对轨迹进行规划，而规划涡轮推力也是必要的。必须根据设计、天气条件，尤其是风的影响，提供预期飞行操控所需的最小推力。对于车辆而言，失去动力控制不是一个危急条件，因为车辆通常在铺装路面上稳定行驶。但是，车辆必须在所有相关情况、天气和交通条件下保持其转向和制动能力。对铁路系统，通常只需要控制纵轴，因为有钢轨和道岔引导和限制列车的横向移动。铁路、道岔和信号系统的运行通常由铁路主管部门计划和控制，一般对这些铁路基础设施的管控是独立于列车的操作者的。

一辆自动驾驶车辆的最终安全状态是停在给定车道内。我们不希望出现交通堵塞，但是对于车辆而言，这有可能是风险最低的状态。正如我们从安全道路设计中学到的，我们还要考虑车辆的安全车道，车辆在车道上行驶，左右两侧需要足够的裕度。该默认车道信息通常由专用道路的设计者给出。人类驾驶员在驾校学习了如何行驶在车道中央，并根据天气、交通和道路状况调整车速。而一个系统可以从导航系统中获得默认的车道信息，类似于一架飞机的默认飞行走廊，其包括考虑的限制信息。如今，地图上已经有了所有的道路标线和交通标志，并包括了给定的界限（图 6.69）。

对于给定的行驶速度，车辆需要一个有容许偏差的行驶走廊，在该走廊中允许偏离规定车道。速度越快，需要的容许偏差走廊越宽。如果车辆不能保持在走廊内，则需要降低速度。与飞行器类似，其完整性随着速度的提高而降低，因为所耗费的时间越来越接近控制算法给定的截止时间点。因此，自动驾驶车辆的实时性越好，其性能和功能就有越高的可能上限（图 6.70）。

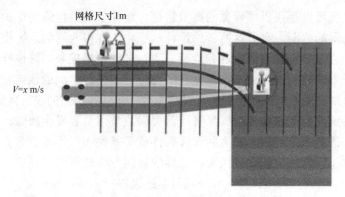

图 6.69　安全行驶通道和运行限制

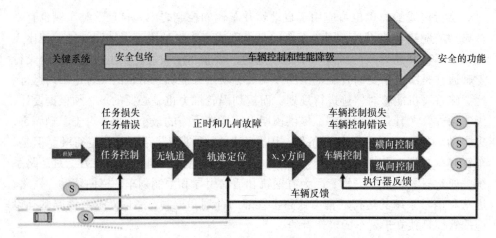

图 6.70　由自动驾驶系统导出的自动车辆信号链

自动驾驶系统的控制链也可以迁移到车辆的 EE 架构中。

· 控制链末尾的元素是执行器控制环。执行器直接从其输出获得反馈，以便在执行器控制装置内纠正偏差。

· 轨迹规划和车辆定位需要监控整个车辆的行为，并将其与车道进行比较。反馈应提供车辆在车道内跟踪轨迹的情况信息。通过连续比较车辆和车道的位置，可得出对方向稳定性的质量评判。

· 导航系统会不断地将当前车辆航线与任务进行比较。

在这些措施下，除非车辆在自由车道上，否则不会导致事故。因此，某一任务的失败不会最终导致危险情况。在执行器控制上具有相似的问题，车辆只能开得更快或更慢，并且可以保持方向或向左 / 右转向。轨迹故障是具有容限的，除非车辆没有保持在车道上。在"实时监控"中，需要对道路、天气和交通状况进行连续观察，以便通过性能降级使速度适应当前的行驶状况。

在整个信号链中有各种独立的标准，这些标准是由飞行器法规提供的，而应用这种安全概念，对于道路车辆是必要的。

- 导航、车辆控制和执行器的控制单元需要分开。
- 反馈回路需要足够的独立性，以避免传感器的任何故障都会传播到闭环控制中，并且无法在专用控制单元中检测到。
- 所有控制单元的时效都不同。许多元件在毫秒级时间内工作，甚至比汽车转向系统更快。反馈延迟会给车辆控制带来许多不同的影响。

因此，大多数传感器需要冗余，以便在故障传播到下一个控制单元之前将其阻断。

为了达成以上需求，需要非常系统的工程方法，因为在任何接口上违反独立性的要求都有可能导致事故。

6.8　未来自动出行的前景

关于无人出租车的讨论越来越激烈，因为业界意识到，相比于单一的电子保护系统或驾驶员辅助系统，移动出行的自动化需要的是另一个工程学科。如果社会认为个人出行的自动化没有任何优势，而且这样的交通方式只能提供很小的安全效益，就很难为个人出行自动化注入资金。因此，对自动化保护系统的需求将越来越大。在航空业，目前空中出租车的方案正越来越成熟，甚至 EASA 和 FAA 等航空主管机构已经在制定必要的认证标准了。认证标准或建议规范将在发布后接受审查，其要求可接受的功能和性能应始终与此类系统的安全能力相平衡。

展　望

今天的车辆系统仍然反映了汽车制造商的组织结构，各系统可被分解到不同的供应链，进而与各自的供应商相对应。这意味着，对于供应商而言，任何相关的功能产品创造的价值都并非在最初销售时就完全释放，而是要通过对产品生命周期内的支持和价值再创造来有效获取。在产品生命周期结束时，我们当然还会再次激发客户购买基本技术的欲望，以便使他们能享受更高的性能或更复杂的功能。这一过程背后的挑战是如何确保系统及其应用的安全。正如关于云解决方案的讨论一样，公共云显然提供了比私有云更简单的网络安全解决方案。但对于私有云，可以清楚地识别和评估威胁。而对公共云，可能的危险场景在于，所有用户和依赖者具有不同的威胁级别。为了从系统平台中获得尽可能大的收益，必须采用最高的安全标准。这本书说明了开发可靠的平台必须考虑的层面。当然，这些方面也必须在相应项目的正确背景下考虑。为了确保这样一个平台对未来的新功能始终是安全的，新客户和其他功能的风险也必须得到预见性的管理。这意味着必须在平台架构中提供必要的安全措施，同时也意味着安全系统必须具有模块化架构，从而具有可扩展性，以便将其他不同功能（包括其安全、安保和保护功能）集成到平台架构中。

但是，安全并不是未来出行的唯一挑战。一项关键任务将是，如何以适时且适当的方式提供必要的动能。通过使一吨多重的车辆更重一些，来达到柴油车级别的正常行驶并不是一个可持续的解决方案，何况许多国家还处在大量能源被用于取暖的困境中，因此这是值得怀疑的。而且，为了能够安全地实现数字化的优势，必须及时解决车辆等交通工具的能量和信息的可用性问题。对于在汽车中的人类驾驶员，能量可用性是预先给出的，因为驾驶员是许多安全功能的功能、能量或信息的后备层级。如果出故障的系统是"人"，承担责任的不是系统制造商，而是驾驶员自己，他不仅要为大部分损失买单，甚至还可能要受到行政处罚或罚款。在使用安全方面，问题不在于系统功能是否适合日常使用，而在于驾驶员、乘客和维修人员如何能在没有危险的情况下处理车辆及其功能。能源的可用性及其环境兼容性目前是一个非常有争议的话题，未来内燃机将不再被接受，核能更是被完全排除在解决方案之外。将太阳能直接转化为动能在未来几年都将是一个科学热点，但我们必须通过各种措施实现低损耗的能量转换，以便以环境友好的方式实现个体车辆使用者的驾驶意愿。实现具有高可用性的驱动控制系统的技术已经在航空航天工业中发展了很多年，本书描述了其冗余原理和控制技术在汽车转向系统和横向控制上的迁移应用。然而，技术的实现很可能需要一些扩展的过程、方法和相应的组织结构，特别是对于在运行期间发生变化的功能。闭环控制回路和多级控制的具体应用对应不同的控制策略，从而也导致不同层面的实现。本书介绍了不同的控制策略，并解释了相关的保护和安全机制。本书描述的过程和方法原理，可以应用于必要的开发活动，还可以为安全相关的自动化控制系统的开发计划提供见解。由于所有功能和系统开发都取决于背景、利益相关方和产品或功能的预期目的，因此背景分析始终是成功的关键因素。

当我们将系统的感知与现实世界进行比较时，需要进行多次观察，并在开发过程中以同样的方式执行循环。然而，循环不仅仅是指相关组件的样本构建（50多年来被称为 A、B、C、D 样本）或验证和确认循环（在 V 模型中也被视为迭代循环）。这种典型的螺旋过程还必须被应用在功能开发的运行概念开发中。无论是预期功能、保护功能还是安全机制，它们的开发过程都必须在成熟的模型中相互适应。因此，必须为新的出行功能开发稳定的体系结构。当然，快速多变的世界不会允许像以前的车辆平台一样有超过六年的生产周期。因此，软件或固件的空中下载（Over the air，OTA）等功能将是使车辆适应新条件及扩展体验的重要手段。但涉及安全相关的功能，未经实验验证，不得在公共道路上使用，类似的前提已经固定在新的认证条例中。

发展自身的意识是人类的特征之一，甚至可能是区分于地球上其他所有生命最显著的特征。当我们今天谈论大数据和快速数据的时候，我们知道重要的是在众多信息中，确认哪一个对正确行动最重要，以及如何对它们进行优先排序。对于自动驾驶汽车，在所有这些信息中，还必须找到"自我"，才能做出正确的决定。不管怎样，我们不能把此任务仅仅托付给学习算法；开发团队也必须将所有必要的经验运用到车辆上，以便能够在正确的时间做正确的事情。最后，像反射动作一样，例如制动、转向或突然加速，仅仅是一个是或不是的决定；它指的是"我做还是不做"，这类似于适应性。在整个进化史中，出现了一个对物种生存至关重要的特征，那就是适应性。然而，带来的最大成功不是某一情况下最好的适应能力，而是在不同情况下都有不断适应和行动的能力。

这本书试图让人们明白，移动出行自动化并不仅仅意味着自动驾驶汽车。要完成整个移动出行概念的目标和任务，要求我们深入分析预期的运行环境和环境中不同人的风险，以及与人在移动出行概念以及系统生命周期内可能扮演的任何角色所承担的相关风险。预期操作环境下的移动出行概念需要多层工程方法。对于运行域，建议采用以人为中心的工程方法，以便能使任何参与者都能识别相关收益和风险。从组织角度看，与有关主管部门的合作是必要的，因为它们代表了最低的容许风险水平要求。对于运行领域的要求取决于特定的地区、国家或气候带，这对任何运输系统而言都是如此。如果产业链遵循纯粹的制造商策略，任何制造商都会尝试制定自己的营销策略，并根据不同营销策略产生的需求来管理风险。各种不同的风险策略并存，最终会导致无穷的复杂性，因为各方都在为自己的营销策略寻找利益。不幸的是，虽然许多汽车制造商已经宣布了他们的自动化战略，但是相关法规还仍待完善。对于类似于航空业的运输系统，联合国欧洲经委会现在提供了与《维也纳公约》协调一致的基本规则和条例，并以自动道路车辆的道路适行性原则为基础，协调对车辆在关键运行环境中的预期行为以及自动化车辆特定控制设备的要求。自动驾驶汽车的总体概念已经发展完善。车辆智能的上限，取决于规则的制定者和根据给定的规则开发自动化车辆的开发人员。在任何预期用途下（包括故障退化情况下），车辆的行为必须限制在既定法规的运行范围内。一个巨大的挑战是：该如何适应不同国家和不同运行区域（如城市交通）的道路交通法规。在这方面，任何国家都需要在出行交通方面，权衡不同的道路交通参与者的负担，找到一个可接受的折中方案。比如，如果你所在的国家提倡个人出行，你会发现私人车辆会被赋予更明显的优势地位。在此情况下，自动化车辆将被允许更快地行驶，并被赋予更大的行驶空间。对此而言重要的是，每个道路使用者都要了解当地的情况。假如车辆可以在行驶的交通区域内以 50km/h 的速度合法行驶，作为一个有经验的道路使用者，你要知道在这个速度下，必须为 30m 的停车距离做好准备。学龄前儿童不能自由地在交通区域内活动；而学龄儿童要接受适当的交通教育，以便使他们学会如何在交通区域内活动并评估危险。这也意味着，交通区域必须为"安全交通"做好准备，法律也必须为此目的进行调整，并公开透明地讨论。另一方面，在后新冠时代，个体和公共，不同地方和长途运输之间的必要平衡难免还要讨论很长一段时间。个体交通的主要论点仍然是灵活性，比如只要你想，立即就可以坐上自己的车，实现从 A 到 B 地的想法。目前，社会不得不接受市中心的汽车驾驶者、乡村道路上的摩托车骑行者和自行车道上的电动自行车骑行者的现状。想给自行车或行人更多空间的组织团体越来越受欢迎，因此他们的论点也越来越被广泛传播。

对于国家主管部门来说，制定在公共道路上的行动规则是一个基本的必要职责。确定基本功能以及安全和保护功能的最低要求也是国家主管部门的任务。对于缺陷，例如设计和生产错误以及各种运输工具的使用说明不足，这是制造商的责任，由产品责任所规定，在全世界范围内也都如此。然而，在驾驶员教育中对错误驾驶行为的指正，并教授在公共交通中向道路使用者传达正确的行为方式，再次成为交通主管部门的任务。至于是否遵循道路交通规则或者教育理念，是否按照交通标志、道路标线或者通用规则行驶，取决于驾驶员本身的过往经验和传统。幸运的是，世界范围内的交通规则都以《维也纳公约》为基础，因此我们的道路规则是共源的。

同样的基本规则也适用于空中交通。在航空领域，对空中交通法规和空中交通安全的共识已经建立了近 100 年。即使在今天，空客飞机的飞行员在没有专门训练的情况下依然不能驾驶波音飞机，这样的基本安全原则在全世界都有相同的根源。虽然在传统上，军事和空间应用采用的是不同的风险等级。但一般而言，对于投资者、用户、运营商、开发商和所有利益相关者的风险而言，都是有可比性的。

本书并非针对航空业的解决方案。航空业的例子只是为了展示如何避免、减轻或控制风险的解决方案和经过验证的安全原则。航空航天工业中成熟的设计原则和安全机制已经得到借鉴，然而即使这些机制可以用于减少可比风险，有效性和适用性始终取决于特定的产业背景。移动和空间系统的背景和风险规模是大不相同的。例如，只要移动交通系统的行为不受数字通信的直接影响，就已经对网络安全形成了一定的安全屏障。但在任何情况下，只要飞行员或驾驶员被委托指挥和控制，就必须持续地解决合理存在的控制情形。又例如，从某个使用年限开始，人们也很乐意在更便宜的修理厂维修车辆。然而，就民用飞机而言，允许非专业人员修理飞机是不可思议的。当然，人们也还是希望去受认证的车间，以使维护过程能够避免诸如被植入木马程序，或安装有缺陷的部件等蓄意破坏。在安全社会概念中，外部影响的认知还没有达成一致的共识；蓄意破坏显然是一种犯罪行为，它通过系统对系统用户或系统环境中的人造成蓄意伤害；车间中的零件误用也可理解为对自动化系统安全运行的威胁。甚至自杀也被当作具有普遍性的现象而纳入考虑。然而在疑似自杀的铁路事故中，事件的经过往往没有被公布。专家们一致认为，罕见事件、可预见的误用以及所有可能与自动化系统相互作用的外部影响都必须被视为风险，而评估和确定适当的措施也确实是一项挑战。

航空系统的一般开发过程，与联合国欧洲经委会目前为新的自动驾驶功能所引入的过程相似。后者的三大支柱，即在车辆环境中依然继续依赖经典产品测试，在制造商处审核开发过程以及在现实环境中验证系统和产品，与欧洲航空航天局或美国联邦航空局的典型过程具有可比较的相似性。航空认证的方法始于运行环境分析，以制定对飞机性能有重大影响的系统要求。运行风险分析与这些相关系统的设计和功能开发并行进行。根据航空运输协会法规中的定义，在航空业的流程中，将飞机视为具有标准化系统域的黑匣子。然而如今，在汽车工业中还没有定义类似这样的系统域，所有的汽车制造商都将汽车内部的接口视为特定域的功能。一些公司认为核心竞争力和关键卖点在于底盘设计，而另一些公司则更多地把目光放在车身或车身内部设计上。一些主要供应商已经提供了水平综合信号链（从传感器到执行器）的解决方案，但从车辆功能到软件实现的整个垂直整合过程仍是车辆制造商方面的任务。有一些汽车制造商现在倾向于使用他们自己的软件，乃至于有了为控制设备开发自己的操作系统的想法，但纵观从 OSEK 到自适应 AUTOSAR 的发展历史，这些都可以称作是大胆激进的方式。尤其是，软件的生命周期维护以及它们对新功能和特性的适应可能是一个挑战。

　　近年来，所有主要车辆制造商都开始建立模块化结构套件，这些套件在机械系统结构、功能设计和电气 / 电子接口方面都是跨平台标准化的。然而不幸的是，对于主要执行器的接口，例如转向、制动和驱动系统，基本上没有改变。这就意味着，那些显著影响车辆行为的关键执行器仍然继续使用已经十分成熟的接口，而对新接口的要求意味着未来的车辆需要一个完全不同的 EE 架构。这不仅是从内燃机到电动机的简单过渡，还需要对转向和制动系统进行革命性的调整。先前对制动和转向系统的开发尝试，是基于 ESP 和转向辅助系统的一种演化改进，只给自动驾驶带来了有限的进步。这些系统以前主要属于供应商的领域，即使是线控转向和线控制动的方法也只是为系统做的辅助性改进。例如快速的反应时间、信息和能量同时可用、三种决定性执行器的确定性、时间同步性和及时性等，这些新的接口要求在今天的车辆结构中还无法实现，与之相关的车辆的通信网络和电驱动系统还处于起步阶段。在这方面，即使一些新厂家已经在非常积极地交流他们最初的成功经验，但无论是老牌厂家还是新厂家，他们的现有平台在大规模生产方面都相对落后。此外，要让用户对这项技术有相当程度的信心，还存在其他方面的问题，例如充电基础设施。即使一位狂热的特斯拉驾驶员称赞他的车辆对于充电过程而言是良好易操作的，但不同车辆供应商的充电点、不同的插头形式、计费系统等仍然大大超过了大多数用户的期望负担。即使繁杂的导航系统和手机应用程序给了很多好的提示，也不足以使社会认可这些冗杂的过程。目前，针对氢技术的完整解决方案，既没有良好的业内交流，也没有技术原型或系列的现场试验能够表明：这是一项正在完善且能够面向广大人群开发的技术。驾驶员们正在获得使用复杂的辅助系统的初步经验，这些系统的设计使我们更容易保持车道和控制距离。目前所有这些系统都必须由驾驶员监控，如何使驾驶员脱离该责任是一个更大的障碍。对于新发布的 ALKS 的认证规则及其验证方法，存在着一些强烈的争议。该行业的主要优势在于，自动化功能现在可以独立于车辆类型，通过一些必要附加过程的实施来整合到基本车辆中。但到目前，只能作为车辆型式认证的一部分来发布这些功能。如今，老牌汽车制造商仅从水平和垂直的系统集成管理中获利，而车辆的维护一般是通过认证的维修车间进行的，至少对于高级汽车是这样的情况。所有人类与机器之间必要或应该的交互过程和动作必须被证明是有效的，以便能够直观、安全地实施或使用，或者能够通过学习掌握。只要人类仅仅作为车上的乘客，他就不会再和自己的汽车有绑定的联系。换言之，对于他们来说，从 A 地到 B 地开哪辆汽车对他并不重要；主要关注点在于足够安全、充分的灵活性和经济性。这就提出了一个问题：今天的驾驶员是真的想为拥有一辆汽车买单，还是只想为它的使用权买单？前者通常要由驾驶员不情愿地承担停车、维修、保养、保险、税收、费用等的负担；而后者，例如租赁已经成为一种替代方式，城市里的汽车共享服务也越来越多。但随着所有只需按使用付费的车辆的出现，另一个挑战也正在出现，即车辆必须遵循统一的标准，否则将无法保证用户的驾驶安全。使用付费车辆的乘客的驾驶执照，与为出租车乘客颁发驾驶执照一样，这似乎是存在疑问的。就像混合动力车辆一样，在未来很长一段时间内可能会出现混合自动驾驶车辆。换言之，在上班途中，在限速区域，或在假期的长途旅行时，应该由系统自动驾驶，除非车主想享受驾驶乐趣，则按照常规开车。另一方面，有成本意识的用户正在考虑租车是否更有意义。因为迟早，递送服务会发展成熟。而出于健康原因，至少在晴天，选择步行和自行车出行可能会是更好的选择。

　　拥有可停放一辆车或两辆车的车位，不是每个人都乐意接受的负担。一个很好的想法便是专门的代客泊车服务。在享受完驾驶乐趣之后，车辆会自己驶入一个大型停车场。在需要的时候，你可以反复地呼叫它。但我们必须为了这种服务而拥有一辆汽车吗？如果并不依赖车辆，只是想体验驾驶乐趣，恐怕并不需要。

　　对于可接受风险的水平，最低要求应由立法者确定。但由于立法者不想限制创新的自由，具有约束力的标准和规范将不得不由工业界来达成一致。激励购买现有技术的举动将不会得到国家资金的支持。而对于基础设施建设，以提高环境友好、移动性发展，或更高的安全水平的举措，将始终是一项社会利益，并会得到政府机构的相应支持。安全要求实施的解决方案或方法是行业协会的标准化机构的责任，而决定性因素在于认识到解决方案空间将持续扩大，即便目前对行业显得非常复杂。哪些解决方案实际上是可持续的，这将取决于哪些利益集团制定了最有效的标准。如果每个制造商或利益集团都试图实施自己的标准，在相互合作的体系下将导致我们不可估计的新危险。未来的移动出行面貌将是怎样的？铁路有希望在中距离范围成为航空运输的有力竞争者。对于城市交通路线，越来越多的隧道和结构分离的快速路正在兴起，它们对于自动驾驶车辆是非常合适的并且是安全的解决方案。这样的解决方案能够被很好地监视，并使骑行者和行人能够被结构化的措施有效保护。Alan Musk 和他的 "Boring Company" 也依赖于这种解决方案。交通距离越远，磁悬浮列车和超级高铁就越有可能成为可讨论的方案。在这种情况下，结构化的措施确保了对个人的保护和对骑行者的保护。驾驶员或操作员不必坐在这种交通工具上，也能从外面纵览整个交通区域，并制定相应的安全路线。当然，进出这种系统必须确保安全，否则，这种交通方式对乘客而言就无意义。对于这个目标，混合系统再次被认为是理想的选择。为什么不像火车车厢一样，坐在座舱里？然后由火车、飞机、超级高铁或是磁悬浮列车在长途路径上运输，在到达离居所和个人住宅的"最后一公里"时，座舱开启车轮、制动、转向和驱动系统功能，这样就可以干干净净回家，连鞋也不用弄脏了。在所有的移动出行系统中，首要关注的是互联系统的质量及其完成从 A 地到 B 地的可靠性。运输工具的每一次改变都可能关系到风险。用特定的运输工具，在提前规划好的指定路线上进行运输，只需要传统的方法就可以得到很好的安全保障。这些例子旨在表明，只要适用的规则得到切实遵守，无须针对特殊的障碍制定安全和保障措施。重要的是，要通过明确的政府法规，来确保交通中涉及的各方可以共存。路径安保、运输工具和系统如何相互作用以及如何与其他系统相互作用之间的界限必须明确定义，并为所有各利益相关方提供可理解的信息。自私的政治、激烈的辩论或民粹主义只会导致过激措施，从而带来无法控制的风险。无论何时，只要没有完全的透明度，就会产生不可预测的新的风险，并且这些风险也不是人为可控的。当然，空中的个人移动出行也是可以畅想的。任何在现场观看过一级方程式赛车的人都目睹过，直升机在赛道上空盘旋，通过赛道的大看台对明星选手实时直播。在一些国家，空中出租车也将成为一种可接受的解决方案。所以在这里，我们也应该寻找环保、高效的驱动系统和可靠的能源概念，并将这些发展成适合系列化生产的安全运输工具。

控制论为所有可以想到的系统提供了一个解决方案。这类方法已经为我们人类登上月球和能够向自己解释大千世界创造了先决条件。如果没有控制论的基础知识，电视、无线电技术和磁悬浮列车甚至都不可能被制造或发明出来，因为我们缺乏对这些东西的具体思路。当然，控制论不是一个可以直接帮助我们建造下一种交通工具的构造工具，但作为"乐高"伴随着我们成长的一代，我们喜欢在以模块化结构的方式思考。从一个基本结构发展到完整架构的乐高式思维，再到应用于具有微处理器和机器学习控制器的高度复杂的解决方案之前，还有许多准备阶段是必要的。控制论提供了解释、感知和理解人类、系统及其背景之间的依赖关系的可能性。一旦能够对系统的依赖性和问题进行描述，就奠定了处理这些系统的基础，可以控制问题和风险的产生。安全感知的"安全"这一术语不能仅仅简化为所使用的传感器的无故障性质。在真实世界的应用中，安全感知意味着在定义的可容忍风险范围内的充分感知。一种从控制论的角度，系统地处理可预测性及其不确定性的方法正在兴起。通过这种方式，人们很快就会意识到，现实世界并不像一个技术系统安全运行的那样。我们认识到的另一个方面是，我们不曾从不同的角度去感知世界，就像我们向第三方描述的那样。因此，描述者观察空间或行为的角度必须是已知的。有时，为了检验第一次观察的假设，有必要进行两次观察。如果假设是无效的，那么整个观察结果及其描述可能是无效的。在此，用卡尔曼滤波的原理中一个简单的方式进行解释：第一个观察为被观察对象创建了一个假设，第二个观察为假设的可信度提供了提示。这些原则对于创建一致和可传播的安全论证至关重要。是否有能力开发一个与安全相关的控制系统，对于一个组织甚至相关的供应链而言是一个主要的挑战。当然，这是基于 ISO 26262 中提出的必要的安全观点，包括对过程和方法的一般组织化理解。如果系统地解决人员识别问题，很快就会意识到整个开发团队必须理解这个挑战。在自动驾驶车辆的运行区域，首要是没有人员存在，否则可能存在危险。而且，也不应该有非预期的人出现在周边区域。在自动驾驶车辆的运行区域感知人的预期功能的安全要求，通常意味着确保运行区域中没有人。如果有人在场，则必须确保安全系统的适当反应。一个简单的预期功能的典型案例是关于交通灯。经常听到这样的说法：它的预期功能被称为"识别红灯"。经过系统的技术风险分析，包括法律和误用情况的考虑，以及可预见的不确定性，我们将制定下列安全要求：识别交通信号灯的状态，如果交通灯显示"非绿灯"，则使车辆保守地减速，以及时停稳。这样的做法在安全或保护功能被实现的同时，有效地防止了在开发过程中，预期功能的系统错误。对于每个验证，在预期功能或安全功能中都可能会出现逻辑上的差异。安全工程不仅仅是安全管理者的任务，还需要一个组织良好的开发团队为之努力。

控制论还帮助我们以一种有意义的方式将人工智能（Artificial Intelligence，AI）整合到技术系统中。对于访问执行器受一定限制的四肢不健全的人群，基于人工智能的系统将使他们能够访问执行器。简而言之，人工智能就是试图将人类的学习和思考能力转移给计算机，从而赋予智能。AI 能找到问题答案并独立解决，而非仅仅是按照编程的目标执行。如果系统无法传达问题的解决方案，那么人工智能的基本优势就消失了。仿生学帮助我们理解人类系统，并为我们建立类似的自适应、高效的系统和计算机架构提供了基础。控制论和人类的类似机制也显示了两者的功能是如何可靠、可信、及时和安全地实现的。然而，研究表明，并非每一种反射反应都是生存的最佳反应。对于一个需要结构化开发过程的系统来说，能够系统地控制反应并在正确的时刻快速做出正确反应是一项任务。弄清楚什么样的反射是有用的，什么样的反射性反应应该发生，是一个成功学习重要的方面。

仿生学不仅可以帮助实现分布式网络的依赖功能或开发新的控制器架构，也给了我们很多如何构建智能执行器的提示。人类的肢体清楚地了解它们受训的能力以及极限在哪里。如果一个训练有素的足球运动员的大脑和他的神经系统期望他能够表演"天鹅湖"，显然是不奏效的，因为他的腿是足球运动员的，而不是芭蕾舞演员的。为了实现真正的类似反射的功能，大量的数据压缩是必要的。而且，这种反射在激活过程中必须得到保护，一定的冗余是不可避免的。在控制论中，术语"冗余"用于更广泛的范围，特别是当一个功能的背景包含在冗余之中时。这不仅是一个物理或时间冗余的问题，还存在一些允许看似合理的关系或验证的模式。当这种反应是必要的时候，就会在人体中发生。作为反射的一部分，人类在进化过程中学会了这种冗余，并将其遗传给后代。毫无疑问，作为人类，我们在出生后就学会了如何控制和管理我们的反应。训练神经网络需要更复杂的过程，以找到机制来开发具有安全功能的反射系统。

在今天的车辆上，执行器仍然受到控制系统控制的支配。如果你给转向或驱动电机一个转矩命令，它们会盲目地执行命令。即使是线控制动系统，也只是仅仅将制动压力转化为制动盘上的执行命令。然而，在人类的系统中，执行的极限是已经存储好的，四肢只能执行它们所能做的。这意味着，在"智能车辆"或带轮子的智能机器中，我们需要一些类似智能执行器的东西，它们可以请求并接收完成自身转换所需的数据，然后实现必要的"安全"功能。它们只能在正确的时间被外部激活，在正确的情况下发挥正确的作用。神经元只激活数据和能量流；肌肉负责力量的转换，但它们往往并不比足球运动员餐盘上的牛排高明多少。在这种反射过程中，人类有时会释放肾上腺素，从而激活四肢或身体其他器官的快速运动，不过肾上腺素只激活存储在执行器中的功能。幸运的是，今天已经有一些网络技术解决方案可以在技术上实现这些功能。例如我们为残疾人设计的假肢，它们甚至可以被神经系统所控制。现在，我们必须尝试将这种执行器也应用到智能车辆上，否则整个车辆的用途都是有限度的。现代安全工程师应该知道如何对这些数据流进行功能保护；但他们也应该清楚地知道，人类有两只胳膊两条腿，这种冗余不仅有助于改善力量的转换，而且在其限制范围内具有同步的能力。然而，即便所有的安全解决方案都只能通过冗余来解决，我们也不应该对这样的事实感到绝望。今天的车辆有四个轮子，这应该也可以被视为一个机遇才对。

与现实世界交互的系统并不总是需要机器学习算法。在许多情况下，系统已经可以通过适当的闭环控制回路做出反应，并不断适应现实世界的变化。今天，我们可以建造量子计算机，但是绝大多数的计算机系统仍然是基于冯·诺依曼的软件架构。即使在今天的通信系统中，类似于一百年前的机制仍然可以提高通信能力。并像人类神经系统中那样使用信号量、继电器和开关，可以使通信更加可靠和快速。特别是，建立系统的适应性能力可以从人类身上复制。为什么一定要由相机系统识别在期望位置上的道路标记？为什么一定要传输千兆字节级的视频数据呢？一种更纯粹的信息模式，即道路标记表示为在路线上给出的具体位置，并具备设定的属性就足够了。在开发期间或更早的时间点针对正确的背景设定信息容器，这一原则可以大大减少传输数据的数量，这种降低数据传输数量的措施无疑可以有效地应用于所有监测机制中。以遥控车为例，只需要一个操纵杆，就可以设置更快的前进和更慢的后退，横向移动也可以通过操纵杆左右移动进行相应设置。只要执行器使用的技术没有明显改变，遥控车中的所有其他自由度都不会受到距离的丝毫影响。能够达到的遥控距离以及如何安全地观察必要的交通空间是另一个挑战，但控制论可以提供有效的方法。

　　如果系统对人类行为和环境风险没有一致地进行分析和评估，那么这样的系统对社会而言将永远是另一种存在方式的风险。倘若是这样，那么对投资者来说，也将永远是一种风险。